21世纪统计学系列教材

# 概率论与数理统计

张景肖　张 波　殷 弘　编著

Probability and Statistics

中国人民大学出版社
·北京·

# 总　序

教育是国之大计、党之大计. 习近平总书记指出:"'两个一百年'奋斗目标的实现、中华民族伟大复兴中国梦的实现, 归根到底靠人才、靠教育."

改革开放以来, 高等统计教育有了很大的发展. 作为培养我国统计专门人才的摇篮, 中国人民大学统计学院自 1952 年创建以来, 始终坚持理论与应用相结合的办学方向, 着力培养能够理论联系实际、解决实际问题的高层次人才. 为了更好地服务教学, 中国人民大学统计学院组织并与统计学界同仁共同编写, 于 2000 年首次出版了国内较早、成体系的一套丛书——21 世纪统计学系列教材. 本系列教材, 历经 20 余年的建设, 适应统计教育的发展变化, 不断修订完善, 得到了社会的广泛认可, 已成为全国统计学高等教育最有影响力的系列教材之一. 系列教材中, 既有"十一五"或"十二五"普通高等教育本科国家级规划教材, 又有教育部高等学校统计学类专业教学指导委员会推荐用书. 在 2021 年首届全国教材建设奖评选中,《统计学(第 7 版)》获评全国优秀教材(高等教育类).

随着时代的发展和高等教育的变化，系列教材也要与时俱进，及时反映新时代的要求，为此，我们对系列教材不断改版更新．一方面，深入学习贯彻习近平新时代中国特色社会主义思想，紧扣立德树人的根本任务，密切结合中国实际，大量融入中国案例和数据，使学生进一步坚定中国特色社会主义道路自信、理论自信、制度自信、文化自信．另一方面，深刻把握统计学科的专业特点，面对大数据时代的新形势，突出统计理论方法与计算机实现技术的结合，强调方法与技术在实际领域中的应用，同时，精心打造配套的新形态和立体化教学资源，助力现代化教学实践．

感谢所有关注我们的同仁，他们本着对统计学科的热情和提高统计教育水平的愿望，帮助我们不断改进这套教材．感谢参与教材编写的同行专家、统计学院的教师．愿大家的辛勤劳动能够结出丰硕的果实．我们期待着与统计学界的同仁共同创造统计学科辉煌的明天．

**王晓军**
中国人民大学统计学院

# 前言

概率论与数理统计作为数学的重要分支，为解决众多实际问题提供了坚实的理论基础和实用工具. 概率统计也是高等院校理工类、经管类等很多专业的基础课程，在课程设置中占据重要地位.

概率论是一门研究随机现象的数量规律的数学学科. 在本书中，我们系统地介绍了随机变量及其分布、数字特征、极限定理等基础内容. 为了帮助读者更好地理解概率论的核心概念和基础理论，本书提供了很多例子. 另外，为了使读者对内容有更直观的认识，本书在每章提供了一些模拟或者数据分析的示例，并给出了相应的 Python 代码供大家参考.

数理统计旨在从数据中提取信息，包括参数估计、假设检验以及贝叶斯统计等众多领域. 本书首先系统介绍了不同参数估计方法的性质和实际应用，旨在协助读者理解如何基于数据估计未知参数，从而揭示数据中蕴含的有价值的信息. 之后详细阐述了统计检验的基本原理和假设检验的操作步骤，使读者能够有效验证对总体特征的假设，为基于数据的明智决策提供支持. 数理统计的计算通常比较烦琐，为了让读者更好地理解数理统计的核心概念，本书也提供了很多数据分析示例并给出了相应的 Python 代码. 这些示例将帮助读者专注于深入了解数理统计本身，而不必陷入复杂的计算细节.

总体来说，本书旨在通过理论的深度探讨、数学公式的严谨推导以及实例的应用分析，使读者能够全面理解概率论与数理统计的核心概念，并具备在实际问题中应用这些知识的能力. 部分选学内容，文中用 “*” 号标注.

本书可以作为高等院校理工类、经管类等专业的教材，也可以为实际数据分析工作者提供参考. 鉴于作者水平有限，本书还存在很多不足之处，请广大读者不吝赐教，以便进一步修改完善.

感谢中国人民大学出版社王伟娟编辑对本书的大力支持；感谢谢邦昌教授，他为本书提供了很多参考资料；感谢夏俊文、赵雨舟、陈昕然、唐磊、余小康、张卓琳等同学，他们为本书的例题、习题、绘图、排版校对等做了大量工作.

# 目 录

# 第1章 事件与概率

## 学习要点

1. 掌握样本空间和事件的定义
2. 理解事件的运算和事件域的封闭性
3. 掌握概率的定义以及概率的性质
4. 掌握几种常用的概率类型
5. 理解条件概率的定义
6. 理解独立性的定义

本章开始我们学习课程的第一部分——概率论. 概率论更注重理论分析，它主要研究随机事件和变量的刻画以及大量随机事件的平均带来的稳定的规律性的结论. 作为数理统计的基础，概率论不仅给了我们理解样本的方式，而且很多渐近分布理论也被广泛应用于数理统计问题. 总的来说，只有打好概率论的基础才能充分理解数理统计的思想.

本章重点介绍概率论的基本概念，包括事件和概率的定义、条件概率的定义和性质以及独立性的定义. 本章是概率论的基础，所以学习本章时应该把时间更有效地用在对基本概念的理解上.

## 1.1 样本空间和事件域

### 1.1.1 样本空间和事件

在自然界中，我们可以观察到两类现象：一类是确定性现象，比如水在一个标准大气压下加热到 100℃ 就会沸腾；太阳从东方升起；上抛的物体一定会下落. 总结上面列举的现象，我们发现它们都有共同的特点，即服从特定的因果规律，从一定的条件出发，一定可以推出某一结果. 另一类现象则不一定如此，例如抛一枚质地均匀的硬币，无法在抛硬币之前预测到这次的结果；或是两个人掷骰子比大小，事先无法知道哪一方将获胜. 这类现象都有一个特征，即当人们在一定的条件下对它加以观察或进行实验时，观察或实验的结果是许多可能结果中的某一个，而且在每次实验或观察前都无法确知其结果，即呈现出偶然性，或者说，出现哪个结果“凭机会而定”. 我们称这种在一定条件下并不总是出现相同结果的现象为随机现象.

对于随机现象的研究，需要对其进行观察或实验. 实验又分为实际的实验和理想化的实验两种，二者的不同在于：以抛硬币为例，实际的实验中硬币掉落后不一定是正面或反面朝上，它可能是立着的，但是在理想化的实验中，我们只承认正面或反面朝上这两种可能结果，这样理论变得简洁但又不影响应用；再比如在实际中有些观察是不能重复的，如某些经济现象，但在理想化的实验中观察可以在相同的条件下重复.

概率论中所考虑的理想化的实验有下面两个特点：(1) 在相同条件下可以重复；(2) 实验的结果事先不能准确预知，但是所有可能结果已知. 这种理想化的实验称为**随机实验**（random trials 或 random experiment）.

和其他数学理论一样，概率论对随机实验的研究也必然含有理想化和抽象化. 其中第一个理想化就是关于随机实验的结果. 要为随机实验制作一个抽象模型，关键就是要给出这个实验所有可能的结果. 实际上，概率论的研究并不关心实验的具体操作，比如抛硬币时究竟距离地面几米等，而只是研究各种结果出现的数量规律.

比如掷一颗均匀的骰子，即可定义为随机实验. 原因是：(1) 出现的结果可能为 1, 2, 3, 4, 5, 6，结果已知，但无法准确预测会出现哪种结果；(2) 这一实验在相同条件下可以重复.

随机实验的结果称为**事件**（event）. 在本书中，用大写英文字母 $A, B, C, \cdots$ 来表示事件. 比如，“抛 3 枚硬币恰好出现了两个正面”就是一个事件. 事件又分为**复合（可分解）事**

**件**（compound event）和**简单（不可分解）事件**（elementary event 或 atomic event）两种.

例如，“掷两个骰子使总和为 6”就是一个复合事件，它可以分解为 5 个简单事件，即

(1) 两次掷骰子的点数分别为 1,5;

(2) 两次掷骰子的点数分别为 2,4;

(3) 两次掷骰子的点数分别为 3,3;

(4) 两次掷骰子的点数分别为 4,2;

(5) 两次掷骰子的点数分别为 5,1.

所谓简单事件就是不可分解的，比如前面所说的 5 个事件. 在抽象的随机实验中，我们用 $\omega$ 来表示这些简单事件，称为**样本点**（sample point），例如：

(1) 抛一枚质地均匀的硬币，正面朝上和反面朝上这两种结果就是两个样本点;

(2) 掷一颗骰子，观察出现的点数，则 1,2,3,4,5,6 都是样本点;

(3) 观察某天进入电影院的人数，则 $0, 1, 2, \cdots$ 都是样本点;

(4) 记录某个品牌灯泡的寿命，则任意非负实数都是样本点.

随机实验的每一个不可分解的结果都可以用一个且只能用一个样本点来表示. 样本点的全体称为**样本空间**（sample space），用 $\Omega$ 来表示. 从上面 4 个例子中我们可以看出，样本空间中的样本点可能是有限个，也可能是无穷多个.

在概率论的理论研究中，一般都事先假定样本空间是给定的，提到概率时也要结合给定的样本空间. 在此基础上发展出了一系列理论结果. 当考虑实际问题时则不同：首先要将实际问题抽象化，构造一个适当的理想化的实验的模型，即构造一个适当的样本空间；然后应用概率论的理论来研究这些实际问题. 样本点、样本空间和事件都有着很直观的意义，而同时我们可以看出，这些概念与集合论中的点集和点的概念可以对应起来：$\Omega$ 是一个集合，$\omega$ 是其中的元素（点），任何一个事件其实都等同于 $\Omega$ 的一个子集. 判定一个事件 $A$ 发生与否的依据就是 $A$ 所包含的基本结果 (即样本点) 是否出现.

我们把样本空间 $\Omega$ 叫作**必然事件**（certain event），因为每次实验必然出现 $\Omega$ 中的某个样本点，即 $\Omega$ 必然发生. 另外，习惯上约定不包含任何一个样本点的集合也是一个点集，称为空集，用 $\varnothing$ 来表示. 我们把空集 $\varnothing$ 也作为一个事件，称为**不可能事件**（impossible event），因为在任何一次实验中它都不会发生.

下面是样本空间和事件的一些例子.

**例 1.1.1**　抛掷一枚硬币，结果有“正面朝上”和“反面朝上”两种，简记为“正面”和“反面”. 样本空间 $\Omega_1 =\{$正面，反面$\}$.

**例 1.1.2**　连续抛掷同一枚硬币 $n$ 次并记录每一次抛掷出现的结果，则样本空间 $\Omega_2$ 由所有形如 $\{\omega_1, \omega_2, \cdots, \omega_n\}$ 的样本点构成，其中 $\omega_i =$“正面”或者“反面”.

**例 1.1.3**　连续抛掷同一枚硬币，直到正面出现为止，则样本空间 $\Omega_3$ 中的点就是 $\omega_1 =$“正”，$\omega_2 =$“反正”，$\omega_3 =$“反反正”，$\omega_4 =$“反反反正”，等等.

**例 1.1.4** 连续抛掷同一枚硬币并记录每一次抛掷出现的结果，则样本空间 $\Omega_4$ 由所有形如 $\{\omega_1, \omega_2, \omega_3, \cdots\}$ 的样本点构成，其中 $\omega_i =$ “正面” 或者 “反面”.

**例 1.1.5** 向平面上的一个有界区域 $\Omega_5$ 内投掷质点，记录落点的位置，其坐标用 $\omega(a, b)$ 表示，则样本空间与此区域重合.

## 1.1.2 事件间的关系和事件运算

样本空间刻画了随机实验的所有可能的结果，但是我们通常仅需要考虑并研究其中部分实验结果，因此需要引入随机事件的概念.

一般，我们把随机实验的某些可能的结果组成的集合，即样本空间中部分元素的集合称为**随机事件**（random event），简称事件，通常用大写英文字母 $A, B, C$ 等来表示. 我们可以认识到随机事件的本质是集合，是样本空间的子集，例如掷一颗骰子，观察出现的点数，其样本空间为 $\Omega = \{1, 2, 3, 4, 5, 6\}$. 于是 $A = \{2\}, B = \{1, 3, 5\}, C = \{5, 6\}$ 都是随机事件.

前面我们已经给出了复合事件和简单事件的概念，知道复合事件可以分解为一些简单事件，换句话说，一个复合事件是它所“包含”的简单事件的“并”. 这里的“包含”所说的就是事件关系的一种，而“并”是事件的一种运算. 本节将要介绍事件之间的各种关系和运算.

任意给定一个样本空间 $\Omega$，可以考虑其中的各种事件之间的关系.

### 1. 包含关系（inclusion）

为了直观起见，我们用维恩 (Venn) 图来描述事件集合，即用一个长方形表示样本空间 $\Omega$，用圆形或其他集合图形来表示事件.

所谓包含关系，是指对于两个事件 $A$ 和 $B$，如果属于 $A$ 的样本点必属于 $B$，则称 $A$ 包含于 $B$ 或者 $B$ 包含 $A$，记为 $A \subset B$ 或者 $B \supset A$（如图1.1所示）. 换句话说，事件 $A$ 发生蕴含着事件 $B$ 的发生.（概率论中还习惯用“$A$ 发生必然导致 $B$ 发生”的说法，这里“导致”并没有时间上的先后或逻辑上的因果，只是一个习惯说法.）显然对任何事件 $A$，有 $\varnothing \subset A \subset \Omega$ 成立. 例如掷一颗骰子，事件 $A$ 为“出现 2 点”，$B$ 为“出现点数不大于 3”，显然 $A \subset B$.

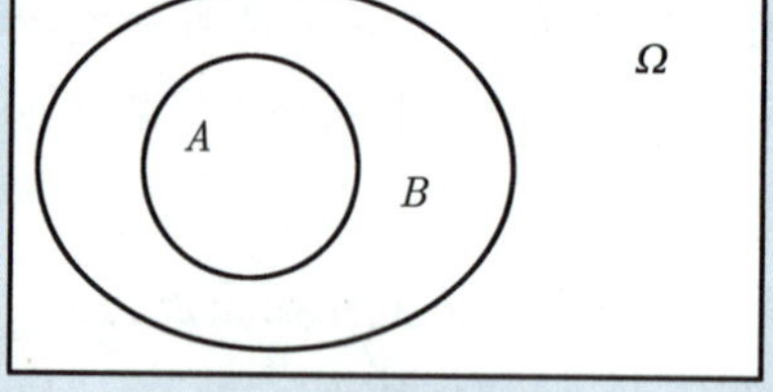


图 1.1 $A \subset B$

2. 相等关系（equality）

如果 $A \subset B$ 和 $B \subset A$ 同时成立，则称事件 $A$ 和 $B$ 相等，记为 $A = B$.

3. 互斥关系（disjointness）

如果事件 $A$ 和事件 $B$ 没有相同的样本点（如图1.2所示），则称 $A$ 与 $B$ 互斥，或者说互不相容. 换句话说，事件 $A$ 和事件 $B$ 不能同时发生. 特别地，认为任何事件与不可能事件 $\varnothing$ 互斥.

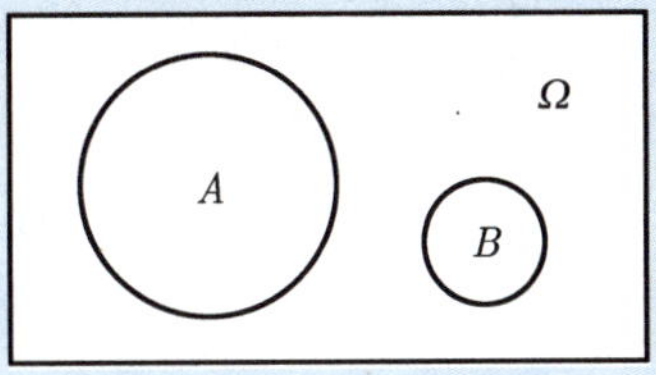


图 1.2　$A$ 与 $B$ 互斥

我们知道，任何一个事件都是样本空间 $\Omega$ 的一个子集. 由于事件的本质是集合，因此，从集合论的角度，我们也可以将集合运算引入对应的事件运算.

4. 事件的并

事件 $A$ 和事件 $B$ 的**并**（union）记为 $A \cup B$，表示 $A$ 和 $B$ 中所有的样本点（若有相同的样本点，只计入一次）组成的新事件（如图1.3所示）. 若 $A$、$B$ 互斥，$A \cup B$ 又记为 $A + B$，也叫作 $A$ 与 $B$ 的**和**（addition）.

显然 $A \subset A \cup B$，$B \subset A \cup B$，即 $A$ 发生或者 $B$ 发生都导致 $A \cup B$ 发生. 沿用集合论中的符号，事件 $A$ 中包含某个样本点 $\omega$，记为 $\omega \in A$，否则记为 $\omega \notin A$，则上述 $A$、$B$、$A \cup B$ 之间的关系可以表示为 $\omega \in A \cup B \Longrightarrow \omega \in A$ 或者 $\omega \in B$. 因此，$A \cup B$ 发生就意味着事件 $A$ 或事件 $B$ 至少有一个发生.

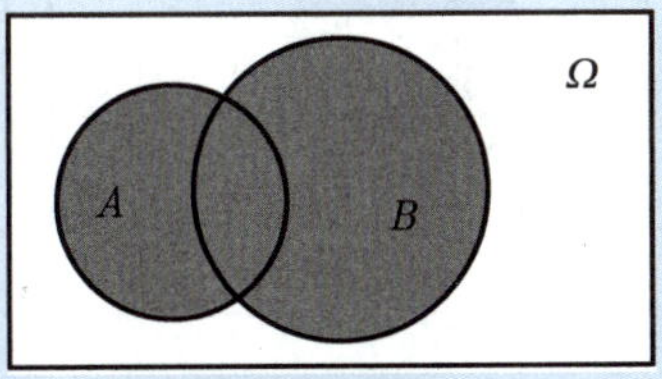


图 1.3　$A \cup B$

5. 事件的交

事件 $A$ 和 $B$ 的**交**（intersection）记为 $A \cap B$，一般简记为 $AB$，表示 $A$ 和 $B$ 中公共的样本点组成的新事件，即 $\omega \in A \cap B \Longleftrightarrow \omega \in A$ 且 $\omega \in B$（见图1.4）. 事件 $A \cap B$ 发生就意味着 $A$ 和 $B$ 同时发生. 特别地，如果 $AB = \varnothing$，则 $A$ 与 $B$ 互斥；反过来，若 $A$ 与 $B$ 互斥，则 $AB = \varnothing$.

事件的并和交都可推广到多个事件的情形. 设有 $n$ 个事件 $A_1$，$A_2$，$\cdots$，$A_n$，它们的并

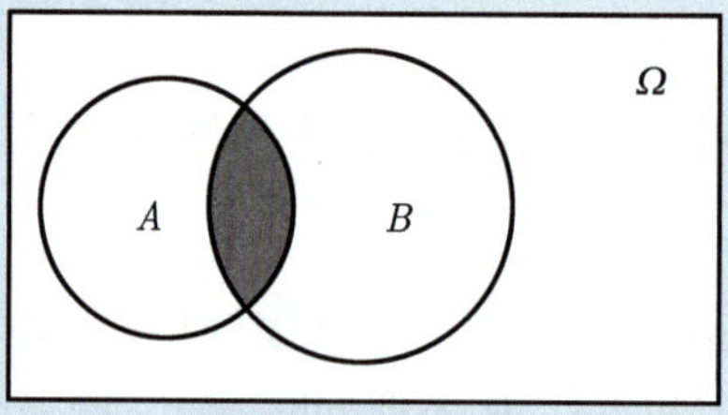


图 1.4　$A\cap B$

事件 $A_1\cup A_2\cup\cdots\cup A_n$，一般简记为 $\bigcup\limits_{k=1}^{n}A_k$，称为有限并. 它们的交事件 $A_1\cap A_2\cap\cdots\cap A_n$，记为 $\bigcap\limits_{k=1}^{n}A_k$，称为有限交. 显然，$\bigcup\limits_{k=1}^{n}A_k$ 发生意味着 $A_k\ (k=1,2,\cdots,n)$ 至少有一个发生，$\bigcap\limits_{k=1}^{n}A_k$ 发生意味着 $A_k\ (k=1,2,\cdots,n)$ 同时发生. 如果有可列个事件 $A_1,A_2,\cdots$，也可以同样定义它们的并和交，分别记为 $\bigcup\limits_{k=1}^{\infty}A_k$ 和 $\bigcap\limits_{k=1}^{\infty}A_k$. $\bigcup\limits_{k=1}^{\infty}A_k$ 发生意味着 $A_k\ (k=1,2,\cdots)$ 至少有一个发生，$\bigcap\limits_{k=1}^{\infty}A_k$ 发生意味着 $A_k\ (k=1,2,\cdots)$ 同时发生.

### 6. 事件的差和余

事件 $A$ 与 $B$ 的**差**（difference）记为 $A-B$，表示在 $A$ 中但不在 $B$ 中的样本点组成的事件（见图1.5）. $\omega\in A-B\iff\omega\in A$ 且 $\omega\notin B$，$A-B$ 发生意味着 $A$ 发生而 $B$ 不发生.

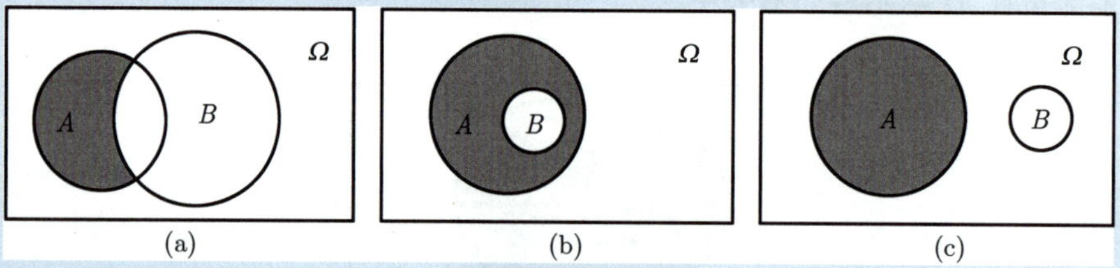


图 1.5　$A-B$

特别地，$\Omega-A$ 记为 $A^c$，称为 $A$ 的**余**（complement）或**对立事件**（complementary event）. 同时把 $\Omega-A$ 叫作对 $A$ 的取余运算. 显然 $A\cap A^c=\varnothing$，$A\cup A^c=\Omega$. 另外，$(A^c)^c=A$，即 $A$ 是 $A^c$ 的对立事件. $\Omega^c=\varnothing$，$\varnothing^c=\Omega$.

### 7. 事件的运算法则

很多时候，还需要进行多个事件的并、交、取余、差等的混合运算. 在进行混合运算时，有如下约定：先做取余运算，再做交运算，最后进行并或差的运算. 当然还可以用括号来表示运算的先后顺序. 比如，计算 $A\cup B^c\cap C$，则需先对 $B$ 取余，再计算 $B^c$、$C$ 的交，最后计算与 $A$ 的并. 若计算 $(A\cup B^c)\cap C$，则需先对 $B$ 取余，再计算与 $A$ 的并，最后计算与 $C$ 的交. 并与差的运算按先后顺序，例如计算 $A-B\cup C$ 是先做差再做并运算，而 $A-(B\cup C)$ 的计算顺序则相反.

一些运算可以表示为基础的交并补运算，例如两个事件 $A$ 和 $B$ 的差 $A-B$ 等于 $AB^c$. 另外记 $A\triangle B=AB^c\cup A^cB=A\cup B-AB$，称为 $A$ 和 $B$ 的**对称差**（symmetric difference），表示由属于且只属于 $A$ 或 $B$ 其中之一的样本点组成的事件. $A\triangle B$ 发生，意味着要么 $A$ 发生，要么 $B$ 发生，且 $A$、$B$ 不能同时发生.

另外，很容易验证事件的运算满足下面的运算律：

(1) 交换律：$A\cup B=B\cup A$，$A\cap B=B\cap A$.

(2) 结合律：$(A\cup B)\cup C=A\cup(B\cup C)$，$(AB)C=A(BC)$.

(3) 分配律：$(A\cup B)\cap C=AC\cup BC$，$(A\cap B)\cup C=(A\cup C)\cap(B\cup C)$.

(4) 对偶律（De Morgan 公式）：$(A\cup B)^c=A^c\cap B^c$，$(A\cap B)^c=A^c\cup B^c$.

特别地，对偶律对有限个或可列个事件的情形也成立：

$$\left(\bigcap_{k=1}^{n}A_k\right)^c=\bigcup_{k=1}^{n}A_k^c,\ \left(\bigcup_{k=1}^{n}A_k\right)^c=\bigcap_{k=1}^{n}A_k^c,\ \left(\bigcap_{k=1}^{\infty}A_k\right)^c=\bigcup_{k=1}^{\infty}A_k^c,\ \left(\bigcup_{k=1}^{\infty}A_k\right)^c=\bigcap_{k=1}^{\infty}A_k^c.$$

**例 1.1.6** 设 $A,B,C$ 为三个事件，试用 $A,B,C$ 的运算关系表示下列事件：(1) $A$ 发生；(2) 仅 $A$ 发生；(3) 恰有一个发生；(4) 至少有一个发生；(5) 至多有一个发生；(6) 都不发生；(7) 不都发生；(8) 至少有两个发生.

**解** (1) $A$；(2) $AB^cC^c$；(3) $AB^cC^c\cup A^cBC^c\cup A^cB^cC$；(4) $A\cup B\cup C$；(5) $A^cB^cC^c\cup AB^cC^c\cup A^cBC^c\cup A^cB^cC$；(6) $A^cB^cC^c$；(7) $(ABC)^c$；(8) $AB\cup AC\cup BC$.

表 1.1 汇总了本节的内容.

**表 1.1**

| 符号 | 概率论定义 |
|---|---|
| $\Omega$ | 样本空间，必然事件 |
| $\varnothing$ | 不可能事件 |
| $\omega$ | 样本点，简单事件 |
| $A$ | 事件 |
| $\omega\in A$ | 样本点 $\omega$ 在事件 $A$ 中，实验结果 $\omega$ 出现则 $A$ 发生 |
| $A\subset B$ | $A$ 发生则蕴含着 $B$ 发生 |
| $A=B$ | $A$、$B$ 为同一事件 |
| $A\cap B$ 或 $AB$ | $AB$ 发生则意味着 $A$、$B$ 同时发生 |
| $AB=\varnothing$ | $A$、$B$ 互斥，它们不能同时发生 |
| $A\cup B$ | $A\cup B$ 发生则意味着 $A$、$B$ 至少有一个发生 |
| $A^c$ | $A$ 的对立事件，$A^c$ 发生则 $A$ 不发生，反之亦然 |
| $A-B$ | $A-B$ 发生则表示 $A$ 发生但 $B$ 不发生 |
| $A\triangle B$ | $A\triangle B$ 发生则表示 $A$、$B$ 中只有一个发生 |

### 1.1.3 事件域

在概率论中，样本空间 $\Omega$ 是一个基本概念，它由随机实验的所有简单结果 (即全体样本点) 组成，任一事件都是 $\Omega$ 的子集. 但是，在概率论中，一般并不把 $\Omega$ 的所有子集都作为事件，而是事先确定一个“事件域”. 所谓事件域，就是一个由 $\Omega$ 的某些子集构成的集合类. 只有在事件域中的集合才能被作为事件来研究，而不在事件域中的 $\Omega$ 的子集则不在研究范围内.

不把 $\Omega$ 的所有子集都作为事件来研究，是因为要把 $\Omega$ 的所有子集都看作事件并定义其概率，有时会遇到不可克服的困难. 要理解这些需要对实变函数或测度论有一定的了解，这里不再赘述.

在概率论中，对事件域的划定，并不是具体给出其中的所有集合，而只是给出一个规则. 只要是按照这个规则给出的集合类，都可以是一个事件域. 这样，即使在同一个样本空间 $\Omega$ 下，事件域也可以有很多不同的情形.

事件域需要满足的规则如下：

(1) $\Omega$ 应该是事件，也就是说 $\Omega$ 应该在事件域中，下面我们一般用 $\mathcal{F}$ 来表示事件域. 从而应该有 $\Omega \in \mathcal{F}$.

(2) 如果集合 $A$ 是一个事件，那么 $A^c$ 也应该是事件，即若 $A \in \mathcal{F}$，则 $A^c \in \mathcal{F}$.

(3) 如果集合列 $\{A_k, k=1,2,\cdots\}$ 都是事件，那么 $\bigcup\limits_{k=1}^{\infty} A_k$ 也应该是事件，即如果 $A_k \in \mathcal{F}, k=1,2,\cdots$，则 $\bigcup\limits_{k=1}^{\infty} A_k \in \mathcal{F}$.

满足以上三个规则的 $\Omega$ 上的集合类 $\mathcal{F}$ 就称为一个**事件域** (event field).

有了事件域的定义后，我们再说到事件将不再指 $\Omega$ 的任意一个子集，而是事件域中的某个集合.

根据上一节所讲的集合的运算，从事件域所满足的三个规则可以很容易推导出事件域的如下性质：

(1) $\varnothing \in \mathcal{F}$，这由 $\mathcal{F}$ 所满足的第 (1)(2) 条规则马上可得.

(2) 若 $A_1, A_2, \cdots, A_n$ 都是事件，则 $\bigcup\limits_{k=1}^{n} A_k$ 也是事件. 事实上，只要令 $A_{n+1} = A_{n+2} = \cdots = \varnothing$，则 $\bigcup\limits_{k=1}^{n} A_k = \bigcup\limits_{k=1}^{n} A_k \cup \varnothing \cup \varnothing \cup \cdots = \bigcup\limits_{k=1}^{\infty} A_k$，由 $\mathcal{F}$ 满足的第 (3) 条规则即得结论.

(3) 若 $A_1, A_2, \cdots, A_n$ 是事件，则 $\bigcap\limits_{k=1}^{n} A_k$ 也是事件，此结论对于可列个事件的交也成立，只需注意到 $\bigcap\limits_{k=1}^{\infty} A_k = \left(\bigcup\limits_{k=1}^{\infty} A_k^c\right)^c$，$\bigcap\limits_{k=1}^{n} A_k = A_1 \cap A_2 \cap \cdots \cap A_n \cap \Omega \cap \Omega \cdots$ 即可.

下面是事件域的几个例子:

(1) $\mathcal{F} = \{\varnothing, \Omega\}$.

(2) $\mathcal{F} = \{\varnothing, A, A^c, \Omega\}$.

(3) $\mathcal{F}=\{\Omega$的所有子集$\}$.

有了样本空间 $\Omega$ 和事件域 $\mathcal{F}$ 之后，通常把它们合并为 $(\Omega,\mathcal{F})$，并称 $(\Omega,\mathcal{F})$ 为**可测空间**（measurable space）. 这本身是实变函数中的叫法. 所谓可测空间只不过是在 $\Omega$ 之外附加一个 $\mathcal{F}$ 而已，$\mathcal{F}$ 中的集合就叫作可测集. 顾名思义，也就是可以“测量”、可以“研究”的集合. 给定了 $\mathcal{F}$，就划定了“测量”“研究”的范围，即所有研究只局限于 $\mathcal{F}$ 中的集合.

下一节将引入概率，$\Omega$、$\mathcal{F}$ 加上概率组成的三元组是概率公理化的基础.

# 1.2 概 率

## 1.2.1 概率的定义

我们已经知道，概率论是研究随机现象的数量规律的学科，其中各个事件发生的可能性大小就是其中最重要的数量规律. 而这个可能性的大小就是**概率**（probability）.

在概率论的发展史上，关于概率的定义曾经有很多，包括概率的古典定义（由拉普拉斯给出，又称组合性概率）、频率定义（又称统计性概率）、几何概率、主观概率等. 但是这些定义都有各自的局限性，甚至在有些问题中会出现一些歧义. 而如何给出概率的严格定义，完善概率论自身的理论基础，一度是概率论发展中所必须解决的非常重要的问题. 这也是 1900 年希尔伯特在国际数学家大会上所提出的 20 世纪应解决的 23 个数学问题之一. 之后有很多人致力于解决这一问题. 而直到 1933 年，苏联数学家柯尔莫哥洛夫提出的概率的公理化定义以及他所建立的概率论的公理化体系，才使得这一问题得到真正的解决. 这一公理化体系既综合了历史上几种概率定义的共同特性，又避免了各自的局限性和含混不清之处. 概率论的公理化体系的建立是概率论发展史上的一个里程碑，在此基础上，概率论才真正作为一门严谨的数学学科迅速发展起来.

本节我们将首先给出柯尔莫哥洛夫给出的概率的公理化定义，在 1.2.3 节中再分别介绍概率几种曾经的定义，读者很容易看出它们之间的区别.

**定义 1.2.1** 设 $\Omega$ 为一个给定的样本空间，$\mathcal{F}$ 是 $\Omega$ 上的一个事件域，$P$ 是定义在 $\mathcal{F}$ 上的一个集合函数，它称为概率，如果它满足如下三条性质:

(1) 对 $\forall A\in\mathcal{F}$，$P(A)\geqslant 0$;

(2) $P(\Omega)=1$;

(3) 若 $A_i\in\mathcal{F}, i=1,2,\cdots$，并且它们两两互不相容，则

$$P\Big(\bigcup_{i=1}^{\infty}A_i\Big)=\sum_{i=1}^{\infty}P(A_i).$$

这三条性质又分别称为概率的非负性公理、正则性公理及可列可加性公理.

所谓集合函数，就是一个从集合到实数的映射. 概率就是定义域为 $\mathcal{F}$ 且满足以上三个公理的集合函数. 很明显，这一定义并没有具体给出如何计算 $\mathcal{F}$ 中任一事件 $A$ 的概率，而

只是规定了概率所满足的性质. 这样即使在同一个 $\Omega$、同一个 $\mathcal{F}$ 上，概率也可以有多种选择. 只要是满足三个公理的集合函数，都是 $(\Omega,\mathcal{F})$ 上的概率.

**例 1.2.1** 设 $\Omega=\{H,T\}$，$\mathcal{F}=2^{\Omega}=\{\Omega,\varnothing,\{H\},\{T\}\}$，设 $p\ (0<p<1)$，定义 $\mathcal{F}$ 上的函数满足：

$$P(\Omega)=1,\ P(\varnothing)=0,\ P(\{H\})=p,\ P(\{T\})=1-p.$$

于是，按照定义知，$p$ 是概率.

现在，我们已经在 $(\Omega,\mathcal{F})$ 上定义了概率 $P$，$(\Omega,\mathcal{F},P)$ 的三元组就称为概率空间. 在概率论其他理论问题的研究中，一般都假定 $(\Omega,\mathcal{F},P)$ 已经给定. 而对于实际问题，如何给定 $\Omega$、选择合适的 $\mathcal{F}$、确定 $P$，则要视具体情况而定.

## 1.2.2 概率的性质

利用概率所满足的三个公理，可以推出概率的另外一系列重要性质. 本节将详细列出.

**性质 1.2.1** $P(\varnothing)=0$.

**证明**：因为 $\Omega\cup\varnothing\cup\varnothing\cup\cdots=\Omega$，而 $\varnothing$ 与任何事件都互斥，所以

$$P(\Omega)=P(\Omega)+P(\varnothing)+\cdots+P(\varnothing)+\cdots,$$

由 $P(\Omega)=1$，以及概率的非负性可知，$P(\varnothing)=0$.

**性质 1.2.2**（有限可加性） 对于 $A_i\in\mathcal{F},i=1,2,\cdots,n$，$A_iA_j=\varnothing(i\neq j)$，即它们两两互斥，则 $P\left(\bigcup\limits_{i=1}^{n}A_i\right)=\sum\limits_{i=1}^{n}P(A_i)$.

**证明**：令 $A_{n+1}=A_{n+2}=\cdots=\varnothing$，则 $A_iA_j=\varnothing(i\neq j)$，$\bigcup\limits_{i=1}^{\infty}A_i=\bigcup\limits_{i=1}^{n}A_i$，应用可列可加性可知，$P\left(\bigcup\limits_{i=1}^{n}A_i\right)=P\left(\bigcup\limits_{i=1}^{\infty}A_i\right)=\sum\limits_{i=1}^{\infty}P(A_i)=\sum\limits_{i=1}^{n}P(A_i)+0+0+\cdots=\sum\limits_{i=1}^{n}P(A_i)$.

**性质 1.2.3**（可减性） 若 $A\supset B$，则 $P(A-B)=P(A)-P(B)$.

**证明**：当 $A\supset B$ 时，$A=B\cup(A-B)$，$B\cap(A-B)=\varnothing$，从而 $P(A)=P(B)+P(A-B)$.

**推论 1.2.1**（单调性） 若 $A\supset B$，则 $P(A)\geqslant P(B)$.

由此，对 $\forall A\in\mathcal{F}$，由 $A\subset\Omega$ 可知 $P(A)\leqslant P(\Omega)=1$，再由概率的非负性，则得到如下推论.

**推论 1.2.2**　$0\leqslant P(A)\leqslant 1$，$P(A^c)=1-P(A)$.

**性质 1.2.4**（概率的加法公式）$\forall A,B\in\mathcal{F}$, $P(A\cup B)=P(A)+P(B)-P(AB)$.

**证明**：由于 $A\cup B=A\cup(B-AB)$，且 $A\cap(B-AB)=\varnothing$，所以 $P(A\cup B)=P(A)+P(B-AB)$. 又 $AB\subset B$，所以 $P(A\cup B)=P(A)+P(B)-P(AB)$.

这个结论可以推广到任意 $n$ 个事件的情形，即概率的一般加法公式：对 $A_i\in\mathcal{F}, i=1,\cdots,n$，$P\Big(\bigcup\limits_{i=1}^n A_i\Big)=\sum\limits_{i=1}^n P(A_i)-\sum\limits_{i<j}P(A_iA_j)+\sum\limits_{i<j<k}P(A_iA_jA_k)+\cdots+(-1)^{n-1}P(A_1\cdots A_n)$. 证明由归纳法即得.

**推论 1.2.3**（概率的次可加性）$P(A\cup B)\leqslant P(A)+P(B)$. 此性质很容易推广到任意 $n$ 个事件的情形，即对 $A_i\in\mathcal{F}, i=1,2,\cdots,n$，$P\Big(\bigcup\limits_{i=1}^n A_i\Big)\leqslant\sum\limits_{i=1}^n P(A_i)$.

下面我们要讨论概率的连续性质，它与可列可加性是有紧密联系的.

为了讨论概率的连续性，首先需要定义事件序列的极限.

**定义 1.2.2**　(1) 对 $\mathcal{F}$ 中任一单调不减的事件序列 $A_1\subset A_2\subset\cdots$，称 $\bigcup\limits_{i=1}^\infty A_i$ 为 $\{A_i\}$ 的极限事件，记为 $\lim\limits_{i\to\infty}A_i=\bigcup\limits_{i=1}^\infty A_i$.

(2) 对 $\mathcal{F}$ 中任一单调不增的事件序列 $B_1\supset B_2\supset\cdots$，称 $\bigcap\limits_{i=1}^\infty B_j$ 为 $\{B_j\}$ 的极限事件，记为 $\lim\limits_{j\to\infty}B_j=\bigcap\limits_{j=1}^\infty B_j$.

**性质 1.2.5**（概率的下连续性）　对 $\mathcal{F}$ 中任一单调不减的事件序列 $\{A_i, i=1,2,\cdots\}$，有 $P(\lim\limits_{i\to\infty}A_i)=\lim\limits_{i\to\infty}P(A_i)$.

**性质 1.2.6**（概率的上连续性）　对 $\mathcal{F}$ 中任一单调不增的事件序列 $\{B_j, j=1,2,\cdots\}$，有 $P(\lim\limits_{j\to\infty}B_j)=\lim\limits_{j\to\infty}P(B_j)$.

**证明** (性质1.2.5和性质1.2.6)：设 $\{A_i, i=1,2,\cdots\}$ 是 $\mathcal{F}$ 中一个单调不减的事件序列，令 $F_1=A_1$，$F_i=A_iA_{i-1}^c, i=2,3,\cdots$，则易见事件 $F_1,F_2,\cdots$ 两两互斥，并且 $\bigcup_{i=1}^{\infty}F_i=\bigcup_{i=1}^{\infty}A_i$，$A_n=\bigcup_{i=1}^{n}F_i, n=1,2,\cdots$，则由概率的可列可加性及有限可加性可知

$$P\Big(\bigcup_{i=1}^{\infty}A_i\Big)=P\Big(\bigcup_{i=1}^{\infty}F_i\Big)=\sum_{i=1}^{\infty}P(F_i)=\lim_{n\to\infty}\sum_{i=1}^{n}P(F_i)=\lim_{n\to\infty}P\Big(\bigcup_{i=1}^{n}F_i\Big)=\lim_{n\to\infty}P(A_n),$$

即 $P(\lim_{i\to\infty}A_i)=\lim_{i\to\infty}P(A_i)$.

若 $\{B_j, j=1,2,\cdots\}$ 是 $\mathcal{F}$ 中一个单调不增的事件序列，则 $\{B_j^c, j=1,2,\cdots\}$ 是 $\mathcal{F}$ 中一个单调不减的事件序列，由概率的下连续性：

$$P\Big(\bigcap_{j=1}^{\infty}B_j\Big)=1-P\Big(\Big(\bigcap_{j=1}^{\infty}B_j\Big)^c\Big)=1-P\Big(\bigcup_{j=1}^{\infty}B_j^c\Big)=1-\lim_{j\to\infty}P(B_j^c)$$
$$=1-\lim_{j\to\infty}(1-P(B_j))=\lim_{j\to\infty}P(B_j).$$

从上面的讨论可知，有限可加性和极限性质可以由可列可加性推出，而反过来，也可以证明可列可加性可以由有限可加性加上下连续性推出，即二者互为充要条件.

**定理 1.2.1** 对于 $\mathcal{F}$ 上满足 $P(\Omega)=1$ 的非负集合函数，它具有可列可加性的充要条件是它同时具有有限可加性和下连续性.

**证明**：只需证明充分性.

设 $A_i\in\mathcal{F}_i, i=1,2,\cdots$ 是一个两两不相容的事件序列，则对任意有限的 $n$，由有限可加性可知：

$$P\Big(\bigcup_{i=1}^{n}A_i\Big)=\sum_{i=1}^{n}P(A_i).$$

而对任意 $n$，这个和不超过 1. 所以正项级数 $\sum_{i=1}^{\infty}P(A_i)$ 收敛，即

$$\lim_{n\to\infty}P\Big(\bigcup_{i=1}^{n}A_i\Big)=\lim_{n\to\infty}\sum_{i=1}^{n}P(A_i)=\sum_{i=1}^{\infty}P(A_i). \tag{1.1}$$

令 $F_n=\bigcup_{i=1}^{n}A_i$，则 $\{F_n\}$ 是单调不减的事件序列，且 $\bigcup_{n=1}^{\infty}F_n=\bigcup_{i=1}^{\infty}A_i$，由下连续性可知：

$$\lim_{n\to\infty}P\Big(\bigcup_{i=1}^{n}A_i\Big)=\lim_{n\to\infty}P(F_n)=P(\lim_{n\to\infty}F_n)=P\Big(\bigcup_{n=1}^{\infty}F_n\Big)=P\Big(\bigcup_{i=1}^{\infty}A_i\Big). \tag{1.2}$$

由式 (1.1) 和式 (1.2) 即可得到 $P\Big(\bigcup_{i=1}^{\infty}A_i\Big)=\sum_{i=1}^{\infty}P(A_i)$.

**例 1.2.2** $AB=\varnothing$，$P(A)=0.6$，$P(A\cup B)=0.9$，求 $P(B^c)$.

**解** 因为 $AB=\varnothing$，所以 $P(B)=P(A\cup B)-P(A)=0.9-0.6=0.3$, 于是 $P(B^c)=1-P(B)=0.7$.

**例 1.2.3** 一颗骰子掷四次，求至少出现一次 6 点的概率.

**解** 设 $A$ 表示事件“至少出现一次 6 点”，则 $A^c$ 表示“一次 6 点都不出现”，由对立事件公式，$P(A)=1-P(A^c)=1-\dfrac{5^4}{6^4}$.

**例 1.2.4** 掷一骰子两次，求出现点数和为 5 的概率.

**解** 设 $A$ 表示事件“两次骰子和为 5”，则 $A=\{(1,4),(4,1),(2,3),(3,2)\}$，而两次骰子出现的结果一共有 36 种，所以 $P(A)=\dfrac{4}{36}=\dfrac{1}{9}$.

**例 1.2.5** 口袋中有 $n-1$ 个黑球、一个白球，每次从袋中随机摸出一球并换入一个黑球，求第 $k$ 次取到的球是黑球的概率.

**解** 设 $A_k$ 表示事件“第 $k$ 次取到的球是黑球”，显然 $P(A_1)=\dfrac{n-1}{n}$，$A_k^c$ 表示事件“第 $k$ 次取到的是白球”. 因为如果某次取到白球之后，再次摸到的球一定是黑球，故第 $k$ 次取到白球，表明前 $k-1$ 次取到的都是黑球，$A_k^c=A_1\cdots A_{k-1}A_k^c$. 由对立事件公式，有

$$P(A_k)=1-P(A_k^c)=1-P(A_1\cdots A_{k-1}A_k^c)=1-\frac{(n-1)^{k-1}}{n^k},k=2,3,\cdots.$$

### 1.2.3 古典概率、几何概率、统计概率、主观概率

本节将分别介绍概率论发展史上曾经有过的几种定义. 虽然作为概率的定义，它们都有各自的局限，但是在概率论的公理化体系下，这几种关于概率的具体化的定义却可以分别作为在某些情形下确定概率的方法.

1. 古典概率

**古典概率**（classical probability）是拉普拉斯所给出的概率的定义，一般又称为概率的古典定义. 定义针对如下情形给出：

（1）实验的简单结果为有限个，即 $\Omega$ 为有限样本空间 $\{\omega_1,\omega_2,\cdots,\omega_n\}$；

（2）每个样本点出现的可能性是一样的.

此时认为 $\Omega$ 的所有子集都是事件，对任一事件 $A$，它的概率定义为

$$P(A)=\frac{\text{事件}A\text{所包含样本点的个数}}{n}.$$

容易验证，这一定义满足概率公理化定义的所有条件：非负性、正则性是显然的，有限可加性易证，而本质上，这里并不涉及可列可加性. 在这种情形下，关于事件概率的计算主要是基于排列组合的方法，所以又称其为组合概率.

一般把满足上述（1）（2）的数学模型称为古典概型. 概率的古典定义只适用于这种场合. 古典概型在概率论的发展史上有着重要地位，虽然它的模型很简单，但是它的应用范围还是很广的. 在实际问题当中，有很多情况可以用古典概型来描述.

**例 1.2.6** 掷两颗均匀的骰子，求出现点数之和为 8 的概率.

**解** 设事件 $A$ 为“两次点数之和为 8”，则 $A=\{(2,6),(3,5),(4,4),(5,3),(6,2)\}$，两次掷骰子一共有 36 种结果，所以可以计算出 $P(A)=\dfrac{5}{36}$.

**例 1.2.7** 随机抽取五人，求有两人生日在同一天的概率.

**解** 设事件 $A$ 为“有两人生日在同一天”，则事件 $A^c$ 为“五人生日均不在同一天”，那么

$$P(A)=1-P(A^c)=1-\frac{365\times364\times363\times362\times361}{365^5}=1-\frac{365!}{365^5\times360!}.$$

**例 1.2.8** 甲、乙、丙三人按顺序掷一颗骰子，先掷出 5 点的人胜利，求甲的胜率.

**解** 设事件 $A$ 为“甲先掷出 5 点获胜”，事件 $A_i$ 为“甲在第 $i$ 轮获胜”，则

$$P(A)=P(A_1)+P(A_2)+\cdots=\frac{1}{6}+\left(\frac{5}{6}\right)^3\times\frac{1}{6}+\cdots=\frac{\frac{1}{6}}{1-\left(\frac{5}{6}\right)^3}=\frac{36}{91}.$$

思考：乙、丙的胜率各是多少?

**例 1.2.9** 将 3 个不同的球等可能地放入 3 个连续摆放的盒子. 不妨将球分别标记为 $a,b,c$，那么所有放置的结果如图1.6所示. 所以此时样本点共 27 个，认为每个结果的出现都是等可能的，从而每个样本点出现的概率 $P(\{\omega_i\})=\dfrac{1}{27},i=1,2,\cdots,27$.

上面的例子可以推广到任意 $r$ 个球放在 $n$ 个盒子中的情形. 样本点的个数随着 $r,n$ 的增大而增大. 它的计算公式是 $n^r$. 利用此模型，对 $r\leqslant n$ 的情形，分别计算“某指定的 $r$ 个盒子中各有一球”和“恰好有 $r$ 个盒子中各有一球”的概率 $p_1$, $p_2$.

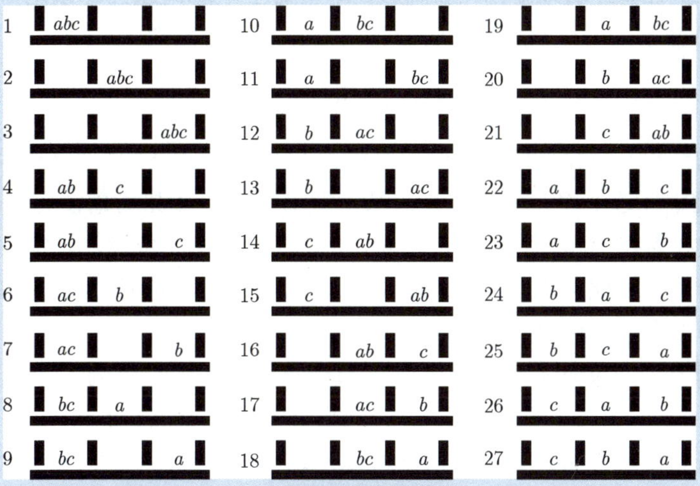


图 1.6 摆放结果

**解** 对于 $r$ 个盒子已经指定的情形，只需考虑 $r$ 个球在这指定的 $r$ 个盒子中各放一个的放法，这样的放法共有 $r!$ 种，从而 $p_1 = \dfrac{r!}{n^r}$. 如果盒子不指定，则可以在 $n$ 个盒子中任意选取 $r$ 个. 这样放球的过程可以分两步：第一步先从 $n$ 个盒子中任选 $r$ 个准备放球，这样的选法共有 $C_n^r$ 种；第二步将 $r$ 个球放入选中的 $r$ 个盒子中，每个盒子各放一个球，共有 $r!$ 种放法. 这样的放法一共有 $C_n^r \cdot r! = P_n^r$ 种. 其实这个问题可以更简单地考虑：第一个球可以放在 $n$ 个盒子中的任何一个，第二个球只能放在余下的 $n-1$ 个盒子中 …… 一直到第 $r$ 个球只能从剩余的 $n-r+1$ 个盒子中任选一个，这样的放法一共有 $n(n-1)(n-2)\cdots(n-r+1) = P_n^r$ 种，因此，$p_2 = \dfrac{P_n^r}{n^r}$.

上面的例子给出的模型可以用来描述很多实际问题，比如：

(1) 生日问题：考虑 $r$ 个人的生日在一年中（设为 365 天）如何分布就相当于把 $r$ 个人放入 $n = 365$ 个盒子中.

(2) 掷骰子：掷 $r$ 颗骰子的所有可能结果相当于把 $r$ 个球放入 $n = 6$ 个盒子中，如果是扔硬币，则对应的盒子数 $n = 2$. 这时就可以计算“扔 3 颗骰子，不出现 1 点”等事件的概率.

**例 1.2.10** 在上例中，如果 3 个球无区别，考虑同样的问题，出现的所有结果就变为如图1.7所示.

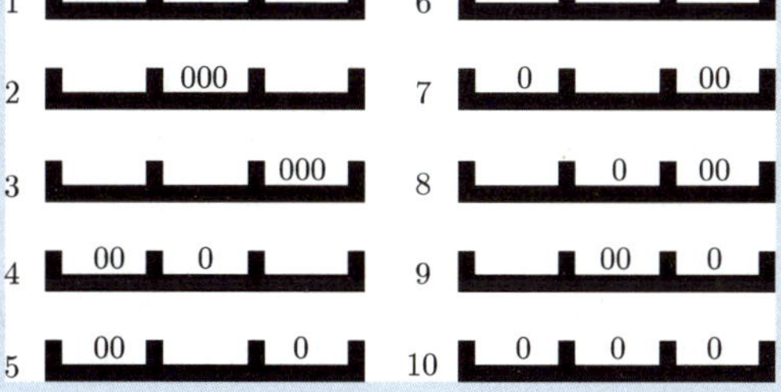


图 1.7 摆放结果

一般，考虑把任意 $r$ 个无区别的球放在 $n$ 个盒子中的问题：可以用 $n+1$ 条竖线“|”把空间分成 $n$ 个盒子，用 $*$ 代表球. 例如取 $n=6$，$r=8$，则

$$|***|*||||****|$$

就是一种可能的结果. 一般来说，不同放法的总数就等于从开始和终结的两条竖线中间的 $n-1+r$ 个位置中任选 $r$ 个位置的选法总数，即 $C_{n+r-1}^{r}$. 如果考虑没有盒子是空的，就相当于没有两条竖线靠在一起. 注意到 $r$ 个 $*$ 中间共有 $r-1$ 个位置，只要从这 $r-1$ 个位置中任选 $n-1$ 个放竖线就可以了. 放法总数为 $C_{r-1}^{n-1}$. 当 $r \leqslant n$ 时，可以考虑每一盒子最多只能装一个球的限定，这种放法的总数为 $C_n^r$.

在生日问题中，如果只考虑日历中生日的分布，不考虑具体的人，则可以用这一“无区别球的排列”模型. 另外，如果只关心掷 $r$ 颗骰子出现 1 点、2 点 …… 的个数，而不考虑 $r$ 颗骰子各自出现什么点数，也同样可以用这一模型.

**例 1.2.11**（抽样问题（不放回）） 从 $N$ 个编号为 $1,2,\cdots,N$ 的球中随机抽取 $n$ 个（“随机”的意思是每个球都等可能地被抽到）. 如果这 $N$ 个球中有 $M$ 个红色的、$N-M$ 个白色的，那么抽出的 $n$ 个球中有 $m$ 个红色球的概率是多少？

**解** 首先，这一问题的样本空间 $\Omega$ 中样本点的个数为 $C_N^n$，并且这 $C_N^n$ 个样本点是等可能发生的，每个发生的概率为 $\dfrac{1}{C_N^n}$. 事件 $A$“抽出的 $n$ 个球中有 $m$ 个红色球”中含有的样本点个数可以如下计算：这个事件发生等价于“$M$ 个红色球中恰有 $m$ 个被抽出，$N-M$ 个白色球中恰有 $n-m$ 个被抽出”，它所含的样本点个数为 $C_M^m C_{N-M}^{n-m}$，从而 $P(A)=\dfrac{C_M^m C_{N-M}^{n-m}}{C_N^n}$.

**例 1.2.12**（抽样问题（有放回）） 仍然考虑从上述的 $N$ 个球中随机取球，方式为每次抽取一个，记录颜色后放回. 这样共抽取 $n$ 次，那么事件“取出的 $n$ 个球中恰好有 $m$ 个为红球”发生的概率是多少？

**解** 样本点的总数可以如下计算：因为每次抽取时每个球都等可能被抽出，那么每次抽取时，都有 $N$ 种不同结果出现，这样一共抽取 $n$ 次，共有 $N^n$ 个等可能样本点. 事件 $A=$“取出的 $n$ 个球中恰有 $m$ 个红球”发生相当于“从 $N-M$ 个白球中有放回地抽取 $n-m$ 次，从 $M$ 个红球中有放回地抽取 $m$ 次”，总数为 $C_n^m M^m (N-M)^{n-m}$，从而

$$P(A)=\frac{C_n^m M^m (N-M)^{n-m}}{N^n}=C_n^m\left(\frac{M}{N}\right)^m\left(1-\frac{M}{N}\right)^{n-m}.$$

抽球问题可以作为很多实际问题的模型，比如产品质量检验等.

有时候对于同一个问题可以选取不同的模型，比如下面的例子.

同样考虑抽球问题，设袋子中有 $N$ 个球，分别为 $M$ 个红球和 $N-M$ 个白球，随机地把这 $N$ 个球无放回抽出，问"第 $n$ 次恰好取到红球"这一事件发生的可能性.

这里我们暂时没有使用"概率"一词，这是因为概率是给定了 $\Omega, \mathcal{F}$ 之后得出的，而这里其实我们可以选取不同的样本空间来考虑这一问题.

(1) 在上例中，假设这 $N$ 只球已有不同编号，把抽出的球按次序排列，则所有的可能结果共有 $N!$ 个，即令 $\Omega$ 为 $N$ 次抽出的球的所有排列，$\Omega$ 中共有 $N!$ 个样本点，每个样本点等可能出现. 而"第 $n$ 次抽出红球"是一个事件，记为 $B$，它所包含的样本点个数为 $M \cdot (N-1)!$，从而

$$P(B) = \frac{M \cdot (N-1)!}{N!} = \frac{M}{N}.$$

此结果与 $n$ 无关.

(2) 考虑这 $M$ 个红球和 $N-M$ 个白球除颜色之外无区别，仍然把抽出的球依次排列. 考虑先放红球再放白球，红球的放法一共有 $C_N^M$ 种，且等可能出现. 把这些结果作为样本点，那么此时事件 $B$ 中所含样本点个数为 $C_{N-1}^{M-1}$，则

$$P(B) = \frac{C_{N-1}^{M-1}}{C_N^M} = \frac{M}{N}.$$

在这两种解法中，我们选取了不同的样本空间. 实际上很多实际问题都是如此. 有时由于选择了合适的模型（样本空间），问题的解法会变得很简便. 仍以上例进行说明：如果只考虑前 $n$ 次抽样的结果，仍然考虑对球编号，那么样本空间 $\Omega$ 中样本点的个数为 $N(N-1)\cdots(N-n+1)$，且等可能出现. 而"第 $n$ 次抽中红球"中包含样本点的个数为 $M \cdot (N-1)\cdots(N-n+1)$，从而 $P(B) = \dfrac{M}{N}$. 问题还可以更简化：只考虑第 $n$ 次抽样的结果，仍然考虑将球编号，则这 $N$ 个球占据第 $n$ 个位置是等可能的，从而在第 $n$ 个位置上，这 $N$ 个球等可能出现，即 $\Omega$ 中共有 $N$ 个样本点，其中"第 $n$ 次抽中红球"中样本点个数为 $M$，所以 $P(B) = \dfrac{M}{N}$.

### 2. 几何概率

在概率的古典定义中，要求样本点的个数是有限的. 而**几何概率**（geometric probability）则是在结果为无限多个而又有某种等可能性场合的一种概率. 它同样能够满足概率的三个公理. 下面给出几何概率的定义.

**定义 1.2.3** 如果随机实验相当于在一个几何体（有限线段、平面上的区域、曲面、空间区域等）$G$ 中任取一点，$G$ 有非零的有限度量（长度、面积、体积等），记为 $\mu_G$，$\mu$ 是度量，而且取点在 $G$ 内任何度量相同的子区域内的可能性是相同的，与此区域的形状、位置无关，那么这一随机实验就称为一个几何概型. 它的 $\Omega$ 就

是 $G$，而 $\Omega$ 的所有可以度量的子区域都称为事件，所有事件构成的事件类记作 $\mathcal{F}$（通常度量取勒贝格（Lebesgue）测度，事件为所有博雷尔可测集，从而事件类就是博雷尔 $\sigma$-域，是一个事件域）. 所谓几何概率即是如下的集合函数：对任一事件 $A$，$P(A)=\dfrac{\mu(A)}{\mu(G)}$.

**例 1.2.13**（会面问题） 甲乙二人约定某日下午 3 点到 4 点之间在某处会面，并约定每人到达后只停留 10 分钟，过时即离去. 求二人可以会面的概率.

**解** 设 $x,y$ 分别表示甲、乙二人到达约会地点的时间（单位：分钟），甲乙二人在 3 点到 4 点（0~60 分钟）之间到达约会地点的事件都是随机的. 所以可以用几何概型来描述. $(x,y)$ 的所有可能结果 $\Omega$ 是一个边长为 60 分钟的正方形. $\mu$ 取面积，则 $\mu_G=60^2$. 而事件 $A=$ “两人可以会面”是指区域 $|x-y|\leqslant 10, 0\leqslant x\leqslant 60, 0\leqslant y\leqslant 60$（如图1.8阴影部分所示），则 $P(A)=\dfrac{\mu_A}{\mu_\Omega}=\dfrac{11}{36}$.

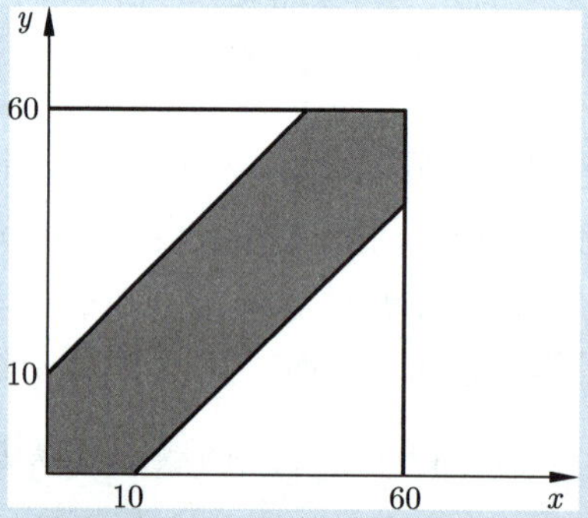

图 1.8 会面问题

**例 1.2.14**（蒲丰投针问题） 平面上画着一些平行线，它们之间的距离用 $a$ 表示. 向此平面随机投掷一枚长为 $l\,(l<a)$ 的针，针落在平面上的结果用针的中心与最近的一条平行线的距离 $x$ 以及针与该直线的夹角 $\phi$ 来描述，则 $x$ 的全部可能取值为 $\Omega=\left\{(x,\phi)|0\leqslant x\leqslant \dfrac{a}{2}, 0\leqslant\phi\leqslant\dfrac{\pi}{2}\right\}$，如图1.9(a) 所示. “针与平行线相交”当且仅当 $x\leqslant \dfrac{l}{2}\sin\phi$，记 $E$ 为区域 $\{(x,\phi)|(x,\phi)\in\Omega, x\leqslant\dfrac{l}{2}\sin\phi\}$. 随机投掷意味着样本点 $(x,\phi)$ 在 $\Omega$ 中均匀分布，适合用几何概型，$\mu$ 取面积. 如图1.9(b) 所示，$\mu(\Omega)=\dfrac{\pi a}{4}$，$\mu(E)=\displaystyle\int_0^{\frac{\pi}{2}}\frac{l}{2}\sin\phi\,\mathrm{d}\phi=\frac{l}{2}$. 从而 $P(E)=\dfrac{\mu(E)}{\mu(\Omega)}=\dfrac{2l}{\pi a}$.

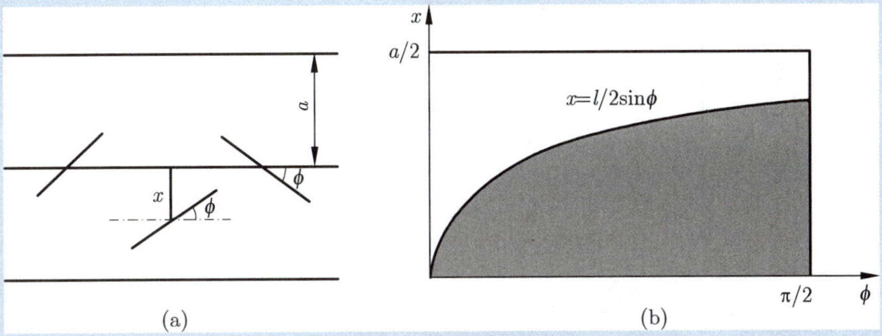


图 1.9 蒲丰投针问题

蒲丰投针问题是概率论中一个很著名的问题. 有趣的是从 $P(E)$ 的结果来看，它与 $\pi$ 有关. 因此不少人试图用多次投针的方法来求解 $\pi$，这需用到频率和概率之间的关系，本书最后一章会介绍. 基于类似思想，一种被称作蒙特卡罗 (Monte Carlo) 的算法被建立起来并取得了广泛应用.

下面我们将介绍概率中一个著名的问题，即“贝特朗奇论”. 可以看到，几何概型中关于“等可能”含义的描述并不清楚，会导致不同的理解，从而导致对样本空间 $\Omega$ 和事件 $\mathcal{F}$ 的不同理解.

**例 1.2.15**（贝特朗奇论） 在半径为 1 的圆内任做一弦，求其弦长大于 $\sqrt{3}$ 的可能性.

**解**（方法一） 不妨认为弦的一个端点 $A$ 已确定，问题变为在圆周上找到另一端点，求使两点连线长度超过 $\sqrt{3}$ 的概率. 因而 $\Omega$ 就是整个圆周，而事件 $E=$ “弦长大于 $\sqrt{3}$” 可由下面的方法给出：由于单位圆的内接等边三角形的边长为 $\sqrt{3}$，所以以 $A$ 为顶点做一内接等边三角形 $\triangle ABC$，当弦 $AD$ 与边 $BC$ 相交时弦 $AD$ 的长度才会大于 $\sqrt{3}$. 此时端点 $D$ 位于弧 $\overset{\frown}{BC}$ 上，所以 $E=\overset{\frown}{BC}$（见图1.10(a)）. 以 $L$ 表示弧长，则 $\mu(\Omega)=L(\Omega)=2\pi$，$\mu(E)=\dfrac{2\pi}{3}$，从而 $P(E)=\dfrac{\mu(E)}{\mu(\Omega)}=\dfrac{1}{3}$.

（方法二） 在单位圆内确定一条直径 $MN$，只考虑与 $MN$ 垂直的弦 $AB$. 此时 $AB$ 的中点 $K$ 必在 $MN$ 上. 以此 $K$ 来代表弦，则所有的弦可以由 $MN$ 来表示，即 $\Omega=MN$. 而只有弦 $AB$ 的中点 $K$ 与圆心 $O$ 的距离小于 $\dfrac{1}{2}$ 时，弦的长度才会大于 $\sqrt{3}$（见图1.10(b)）. 所以 $E=\left\{K|K\text{在直径}MN\text{上},|KO|<\dfrac{1}{2}\right\}$. 令 $\mu$ 表示长度，则 $\mu(\Omega)=\mu(MN)=2$，$\mu(E)=1$，从而 $P(E)=\dfrac{1}{2}$.

（方法三） 见图1.10(c)，弦 $AB$ 的长度仅由它的中点 $K$ 的位置决定. 当且仅当中点 $K$ 位于以 $O$ 为圆心、$\dfrac{1}{2}$ 为半径的圆上时，弦 $AB$ 的长度大于 $\sqrt{3}$，所以 $\Omega$ 就是整个单位圆，$E$ 是半径为 $\dfrac{1}{2}$ 的同心圆，$\mu$ 就是面积. $\mu(\Omega)=\pi$，$\mu(E)=\dfrac{\pi}{4}$，从而 $P(E)=\dfrac{1}{4}$.

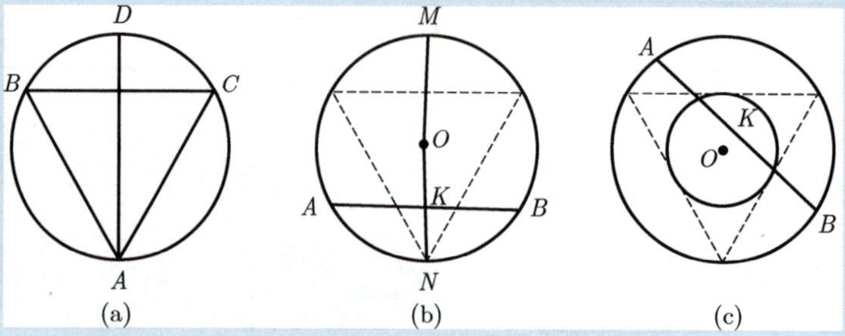


图 1.10 贝特朗奇论

上述结论看起来是矛盾的，但是仔细分析可知，产生上述矛盾的原因恰好是几何概型中对于等可能描述得不明确. 实际上这三种方法分别用三种不同方式理解了“等可能”，比如方法一把从一个点出发的每一种可能的弦视为等可能产生的，而方法二和方法三则把垂直于直径的弦和依靠中点生成的弦视为等可能产生的. 这三种方法相当于三个不同的随机实验，对于各自的实验来说，它们都是正确的.

3. 统计概率

统计概率的定义是从所谓频率的稳定性得来的.

在相同的条件下，重复进行某实验（例如抛一枚硬币）$n$ 次，如果某事件 $A$ 出现了 $n_A$ 次，则称比值 $f_n(A)=\dfrac{n_A}{n}$ 为 $n$ 次实验中事件 $A$ 出现的频率.

直观上，事件 $A$ 出现的频率应该能反映其出现的可能性大小，这是因为如果事件 $A$ 发生的可能性大，则出现的机会就多，从而频率也就应该大些. 但是并不能直接从频率确定概率，由于实验的随机性，频率的取值是不稳定的. 例如抛硬币的例子，对同一枚硬币来说，在同样的条件下，抛 15 次，正面可能出现 10 次，则正面出现的频率为 $\dfrac{2}{3}$；再抛 20 次，正面出现 11 次，则正面出现的频率为 $\dfrac{11}{20}$. 频率不仅会随实验次数的不同而不同，而且这 $n$ 次实验与另外 $n$ 次实验的频率一般也不同.

但是随着实验次数的增加，人们会观察到频率 $f_n(A)$ 大部分会集中在某个常数 $a$ 附近，呈现出一定的稳定性. 这个常数 $a$ 称为频率的稳定值. 统计概率就是用这一数值来表示事件 $A$ 发生的可能性大小 (即概率) 的.

可以验证，频率满足概率的三个公理. 非负性与正则性是显然的. 有限可加性的证明只需注意到，对于任意两个不相容事件 $A,B$，$A\cup B$ 出现的频数恰为 $n_A+n_B$，从而

$$f_n(A\cup B)=\frac{n_{A\cup B}}{n}=\frac{n_A+n_B}{n}=f_A+f_B.$$

计算频率时一般不考虑可列个事件的运算. 这样，要求统计概率满足概率的三个公理是很容易实现的.

对于可以由古典概率和几何概率计算的事件的概率，也有人通过实验来验证频率在概率值附近摆动. 比如以下抛硬币的例子及投针实验.

**例 1.2.16**（抛硬币） 曾有多人做过抛硬币的实验，下表是他们得到的结果.[①]

| 实验者 | 抛掷次数 | 正面出现次数 | 频率 |
|---|---|---|---|
| De Morgan | 2 048 | 1 061 | 0.518 1 |
| Buffon | 4 040 | 2 048 | 0.506 9 |
| Feller | 10 000 | 4 979 | 0.497 9 |
| Pearson | 12 000 | 6 019 | 0.501 6 |

这样，可以说出现正面的频率稳定在其概率值 0.5 附近，从而也可以定义它的统计概率为 0.5.

**例 1.2.17** 女婴出生频率（瑞典 1935 年数据）.

| 月份 | 1 | 2 | 3 | 4 | 5 | 6 | 7 | 8 | 9 | 10 | 11 | 12 |
|---|---|---|---|---|---|---|---|---|---|---|---|---|
| 婴儿数 | 7 280 | 6 957 | 7 883 | 7 884 | 7 892 | 7 609 | 7 585 | 7 393 | 7 203 | 6 903 | 6 552 | 7 132 |
| 女婴数 | 3 537 | 3 407 | 3 866 | 3 711 | 3 775 | 3 665 | 3 621 | 3 596 | 3 491 | 3 391 | 3 160 | 3 371 |
| 频率 | 0.490 | 0.490 | 0.490 | 0.471 | 0.478 | 0.482 | 0.477 | 0.486 | 0.485 | 0.491 | 0.482 | 0.473 |

**例 1.2.18** 在前面的例1.2.14中已经计算过蒲丰投针实验中针与平行线相交的概率为

$$P=\frac{2l}{\pi a}.$$

如果利用频率的稳定性，通过多次投针，计算出针与平行线相交的频率，则可以用这个频率作为概率的估计，反过来计算 $\pi$ 的值. 事实上，历史上有很多人曾经做过这种实验，他们的结果见下表.[②]

| 实验者 | 针长 | 投掷次数 | 相交次数 | $\pi$ 的实验值 |
|---|---|---|---|---|
| Wolf | 0.8 | 5 000 | 2 532 | 3.159 6 |
| Smith | 0.6 | 3 204 | 1 218.5 | 3.155 4 |
| De Morgan | 1.0 | 600 | 382.5 | 3.137 |
| Fox | 0.75 | 1 030 | 489 | 3.159 5 |
| Lazzerini | 0.83 | 3 408 | 1 808 | 3.141 592 9 |
| Reina | 0.541 9 | 2 520 | 839 | 3.179 5 |

在他们的实验中，$a$ 均折算为 1.

关于统计概率的定义，需要注意到其表达中的不严格之处，即“随着实验次数增加，频率稳定在某一常数 $a$ 附近”. 首先，序列 $\{f_n(A)\}$ 并不能像数列那样以 $a$ 为极限；其次，$a$ 是不确定的，比如抛硬币考虑正面出现的频率稳定在 0.5，为什么不是 0.51？所以概率的统

① 茆诗松，等. 概率论与数理统计教程. 北京：高等教育出版社，2004：14

② 李贤平. 概率论基础. 北京：高等教育出版社，2010：35

计定义也是很有局限性的. 但是统计概率的提出，为用统计方法估计概率的数值提供了思路：为了估计某个事件发生的概率，只要在同样的条件下多次进行同一个实验，记录此事件发生的频率，并以此频率作为概率的估计值即可. 至于用频率 $f_n(A)$ 估计概率 $a$ 的误差大小，在第 4 章介绍概率的极限定理时会有严格的数学描述.

4. 主观概率

人们经常会听到如下言论：“我认为明天的股市有 90% 的可能性会涨”“你考试不及格的可能性不会超过 40%”，等等. 这些关于可能性的描述该如何理解呢？简单地看，可以把它理解为人们对某事件会发生的确信程度的一种度量. 也就是说，“我”对“明天股市会涨”的确信程度为 90%. 这种确信程度是一种信念，是主观的. 但又与主观臆测不同，它是根据经验及对客观问题的了解进行分析推理后综合判断而给定的. 这种主观的度量称为主观概率，而假设“主观概率”满足概率的三个公理是很合理的. 所以主观概率也是确定概率的一种方法. 对于无法做大量实验的情形，可以用主观概率给出事件发生的可能性. 主观概率为统计学中的贝叶斯 (Bayes) 学派所赞同，并在此基础上提出了先验信息和先验分布等概念.

关于主观概率和古典概率等的区别，可以通过下面这个有趣的例子来简单说明：考虑多次抛一枚硬币，假设已经连续 50 次出现了正面，那么下一次抛掷还出现正面的概率是多少？如果从古典概率的角度来看，首先要假设硬币是均匀的，那么出现正面和出现反面的概率都是 $\frac{1}{2}$. 另外，认为每次抛掷都是互不影响的，那么无论前面出现的结果是什么，第 51 次抛掷仍然是以 $\frac{1}{2}$ 的概率出现正面（这里实际上有了概率中很重要的“独立”的概念，1.3 节会详细讲述）. 但是如果从主观概率的角度来看，首先不对硬币做什么要求，而是通过对这 50 次实验结果的观察，人们会产生一种信念：既然这么多次实验出现的都是正面，说明这个硬币很可能是不均匀的，那么下一次出现正面的可能性会很大，比如可以认为是 99%. 实际上这就是贝叶斯学派研究问题的思路. 他们认为人们对事物的认识是随着所掌握的信息越来越多而不断调整的. 有趣的是，上面这两种概率考虑的结果都和一般的直观有些差别. 直观上，类似于赌徒的心理，人们会认为既然已经出现了 50 次正面了，那么下一次反面应该出现了.

## 1.3 条件概率和独立

条件概率是概率论中的一种重要工具，独立性是概率论中一个重要的基本概念. 本节将介绍这两个概念以及一些相关的概念和计算公式等.

### 1.3.1 条件概率

前面关于概率的讨论都是针对随机实验的，在随机实验的结果给定，即 $(\Omega, \mathcal{F}, P)$ 给定的情况下，在其上定义概率 $P$，$P(\Omega) = 1$. 随机实验总是要在一定条件下进行的，但是本节所介绍的条件概率则是指除了随机实验的规定条件之外，还有其他信息可供利用. 考虑下面的一个例子.

**例 1.3.1**（考虑抽球问题）　设袋中有 $N$ 个球，其中有 $N_H$ 个红球、$N_B$ 个白球，同时设 $N_H$ 个红球和 $N_B$ 个白球中分别有 $N_{H1}$ 个和 $N_{B1}$ 个球还印有“1”的标志，其余球则印有“2”的标志. 随机地从袋中抽取一个球，则事件 $A$:“抽到的球为红球”，事件 $B$:“抽到的球为白球”，事件 $C$:“抽到有标志‘1’的球”的概率分别为 $\dfrac{N_H}{N}, \dfrac{N_B}{N}, \dfrac{N_{H1}+N_{B1}}{N}$. 但是如果已知事件 $A$ 已发生，在此基础上考虑事件 $C$ 发生的概率则应为 $\dfrac{N_{H1}}{N_H}$.

这样的计算结果是因为“事件 $A$ 已发生”是一个附加信息，在这个附加信息下，排除了取到白球的可能性，原来的抽球问题可以简化成“从 $N_H$ 个红球中随机抽球”的实验，由于有 $N_{H1}$ 个球带有标志“1”，从而事件“抽到有标志‘1’的球”的概率就是 $\dfrac{N_{H1}}{N_H}$. 而实际上 $\dfrac{N_{H1}}{N_H}=\dfrac{N_{H1}/N}{N_H/N}=\dfrac{P(AC)}{P(A)}$，它就是“在已知事件 $A$ 发生的情况下，事件 $C$ 发生的条件概率”，记为 $P(C|A)$. 一般，我们把这个计算公式作为条件概率的定义.

**定义 1.3.1**　$(\Omega,\mathcal{F},P)$ 是一个概率空间，$B\in\mathcal{F}$，且 $P(B)>0$，对 $\forall A\in\mathcal{F}$，定义 $P(A|B)=\dfrac{P(AB)}{P(B)}$ 为在事件 $B$ 发生的条件下事件 $A$ 发生的条件概率.

在此定义中，要注意的是 $P(B)>0$ 是必需的. 若 $P(B)=0$，则条件概率 $P(A|B)$ 没有定义.

有了条件概率的定义之后，可以看出原来的概率 $P(\cdot)$ 实际上也是一种条件概率，只要取 $B=\Omega$ 即可. 而对于任意给定的事件 $B$，$P(B)>0$，考虑各种事件的条件概率其实就相当于把 $B$ 看作一个新的样本空间，并且为了使新的样本空间的总概率为 1，需要将原空间中的概率都乘以 $\dfrac{1}{P(B)}$. 关于这一做法的严格表述将在后面说明. 这里先看一个例子.

**例 1.3.2**　考虑古典概型的例子. 设 $\Omega$ 中含有 20 个样本点，事件 $B$ 含有 10 个样本点，事件 $A$ 含有 5 个样本点，事件 $AB$ 含有 3 个样本点，如图1.11所示，此时 $P(A)=\dfrac{5}{20}$，$P(B)=\dfrac{10}{20}$，$P(AB)=\dfrac{3}{20}$，从而 $P(A|B)=\dfrac{P(AB)}{P(B)}=\dfrac{3/20}{10/20}=\dfrac{3}{10}$.

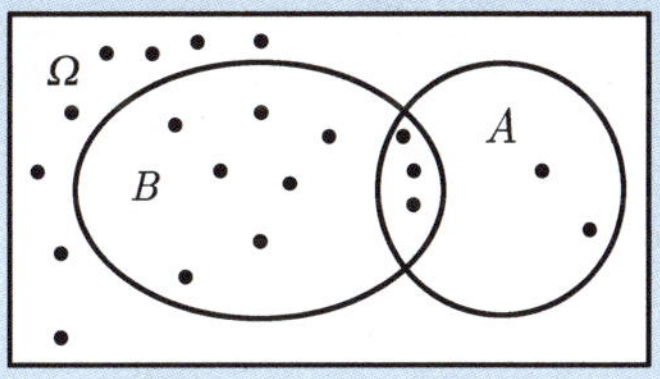


图 1.11　条件概率

而此问题也可以如下考虑：事件 $B$ 发生，表明 $B^c$ 不发生，从而只需要考虑 $B$ 中的样本点. $B$ 的 10 个样本点中属于 $A$ 的只有 3 个，从而 $P(A|B)=\dfrac{3}{10}$.

关于条件概率，有如下一些计算公式，利用这些公式可以简化有些问题的计算.

1. 乘法公式

(1) 若 $P(B)>0$，则 $P(AB)=P(B)P(A|B)$；若 $P(A)>0$，则 $P(AB)=P(A)P(B|A)=P(B)P(A|B)$，其中 $A,B\in\mathcal{F}$.

(2) 对于 $n$ 个事件 $A_1,A_2,\cdots,A_n$，如果 $P(\bigcap\limits_{i=1}^{n}A_i)>0$，那么 $P(A_1A_2\cdots A_n)=P(\bigcap\limits_{i=1}^{n}A_i)=P(A_1)P(A_2|A_1)P(A_3|A_1A_2)\cdots P(A_n|A_1A_2\cdots A_{n-1})$.

**例 1.3.3**（罐子模型） 设罐中有 $a$ 个红球、$b$ 个白球. 每次随机抽取一个，取出后记录颜色并放回，同时再加入与抽出球同色的球 $c$ 个和相异颜色的球 $d$ 个. $c,d$ 是任意整数（可以为负，不过会导致有限次抽球后就因为无球可抽而停止，比如取 $c=-1$，$d=0$，就是无放回抽样，在 $a+b$ 次抽球后停止）. 令 $A_i$ 为“第 $i$ 次取出的是红球”，$B_j$ 为“第 $j$ 次取出的是白球”. 考虑连续抽球 3 次，计算得到的颜色序列为“红红红”的概率.

**解** 在这一问题中，关于 $\Omega$ 的选取可以有多种，可以考虑抽球的所有可能结果（如果实验可以在有限次停止，那么样本空间是一个有限空间，也可能是无限次抽球，那么样本空间甚至可以不可列）；也可以只考虑前几次抽球，因为这里的问题只涉及了前三次抽球，于是 $\Omega$ 可以取为前三次抽球的所有结果的集合. 序列为“红红红”即事件 $A_1A_2A_3$ 发生，计算 $P(A_1A_2A_3)$ 可用乘法公式：

$$\begin{aligned}P(A_1A_2A_3)&=P(A_1)P(A_2|A_1)P(A_3|A_1A_2)\\&=\frac{a}{a+b}\cdot\frac{a+c}{a+b+c+d}\cdot\frac{a+2c}{a+b+2c+2d}.\end{aligned}$$

一般可以考虑 $n$ 次抽取中任意颜色序列出现的概率. 比如计算前面 $n_1$ 次为红色、后面 $n-n_1$ 次为白色的序列出现的概率，即为

$$\begin{aligned}&P(A_1\cdots A_{n_1}B_{n_1+1}\cdots B_n)\\&=\frac{a}{a+b}\cdot\frac{a+c}{a+b+c+d}\cdot\frac{a+2c}{a+b+2c+2d}\cdot\cdots\cdot\frac{a+(n_1-1)c}{a+b+(n_1-1)(c+d)}\\&\quad\cdot\frac{b}{a+b+n_1(c+d)}\cdot\frac{b+c}{a+b+(n_1+1)(c+d)}\cdot\cdots\cdot\frac{b+(n-n_1-1)c}{a+b+(n-1)(c+d)}.\end{aligned}$$

2. 全概率公式

设 $A_1,A_2,\cdots,A_n,\cdots$ 是样本空间 $\Omega$ 的一个分割，即 $A_1,A_2,\cdots$ 互不相容且 $\bigcup\limits_{i=1}^{\infty}A_i=\Omega$，

如图1.12所示. 如果 $P(A_i) > 0, i = 1, 2, \cdots$ 都成立，则对任一事件 $B$ 有

$$P(B) = \sum_{i=1}^{\infty} P(A_i) \cdot P(B|A_i).$$

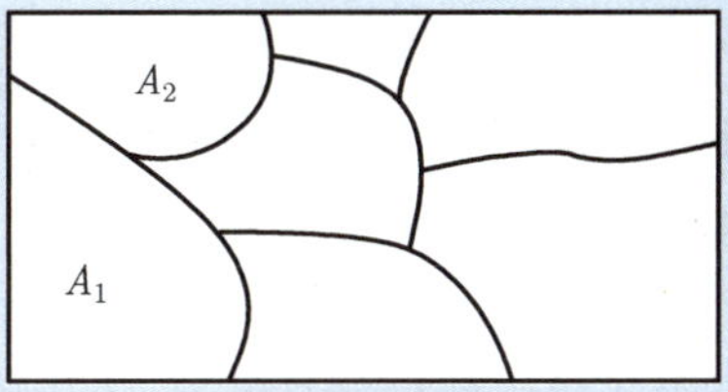


图 1.12 全概率公式

**证明**：只需注意到此时 $B = \bigcup_{i=1}^{\infty} A_i B$ 且 $A_i B$ 互不相容，即可由概率可列可加性，得

$$P(B) = \sum_{i=1}^{\infty} P(A_i B) = \sum_{i=1}^{\infty} P(A_i) P(B|A_i). \qquad (*)$$

关于全概率公式需要注意以下几点：

(1) $\Omega$ 的分割可取有限个集合，即 $A_1, A_2, \cdots, A_n$ 互不相容，$\bigcup_{i=1}^{n} A_i = \Omega$. 此时公式仍成立. 特别地，若 $n = 2$，$0 < P(A_1) < 1$，则 $P(B) = P(A_1)P(B|A_1) + P(A_2)P(B|A_2)$.

(2) 条件 "$A_1, A_2, \cdots, A_n, \cdots$ 是样本空间 $\Omega$ 的一个分割" 可以修改为 "$A_1, A_2, \cdots$ 互不相容"，此时若有 $B \subset \bigcup_{i=1}^{\infty} A_i$，则式 $(*)$ 仍成立.

**例 1.3.4**（分层罐子模型） 考虑有两个罐子，其中第一个罐子中有 $a_1$ 个红球、$b_1$ 个白球，第二个罐子中有 $a_2$ 个红球、$b_2$ 个白球. 在第一次抽球之前，先掷一颗骰子，如果 "1" 点出现，则从第一个罐子中开始有放回地随机抽球，否则从第二个罐子中有放回地随机抽球. 此模型可以用来描述保险公司对客户的预测.

考虑 "第一次抽出的球为红色"（仍然沿用上例中的符号）的概率为（用全概率公式）

$$P(A_1) = \frac{1}{6} \cdot \frac{a_1}{a_1 + b_1} + \frac{5}{6} \cdot \frac{a_2}{a_2 + b_2}.$$

颜色序列为 "红红" 的概率为

$$P(A_1 A_2) = \frac{1}{6}\left(\frac{a_1}{a_1 + b_1}\right)^2 + \frac{5}{6}\left(\frac{a_2}{a_2 + b_2}\right)^2.$$

另外，可以看出 $P(A_2|A_1)$ 和 $P(A_1)$ 是不等的. 为了解释这一点，假定 $\frac{a_1}{a_1 + b_1} = 0.6$，$\frac{a_2}{a_2 + b_2} = 0.06$，则 $P(A_1) = 0.15$，$P(A_2) = 0.15$，$P(A_2|A_1) = 0.42$. 实际上，

此模型总体上来看是无后效的. 但是如果第一次抽出红球, 则第二次仍然抽出红球的概率会增加. 保险公司观察一个新的客户时, 如果他在第一年发生事故, 则他在第二年还会发生事故的可能性有增大的倾向, 虽然第一次事故并不真的产生什么影响. 这个问题可以如下考察: 考虑两种类型的人（一种是易出险的, 一种是不易出险的）, 其人数之比为 1:5, 那么"随机选取一个人, 观察他在第一年是否出事故"就相当于上述实验. 由此如果他发生了一次事故（相当于红球出现了）, 则会增加他再次发生事故（红球再次出现）的概率.

由上例可以看出, 全概率公式可以通过分别考察 $\Omega$ 中的不同集合来求出整体的概率, 使问题得到简化. 下面的例子也是关于全概率公式的应用, 但是同时会给人以新的启发.

**例 1.3.5** 学生做一道有四个选项的单项选择题时, 如果老师事先认为此考生知道正确答案的概率为 $p$, 而若他不知道正确答案, 他会随机地从四个选项中选择一个. 如果最终结果是他做对了这道题, 那么他真正知道正确答案的概率应该修正为多少呢?

**解** 令 $A=$"学生答对了", $B=$"学生知道正确答案", 则

$$P(B)=p,\ P(B^c)=1-p,\ P(A|B)=1,\ P(A|B^c)=\frac{1}{4},$$

利用乘法公式及全概率公式可知

$$P(B|A)=\frac{P(AB)}{P(A)}=\frac{P(B)P(A|B)}{P(B)P(A|B)+P(B^c)P(A|B^c)}=\frac{p}{p+(1-p)\cdot\dfrac{1}{4}},$$

特别地, 如果取 $p=\dfrac{1}{2}$, 则 $P(B|A)=\dfrac{4}{5}$.

在此例子中, 实际上已经推导出了一个条件概率的重要公式: 贝叶斯公式!

### 3. 贝叶斯公式

设 $B_1,B_2,\cdots$ 是 $\Omega$ 的一个分割, $P(B_i)>0, i=1,2,\cdots$. 如果事件 $A$ 满足 $P(A)>0$, 则

$$P(B_i|A)=\frac{P(B_i)P(A|B_i)}{\sum\limits_{j=1}^{\infty}P(B_j)P(A|B_j)},\ i=1,2,\cdots.$$

**证明**: 根据条件概率的乘法公式及全概率公式, 有

$$P(AB_i)=P(B_i)P(A|B_i),$$

$$P(A)=\sum_{j=1}^{\infty}P(B_j)P(A|B_j),$$

再由 $P(B_i|A)=\dfrac{P(AB_i)}{P(A)}$，代入上面的表达式即得结论.

此结论对 $\Omega$ 的有限分割同样成立. 另外，如果有 $A_1, A_2, \cdots$ 两两互不相容，且 $B=\bigcup\limits_{i=1}^{\infty} BA_i$，则结论也成立.

**例 1.3.6**　仍然考虑两类投保人的问题. 如果假设易出事故的人在一年内出事故的概率为 0.4，不易出事故的人在一年内出事故的概率为 0.2，且第一类人占总人口的 30%，那么随机选取一名投保人，他会在一年内出事故的概率是多少？另外假设他在一年内出了事故，则他属于易出事故的人的概率为多少？

**解**　令 $A$ 为“他是易出事故者”，$A_1$ 为“他在一年内出事故”. 第一个问题用全概率公式：

$$P(A_1)=P(A_1|A)P(A)+P(A_1|A^c)P(A^c)=0.4\times 0.3+0.2\times 0.7=0.26.$$

第二个问题用贝叶斯公式：

$$P(A|A_1)=\frac{P(AA_1)}{P(A_1)}=\frac{P(A)P(A_1|A)}{P(A_1)}=\frac{0.3\times 0.4}{0.26}=\frac{6}{13}.$$

在贝叶斯公式中，称 $P(A_i)$ 为 $A_i$ 的**先验概率**（prior probability），$P(A_i|A)$ 为 $A_i$ 的**后验概率**（posterior probability），即当 $A$ 发生时，对 $A_i$ 发生的概率的一个修正.

**例 1.3.7**　假设盒子中有三张形状相同但所涂颜色不同的卡片. 第一张两面都是红色，第二张两面都是黑色，第三张一面红色、一面黑色. 从三张卡片中随机抽取一张放在桌上，如果取出的卡片红色朝上，那么另一面是黑色的概率是多大？

**解**　这一问题的错误答案为 $\dfrac{1}{2}$，即认为这张卡片有两种可能：两面全红或一面红、一面黑. 而事实上，分别令 $RR, RB, BB$ 表示取出的卡片为“两面红”“一面红、一面黑”“两面黑”三个事件，$R$ 表示取出的卡片“红色朝上”的事件，则 $P(RR)=P(RB)=P(BB)=\dfrac{1}{3}$，且

$$\begin{aligned}
P(RB|R)&=\frac{P(RB\cap R)}{P(R)}\\
&=\frac{P(R|RB)P(RB)}{P(R|RR)P(RR)+P(R|RB)P(RB)+P(R|BB)P(BB)}\\
&=\frac{\frac{1}{2}\times\frac{1}{3}}{\frac{1}{3}+\frac{1}{2}\times\frac{1}{3}+0\times\frac{1}{3}}=\frac{1}{3}.
\end{aligned}$$

## 1.3.2　独立性

从上一节的例子中，我们发现条件概率 $P(A|B)$ 通常不等于 $P(A)$. 这说明事件 $B$ 已发生的附加信息通常会影响到事件 $A$ 发生的概率大小. 但在有些情况下，$P(A|B)$ 和 $P(A)$

是相等的，也就是说，即使知道事件 $B$ 已发生，也不能影响到 $A$ 发生的概率. 这时就称事件 $A$ 和 $B$ 是独立的. 事件独立的严格定义如下给出.

**定义 1.3.2** 对于同一个概率空间 $(\Omega, \mathcal{F}, P)$ 上的两个事件 $A, B$，如果 $P(AB) = P(A)P(B)$，则称事件 $A$，$B$ 相互独立 (independent).

关于独立性，要注意如下两点：(1) 只能考虑同一个概率空间中的事件之间是否具有独立性，这一点对于前面所讲的条件概率也是一样的；(2) 除了 $P(B) = 0$ 的情形外，$P(A|B) = P(A)$ 和 $P(AB) = P(A)P(B)$ 是等价的. 只是因为 $P(AB) = P(A)P(B)$ 对 $P(B) = 0$ 也有意义，所以用它来作为独立性的定义. 由这一定义可知，当 $P(B) = 0$ 时，$B$ 与任意事件独立.

再来看前面的有放回摸球问题.

**例 1.3.8** 设袋中有 $a$ 个红球、$b$ 个白球，计算：

(1) 在已知第一次摸出红球的条件下，第二次仍然摸出红球的概率；

(2) 第二次摸出红球的概率.

**解** (1) 样本空间 $\Omega$ 取为两次摸球的所有可能结果. 令 $A$ 表示"第二次摸出红球"，$B$ 表示"第一次摸出红球"，则

$$P(A) = P(B) = \frac{a}{a+b},\ P(AB) = \frac{a^2}{(a+b)^2},\ P(AB^c) = \frac{ba}{(a+b)^2},$$

所以 $P(A|B) = \dfrac{P(AB)}{P(B)} = \dfrac{a}{a+b}$.

(2) 而

$$P(A) = P(AB) + P(AB^c) = \frac{a^2}{(a+b)^2} + \frac{ba}{(a+b)^2} = \frac{a}{a+b} = P(A|B),$$

从而 $B$ 是否发生对 $A$ 发生的概率没有影响. 直观上看，这是自然的. 在有放回摸球中，无论第几次摸球，袋中球的组成都没有改变，前一次摸球的结果实际上不能影响后一次摸球的结果.

**例 1.3.9**（无放回摸球） 仍然是例1.3.8中的情形，采用无放回摸球，仍然计算 $P(A|B)$ 和 $P(A)$.

$$P(A|B) = \frac{a-1}{a+b-1},$$

$$P(A) = P(AB) + P(AB^c) = \frac{a(a-1)}{(a+b)(a+b-1)} + \frac{ba}{(a+b)(a+b-1)} = \frac{a}{a+b} \neq P(A|B).$$

直观上看，这种情况下第一次摸球的结果确实会影响第二次摸球的结果. 这时 $A$ 和 $B$ 就不独立，也称相依 (dependent).

**注**：在以后的解题中，一般并不总要求写出样本空间 $\Omega$，但是在任何计算概率的问题中，样本空间都是要确定的.

由事件独立性的定义，容易推出如下结论.

**定理 1.3.1**　若 $A,B$ 独立，则 $A^c$ 和 $B$，$A$ 和 $B^c$，$A^c$ 和 $B^c$ 也相互独立.

**证明**：由于 $P(A^cB)=P(B-AB)=P(B)-P(AB)=P(B)-P(A)P(B)=P(B)(1-P(A))=P(B)P(A^c)$，可知 $A^c$ 和 $B$ 独立，从而 $A^c$ 和 $B^c$ 独立. 又由于 $(A^c)^c=A$，又推出 $B^c$ 和 $A$ 独立.

另外也可以考虑多个事件的独立性.

**定义 1.3.3**　设有同一个概率空间 $(\Omega,\mathcal{F},P)$ 上的 $n$ 个事件 $A_1,A_2,\cdots,A_n$，若对于任意的组合 $1\leqslant i<j<k<\cdots\leqslant n$ 有

$$P(A_iA_j)=P(A_i)P(A_j),$$
$$P(A_iA_jA_k)=P(A_i)P(A_j)P(A_k),$$
$$\cdots\cdots$$
$$P(A_1A_2\cdots A_n)=P(A_1)P(A_2)\cdots P(A_n),$$

则称 $A_1,A_2,\cdots,A_n$ 相互独立.

由上述定义可知：若 $n$ 个事件相互独立，则它们中的任意 $m$ $(2\leqslant m\leqslant n)$ 个事件也相互独立.

上述定义还可以推广到无穷多个事件的情况：如果无穷多个事件中任意有限多个事件相互独立，就称这无穷多个事件相互独立.（注意这里“无穷多个”可以是不可列个.）

一个自然的问题是，如果 $n$ 个事件 $A_1,A_2,\cdots,A_n$ $(n\geqslant 3)$ 中任意两个事件都相互独立，也就是两两独立（pairwise independent），是否可以保证这 $n$ 个事件相互独立？一般来说，答案是否定的. 以 $n=3$ 为例，考虑下面这个简单的例子.

**例 1.3.10**（伯恩斯坦反例）　将一个均匀正四面体涂色：一面涂红色，一面涂黄色，一面涂蓝色，最后一面涂红、黄、蓝三种颜色. 随机抛掷此正四面体，令 $A,B,C$ 分别表示着地一面涂有红、黄、蓝色的事件，则显然 $P(A)=P(B)=P(C)=\dfrac{2}{4}=\dfrac{1}{2}$，$P(AB)=P(BC)=P(AC)=\dfrac{1}{4}$，从而 $A,B,C$ 两两相互独立. 但是 $P(ABC)=\dfrac{1}{4}\neq P(A)P(B)P(C)$，从而 $A,B,C$ 两两独立不能推出它们相互独立.

类似于两个事件独立的情形，对于多个事件的独立有如下结论.

**定理 1.3.2**　若 $A_1,A_2,\cdots,A_n$ 独立，则

(1) $A'_1,A'_2,\cdots,A'_n$ 独立，其中 $A'_k=A_k$或$A_k^c$；

(2) 将事件 $A_1,A_2,\cdots,A_n$ 分成 $k$ 组（不重不漏），设 $B_1,B_2,\cdots,B_k$ 分别由第 $1,2,\cdots,k$ 组内的事件 $A_i$ 经过并、交、差、取余等运算所得，则 $B_1,B_2,\cdots,B_k$ 独立.

证明是类似的，故省略，读者可以自行证明. 这里我们来看几个特例.

设 $n=3$，则从 $A_1,A_2,A_3$ 独立可知 $A_1$ 和 $A_2\cup A_3$，$A_1$ 和 $A_2A_3$，$A_1$ 和 $A_2\setminus A_3$，$A_1,A_2^c,A_3^c$ 等相互独立.

只证 $A_1$ 和 $A_2\cup A_3$ 相互独立.

$$\begin{aligned}P(A_1\cap(A_2\cup A_3))&=P(A_1A_2\cup A_1A_3)\\&=P(A_1A_2)+P(A_1A_3)-P(A_1A_2A_3)\\&=P(A_1)P(A_2)+P(A_1)P(A_3)-P(A_1)P(A_2)P(A_3)\\&=P(A_1)(P(A_2)+P(A_3)-P(A_2)P(A_3))\\&=P(A_1)(P(A_2)+P(A_3)-P(A_2A_3))\\&=P(A_1)P(A_2\cup A_3).\end{aligned}$$

有一类特别重要的实验是当 $\Omega_1=\Omega_2=\cdots=\Omega_n=\Omega$，$\mathcal{F}_1=\mathcal{F}_2=\cdots=\mathcal{F}_n=\mathcal{F}$ 时的情形. 此时称其为重复独立实验，比如连续 $n$ 次有放回地摸球. 更特别地，如果 $\Omega$ 中只有两个简单结果，则称该实验为$n$ 重伯努利实验（Bernoulli trial)，比如连续 $n$ 次抛同一枚硬币.

对于可列个实验的情形，也可以考虑它们的乘积，但情况会变得比较复杂，即使对于伯努利实验，即每个 $\Omega_i$ 都相同，且只含有两个简单结果的情形，这样定义的 $\Omega$ 也不再是离散样本空间. 实际上，它与区间 $[0,1]$ 可以一一对应. 直观地说，它的样本点个数和 $[0,1]$ 区间上点的个数一样多，为不可列个. 关于可列个实验的情形超出了本书的范围，在此不再赘述.

由以上定义可知，样本空间 $\Omega$ 所给出的是一个新的实验的结果，此实验相当于连续做实验 $E_1,E_2,\cdots,E_n$. 此时 $E_i$ $(i=1,2,\cdots,n)$ 称为 $E$ 的子实验. 在很多问题中，将复杂的实验分解为几个子实验来分别处理，会使问题得到简化.

**例 1.3.11** 进行 $n$ 重伯努利实验 $E_1,E_2,\cdots,E_n$，其样本空间为 $\Omega_1=\Omega_2=\cdots=\Omega_n=\{0,1\}$，$P_1(\{0\})=P_2(\{0\})=\cdots=P_n(\{0\})=p$，$P_1(\{1\})=P_2(\{1\})=\cdots=P_n(\{1\})=1-p=q$.

试求以下概率:

(1) $n$ 次实验中至少出现一次“0”;

(2) $n$ 次实验中恰好出现 $k$ 次“0”;

(3) “0”在第 $k$ 次实验中才第一次出现（$k\leqslant n$).

**解** (1) 令事件 $A_i=$“第 $i$ 次实验结果为‘1’”，则 $A_1A_2\cdots A_n$ 就是“$n$ 次实验结果全部为‘1’”，其对立事件 $A=(A_1A_2,\cdots A_n)^c$，表示“$n$ 次实验中至少出现一次‘0’”，而 $P(A_1A_2\cdots A_n)=(1-p)(1-p)\cdots(1-p)=(1-p)^n$，从而 $P(A)=1-(1-p)^n=1-q^n$.

(2) 令事件 $B=$ “$n$ 次实验中恰好出现 $k$ 次 ‘0’”，将 $B$ 表示成 $n$ 次结果的集合: $B=\{(\omega_1,\omega_2,\cdots,\omega_n)\}$，其中 $\omega_i$ 中有 $k$ 个为 “0”，$n-k$ 个为 “1”，这样的样本点共有 $C_n^k$ 个，每个样本点发生的概率均为 $p^kq^{n-k}$，从而 $P(B)=C_n^kp^kq^{n-k}$.

(3) 令事件 $C=$ “‘0’ 在第 $k$ 次实验中才第一次出现”，因此考虑前 $k-1$ 次实验结果都为 “1”，而第 $k$ 次实验结果为 “0”，从而 $P(C)=q^{k-1}p$.

在伯努利实验中，观察 “0” 首次出现的事件，需要考虑进行可列次伯努利实验，在这种情况下，样本空间 $\Omega=\{\omega_1,\omega_2,\cdots,\omega_n,\cdots\}$，其中 $\omega_i=$ “0” 或 “1”. 令 $W_k$ 为 “第 $k$ 次 ‘0’ 才第一次出现” 这一事件，则 $W_k=\{(\omega_1,\omega_2,\cdots,\omega_k,\omega_{k+1},\cdots)\}$，其中 $\omega_1=\cdots=\omega_{k-1}=1$，$\omega_k=0$，$\omega_{k+i}=0$ 或 $1$ $(i=1,2,\cdots)$，其概率依然为 $P(W_k)=q^{k-1}p$. 注意到这里的 $W_k$ 中含有不可列个样本点.

更复杂的是，如果考虑事件 $D$ 为 “第 $r$ 次出现 ‘0’ 恰巧发生在第 $k$ 次实验”，则 $D$ 发生当且仅当前面 $k-1$ 次实验中出现了 $r-1$ 次 “0” 和 $k-r$ 次 “1”，且第 $k$ 次实验出现 “0”，则 $P(D)=C_{k-1}^{r-1}p^{r-1}q^{k-r}\cdot p=C_{k-1}^{r-1}p^rq^{k-r}$. 这时的问题仍然是在可列次伯努利实验框架下完成的.

**例 1.3.12** (分赌注问题) 考虑著名的 “分赌注问题”: 甲、乙两个赌徒按某种方式下注赌博. 约定先胜 $n$ 局者将赢得全部赌注，但是当赌博进行到甲胜 $k$ 局、乙胜 $m$ 局时 $(0<k<n,0<m<n)$ 赌博被迫停止. 试问应该如何分配赌注才公平?

帕斯卡、费马和惠更斯分别对该问题给出了解答. 这里我们只介绍前面两种解法，惠更斯的做法引入了数学期望的概念，在后文中将给出.

帕斯卡及费马的解题思路如下: 设在每局赌博中甲胜的概率为 $p$，乙胜的概率为 $1-p$. 此时，甲已经胜了 $k$ 局，只需 $n-k$ 局就可达到最终获胜所需局数，而乙需再获胜 $n-m$ 局. 如果能够继续赌博下去，则按照最后甲、乙会最终获胜的概率之比来分赌注即可. 所以只需计算这两个概率. 而 “甲最终获胜” 当且仅当 “甲胜 $n-k$ 局在乙胜 $n-m$ 局之前”.

首先给出帕斯卡的做法: 令 $P_{k,m}$ 表示乙在第 $m$ 次取胜之前甲已经胜了 $k$ 次的概率. 以第一次的结果为条件，有 $P_{k,m}=p\cdot P_{k-1,m}+(1-p)\cdot P_{k,m-1},k\geqslant 1,m\geqslant 1$. 利用边界条件 $P_{k,0}=0,P_{0,k}=1$ 可以解出 $P_{k,m}$.

然后给出费马的做法: 注意到至多再赌 $n-k+n-m-1$ 局就一定会分出胜负. 因此，甲最终获胜只需且必须在后继的至多 $n-k+n-m-1$ 局中至少胜 $n-k$ 局，则

$$P(\text{甲最终获胜})=\sum_{i=n-k}^{2n-k-m-1}C_{2n-k-m-1}^{i}p^iq^{2n-k-m-1-i}.$$

实际上，也可以利用前面例子中的结果来计算此概率: 令 $r=n-k,s=n-m$，则

$$P(\text{甲最终获胜})=\sum_{i=0}^{s-1}C_{r+i-1}^{i}p^rq^i.$$

**例 1.3.13**（赌徒输光问题） 甲、乙两人进行赌博. 约定：甲胜一局，乙付给甲一元；反之，甲付给乙一元. 若每局中甲胜的概率为 $p\ (0<p<1)$，乙胜的概率为 $q=1-p$，且每局的胜负独立. 设赌博开始时，甲有 $n$ 元，乙有 $N-n$ 元，两人约定，若有一方输光，则赌博终止. 试求最终乙会输光的概率. 有多大的可能性赌博会一直进行下去？

**解** 令 $A_n$ 为事件"赌博开始时甲有 $n$ 元，乙有 $N-n$ 元，乙最终输光"，令 $P_n=P(A_n), n=0,1,2,\cdots,N$，因为当甲或者乙没有赌本时赌博根本不会开始，所以显然有 $P_0=0$，$P_N=1$. 令 $B$ 为事件"第一局甲胜"，则 $P(B)=p$，$P(B^c)=q$，而且

$$
\begin{aligned}
P_n=P(A_n)&=P(A_n|B)P(B)+P(A_n|B^c)P(B^c)\\
&=p\cdot P(A_n|B)+q\cdot P(A_n|B^c).
\end{aligned}
$$

而 $P(A_n|B)=P(A_{n+1})$，这是由于当第一局甲胜之后，甲的赌本将变成 $n+1$，乙的赌本则为 $N-n-1$，而每局的赌博是独立的，所以在 $B$ 发生的条件下，乙最后输光的概率 $P(A_n|B)$ 和甲从 $n+1$ 元赌本、乙从 $N-n-1$ 元赌本开始赌博且最终乙输光的概率 $P(A_{n+1})$ 是一样的.

同理，$P(A_n|B^c)=P_{n-1}$. 由此可得 $P_n$ 所满足的方程，利用终端条件最终可得：

$$
P_n=\begin{cases}\dfrac{1-\left(\dfrac{q}{p}\right)^n}{1-\left(\dfrac{q}{p}\right)^N}, & p\neq\dfrac{1}{2}\\[2ex] \dfrac{n}{N}, & p=\dfrac{1}{2}\end{cases}\quad (n=0,1,2,\cdots,N).
$$

下面再考虑赌博无休止进行下去的事件：以 $Q_n$ 记甲从 $n$ 元赌本、乙从 $N-n$ 元赌本开始赌博且最终甲输光的概率. 同理可知

$$
Q_n=\begin{cases}\dfrac{1-\left(\dfrac{p}{q}\right)^{N-n}}{1-\left(\dfrac{p}{q}\right)^N}, & q\neq\dfrac{1}{2}\\[2ex] \dfrac{N-n}{N}, & q=\dfrac{1}{2}\end{cases}\quad (n=0,1,2,\cdots,N).
$$

而无论 $p=\dfrac{1}{2}$ 还是 $p\neq\dfrac{1}{2}$，都有 $P_n+Q_n=1$，即甲、乙两人中，某人将最终输光的概率为 1，从而赌博会无休止地进行下去的概率为 0.

**例 1.3.14** 在例1.3.11中考虑 $r$ 次独立重复实验且 $\Omega_1=\Omega_2=\cdots=\Omega_r=\{\omega_1,\omega_2,\cdots,\omega_n\}$ 为有限样本空间. $P(\{\omega_j\})=p_j$，$\sum\limits_{j=1}^{n}p_j=1$. 则同样可求解类似的

问题. 比如做 $r$ 次实验，$\omega_1$ 出现 $k_1$ 次，$\omega_2$ 出现 $k_2$ 次，$\cdots$，$\omega_n$ 出现 $k_n$ 次的概率为

$$\frac{r!}{k_1!k_2!\cdots k_n!}p_1^{k_1}p_2^{k_2}\cdots p_n^{k_n}.$$

在 1.1 节中，已经引入了随机变量的概念. 根据随机变量和事件的关系，也可以考虑随机变量的独立性. 关于随机变量独立性的严格定义，我们将在第 2 章给出随机变量的严格数学定义之后再讲述.

### 1.3.3　条件概率及条件独立事件

这一节我们再回过头来观察一下条件概率的特点：在概率空间 $(\Omega,\mathcal{F},P)$ 上，任意给定事件 $A$，$P(A)>0$，可以证明条件概率 $P(\cdot|A)$ 具有如下性质.

**命题 1.3.1**

(1) $0\leqslant P(B|A)\leqslant 1,\forall B\in\mathcal{F}$.

(2) $P(\Omega|A)=1$.

(3) 若 $A_i,i=1,2,\cdots$ 为互斥事件列，则 $P\left(\bigcup\limits_{i=1}^{\infty}A_i|A\right)=\sum\limits_{i=1}^{\infty}P(A_i|A)$.

即 $P(\cdot|A)$ 满足概率的三个公理，从而 $P(\cdot|A)$ 也可以作为 $(\Omega,\mathcal{F})$ 上的一个概率. 特别地，$P=P(\cdot|\Omega)$.

**证明**：(1) 只需证明 $0\leqslant\dfrac{P(AB)}{P(A)}\leqslant 1$ 即可. 其中 "$\geqslant 0$" 显然，而 "$\leqslant 1$" 是因为 $AB\subset A$，$P(AB)\leqslant P(A)$.

(2) $P(\Omega|A)=\dfrac{P(\Omega A)}{P(A)}=\dfrac{P(A)}{P(A)}=1$.

(3) $$P\left(\bigcup_{i=1}^{\infty}A_i|A\right)=\frac{P\left(\left(\bigcup\limits_{i=1}^{\infty}A_i\right)\cap A\right)}{P(A)}=\frac{P\left(\bigcup\limits_{i=1}^{\infty}A_iA\right)}{P(A)}=\frac{\sum\limits_{i=1}^{\infty}P(A_iA)}{P(A)}=\sum_{i=1}^{\infty}P(A_i|A).$$

从而可知，条件概率和概率都是概率空间上的概率，它们基本没有区别.

**例 1.3.15**　仍然考虑两类投保人的问题. 假设易出事故的人在一年内出事故的概率为 0.4，不易出事故的人在一年内出事故的概率为 0.2，且第一类人占总人口的 3/10，若已知某新客户在第一年已经出过一次事故，那么他在第二年又一次出事故的概率是多大?

**解**　此问题在前面已有解答，这里我们给出另一种解答. 为使得前面例子中的分析更加清楚，令 $A$ 表示"新客户是易出事故的人"，$A_i$ 表示"他在第 $i$ 年出一次事故"（$i=1,2$）. 则

$$P(A_2|A_1)=P(A_2|AA_1)P(A|A_1)+P(A_2|A^cA_1)P(A^c|A_1),$$

而

$$P(A|A_1)=\frac{P(A_1A)}{P(A_1)}=\frac{P(A_1|A)P(A)}{P(A_1)}.$$

前面例子中已经假设 $P(A)=0.3$，且已经计算出 $P(A_1)=0.26$，从而

$$P(A|A_1)=\frac{0.4\times 0.3}{0.26}=\frac{6}{13},$$

则 $P(A^c|A_1)=\frac{7}{13}$.

而 $P(A_2|AA_1)=0.4$，$P(A_2|A^cA_1)=0.2$，从而

$$P(A_2|A_1)=0.4\times\frac{6}{13}+0.2\times\frac{7}{13}\approx 0.29.$$

我们再来看事件独立的定义. 在上一节中，事件独立的概念是在给定概率 $P$ 下所给出的，而条件概率 $P(\cdot|A)$ 既然也是概率，就同样可以定义事件的独立性，这里称其为条件独立（conditional independent）.

**定义 1.3.4** 如果 $P(A_1A_2|A)=P(A_1|A)\cdot P(A_2|A)$，或等价地 $P(A_1|A_2A)=P(A_1|A)$，则称事件 $A_1,A_2$ 对于给定事件 $A$ 为条件独立的.

在事件条件独立的定义中，只要取 $A=\Omega$，就回到上一节所定义的事件的独立性，它只不过是一种特殊的条件独立而已.

在上一个例子中我们已经用到了条件独立这一性质，在那里我们假定：在已知客户是哪类人的前提下，他在"第 $i$ 年出一次事故"（$i=1,2,\cdots$）的事件是条件独立的.

**例 1.3.16**（先验概率及后验概率） 设 $A_i,i=1,2,\cdots,n$ 是 $\Omega$ 的一个分割，即它们互不相容且 $\bigcup_{i=1}^{n}A_i=\Omega$，概率分别为 $P(A_i)$. 现在假设提供附加信息：事件 $B$ 发生. 那么由贝叶斯公式可知，事件 $A_i$ 发生的条件概率（称为 $A_i$ 的后验概率）为

$$P(A_i|B)=\frac{P(B|A_i)P(A_i)}{\sum_j P(B|A_j)P(A_j)}.$$

如果附加信息变成首先知道 $B_1$ 发生，然后 $B_2$ 发生，则得知这两条信息的情况下，$A_i$ 的后验概率为

$$P(A_i|B_1B_2)=\frac{P(B_1B_2|A_i)P(A_i)}{\sum_j P(B_1B_2|A_j)P(A_j)}.$$

而如果对 $\forall i=1,2,\cdots,n$，给定 $A_i$ 下，事件 $B_1,B_2$ 是条件独立的，则还可以如下计算此概率.

由 $P(B_1B_2|A_i)=P(B_1|A_i)P(B_2|A_i), i=1,2,\cdots,n$，得

$$P(A_i|B_1B_2)=\frac{P(B_2|A_i)P(B_1|A_i)\cdot P(A_i)}{P(B_1B_2)}$$
$$=\frac{P(B_2|A_i)P(B_1A_i)}{P(B_1B_2)}$$
$$=\frac{P(B_2|A_i)P(A_i|B_1)P(B_1)}{P(B_1B_2)}$$
$$=\frac{P(B_2|A_i)P(A_i|B_1)}{P(B_1B_2)/P(B_1)},$$

而 $1=\sum\limits_{i=1}^{n}P(A_i|B_1B_2)=\dfrac{\sum\limits_{i=1}^{n}P(B_2|A_i)P(A_i|B_1)}{P(B_1B_2)/P(B_1)}$，由此

$$P(B_1B_2)/P(B_1)=\sum_{i=1}^{n}P(B_2|A_i)P(A_i|B_1),$$

从而

$$P(A_i|B_1B_2)=\frac{P(B_2|A_i)P(A_i|B_1)}{\sum\limits_{j=1}^{n}P(B_2|A_j)P(A_j|B_1)},$$

也就是说，可以把 $P(A_i|B_1)$ 作为先验概率，$B_2$ 作为新的附加信息，直接利用贝叶斯公式来计算 $A_i$ 的后验概率.

## 本章小结

本章最主要的是给出了柯尔莫哥洛夫概率论公理化体系的基础，即概率空间 $(\Omega,\mathcal{F},P)$. 其中样本空间 $\Omega$ 是随机实验的所有简单结果，$\mathcal{F}$ 是定义在其上的事件域，$P$ 是定义在 $\mathcal{F}$ 上的概率. 事件域的给定用到了事件的运算，另外从事件域和概率的定义还可以推知它们所具有的各种性质.

柯尔莫哥洛夫的概率论公理化体系是建立在测度论的基础上的，概率空间只不过是一种可测空间而已. 概率空间中的事件域就是一个 $\sigma$ 域. 这一公理化体系的建立为概率论的发展奠定了严格的数学基础. 这样的公理化定义可能缺乏直观解释，但是作为一个数学理论，势必要求它是严格的，有时会牺牲一些直观理解. 实际上，这一公理化体系是一个很接近直观同时又具备了数学的严格性的体系，它被接受并且在此基础上，概率论发展出了非常丰富的理论成果，在应用中也体现了它的重要价值.

概率空间是下一章讲述随机变量的基础，在以后的内容中，我们将假定已给定一个概率空间，考虑在其上定义的随机变量，介绍相应的概率论的一些理论成果. 这些理论可以应用于很多实际问题，当考虑具体的实际问题时，再选择恰当的概率空间就可以了. 本章

通过很多例子，介绍了在解决一些实际问题时应该如何建立恰当的概率空间，从而计算感兴趣的事件的概率值. 其中，涉及了四种不同的模型以及相应的计算概率的方法：古典概型、几何概率、统计概率和主观概率.

本章还讲述了两个重要概念——条件概率和独立性，给出了条件概率的一些性质和计算公式，以及事件与实验独立的定义. 在这里我们所介绍的只是条件概率的初等概念，它是一种很有用的工具，计算概率时，利用条件概率常常可以使问题得到简化. 关于条件概率的更高一级的定义，会在后面讲述条件期望时提及. 独立性是概率论中的一个非常重要的概念，在以后的章节中也会常常遇到. 一般，在概率论的教材中，事件的独立性特别是有限个事件的独立性都是详细讲述的，而实验的独立性则不然，因为需要用到乘积概率空间，描述起来会涉及一些测度论的知识，特别是无穷个实验的情形. 本书尽量避免提及测度论，但又考虑到数学的严格性，对有限个实验的情形做了讲述. 做类似处理的书，可参考 W.Feller 的《概率论及其应用》.

在讲述独立性时，我们还介绍了条件独立的概念以及条件概率作为概率的思想，认为条件概率和条件独立是一般的概念，所谓概率和独立性只不过是条件概率和条件独立的特殊情形而已. 条件概率和条件独立的提出为很多问题的研究提供了方便，在 S.M.Ross 的《概率论基础教程》中有很多相关的有趣例子.

到现在为止，虽然还没有随机变量分布的概念，但是在本章的例子中实际上已经出现了几种离散情况下的重要分布 ——二项分布、几何分布、帕斯卡分布等，只是还没有明确定义. 关于随机变量的分布将在下一章详细讲述.

## 习 题 一

1.1 写出下列随机实验的样本空间:

(1) 掷三颗骰子;

(2) 掷一颗骰子直到 6 点出现;

(3) 一小时内进入某商场的顾客数;

(4) 某地区一年内的降水量.

1.2 在“投掷两颗骰子”的实验中写出下列事件的样本点集合: $A=$“两颗骰子出现的点数之和为 7”; $B=$“两颗骰子出现的点数之和不超过 5”; $C=$“两颗骰子出现的两个点数中一个恰好是另一个的两倍”.

1.3 $A,B,C$ 三人轮流抛硬币，约定先抛出正面朝上者获胜，用 0 表示“正面朝下”，1 表示“正面朝上”，请写出此实验的样本空间并给出如下事件的描述:

(1) $A$ 胜 ( 记为 $A$);

(2) $B$ 胜 ( 记为 $B$);

(3) $(A\cup B)^c$.

1.4 若 $A$、$B$、$C$、$D$ 是四个事件，试用这四个事件表示下列各事件:

(1) 这四个事件至少发生一个;

(2) 这四个事件恰好发生两个;

(3) 这四个事件至多发生一个;

(4) 这四个事件都不发生.

1.5　从数学系的学生中任选一个同学，令事件 $A$ 表示选到的是女同学，事件 $B$ 表示选到的是大学二年级学生，事件 $C$ 表示选到的同学喜欢唱歌.

(1) 表述事件 $ABC^c$ 的意义;

(2) 什么条件下 $ABC=C$ 成立?

(3) 何时 $C\subset B$ 成立?

(4) 何时 $A=C$ 成立?

1.6　假设对同一目标进行三次射击，每次射一弹，令事件 $A=\{$ 恰有一弹击中目标 $\}$，$B=\{$ 至少有一弹击中目标 $\}$，$C=\{$ 三次都击中目标 $\}$，$D=\{$ 三次都没击中目标 $\}$，又设随机变量 $X$ 为三次射击中击中目标的次数，试用 $X$ 表示事件 $A$、$B$、$C$、$D$. 进一步，$A$、$B$、$C$、$D$ 中哪些是互不相容事件? 哪些是对立事件?

1.7　设 $\mathcal{F}$ 为一事件域，若 $A_i\in\mathcal{F}, n=1,2,\cdots$, 试证:

(1) $\displaystyle\bigcup_{i=1}^{n}A_i\in\mathcal{F}, n\geqslant 1$;

(2) $\displaystyle\bigcap_{i=1}^{n}A_i\in\mathcal{F}, n\geqslant 1$;

(3) $\displaystyle\bigcap_{i=1}^{\infty}A_i\in\mathcal{F}$.

1.8　求包含事件 $A$、$B$ 的最小 $\sigma$ 域.

1.9　证明: $\sigma$ 域之交仍为 $\sigma$ 域.

1.10　从 $n$ 双不同的鞋子中任取 $2r\ (<n)$ 只，求下列事件发生的概率:

(1) 没有成对鞋子;

(2) 只有一双成对鞋子;

(3) 恰有两双成对鞋子;

(4) 有 $r$ 双成对鞋子.

1.11　$n$ 个男孩和 $m$ 个女孩 $(m\leqslant n+1)$ 随机地排成一排，试求任意两个女孩都不相邻的概率.

1.12　在扑克牌游戏中 (从 52 张牌中任取 5 张)，求下列事件的概率:

(1) 都是红桃;

(2) 它们具有相同花色;

(3) 有四张点数相同;

(4) 三张点数相同且另外两张点数也相同;

(5) 三张点数相同，另外两张点数不同.

1.13　同时掷两颗骰子，求第二颗骰子掷出的点数比第一颗大的概率.

1.14　从某个班级中随机地抽取 3 个人，计算他们的生日恰巧在 3 个不同月份的概率.

1.15　设有 $n$ 个完全相同的球 (也可以说球是不可辨的)，将它们随机地放入 $N$ 个盒子中，试求:

(1) 某个指定的盒子中恰好有 $k$ 个球的概率；

(2) 恰好有 $m$ 个空盒的概率.

1.16 某码头只能容纳一艘船，现预知某日将有两艘船独立来到，且在 24 小时内各时刻来到的可能性都相等，如果它们需要停靠的时间分别为 3 小时和 2 小时，试求有一艘船要在江中等待的概率.

1.17 某班有 $N$ 个士兵，每人各有一支枪，这些枪外形完全一样，在一次夜间紧急集合中，若每人随机地取走一支枪，求下列事件的概率：

(1) 至少有一个人拿到自己的枪；

(2) 恰好有 $k$ 个人拿到自己的枪.

1.18 设 $A$、$B$ 是两事件，且 $P(A)=0.6$，$P(B)=0.7$，问：

(1) 什么条件下 $P(AB)$ 取得最大值？最大值是多少？

(2) 什么条件下 $P(AB)$ 取得最小值？最小值是多少？

1.19 给定 $p=P(A)$，$q=P(B)$，$r=P(A\cup B)$，求 $P(A\overline{B})$ 及 $P(\overline{AB})$.

1.20 证明如下不等式（Bonferroni 不等式）：

$$P(A_1A_2\cdots A_n)\geqslant P(A_1)+\cdots+P(A_n)-(n-1).$$

1.21 证明：如果 $P(A_i)=1, i=1,2,\cdots$，那么 $P(\cap A_i)=1$.

1.22 包含 $A,B$ 的 $N$ 个人排成一排，那么 $A,B$ 挨在一起的概率是多大？如果是排成一圈呢？

1.23 设有一个实验，其样本空间包含可数个样本点，证明不可能所有样本点发生的概率都相同. 有没有可能所有样本点发生的概率都大于 0？

1.24 设有三个袋子，第一个装有 2 个白球和 4 个红球，第二个装有 8 个白球和 4 个红球，第三个装有 1 个白球和 3 个红球. 如果从 3 个袋子中分别随机摸出一个球，求在正好摸出了 2 个白球的条件下，从第一个袋子中摸出的是白球的概率.

1.25 数据显示，98% 的婴儿分娩是安全的，然而当分娩采用剖腹产时，婴儿的生存概率是 96%，如果有 30% 的分娩是剖腹产，采用非剖腹产的孕妇所生婴儿的生存概率是多大？

1.26 对于有三个孩子的家庭，已知有一个是女孩，求至少有一个男孩的概率.

1.27 设 $n$ 件产品中有 $m$ 件不合格品，从中任取两件，已知两件中有一件是不合格品，求另一件是合格品的概率.

1.28 口袋中有 1 个白球、1 个黑球，从中任取 1 个，若取出白球，则实验停止；若取出黑球，则把取出的黑球放回的同时，再放入 1 个黑球. 如此下去，直到取出的是白球为止. 试求下列事件的概率：

(1) 取到第 $n$ 次，实验没有结束；

(2) 取到第 $n$ 次，实验恰好结束.

1.29 飞机有三个不同的部位遭到射击，当第一个部位被击中一弹或第二个部位被击中两弹或第三个部位被击中三弹时，飞机才能被击落，其命中率与每个部位的面积成正比，设三个部位的面积的占比分别为 0.1、0.2、0.7，若已中两弹，求击落飞机的概率.

1.30 对于“严格”这个词英国人与美国人的拼写分别是“rigour”和“rigor”. 住在北京某旅馆的一个人写了这个词，从他拼写的单词中随机地选取了一个字母，发现是元音字母. 如果住在此旅馆的讲英语的人当中有 40% 是英国人，60% 是美国人，问写这个词的人是美国人的概率有多大?

1.31　两台车床加工同样的零件，第一台出现不合格品的概率是 0.04，第二台出现不合格品的概率是 0.06，并且已知第一台加工的零件数是第二台的两倍. 将加工出来的零件放在一起，从中取出一个，若知取出的零件是不合格品，求它由第一台车床加工的概率.

1.32　设一个家庭中有 $n$ 个小孩的概率为

$$p_n = \begin{cases} \alpha p^n, & n \geqslant 1 \\ 1 - \dfrac{\alpha p}{1-p}, & n = 0 \end{cases},$$

这里 $0 < p < 1$, $0 < \alpha < \dfrac{1-p}{p}$. 若认为生男孩和女孩是等可能的，证明一个家庭有 $k\ (\geqslant 1)$ 个男孩的概率为 $2\alpha p^k/(2-p)^{k+1}$.

1.33　在上题的假定下:

(1) 已知家庭中至少有一个男孩，求此家庭至少有两个男孩的概率;

(2) 已知家庭中没有女孩，求正好有一个男孩的概率.

1.34　考虑一个有 $m$ 个家庭的小区，其中有 $n_i$ 个家庭有 $i$ 个孩子，$i = 1, 2, \cdots, k$, $\sum\limits_{i=1}^{k} n_i = m$. 考虑如下两种抽样方式:

(1) 随机选择一个家庭，然后从中随机选择一个孩子;

(2) 从所有孩子中随机挑选一个.

证明: 第一种方法选出的孩子是家里的老大的概率大于第二种方法.

1.35　某学生毕业找工作，请其导师帮忙写推荐信. 他认为，如果得到强有力的推荐，那么他找到工作的可能性是 80%; 如果得到一般推荐，那么他找到工作的可能性是 40%; 如果得到较弱的推荐，他找到工作的可能性为 10%. 他估计导师给他强有力的推荐、一般推荐和较弱的推荐的概率分别是 0.7, 0.2, 0.1.

(1) 他找到工作的可能性有多大?

(2) 如果他找到了工作，那么他得到了导师的强有力的推荐、一般推荐和较弱的推荐的概率分别是多少?

1.36　设夫妇两人参加一个答题节目，对于一个问题夫妇两人独立给出正确答案的概率都为 $p$，那么他们应该采取以下哪种答题策略?

(1) 任选一人答题;

(2) 两人都分别答题，若答案一致，则采用，否则抛硬币决定采用谁的答案.

1.37　若 $P(A) = 0.2$，$P(B) = 0.3$，$P(C) = 0.4$，$P(AB) = 0.06$，$P(AC) = 0.08$，$P(BC) = 0.12$，$P(ABC) = 0.001$，试问:

(1) 事件 $A, B, C$ 两两独立是否成立?

(2) 事件 $A, B, C$ 互相独立是否成立?

1.38　证明: 若 $A_1, A_2, \cdots, A_n$ 是相互独立的事件，则

$$P\Big(\bigcup_{i=1}^{n} A_i\Big) = 1 - \prod_{i=1}^{n}[1 - P(A_i)].$$

1.39 设 $A, B$ 是某个实验的两个互斥事件，证明：如果独立重复进行这样的实验，那么 $A$ 比 $B$ 先发生的概率为 $P(A)/[P(A)+P(B)]$.

1.40 设城里有 5 家旅馆，某一天有 3 个人要住旅馆，则他们住进不同旅馆的概率是多大？这里做了什么假设？

1.41 若 $C_1, C_2, C_3, C_4$ 为某机器内部系统的 4 个组件，其可靠度皆为 0.9 且相互独立，分别求下列不同配置的可靠度：

(1) $C_1, C_2, C_3, C_4$ 串联；

(2) $C_1, C_2, C_3, C_4$ 并联；

(3) $C_1, C_2$ 并联，$C_3, C_4$ 并联，再将两并联组件串联；

(4) 以上 3 种配置哪种可靠度最好？哪种最差？

1.42 在某二进制对称信道 (BSC) 模型中，设信道的输入符号为 $X$，输出符号为 $Y$，且 $P(X=0)=p$, $P(X=1)=1-p$. 通道往往容易受到干扰，我们假设已知误码率为 0.01，即 $P(Y=1|X=0)=P(Y=0|X=1)=0.01$，$P(Y=1|X=1)=P(Y=0|X=0)=0.99$. 若输出符号为“0”，求输入信号也为“0”的概率.

1.43 假设一射手对同一目标进行三次射击，若至少命中一次的概率为 63/64，试求该射手一次射击的命中率.

1.44 甲、乙两人进行比赛，已知每局中甲获胜的概率为 0.6，乙获胜的概率为 0.4. 比赛可采用三局两胜或五局三胜制，问哪种比赛制度对甲来说更有利？

1.45 甲、乙、丙三人按下面的规则进行比赛，第一局由甲、乙参加而丙轮空，第一局的优胜者与丙进行第二局比赛，而失败者则轮空，比赛用这种方式一直进行到其中一人连胜两局为止，连胜两局者成为整场比赛的优胜者，若甲、乙、丙胜每局的概率各为 0.5，问甲、乙、丙成为整场比赛优胜者的概率各是多少？

1.46 证明 $P(A|B)=P(A|BC)P(C|B)+P(A|BC^c)P(C^c|B)$.

1.47 证明或给出反例：如果 $A$ 和 $B$ 是独立的，那么在给定一个事件 $C$ 的条件下，它们还是条件独立的.

1.48 对任意事件 $A, B$，证明：

$$P(A|A\cup B)\geqslant P(A|B).$$

1.49 （拉普拉斯继乘准则）设盒子中有 $k+1$ 枚不均匀的硬币，标号为 $0,1,2,\cdots,k$. 抛第 $i$ 枚硬币时正面朝上的概率为 $\dfrac{i}{k}, i=0,1,2,\cdots,k$. 从盒子中随机抽取一枚硬币并重复抛掷，若前 $n$ 次都是正面朝上，则第 $n+1$ 次仍会正面朝上的概率是多大？

# 第2章 随机变量的分布与数字特征

## 学习要点

1. 理解随机变量的分布、期望、方差以及特征函数等描述随机变量的基本概念

2. 掌握常见的离散型分布和连续型分布

3. 掌握正态分布的形式、性质以及实际意义

4. 掌握常见分布的特征函数和矩母函数并能利用它们求解统计问题

在第 1 章，我们主要研究了概率空间 $(\Omega, \mathcal{F}, P)$，其中 $\Omega$ 是样本空间，由样本点即随机实验的所有简单结果构成，$\mathcal{F}$ 是建立在其上的事件域，每个事件都是 $\Omega$ 的子集，$P$ 是定义在事件域上的概率，每个事件域中的事件都有其相应的概率. 但并非所有随机实验的样本点都涉及数字，例如抛一枚硬币，正面向上和反面向上这两种基本结果都无法直接用数字表示，这给我们进一步进行数理研究带来了麻烦，为此，我们需要在概率空间中引入随机变量.

# 2.1 随机变量及其分布

## 2.1.1 随机变量及其分布函数

首先给出随机变量的严格定义.

**定义 2.1.1** 给定概率空间 $(\Omega, \mathcal{F}, P)$，$X$ 是定义在 $\Omega$ 上的单值实函数，如果对于 $\mathbb{R}$ 的任一个博雷尔子集 $B$，都有 $\{\omega : X(\omega) \in B\} \in \mathcal{F}$（一般把 $\{\omega : X(\omega) \in B\}$ 简写为 $\{X(\omega) \in B\}$），则称 $X$ 为一个随机变量（random variable），称 $P\{X \in B\}$ 为 $X$ 的概率分布.

**注 1**：概率空间 $(\Omega, \mathcal{F}, P)$ 作为随机实验的模型可以是多种多样的，但是对于随机变量的研究来说，具体定义在哪个概率空间上并不重要，重要的是研究随机变量取值在任一个博雷尔集合上的概率，所以在本书后面的内容中，如无特别说明，都假定已给定了一个概率空间. 只有当研究一个具体的随机实验时，才需要选择一个恰当的概率空间以及一个恰当的随机变量来表示实验结果. 另外，虽然作为函数，随机变量的定义域是 $\Omega$，但是由于随机变量的特殊性，我们一般说随机变量是定义在概率空间上的.

**注 2**：在随机变量这一术语中，“随机”的含义在于，作为随机实验结果的数值表示，随机变量的取值在实验前并不能确定. 但是到了实验之后，结果已经知道，也就是究竟是哪个样本点出现已经知道，那么随机变量的取值也就确定了.

**注 3**：根据博雷尔 $\sigma$ 域的定义，已经知道它包含了人们感兴趣的大部分集合，特别地，所有类型的区间（开区间、闭区间、左开右闭区间、左闭右开区间）以及单点集都包含其中. 这样随机变量取值在各种感兴趣的集合的概率都可以计算. 除此之外，随机变量的这一定义也是概率论公理化体系中关于数学严格性的要求导致的，学过测度论或实变函数的读者可以看出，所谓随机变量只不过是定义在概率空间上的一个博雷尔可测函数而已.

**注 4***：随机变量还有如下等价定义：设 $X$ 是定义在概率空间 $(\Omega, \mathcal{F}, P)$ 上的单值实函数，如果 $\forall x \in \mathbb{R}$，都有 $\{\omega : X(\omega) \leqslant x\} \in \mathcal{F}$，则称 $X$ 为一个随机变量. 如果把 $\{\omega : X(\omega) \leqslant x\}$ 换成 $\{\omega : X(\omega) < x\}$，也是等价的. 随机变量几种定义的等价性利用测度论的知识可以很容易得到证明，这里不再赘述.

由以上的讨论我们已经知道，对于任何一个随机变量和任意实数 $x\in\mathbb{R}$，$\{\omega: X(\omega)<x\}$ 都是事件，可以计算其概率，这样的概率称为随机变量的分布.

**定义 2.1.2**　对任意实数 $x$，称

$$F_X(x)=P(X<x)$$

为随机变量 $X$ 的累积分布函数 ( cumulative distribution function )，也称分布函数，并且称 $X$ 服从 $F_X(x)$，记为 $X\sim F_X(x)$. 在不致引起混淆时，$F_X(x)$ 简记为 $F(x)$.

有了分布函数 $F(x)$，随机变量取值在任意区间 $[a,b)$ 上的概率就可以很容易知道是 $F(b)-F(a)$.

有的书中把分布函数定义为 $F_X(x)=P(X\leqslant x)$，这和我们这里的定义没有本质区别，不过在性质方面，两者有略微的区别，这一区别主要是在连续性上，即 $F_X(x)=P(X\leqslant x)$ 定义的分布函数为右连续，而 $F_X(x)=P(X<x)$ 定义的分布函数为左连续.

由分布函数的定义可知，$F(x)$ 是一个定义在实数轴上的实值函数. 由于这一函数是由概率定义给出的，对应于概率的三个公理，可以证明分布函数具有单调性、规范性及左连续性.

**定理 2.1.1**　分布函数 $F(x)$ 具有以下性质:

(1) **单调性:** 若 $a<b$，则 $F(a)\leqslant F(b)$;

(2) **规范性:** 对任意 $x$，有 $0\leqslant F(x)\leqslant 1$，且

$$F(-\infty)=\lim_{x\to-\infty}F(x)=0;$$

$$F(+\infty)=\lim_{x\to+\infty}F(x)=1.$$

(3) **左连续性:** $F(x)$ 是 $x$ 的左连续函数，即对任意的 $x$，有 $F(x-0)=F(x)$.

证明：(1)$F(b)-F(a)=P(a\leqslant X<b)\geqslant 0$.

(2) $F(x)$ 的有界性易见，此外，

$$\begin{aligned}P(-\infty<X<+\infty)&=\sum_{n=-\infty}^{\infty}P(n\leqslant X<n+1)\\&=\sum_{n=-\infty}^{\infty}[F(n+1)-F(n)]\\&=\lim_{n\to+\infty}F(n)-\lim_{m\to-\infty}F(m)\\&=1.\end{aligned}$$

由 $F(x)$ 的单调性知，$\lim\limits_{x\to-\infty}F(x)=\lim\limits_{m\to-\infty}F(m)$，$\lim\limits_{x\to+\infty}F(x)=\lim\limits_{n\to+\infty}F(n)$ 存在. 而 $0\leqslant F(x)\leqslant 1$，所以 $\lim\limits_{x\to-\infty}F(x)=0$，$\lim\limits_{x\to+\infty}F(x)=1$.

(3) 由于 $F(x)$ 是单调有界非降函数，只需证明对一个单调递增的数列 $x_1 < x_2 < \cdots < x_n < \cdots < x_0$，当 $x_n \to x_0$ 时，$\lim\limits_{n\to+\infty} F(x_n) = F(x_0)$ 成立即可. 因为

$$\begin{aligned} F(x_0) - F(x_1) &= P(x_1 \leqslant X < x_0) \\ &= \sum_{i=1}^{\infty} P(x_i \leqslant X < x_{i+1}) \\ &= \lim_{n\to+\infty} [F(x_n) - F(x_1)] \\ &= \lim_{n\to+\infty} F(x_n) - F(x_1), \end{aligned}$$

所以 $\lim\limits_{n\to+\infty} F(x_n) = F(x_0) = F(x_0 - 0)$.

通过分布函数可以很方便地求出随机变量取值在某种范围的概率，例如

$$\begin{aligned} &P\{X = a\} = F(a+0) - F(a) \\ &P\{X \geqslant a\} = 1 - F(a) \\ &P\{X > a\} = 1 - F(a+0) \\ &P\{X \leqslant a\} = F(a+0). \end{aligned}$$

只证明第一个等式：

$$\begin{aligned} P(X = a) &= \lim_{n\to+\infty} P\left(a \leqslant X < a + \frac{1}{n}\right) \\ &= \lim_{n\to+\infty} F\left(a + \frac{1}{n}\right) - F(a) \\ &= F(a+0) - F(a). \end{aligned}$$

在很多情况下，分布函数作为函数也具有很好的性质，比如连续性、可导性等. 函数的很多分析工具也可以用来研究分布函数，这样对随机变量的研究就有了很好的分析基础. 应当指出的是，分布函数只是对随机变量的分布规律做了描述，任何一个随机变量都有它的分布函数，但是不同的随机变量可能具有相同的分布函数，例如下面的例子.

**例 2.1.1** 考虑从一个装有 $a$ 只红色球和 $b$ 只白色球的袋子中随机抽取一个，当抽出的球为红色时令 $X = 1$，否则令 $X = 0$. 那么 $P(X = 1) = \dfrac{a}{a+b}$. 特别地，如果 $a = b$，则 $P(X = 1) = \dfrac{1}{2}$. 这和抛一枚均匀硬币的分布规律是一样的.

后面将介绍几种非常重要的分布，在很多随机现象的研究中，会发现这些分布规律的存在.

前面已经证明了分布函数所满足的三条性质，反过来也可以证明：如果一个函数 $F$ 满足上述三条性质，那么它必定是某个随机变量的分布函数，也就是说可以找到一个概率空间 $(\Omega, \mathcal{F}, P)$ 以及定义在其上的一个随机变量 $X$，使得 $X$ 的分布函数就是 $F$. 因而这三条性质就可以作为判断一个函数是否为一个分布函数的充要条件.

**例 2.1.2** 判定下列函数是否为分布函数:

(1) $F_1(x)=\dfrac{1}{1+\mathrm{e}^{-x}}$;

(2) $F_2(x)=\begin{cases}0, & x\leqslant 0\\ 0.7x^2, & 0<x<1;\\ 1, & x\geqslant 1\end{cases}$

(3) $F_3(x)=\begin{cases}\dfrac{6x}{(1+x)^4}, & x>0\\ 0, & x\leqslant 0\end{cases}$.

**解** 只需验证上述函数是否满足分布函数的三条性质.

(1) 单调性: $\dfrac{\mathrm{d}F_1(x)}{\mathrm{d}x}=\dfrac{\mathrm{e}^{-x}}{(1+\mathrm{e}^{-x})^2}>0$, 从而此函数是单调递增的.

规范性: 因为 $\lim\limits_{x\to-\infty}\mathrm{e}^{-x}=+\infty$, 故 $\lim\limits_{x\to-\infty}\dfrac{1}{1+\mathrm{e}^{-x}}=0$; 因为 $\lim\limits_{x\to+\infty}\mathrm{e}^{-x}=0$, 故

$$\lim_{x\to+\infty}F_1(x)=\lim_{x\to+\infty}\frac{1}{1+\mathrm{e}^{-x}}=1.$$

左连续性: $\lim\limits_{x\to x_0}F_1(x)=F_1(x_0)$, 此函数是连续的.

因此 $F_1(x)$ 是某随机变量的分布函数.

(2) 规范性: $\lim\limits_{x\to-\infty}F_2(x)=0$, $\lim\limits_{x\to+\infty}F_2(x)=1$ 成立.

单调性: 若 $a\leqslant b$, 当 $a\leqslant 0$ 或者 $b\geqslant 1$ 时, $F_2(a)\leqslant F_2(b)$ 显然成立, 当 $0<a\leqslant b<1$ 时, $F_2(a)-F_2(b)=0.7a^2-0.7b^2=0.7(a+b)(a-b)\leqslant 0$, 因此函数满足单调性.

左连续性: 只需考虑分段点, 在 $x=0$ 处, $\lim\limits_{x\to0^-}0=0=F_2(0)$; 在 $x=1$ 处, $\lim\limits_{x\to1^-}F_2(x)=\lim\limits_{x\to1^-}0.7x^2=0.7\neq F_2(1)$, 因此函数不满足左连续性.

所以 $F_2(x)$ 不是某随机变量的分布函数.

(3) 规范性: $\lim\limits_{x\to-\infty}F_3(x)=0$, 但是 $\lim\limits_{x\to+\infty}F_3(x)=\lim\limits_{x\to+\infty}\dfrac{6x}{(1+x)^4}=0$, 所以 $F_3(x)$ 不是分布函数.

在第 1 章中，我们已经知道了随机变量有离散型和非离散型两种不同情形：当一个随机变量的取值最多为可数个时，就称它是离散型随机变量；否则它就是非离散型随机变量. 特别地，在非离散型随机变量中，有一类随机变量，它们的分布函数可以写成如下形式：

$$F(x)=\int_{-\infty}^{x}f(y)\mathrm{d}y,\quad \forall x\in\mathbb{R}, \tag{2.1}$$

其中 $f$ 是非负函数. 这样的随机变量称为连续型随机变量. 另外还有一些随机变量，它们的分布函数是连续的，但是不能写成上面的积分形式，这样的随机变量称为奇异型的. 相应地，随机变量的分布也有离散型、连续型和奇异型的区别，在下面几节中，我们将分别介绍几种重要的离散型和连续型分布，而对于奇异型分布，由于实际问题中很少应用，我们不做讨论.

### 2.1.2 离散型随机变量的概率分布列

**定义 2.1.3** 设 $X$ 是一个离散型随机变量，它的所有可能取值是 $x_1, x_2, \cdots, x_n, \cdots$，则它的分布函数可以写成如下形式：

$$F(x) = \sum_{x_i < x} P(X = x_i), \tag{2.2}$$

称

$$p_i = p(x_i) = P(X = x_i), i = 1, 2, \cdots, n, \cdots$$

为 $X$ 的概率分布列（简称分布列）(probability mass function)，并称分布 $F$ 是离散型的.

离散型分布函数是阶梯形的，它与相应的分布列相互唯一确定. 通常用下面的方法来表示离散型随机变量的分布列：

$$\begin{pmatrix} x_1 & x_2 & \cdots & x_n & \cdots \\ p(x_1) & p(x_2) & \cdots & p(x_n) & \cdots \end{pmatrix}$$

很容易验证分布列有如下性质：

(1) 非负性：$p(x_i) \geqslant 0, i = 1, 2, \cdots$；

(2) 正则性：$\sum\limits_{i=1}^{\infty} p(x_i) = 1$.

**例 2.1.3** 令 $X$ 为抛四枚硬币出现正面的次数，写出：(1) 样本空间 $\Omega$；(2) 样本空间中样本点经随机变量 $X$ 对应后的数值；(3)$X$ 的分布列.

**解** (1) 令 H 和 T 分别表示抛硬币后的正面和反面，则

$$\Omega = \{\mathrm{HHHH}, \mathrm{HHHT}, \mathrm{HHTT}, \mathrm{HTTT}, \mathrm{TTTT}\}$$

(2) 易得

$$X(\mathrm{HHHH}) = 4, X(\mathrm{HHHT}) = 3, X(\mathrm{HHTT}) = 2, X(\mathrm{HTTT}) = 1, X(\mathrm{TTTT}) = 0.$$

(3) $P(X = 0) = P(X = 4) = \frac{1}{16}, P(X = 1) = P(X = 3) = \frac{1}{4}, P(X = 2) = \frac{3}{8}$.

**例 2.1.4** 抛一枚均匀硬币，直到出现正面，令 $X$ 为所需的次数，求 $X$ 的分布列.

**解** $P(X = 1) = \frac{1}{2}, P(X = 2) = \frac{1}{2} \times \frac{1}{2} = \frac{1}{4}$，故可知，$X$ 的分布列为$P(X = k) = \left(\frac{1}{2}\right)^k, k = 1, 2, \cdots$.

**例 2.1.5** 设 10 件产品中有 7 件正品、3 件次品，每次从中取出一件，且每次取后不放回，令 $X$ 为直至取到正品为止所需的抽取次数，试求其概率分布列.

**解** 由于取后不放回，故 $X$ 的可能取值为 1，2，3，4. 记事件 $A_i$={第 $i$ 次取到的是正品}，则

$$P(X=1)=P(A_1)=\frac{7}{10},$$

$$P(X=2)=P(A_1^cA_2)=P(A_1^c)P(A_2|A_1^c)=\frac{3}{10}\times\frac{7}{9}=\frac{7}{30},$$

$$P(X=3)=P(A_1^cA_2^cA_3)=P(A_1^c)P(A_2^cA_1^c)P(A_3|A_1^cA_2^c)=\frac{3}{10}\times\frac{2}{9}\times\frac{7}{8}=\frac{7}{120},$$

$$P(X=4)=P(A_1^cA_2^cA_3^cA_4)=P(A_1^c)P(A_2^c|A_1^c)P(A_3^c|A_1^cA_2^c)P(A_4|A_1^cA_2^cA_3^c)$$
$$=\frac{3}{10}\times\frac{2}{9}\times\frac{1}{8}\times\frac{7}{7}=\frac{1}{120}.$$

因此概率分布列可表示为

$$\begin{pmatrix} 1 & 2 & 3 & 4 \\ \frac{7}{10} & \frac{7}{30} & \frac{7}{120} & \frac{1}{120} \end{pmatrix}$$

或者

| $X=x_i$ | 1 | 2 | 3 | 4 |
|---|---|---|---|---|
| $P(X=x_i)$ | $\frac{7}{10}$ | $\frac{7}{30}$ | $\frac{7}{120}$ | $\frac{1}{120}$ |

利用概率分布列，可求得直至取到正品为止的抽取次数不超过 3 次的概率为:

$$P(X\leqslant 3)=P(X=1)+P(X=2)+P(X=3)=1-P(X=4)=\frac{119}{120}.$$

**例 2.1.6** 设随机变量 $X$ 的分布列为: $P(X=0)=0.3$，$P(X=1)=0.4$，$P(X=3)=0.3$，求随机变量 $X$ 的分布函数及 $F(1.3)$.

**解** 离散型随机变量的分布函数可表示为 $F(x)=\sum\limits_{x_i<x}p(x_i)=\sum\limits_{x_i<x}P(X=x_i)$，则

$$F(x)=\begin{cases} 0, & x\leqslant 0 \\ 0.3, & 0<x\leqslant 1 \\ 0.7, & 1<x\leqslant 3 \\ 1, & x>3 \end{cases},$$

从此分布函数中易得，$F(1.3)=0.7$.

### 2.1.3 连续型随机变量的概率分布和概率密度函数

**定义 2.1.4** 设 $X$ 是一个连续型随机变量（continuous random variable），它的分布函数为

$$F(x)=\int_{-\infty}^{x} f(y)\mathrm{d}y, \tag{2.3}$$

称 $f(x)$ 为 $X$ 的概率密度函数（probability density function），简称密度函数.

显然

$$f(x)=F'(x). \tag{2.4}$$

易证密度函数具有以下性质：

(1) 非负性：$f(x) \geqslant 0$；

(2) 正则性：$\int_{-\infty}^{+\infty} f(x)\mathrm{d}x=1$.

可以证明，对于定义在 $(-\infty,+\infty)$ 上的可积函数 $f(x)$，如果它满足密度函数的这两条基本性质，则由式 (2.3) 定义的函数 $F(x)$ 是一个分布函数.

有了密度函数，随机变量取值在任何一个区间 $[a,b)$ 上的概率就可一般表示为

$$P(a \leqslant X < b)=F(b)-F(a)=\int_{a}^{b} f(x)\mathrm{d}x.$$

此外，连续型随机变量在任一点 $x$ 处的概率为 0，这是因为

$$P(X=x) \leqslant P(x \leqslant X < x+\Delta x)=P(x \leqslant X \leqslant x+\Delta x),$$

从而

$$0 \leqslant P(X=x) \leqslant \lim_{\Delta x \to 0} \int_{x}^{x+\Delta x} f(y)\mathrm{d}y=0.$$

我们知道不可能事件的概率为 0，但这一结果表明 "概率为 0 的事件不一定是不可能事件"；类似地，必然事件的概率为 1，但 "概率为 1 的事件不一定是必然事件".

**例 2.1.7** 已知随机变量 $X$ 的密度函数为 $p(x)=\begin{cases} ax, & 0 \leqslant x < 1 \\ 2-x, & 1 \leqslant x < 2 \\ 0, & \text{其他} \end{cases}$，求分布函数 $F(x)$，并计算$P(0.5 \leqslant X < 1.5)$.

**解** 因 $\int_{-\infty}^{+\infty} p(x)\mathrm{d}x=1$，即 $\int_{-\infty}^{0} 0\mathrm{d}x+\int_{0}^{1} ax\mathrm{d}x+\int_{1}^{2}(2-x)\mathrm{d}x+\int_{2}^{+\infty} 0\mathrm{d}x=1$，故解得 $a=1$.

又因为 $F(x)=\int_{-\infty}^{x} p(y)\mathrm{d}y$，当 $x<0$ 时，

$$F(x)=\int_{-\infty}^{x} p(y)\mathrm{d}y=\int_{-\infty}^{x} 0\mathrm{d}y=0;$$

当 $0 \leqslant x < 1$ 时，

$$F(x)=\int_{-\infty}^{x}p(y)\mathrm{d}y=\int_{-\infty}^{0}0\mathrm{d}y+\int_{0}^{x}y\mathrm{d}y=\frac{x^2}{2};$$

当 $1\leqslant x<2$ 时,

$$F(x)=\int_{-\infty}^{x}p(y)\mathrm{d}y=\int_{-\infty}^{0}0\mathrm{d}y+\int_{0}^{1}y\mathrm{d}y+\int_{1}^{x}(2-y)\mathrm{d}y=-\frac{x^2}{2}+2x-1;$$

当 $x\geqslant 2$ 时,$F(x)=1$.

故所求的分布函数为

$$F(x)=\begin{cases}0, & x<0\\ \dfrac{1}{2}x^2, & 0\leqslant x<1\\ -\dfrac{1}{2}x^2+2x-1, & 1\leqslant x<2\\ 1, & x\geqslant 2\end{cases},$$

$$P(0.5\leqslant X<1.5)=F(1.5)-F(0.5)=0.75.$$

**例 2.1.8** 设连续型随机变量 $X$ 的分布函数为 $F(x)=\begin{cases}a+b\mathrm{e}^{-\frac{1}{2}x^2}, & x\geqslant 0\\ 0, & x<0\end{cases}$,求 $X$ 的密度函数.

**解** 因为分布函数具有有界性,所以 $\lim\limits_{x\to+\infty}F(x)=\lim\limits_{x\to+\infty}(a+b\mathrm{e}^{-\frac{1}{2}x^2})=a=1$;又因为分布函数具有左连续性,所以 $F(0)=a+b=\lim\limits_{x\to 0^-}0=0$,因此 $b=-1$.

故分布函数为

$$F(x)=\begin{cases}1-\mathrm{e}^{-\frac{1}{2}x^2}, & x\geqslant 0\\ 0, & x<0\end{cases},$$

密度函数为

$$f(x)=F'(x)=\begin{cases}x\mathrm{e}^{-\frac{1}{2}x^2}, & x\geqslant 0\\ 0, & x<0\end{cases}.$$

## 2.2 常用的离散型分布

在实际问题中常用的离散型分布有二项分布、泊松分布、几何分布、负二项分布、超几何分布等,我们将一一介绍.

### 2.2.1 二项分布

**定义 2.2.1**(二项分布) 设随机变量 $X$ 所有可能的取值为 $0,1,2,\cdots,n$,且取相应的值的概率为

$$b(k;n,p)\equiv P(X=k)=C_n^k p^k(1-p)^{n-k},\ k=0,1,2,\cdots,n.$$

其中 $0<p<1$ 是一个常数，容易验证:

(1) $P(X=k)=C_n^k p^k(1-p)^{n-k}\geqslant 0$.

(2) $\sum\limits_{k=0}^{n}P(X=k)=\sum\limits_{k=0}^{n}C_n^k p^k(1-p)^{n-k}=[p+(1-p)]^n=1$.

于是 $\left\{C_n^k p^k(1-p)^{n-k},k=0,1,2,\cdots,n\right\}$ 是一个概率分布.

注意到 $C_n^k p^k(1-p)^{n-k}$ 恰好是二项式 $[p+(1-p)]^n$ 展开式中的第 $k+1$ 项，因此称该概率分布为二项分布 (binomial distribution)，记作 $B(n,p)$，其中 $n$，$p$ 称为此分布的参数，当具体给定 $n$，$p$ 的值时，就有了一个确定的二项分布. 此时称 $X$ 是一个二项随机变量.

**例 2.2.1** 设某射手每次射击命中目标的概率为 0.8，求射击 10 次命中 2 次的概率.

**解** 设 $X$ 为射手射击 10 次命中的次数，则可得 $X\sim B(10,0.8)$，故所求概率为 $P(X=2)=C_{10}^2 0.8^2 0.2^8=7.4\times 10^{-5}$.

**例 2.2.2** 在 $n$ 重伯努利实验中，如果每次实验成功的概率为 $p$, 那么 "$n$ 次实验有 $k$ 次成功、$n-k$ 次失败" 的概率就是 $C_n^k p^k(1-p)^{n-k}\geqslant 0$. 如果我们令随机变量 $X$ 表示 $n$ 重伯努利实验中成功的次数，那么 $X$ 就服从二项分布 $B(n,p)$.

对于二项分布中 $n=1$ 时的特殊情况，有下面的定义.

**定义 2.2.2** (0-1 分布) 在二项分布中，若 $n=1$，则 $X$ 的分布列退化为

$$P(X=0)=1-p,\ P(X=1)=p,$$

这个分布称为 0-1 分布, 也叫作伯努利分布 (Bernoulli distribution).

对于给定的概率空间 $(\Omega,\mathcal{F},P)$，考虑事件域中的任何一个事件 $A$，示性函数

$$1_A=\begin{cases}1, & \text{如果}A\text{发生}\\ 0, & \text{如果}A\text{不发生}\end{cases}$$

是一个随机变量，它的取值只有 0 和 1 两个可能，并且 $X=1_A$ 的值究竟是 1 还是 0，取决于事件 $A$ 是否发生，即

$$X(\omega)=1_A(\omega)=\begin{cases}1, & \omega\in A\\ 0, & \omega\notin A\end{cases}.$$

如果 $P(A)=p$，那么 $P(X=1)=P(A)=p$，$P(X=0)=P(A^c)=1-p$，也就是说 $X$ 是一个服从 0-1 分布的随机变量，也叫作伯努利随机变量.

**例 2.2.3**　设某考卷上共有 25 道选择题，每题有 4 个选项，其中只有一个选项是正确的，并且只许选择一个选项. 若一考生每道题目都是靠猜测，求他答对的题目数的分布列. 若每题 4 分，该考生考试及格的概率是多少？

**解**　若每题都是靠猜测，则每题答对的概率都是 $\frac{1}{4}$. 这样做 25 道题，可以认为是独立进行了 25 次实验. 若设他答对的题目数为随机变量 $X$，则 $X\sim B\left(25,\frac{1}{4}\right)$，概率分布列为 $P(X=k)=C_{25}^k\left(\frac{1}{4}\right)^k\left(1-\frac{1}{4}\right)^{25-k},k=0,1,2,\cdots,25.$

若要考试及格，则答对的题目至少为 15 道，于是

$$P(X\geqslant 15)=\sum_{k=15}^{25}\left[C_{25}^k(\frac{1}{4})^k\left(1-\frac{1}{4}\right)^{25-k}\right]\approx 0.000\ 215.$$

可见仅靠猜测答题，及格的概率如此之小.

**例 2.2.4**　有一项目意见调查，若设 40% 的居民赞成，今独立地随机访问 20 位居民，求：(1) 最多有 15 位居民赞成的概率；(2) 至少有 10 位居民赞成的概率；(3) 有 15~19 位居民赞成的概率.

**解**　设项目意见调查中居民赞成的人数为 $X$，因为居民是独立随机访问的，故 $X\sim B(20,0.4)$，其概率分布为 $P(X=k)=C_{20}^k(0.4)^k(1-0.4)^{20-k},k=0,1,\cdots,20.$

(1) 最多有 15 位居民赞成的概率是 $P(X\leqslant 15)=\sum\limits_{k=0}^{15}[C_{20}^k(0.4)^k(1-0.4)^{20-k}]\approx 0.999\ 68$;

(2) 至少有 10 位居民赞成的概率是 $P(X\geqslant 10)=\sum\limits_{k=10}^{20}[C_{20}^k(0.4)^k(1-0.4)^{20-k}]\approx 0.244\ 66$;

(3) 有 15~19 位居民赞成的概率是 $P(15\leqslant X\leqslant 19)=\sum\limits_{k=15}^{19}[C_{20}^k(0.4)^k(1-0.4)^{20-k}]\approx 0.001\ 611\ 5$.

下面介绍二项分布的性质.

考虑 $b(k;n,p)=P(X=k)=C_n^kp^k(1-p)^{n-k}$，当 $n$ 固定、$k$ 变化时，概率值是如何变化的. 从图2.1中可以看出，当 $n$ 固定时，$P(X=k)$ 随 $k$ 的增加先增大，达到某一极大值后又逐渐下降. 此外，$p$ 与 $\frac{1}{2}$ 越接近，分布图越对称.

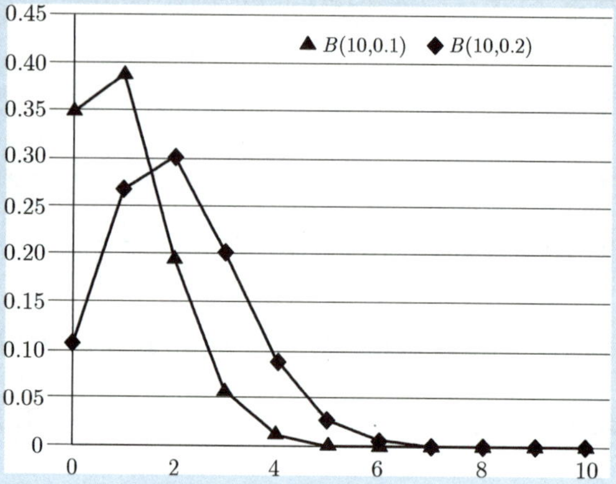


图 2.1 二项分布图

对于 $0<p<1$，

$$\frac{P(X=k)}{P(X=k-1)}=\frac{C_n^k p^k(1-p)^{n-k}}{C_n^{k-1}p^{k-1}(1-p)^{n-k+1}}=\frac{(n-k+1)p}{k(1-p)}=1+\frac{(n+1)p-k}{k(1-p)},$$

因此，

- 当 $k<(n+1)p$ 时，$P(X=k)>P(X=k-1)$；
- 当 $k=(n+1)p$ 时，$P(X=k)=P(X=k-1)$；
- 当 $k>(n+1)p$ 时，$P(X=k)<P(X=k-1)$.

因为 $(n+1)p$ 不一定是整数，而二项分布中 $k$ 仅取正整数，存在整数 $m$，使得 $(n+1)p-1<m\leqslant(n+1)p$，而且当 $k$ 从 0 到 $n$ 时，概率 $P(X=k)$ 先单调递增，当 $k=m$ 时达到最大值，之后又单调递减. 但当 $m=(n+1)p$ 时，$P(X=m)=P(X=m-1)$ 同时达到最大值.

称使 $P(X=k)$ 达到最大值的项为该二项分布的**中心项**，$m$ 称为**最可能成功次数**.

分析图中两个二项分布的最可能成功次数.

对于二项分布 $B(10,0.1)$，存在 $m=1$，使其满足 $(n+1)p-1=0.1<m<(n+1)p=1.1$，即 $m=1$ 是 $B(10,0.1)$ 的最可能成功次数. 而对于二项分布 $B(10,0.2)$，存在 $m=2$，使其满足 $(n+1)p-1=1.2<m<(n+1)p=2.2$，即 $m=2$ 是 $B(10,0.1)$ 的最可能成功次数. 这与图中的结果一致.

### 2.2.2 泊松分布

**定义 2.2.3**（泊松分布） 随机变量 $X$ 取值为非负整数，取这些值的概率分别为

$$P(X=k)=\frac{\lambda^k}{k!}\mathrm{e}^{-\lambda},\quad k=0,1,2,\cdots,$$

容易验证：

(1) $\dfrac{\lambda^k}{k!}\mathrm{e}^{-\lambda} \geqslant 0$;

(2) $\displaystyle\sum_{k=0}^{\infty}\frac{\lambda^k}{k!}\mathrm{e}^{-\lambda} = \mathrm{e}^{\lambda} \times \mathrm{e}^{-\lambda} = 1$;

称此概率分布是参数为 $\lambda$ 的泊松分布 (Poisson distribution)，相应地称 $X$ 是一个泊松随机变量，或者说 $X$ 服从泊松分布，记作 $X \sim P(\lambda)$，其中 $\lambda > 0$ 是唯一的参数，当 $\lambda > 0$ 给定后，泊松分布就唯一确定了.

泊松分布是一种非常重要的离散型分布，人们已经发现有很多自然和社会现象服从这种分布. 例如，在一个很大的群体中活到 100 岁的人数，保险公司在一年中接到的索赔次数，一小时内到达某个服务台的人数，把许多葡萄干放在一堆生面团中蒸出的面包中含有的葡萄干的个数，放射性物质放射出的粒子在时间 $t$ 内到达某指定区域的个数等.

**例 2.2.5** 假设某高速公路早上 6 : 00—9 : 00 内有 10 000 辆车通行，这 10 000 辆车中发生交通事故的车辆数服从 $\lambda = 1$ 的泊松分布，求：(1) 在此时间段内恰好有一辆车发生交通事故的概率；(2) 在此时间段内最多有 3 辆车发生交通事故的概率.

**解** 参数为 1 的泊松分布为

$$P(X = k) = \frac{1}{k!}\mathrm{e}^{-1}, \quad k = 0, 1, 2, \cdots.$$

（1）恰好有一辆车发生交通事故的概率为 $P(X = 1) = \dfrac{1}{1!}\mathrm{e}^{-1} = 0.367\,9$.

（2）此时间段内最多有 3 辆车发生交通事故的概率为

$$\begin{aligned} P(X \leqslant 3) &= P(X=0) + P(X=1) + P(X=2) + P(X=3) \\ &= \frac{1}{0!}\mathrm{e}^{-1} + \frac{1}{1!}\mathrm{e}^{-1} + \frac{1}{2!}\mathrm{e}^{-1} + \frac{1}{3!}\mathrm{e}^{-1} \\ &= 0.981\,0. \end{aligned}$$

**例 2.2.6** 假定在 10 分钟内到达某社区医院的病患人数符合 $\lambda = 2$ 的泊松分布，求 10 分钟内到达的病患少于 4（不包括 4）人的概率.

**解** 根据题意

$$P(X = k) = \frac{2^k}{k!}\mathrm{e}^{-2}, \quad k = 0, 1, 2, \cdots,$$

则到达的病患少于 4（不包括 4）人的概率为

$$\begin{aligned} P(X < 4) &= P(X=0) + P(X=1) + P(X=2) + P(X=3) \\ &= \frac{2^0}{0!}\mathrm{e}^{-2} + \frac{2^1}{1!}\mathrm{e}^{-2} + \frac{2^2}{2!}\mathrm{e}^{-2} + \frac{2^3}{3!}\mathrm{e}^{-2} \\ &= 0.857\,1. \end{aligned}$$

从上面的例子可以看出，泊松分布似乎总是与一些“稀有事件”有关，甚至有人把泊松分布叫作“稀有事件律”(law of rare events). 然而，由于泊松分布在实际当中的重要应用，这一叫法似乎又有些不妥. 为了解释为什么那些“稀有事件”的发生规律通常会具有泊松分布的特性，考虑这样的伯努利实验：实验的总次数 $n$ 很大，每次实验成功的概率 $p$ 很小，而其乘积 $np$ 大小适中，在这种情况下，考虑 $n$ 次实验中成功次数的二项分布，则这个分布和泊松分布非常近似. 这一结果是由法国数学家泊松 (Poisson) 首次提出的，于是称为泊松定理.

**定理 2.2.1**（泊松定理） 在 $n$ 重伯努利实验中，$p_n$ 表示在一次实验中成功发生的概率，它与实验总次数 $n$ 有关，随着 $n$ 增大，$p_n$ 在减小. 若当 $n \to \infty$ 时，有 $np_n \to \lambda$，则 $n$ 次实验中出现 $k$ 次成功的概率为

$$b(k;n,p_n) = C_n^k p_n^k (1-p_n)^{n-k} \to \frac{\lambda^k}{k!}\mathrm{e}^{-\lambda}, \quad n \to \infty.$$

**证明**：记 $\lambda_n = np_n$，$p_n = \dfrac{\lambda_n}{n}$，则

$$\begin{aligned} b(k;n,p_n) &= C_n^k p_n^k (1-p_n)^{n-k} \\ &= \frac{n(n-1)\cdots(n-k+1)}{k!}\left(\frac{\lambda_n}{n}\right)^k\left(1-\frac{\lambda_n}{n}\right)^{n-k} \\ &= \frac{\lambda_n^k}{k!}\left(1-\frac{1}{n}\right)\left(1-\frac{2}{n}\right)\cdots\left(1-\frac{k-1}{n}\right)\left(1-\frac{\lambda_n}{n}\right)^{n-k}. \end{aligned}$$

对固定的 $k$，有

$$\lim_{n\to\infty}\frac{\lambda_n^k}{k!} = \frac{\lambda^k}{k!},$$

$$\lim_{n\to\infty}\left(1-\frac{\lambda_n}{n}\right)^{n-k} = \mathrm{e}^{-\lambda},$$

$$\lim_{n\to\infty}\left(1-\frac{1}{n}\right)\left(1-\frac{2}{n}\right)\cdots\left(1-\frac{k-1}{n}\right) = 1,$$

因此

$$\lim_{n\to\infty} b(k;n,p_n) = \lim_{n\to\infty} C_n^k p_n^k (1-p_n)^{n-k} = \frac{\lambda^k}{k!}\mathrm{e}^{-\lambda},$$

定理得证.

**例 2.2.7** 仍然考虑前面的例子：假设某高速公路早上 6 : 00—9 : 00 内有 10 000 辆车通行，而每辆车发生交通事故的概率为 0.000 1，求：(1) 在此时间段内恰好有一辆车发生交通事故的概率；(2) 在此时间段内最多有 3 辆车发生交通事故的概率.

**解** 设该时间段发生交通事故的次数为随机变量 $X$，则 $X$ 服从 $B(10\ 000, 0.000\ 1)$.

（1）恰好有一辆车发生交通事故的概率为

$$P(X=1)=\binom{10\ 000}{1}(0.000\ 1)^1(1-0.000\ 1)^{10\ 000-1}=0.367\ 9.$$

（2）此时间段内最多有 3 辆车发生交通事故的概率为

$$P(X\leqslant 3)=\sum_{k=0}^{3}P(X=k)=\sum_{k=0}^{3}\binom{10\ 000}{1}(0.000\ 1)^k(1-0.000\ 1)^{10\ 000-k}=0.981\ 0.$$

注意到此时 $np=1$，前面的例子中利用参数为 $\lambda=np=1$ 的泊松分布计算的结果与这里的结果是非常接近的.

泊松定理首先对泊松分布和“稀有事件”的联系做出了解释，另外也提供了计算二项分布概率的近似算法，使计算变得简单. 但要注意的是泊松定理要求 $n\to\infty$，并且此时有 $\lambda_n=np_n\to\lambda$，所以使用这种近似计算式时，要求 $n$ 比较大，$p$ 比较小（一般要求 $p\leqslant 0.1$），这样才可以和二项分布的结果比较接近.

### 2.2.3　其他离散型分布

除了二项分布和泊松分布这两个重要的离散型分布外，还有几个常用的离散型分布，如几何分布、负二项分布、超几何分布等.

1. 几何分布

**定义 2.2.4**（几何分布） 设随机变量 $X$ 可能的取值为 $1,2,3,\cdots$，相应的概率为

$$P(X=k)=p(1-p)^{k-1},\quad k=1,2,3,\cdots,$$

容易验证:

(1) $P(X=k)=p(1-p)^{k-1}\geqslant 0$;

(2) $\sum\limits_{k=1}^{\infty}p(1-p)^{k-1}=p\cdot\dfrac{1}{1-(1-p)}=1$;

所以这是一个概率分布列，称为几何分布 (geometric distribution)，记为 $g(p)$，$p$ 是唯一的参数. 相应地，称 $X$ 是一个几何随机变量.

在伯努利实验中，等待首次成功所需要的实验次数 $X$ 就服从几何分布. 由上式还可知，实验最终会成功的概率为 1.

几何分布具有一个很有趣的性质.

**性质 2.2.1**（无记忆性） 设 $X$ 是一个几何随机变量，分布列为 $P(X=k)=p(1-p)^{k-1}$. 那么在已知 $X>n$ 的条件下 $X=n+k, k=1,2,3,\cdots$ 的概率仍然是 $P(X=n+k|X>n)=p(1-p)^{k-1}$.

**证明**：

$$P(X=n+k|X>n)=\frac{P(X=n+k)}{P(X>n)}$$
$$=\frac{p(1-p)^{n+k-1}}{(1-p)^n}$$
$$=p(1-p)^{k-1}.$$

如果考虑伯努利实验，假定已知在前 $n$ 次实验中都没有成功，那么为了达到首次成功，还需要进行的实验次数也服从几何分布，与前面的失败次数无关. 这就是几何分布的无记忆性.

还可以证明，几何分布是唯一具有这种无记忆性的离散型分布.

> **命题 2.2.1** 设 $Y$ 是一个取正整数值的随机变量，如果在已知 $Y>n$ 的条件下 $Y=n+k,\ k=1,2,3,\cdots$ 的概率与 $n$ 无关，那么 $Y$ 服从几何分布.

**证明**：令 $p\equiv P(Y=n+1|Y>n)$，$q_n\equiv P(Y>n)$，$p_n\equiv P(Y=n)$，则 $p_{n+1}=q_n-q_{n+1}$，且

$$P(Y=n+1|Y>n)=\frac{p_{n+1}}{q_n}=p, \tag{2.5}$$

从而

$$\frac{q_{n+1}}{q_n}=1-p, \tag{2.6}$$

易见 $q_0=1$，从而有 $q_n=(1-p)^n$，$p_n=(1-p)^{n-1}p$，正是几何分布.

> **例 2.2.8** 设某射手的命中率为 0.8，现对一目标连续射击，直到击中为止，求射手不超过 4 次就能击中的概率.

**解** 设 $X$ 表示直到击中为止所需的射击次数，则 $X$ 服从几何分布，根据题意，知

$$P(X=k)=(1-0.8)^{k-1}0.8,\quad k=1,2,\cdots,$$

故 $P(X\leqslant 4)=\sum\limits_{k=1}^{4}P(X=k)=\sum\limits_{k=1}^{4}(1-0.8)^{k-1}0.8=0.998\,4.$

如果考虑伯努利实验中出现第一次成功之后，等待出现第二次成功所需的实验次数，根据伯努利实验的性质，可以知道这一变量的分布仍然是几何分布；还可以考虑伯努利实验中直到出现第 $r$ 次成功所需要的实验次数，它的分布称为负二项分布.

### 2. 负二项分布

进行伯努利实验，用 $X$ 表示直到出现第 $r$ 次成功所需的实验次数，这是一个离散型随机变量.

若 $X=n$，则需要以下事件同时发生：(1) 在前 $n-1$ 次实验中，恰有 $r-1$ 次成功；(2) 第 $n$ 次实验成功. 因而

$$P(X=n)=C_{n-1}^{r-1}p^{r-1}(1-p)^{n-r}\cdot p=C_{n-1}^{r-1}p^{r}(1-p)^{n-r}\quad(n=r,r+1,r+2,\cdots).$$

**定义 2.2.5**（负二项分布） 若随机变量 $X$ 的分布列为

$$P(X=n)=C_{n-1}^{r-1}p^{r}(1-p)^{n-r}\quad(n=r,r+1,r+2,\cdots),$$

则称此分布为负二项分布 (negative binomial distribution)，记为 $\mathrm{NB}(p,r)$.

这个分布称为负二项分布的原因是：负指数二项展开式为

$$(1-x)^{-r}=\sum_{i=0}^{\infty}C_{i+r-1}^{i}x^{i}=\sum_{i=0}^{\infty}C_{i+r-1}^{r-1}x^{i},$$

$C_{i+r-1}^{r-1}$ 是负指数二项展开式中 $x^i$ 的系数.

负二项分布和二项分布的不同在于：二项分布是已知进行伯努利实验的总次数 $n$，将实验成功或者失败的次数作为变量；负二项分布则相反，已知实验成功的次数 $r$，将总的实验次数作为随机变量.

在负二项分布中，如果 $r=1$，则负二项分布退化为几何分布. 另外，负二项分布可以一般化，当 $r$ 是整数时，负二项分布又称为帕斯卡分布.

**例 2.2.9** 上一章中我们给出了分赌注问题的两种解法，其中第二种就是利用了负二项分布. 一般地，考虑伯努利实验中第 $r$ 次成功出现在第 $m$ 次失败之前的概率. 只需注意到当且仅当第 $r$ 次成功出现的时刻不晚于第 $r+m-1$ 次实验，从而这一概率为 $\displaystyle\sum_{n=r}^{r+m-1}C_{n-1}^{r-1}p^{r}(1-p)^{n-r}$.

**例 2.2.10**（巴拿赫火柴盒问题） 某个爱抽烟的数学家经常随身携带两个火柴盒，分别放在左、右两个衣袋中. 每次抽烟时任取一盒抽一根火柴. 假设开始时两火柴盒中都分别装有 $n$ 根火柴，求他第一次发现其中一盒已经用光而另一盒还剩 $r$ 根火柴的概率.

**解** 由于他每次抽烟时是任取一盒抽一根火柴用，他从左右两个口袋中取火柴盒的概率是相同的，可以看作 $p=\dfrac{1}{2}$ 的伯努利实验. 先考虑他的左衣袋中的火柴盒空而右衣袋还剩 $r$ 根火柴，则他从左边取 $n+1$ 次火柴，其中前 $n$ 次用去 $n$ 根火柴，最后一次发现是空的，而从右边取过 $n-r$ 次，即一共取过 $n+1+n-r=2n-r+1$

次，且在前 $2n-r$ 次中，摸过左衣袋 $n$ 次，摸右衣袋 $n-r$ 次，且最后一次也摸到左衣袋，则该事件的概率为 $P_1 = C_{2n-r}^{n}\left(\frac{1}{2}\right)^{n+1}\left(\frac{1}{2}\right)^{n-r}$；同理，可考虑右衣袋空而左衣袋剩 $r$ 根，则此事件的概率为 $P_2 = C_{2n-r}^{n}\left(\frac{1}{2}\right)^{n+1}\left(\frac{1}{2}\right)^{n-r}$，因此所求的概率为 $P = 2C_{2n-r}^{n}\left(\frac{1}{2}\right)^{n+1}\left(\frac{1}{2}\right)^{n-r} = C_{2n-r}^{n}\left(\frac{1}{2}\right)^{2n-r}$.

伯努利实验中直到出现第 $r$ 次成功所需的实验次数还可以分解为 $Y_1+Y_2+\cdots+Y_r$，其中，$Y_i, i=1,2,\cdots,r$ 分别表示第 $i-1$ 次成功之后，直到第 $i$ 次成功所需的实验次数. 前面已经知道 $Y_i, i=1,2,\cdots,r$ 的分布都是几何分布，从而一个服从帕斯卡分布的随机变量就可以分解为 $r$ 个服从同一几何分布的随机变量之和，具体证明在 2.4 节给出.

### 3. 超几何分布

**定义 2.2.6**（超几何分布） 给定正整数 $M,N,n$，并且要求 $n\leqslant N, M\leqslant N$. 设随机变量 $X$ 是取值如下的随机变量：当 $n\leqslant M$ 时，$X$ 的可能取值为 $0,1,\cdots,n$；当 $n>M$ 时，$X$ 的可能取值为 $0,1,\cdots,M$. 类似地，可以讨论 $n-X$ 的取值范围. 相应的取值概率为

$$h_k = P(X=k) = \frac{C_M^k C_{N-M}^{n-k}}{C_N^n}, \quad k=0,1,\cdots,\min(n,M), \quad k>n-N+M.$$

容易验证：

(1) $\frac{C_M^k C_{N-M}^{n-k}}{C_N^n}\geqslant 0$；

(2) 因 $\sum\limits_{k=0}^{\min(n,M)} C_M^k C_{N-M}^{n-k} = C_N^n$，则 $\sum\limits_{k=0}^{\min(n,M)} P(X=k)=1$，从而这是一个概率分布，称为超几何分布 (hypergeometric distribution)，记为 $h(n,M,N)$，参数为 $n,M,N$.

**例 2.2.11** 设 $N$ 件产品中含有 $M$ 件次品，从该批产品中随机不放回地抽取 $n$ 件产品，令随机变量 $X$ 表示这 $n$ 件产品中出现的次品数. 显然当 $n\leqslant M$ 时，$X$ 的可能取值为 $0,1,\cdots,n$；当 $n>M$ 时，$X$ 的可能取值为 $0,1,\cdots,M$. $X$ 取这些值的概率为

$$h_k = P(X=k) = \frac{C_M^k C_{N-M}^{n-k}}{C_N^n}, \quad k=0,1,\cdots,\min(n,M),$$

即 $X$ 服从超几何分布.

直观上，当 $n\ll N$ 时，无放回抽样和有放回抽样的差别应该不大. 实际上在这种情况下，超几何分布和二项分布很近似，简要论证如下：

$X$ 服从超几何分布，即

$$\begin{aligned}P(X=k)&=\frac{C_M^k C_{N-M}^{n-k}}{C_N^n}\\&=\frac{\dfrac{P_M^k}{k!}\cdot\dfrac{P_{N-M}^{n-k}}{(n-k)!}}{\dfrac{P_N^n}{n!}}\\&=\frac{n!}{k!(n-k)!}\cdot\frac{P_M^k\cdot P_{N-M}^{n-k}}{P_N^n}\\&=C_n^k\frac{M^k(N-M)^{n-k}}{N^n}\frac{\dfrac{P_M^k}{M^k}\cdot\dfrac{P_{N-M}^{n-k}}{(N-M)^{n-k}}}{\dfrac{P_N^n}{N^n}}.\end{aligned}$$

当 $k$ 比 $M$ 小得多，$n-k$ 比 $N-M$ 小得多时，

$$\frac{\dfrac{P_M^k}{M^k}\cdot\dfrac{P_{N-M}^{n-k}}{(N-M)^{n-k}}}{\dfrac{P_N^n}{N^n}}\approx 1,$$

因此 $h_k\approx C_n^k\dfrac{M^k(N-M)^{n-k}}{N^n}=b(k;n,\dfrac{M}{N})$.

超几何分布和二项分布的近似如图2.2所示.

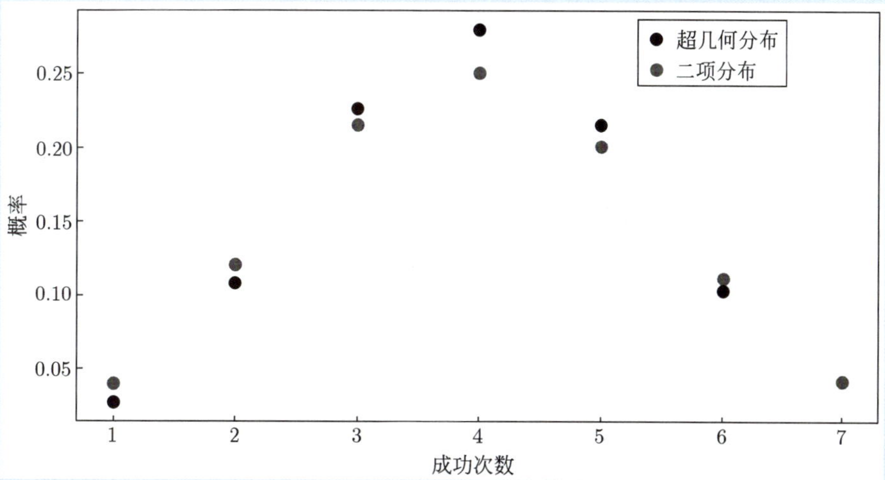


图 2.2　二项分布与超几何分布

在实际工作中一般采用不放回抽样，计算次品数的概率应该采用超几何分布，但是超几何分布的计算比较烦琐. 当产品数非常大而抽样数不太大时，可以利用二项分布来做近似计算.

**例 2.2.12** 已知一批产品共 20 个，其中有 4 个次品. 若采取不放回抽样，抽取 6 个产品，求样品中次品数的概率分布.

**解** 用 $X$ 表示“取出的样本中的次品数”，则随机变量 $X$ 服从超几何分布，即

$$h_k = P(X=k) = \frac{C_4^k C_{16}^{6-k}}{C_{20}^6} \quad (k=0,1,2,3,4),$$

从而 $X$ 的概率分布为

| $X=k$ | 0 | 1 | 2 | 3 | 4 |
|---|---|---|---|---|---|
| $P(X=k)$ | $\frac{1\,001}{4\,845}$ | $\frac{2\,184}{4\,845}$ | $\frac{91}{323}$ | $\frac{56}{969}$ | $\frac{1}{323}$ |

计算得

| $X=k$ | 0 | 1 | 2 | 3 | 4 |
|---|---|---|---|---|---|
| $P(X=k)$ | 0.206 6 | 0.450 8 | 0.281 7 | 0.057 8 | 0.003 1 |

# 2.3 常用的连续型分布

常用的连续型分布有正态分布、指数分布、均匀分布、对数正态分布、柯西分布、$\Gamma$ 分布、$\beta$ 分布等.

## 2.3.1 正态分布

下面介绍正态分布的密度函数和分布函数.

**定义 2.3.1** 若连续型随机变量 $X$ 的密度函数为

$$f(x) = \frac{1}{\sqrt{2\pi}\sigma} e^{-\frac{(x-\mu)^2}{2\sigma^2}}, \quad -\infty < x < +\infty,$$

则称 $X$ 服从正态分布，记为 $X \sim N(\mu, \sigma^2)$. 其中 $-\infty < \mu < +\infty$, $\sigma > 0$ 为两个参数，给定它们的取值，就确定了一个正态分布 (normal distribution). 称 $X$ 为正态随机变量. 正态分布的分布函数为

$$F(x) = \frac{1}{\sqrt{2\pi}\sigma} \int_{-\infty}^{x} e^{-\frac{(y-\mu)^2}{2\sigma^2}} dy, \quad -\infty < x < +\infty.$$

正态分布的密度函数和分布函数如图2.3所示.

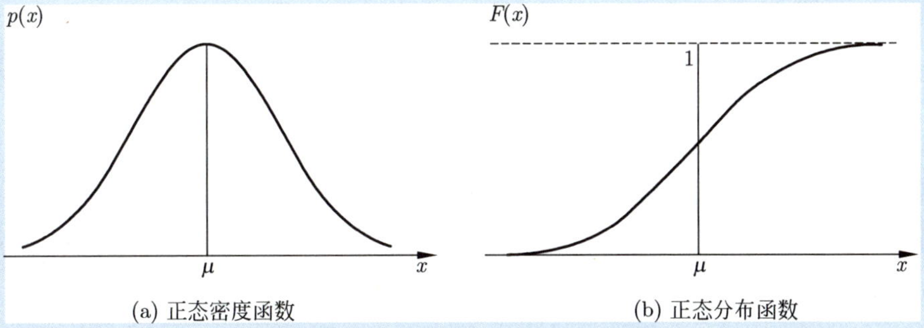


图 2.3 正态密度函数和分布函数图

可以验证上述定义的 $f(x)$ 确实是一个密度函数，$f(x)>0$ 是显然的，下面验证 $\int_{-\infty}^{+\infty} f(x)\mathrm{d}x=1$.

$$\int_{-\infty}^{+\infty} f(x)\mathrm{d}x=\int_{-\infty}^{+\infty}\frac{1}{\sqrt{2\pi}\sigma}\mathrm{e}^{-\frac{(x-\mu)^2}{2\sigma^2}}\mathrm{d}x$$
$$=\int_{-\infty}^{+\infty}\frac{1}{\sqrt{2\pi}}\mathrm{e}^{-\frac{y^2}{2}}\mathrm{d}y.$$

由于 $\left(\int_{-\infty}^{+\infty}\mathrm{e}^{-\frac{x^2}{2}}\mathrm{d}x\right)\left(\int_{-\infty}^{+\infty}\mathrm{e}^{-\frac{y^2}{2}}\mathrm{d}y\right)=\int_{-\infty}^{+\infty}\int_{-\infty}^{+\infty}\mathrm{e}^{-\frac{x^2+y^2}{2}}\mathrm{d}x\mathrm{d}y$，利用极坐标变换，令 $x=r\cos\theta$，$y=r\sin\theta$，有

$$\left(\int_{-\infty}^{+\infty}\mathrm{e}^{-\frac{x^2}{2}}\mathrm{d}x\right)\left(\int_{-\infty}^{+\infty}\mathrm{e}^{-\frac{y^2}{2}}\mathrm{d}y\right)=\int_0^{2\pi}\int_0^{+\infty}\mathrm{e}^{-\frac{r^2}{2}}r\mathrm{d}r\mathrm{d}\theta=2\pi,$$

从而 $\int_{-\infty}^{+\infty}\mathrm{e}^{-\frac{x^2}{2}}\mathrm{d}x=\sqrt{2\pi}$，即 $\int_{-\infty}^{+\infty} f(x)\mathrm{d}x=1$.

在直角坐标系中，密度函数 $f(x)$ 的图像（见图2.4）是一条关于 $\mu$ 对称的钟形曲线，且密度函数在点 $x=\mu$ 处达到最大值 $f(\mu)=\dfrac{1}{\sqrt{2\pi}\sigma}$. 当 $x\to\pm\infty$ 时，$f(x)\to 0$，即曲线以 $x$ 轴为渐近线.

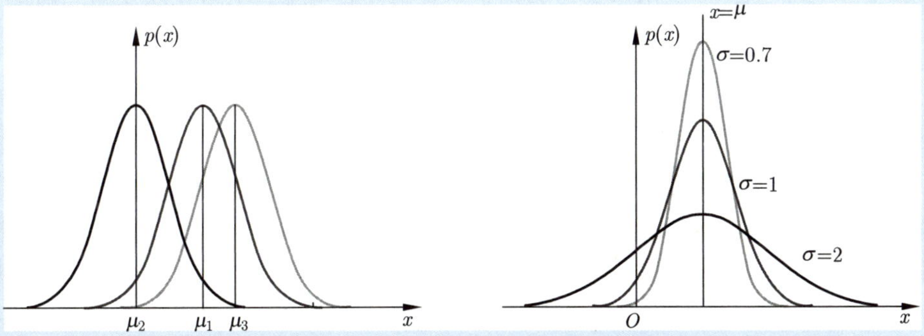


图 2.4 不同情形下的正态密度函数图

由图2.4可以看到，$N(\mu,\sigma^2)$ 的密度函数是由参数 $\mu,\sigma$ 确定的.

（1）$\mu$ 决定了正态分布密度函数的中心位置. 当固定 $\sigma$、改变 $\mu$ 时，函数图形沿着 $x$ 轴平移，且 $N(\mu,\sigma^2)$ 的密度函数关于 $x=\mu$ 对称.

（2）$\sigma$ 描述了正态分布密度函数的离散程度. 当 $\mu$ 固定时，$\sigma$ 越小，$f(x)$ 就越尖、越窄；$\sigma$ 越大，$f(x)$ 就越平、越宽.

特别地，当 $\mu=0$，$\sigma=1$ 时，称为标准正态分布 $N(0,1)$，相应的密度函数及分布函数分别记为 $\phi(x)$ 和 $\Phi(x)$：

$$\phi(x)=\frac{1}{\sqrt{2\pi}}\mathrm{e}^{-\frac{x^2}{2}},-\infty<x<+\infty,$$

$$\Phi(x)=\frac{1}{\sqrt{2\pi}}\int_{-\infty}^{x}\mathrm{e}^{-\frac{y^2}{2}}\mathrm{d}y,-\infty<x<+\infty.$$

由上述表达式可知，标准正态分布的概率密度 $\phi(x)$ 为偶函数，它的图像关于 $y$ 轴对称，即 $\phi(x)=\phi(-x)$. 由定积分的几何意义可知，$\Phi(-x)=1-\Phi(x)$.

任何一个一般的正态分布都可以通过线性变换转化为标准正态分布. 可以验证，若随机变量 $X\sim N(\mu,\sigma^2)$，则通过线性变换后，随机变量 $Y=\dfrac{X-\mu}{\sigma}$ 服从 $N(0,1)$. 具体证明在下一节给出. 这样，任何一个正态分布的概率都可以转化成标准正态分布来计算.

正态分布是概率论中最重要的分布之一，它由法国数学家棣莫弗 (De Moivre) 引入来近似计算二项随机变量在 $n$ 很大时的取值概率，当时称为钟形曲线. 拉普拉斯 (Laplace) 研究误差理论时提出的误差函数也具有同样的形式.

1733 年，棣莫弗证明了当 $p=\dfrac{1}{2}$ 时，二项分布 $B(n,p)$ 可以由正态分布来近似，1812 年，拉普拉斯对一般的 $p$ 也给出了证明. 这是概率论中著名的极限定理.

**定理 2.3.1**（棣莫弗-拉普拉斯极限定理） 在 $n$ 重伯努利实验中，设每次成功的概率为 $p$，用 $S_n$ 表示成功的次数，则对任何 $a<b$，当 $n\to\infty$ 时

$$P\left\{a\leqslant\frac{S_n-np}{\sqrt{np(1-p)}}\leqslant b\right\}\to\Phi(b)-\Phi(a). \tag{2.7}$$

1809 年，高斯 (Gauss) 用正态分布作为工具来预测天文学中星体的位置，展现了正态分布的应用价值，此后就称正态分布为高斯分布. 后来人们发现很多随机现象如测量的误差、人的身高以及体重、年降雨量等都具有高斯分布的形状. 从著名统计学家 K. 皮尔逊 (K.Pearson) 开始，人们将高斯分布称为正态分布.

在大量实际问题的研究中，形成了一个重要的猜想：无论数据来自什么分布，大量数据集合的平均数都近似服从正态分布，这就是概率论中著名的中心极限定理. 前面所介绍的棣莫弗-拉普拉斯极限定理就是中心极限定理的一种特殊情况. 直观上说，当一个量受大量随机因素影响而每一个个别因素的影响都不大时，这个量就会具有正态分布的形状. 中心极限定理的证明将在第 4 章给出.

**例 2.3.1**　某种零件的长度服从正态分布，平均长度为 10mm，标准差为 0.2mm，从该批零件中随机抽取一件，求：

(1) 其长度不到 9.5mm 的概率.

(2) 当零件的长度在区间 (9.5, 10.5) mm 时，产品质量合格，则该件零件合格的概率是多少？

**解**　设零件的长度为随机变量 $X$，则 $X \sim N(10, 0.2^2)$.

（1）$P(X < 9.5) = P\left(\frac{X-10}{0.2} < \frac{9.5-10}{0.2}\right) = \Phi\left(\frac{9.5-10}{0.2}\right) = \Phi(-2.5) = 1 - \Phi(2.5) = 0.006\,2$;

（2）$P(9.5 < X < 10.5) = P\left(\frac{9.5-10}{0.2} < \frac{X-10}{0.2} < \frac{10.5-10}{0.2}\right) = \Phi(2.5) - \Phi(-2.5) = 2 \times \Phi(2.5) - 1 = 0.987\,6$，即该零件合格的概率是 0.987 6.

**例 2.3.2**　某工厂生产的电子管的寿命 $X$（小时）服从 $N(160, \sigma^2)$. 若要求概率 $P(120 \leqslant X < 200) \geqslant 0.80$，则允许 $\sigma$ 最大为多少？

**解**

$$\begin{aligned} P(120 \leqslant X < 200) &= \Phi\left(\frac{200-160}{\sigma}\right) - \Phi\left(\frac{120-160}{\sigma}\right) \\ &= \Phi\left(\frac{40}{\sigma}\right) - \Phi\left(-\frac{40}{\sigma}\right) \\ &= 2\Phi\left(\frac{40}{\sigma}\right) - 1. \end{aligned}$$

于是，要使 $P(120 \leqslant X < 200) \geqslant 0.80$，即 $2\Phi\left(\frac{40}{\sigma}\right) - 1 \geqslant 0.80$，或 $\Phi\left(\frac{40}{\sigma}\right) \geqslant 0.90$，则由 $\Phi\left(\frac{40}{\sigma}\right) \geqslant 0.90$，反查标准正态分布表得 $\Phi\left(\frac{40}{\sigma}\right) \geqslant \Phi(1.28)$. 因为 $\Phi(x)$ 是单调非降函数，所以由 $\frac{40}{\sigma} \geqslant 1.28$，得 $\sigma \leqslant 31.25$，故允许 $\sigma$ 最大为 31.25.

若随机变量 $X \sim N(\mu, \sigma^2)$，则

$$\begin{aligned} P(|X-\mu| < \sigma) &= P\left(\left|\frac{X-\mu}{\sigma}\right| < 1\right) = P\left(-1 < \frac{X-\mu}{\sigma} < 1\right) \\ &= \Phi(1) - \Phi(-1) = 2\Phi(1) - 1 \approx 0.682\,7. \end{aligned}$$

$$P(|X-\mu| < 2\sigma) = P\left(\left|\frac{X-\mu}{\sigma}\right| < 2\right) = P\left(-2 < \frac{X-\mu}{\sigma} < 2\right) = 2\Phi(2) - 1 \approx 0.954\,5.$$

$$P(|X-\mu| < 3\sigma) = P\left(\left|\frac{X-\mu}{\sigma}\right| < 3\right) = P\left(-3 < \frac{X-\mu}{\sigma} < 3\right) = 2\Phi(3) - 1 \approx 0.997\,3.$$

显然 $P(|X-\mu|) \geqslant 3\sigma$ 的值是很小的，因此可以说，在一次实验中，$X$ 的值几乎总是落在 $(\mu - 3\sigma, \mu + 3\sigma)$ 之中. 这称为“$3\sigma$ 准则”. 工业生产用的控制图和一些产品质量指数都是根据 $3\sigma$ 准则制定的.

**例 2.3.3** 若质量的特性值服从正态分布 $N(\mu,\sigma^2)$，则当产品的质量特性值处在 $(\mu-3\sigma,\mu+3\sigma)$ 时，产品的合格率为 99.73%；而通常控制图根据 $3\sigma$ 准则确定控制界线，中心线设定为 $\mu$，上控制界线为 $\mu+3\sigma$，下控制界线为 $\mu-3\sigma$.

随着人们对产品质量的要求不断提高和现代生产管理流程日益复杂化，一些企业已使用 $6\sigma$ 这样的高端流程质量管理标准（见图2.5）.

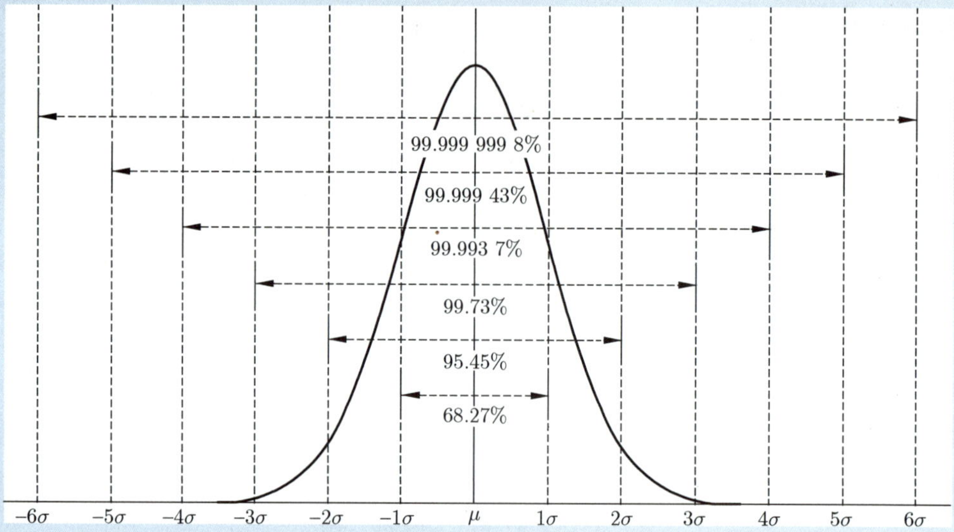


**图 2.5** $6\sigma$ 标准

**例 2.3.4** 设某地区大学二年级男生的身高（单位：厘米）服从正态分布 $N(175,5.2^2)$，若从这个地区内任选 5 名大学二年级男生，求：

(1) 其中至少有一名男生身高超过 180 厘米的概率.

(2) 利用 $3\sigma$ 准则，估计该地区大学二年级男生的身高范围.

**解** （1）设随机变量 $X$ 为大学二年级男生的身高，随机变量 $Y$ 表示 5 名男生中身高超过 180 厘米的人数. 因为男生是随机抽取的，身高相互独立，则 $Y$ 服从二项分布，参数 $n=5$，$p=P(X>180)$.

因为

$$\begin{aligned}p=P(X>180)&=1-P(X\leqslant 180)\\&=1-P\Big(\frac{X-175}{5.2}\leqslant\frac{180-175}{5.2}\Big)\\&=1-\Phi(0.96)\approx 0.168\ 5,\end{aligned}$$

即 $Y\sim B(5,0.168\ 5)$，所以

$$P(Y\geqslant 1)=1-P(Y=0)=1-C_5^0(0.168\ 5)^0(1-0.168\ 5)^5=0.602\ 5.$$

（2）根据 $3\sigma$ 准则，该地区大学二年级男生的身高几乎落在区间 $(\mu-3\sigma,\mu+3\sigma)=(175-3\times5.2,175+3\times5.2)=(159.4,190.6)$ 之中.

## 2.3.2　指数分布

**定义 2.3.2**　若随机变量 $X$ 的密度函数为

$$f(x)=\begin{cases}\lambda \mathrm{e}^{-\lambda x}, & x>0\\ 0, & x\leqslant 0\end{cases},$$

则称 $X$ 服从指数分布 (exponential distribution)，记为 $X\sim E(\lambda)$，其中 $\lambda>0$ 为常数. 相应的分布函数为

$$F(x)=\begin{cases}1-\mathrm{e}^{-\lambda x}, & x>0\\ 0, & x\leqslant 0\end{cases}.$$

$E(\lambda)$ 的密度函数图与分布函数图见图2.6.

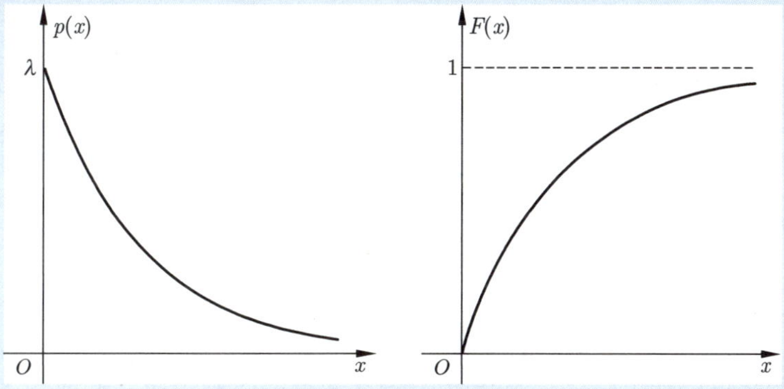


图 2.6　指数分布

指数分布经常作为等待某个事件发生所需时间的分布，比如地震发生的时间间隔，到某一服务台接受服务的人来到的时间间隔等. 另外，它也经常作为某种“寿命”分布，例如某种元器件的寿命、电话的通话时间、随机服务系统中的服务时间、动物的寿命等. 指数分布在可靠性与排队论中有着广泛的应用.

**例 2.3.5**　假设一种有机生物的寿命服从参数为 $\lambda=\dfrac{1}{200}$ 的指数分布. 随机地选取一个该物种的新生命，求：

(1) 该有机生物活过 60 年的概率；

(2) 该有机生物的寿命在 50~80 年之间的概率.

**解** 设随机变量 $T$ 为有机生物的寿命，则 $F(t)=\begin{cases}1-e^{-\frac{t}{200}}, & t>0\\ 0, & t\leqslant 0\end{cases}$.

（1）$P(T>60)=1-P(T\leqslant 60)=1-F(60)=1-(1-e^{-\frac{60}{200}})=e^{-\frac{3}{10}}\approx 0.740\ 8$;

（2）$P(50\leqslant T<80)=P(50\leqslant T<80)=F(80)-F(50)=(1-e^{-\frac{80}{200}})-(1-e^{-\frac{50}{200}})\approx 0.108\ 5$.

> **例 2.3.6** 假设某个银行的分行有两个服务窗口，当顾客甲进来的时候，他发现两个窗口前都分别有一个人在接受服务，这个顾客将等到其中一个顾客离开后才能被接待. 假设每个窗口为顾客服务的时长都服从参数为 $\lambda$ 的指数分布，那么这三人中，甲最后离开的概率是多少？

**解** 为了求解这一问题，需要了解指数分布的一个重要性质：无记忆性.

> **定理 2.3.2**（指数分布的无记忆性） 若 $X\sim E(\lambda)$，则对任意 $s>0,t>0$ 有
> $$P(X>s+t|X>s)=P(X>t).$$
> 假如把 $X$ 解释为寿命，则此式表明，若已知某人的年龄为 $s$，则他可以再存活 $t$ 年的概率与他现在的年龄无关，所以有时又风趣地称指数分布是“永远年轻”的.

证明：因为 $\{X>s+t\}\subset\{X>s\}$，所以

$$P(X>s+t|X>s)=\frac{P(X>s+t)}{P(X>s)}=\frac{e^{-\lambda(s+t)}}{e^{-\lambda s}}=e^{-\lambda t}=P(X>t).$$

上一例题的解可以如下给出：从甲开始接受服务的时刻考虑，此时原来的两个顾客中的一个已经离开，另一个仍然在接受服务. 由于指数分布的无记忆性，仍在接受服务的那个顾客接下来需要的服务时间仍是参数为 $\lambda$ 的指数分布，和他刚开始接受服务时是一样的. 因此，甲最后完成服务的概率是 $\frac{1}{2}$.

> **例 2.3.7** 假设一大型设备无故障工作时间服从参数为 $\lambda$ 的指数分布，求设备已经无故障运行 5 小时的情况下，再无故障运行 8 小时的概率.

**解** 根据指数分布的无记忆性，$P(T>5+8|T>5)=P(T>8)=e^{-8\lambda}$.

前面已经知道，几何分布是唯一具有无记忆性的离散型分布，这里指数分布也是唯一具有上述无记忆性的连续型分布.

## 2.3.3　其他连续型分布

1. 均匀分布

**定义 2.3.3**　若随机变量 $X$ 的密度函数为

$$f(x)=\begin{cases}\dfrac{1}{b-a}, & a\leqslant x\leqslant b\\ 0, & 其他\end{cases},$$

则称 $X$ 服从区间$[a,b]$ 上的均匀分布 (uniform distribution)，记为$X\sim U[a,b]$，其分布函数为

$$F(x)=\begin{cases}0, & x\leqslant a\\ \dfrac{x-a}{b-a}, & a<x\leqslant b\\ 1, & x>b\end{cases}.$$

$[a,b]$ 上的均匀分布的密度函数图与分布函数图见图2.7.

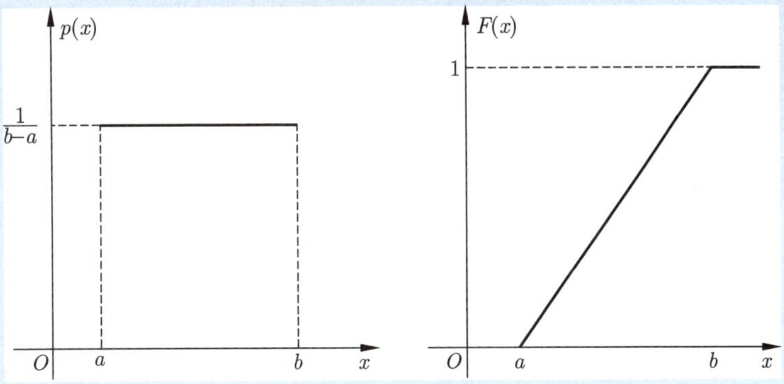


图 2.7　均匀分布

若 $X$ 服从区间$[a,b]$ 上的均匀分布，则对于任意满足 $a<c<d<b$ 的 $c,d$ 均有 $P(c\leqslant X<d)=\displaystyle\int_c^d f(x)\mathrm{d}x=\int_c^d\frac{1}{b-a}\mathrm{d}x=\frac{d-c}{b-a}$. 这表明 $X$ 在 $[a,b]$ 上的任一子区间 $(c,d)$ 内取值的概率与该区间的长度成正比，而与区间所处的位置无关.

**例 2.3.8**　公共汽车站每隔 5 分钟有一辆汽车通过，若乘客到达汽车站的任何时刻都是等可能的，求乘客候车时间不到 2 分钟的概率.

**解**　为简便起见，设汽车在第 5 分钟开出，乘客可在 $[0,5]$ 内任一时刻到达. 若设到达时间为随机变量 $X$，则 $X$ 服从 $[0,5]$ 上的均匀分布，即 $X$ 的密度函数为

$$f(x)=\begin{cases}\dfrac{1}{5}, & 0\leqslant x\leqslant 5\\ 0, & 其他\end{cases},$$

则乘客候车时间不到 2 分钟，即到达时间 $X$ 满足 $3 \leqslant X \leqslant 5$，故

$$P(3 \leqslant X \leqslant 5)=\int_3^5 f(x)\mathrm{d}x=\int_3^5 \frac{1}{5}\mathrm{d}x=\frac{2}{5},$$

即乘客候车时间不到 2 分钟的概率为 $\frac{2}{5}$.

2. 对数正态分布

**定义 2.3.4** 若随机变量 $X$ 的密度函数为

$$f(x)=\begin{cases}\dfrac{1}{x\sigma\sqrt{2\pi}}\mathrm{e}^{\frac{-(\ln x-\mu)^2}{2\sigma^2}}, & x>0\\ 0, & x \leqslant 0\end{cases},$$

则称 $X$ 服从对数正态分布 (log-normal distribution)，参数为 $\mu, \sigma$.

对数正态分布的密度函数图见图2.8.

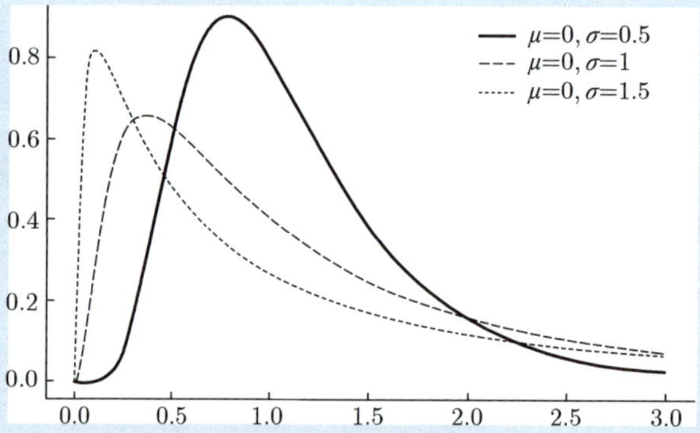


图 2.8 对数正态分布

对数正态分布和正态分布的关系是：如果 $X$ 是对数正态随机变量，则 $Y=\ln X$ 是正态随机变量，反过来，若 $Y$ 是正态随机变量，则 $X=\mathrm{e}^Y$ 就是对数正态随机变量. 直观上看，如果一个变量可以看作很多很小独立因子的乘积，则这个变量可以看作服从对数正态分布. 一个典型的例子是股票投资的长期收益率，它可以看作每日收益率的乘积.

3. 柯西分布

**定义 2.3.5** 若随机变量 $X$ 的密度函数为

$$f(x)=\frac{1}{\pi}\frac{\lambda}{\lambda^2+(x-a)^2},$$

其中 $\lambda>0$，则称 $X$ 服从柯西分布 (Cauchy distribution)，记作 $X \sim c(\lambda, a)$，参数为 $\lambda, a$.

柯西分布的密度函数图见图2.9.

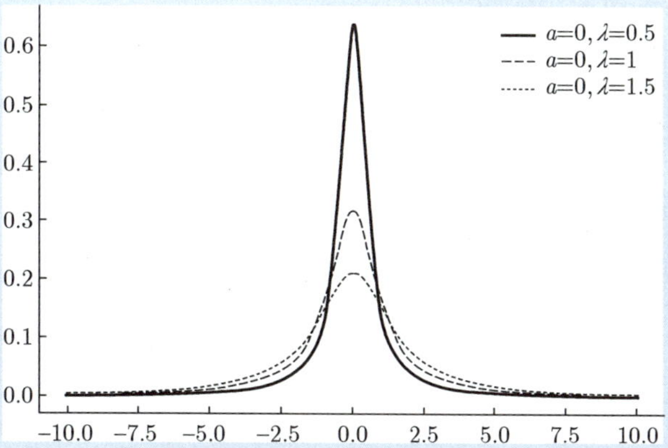


图 2.9　柯西分布

柯西分布在物理学中有很重要的应用,物理学家又称它为洛伦兹分布或者 Breit-Wigner 分布.

4. $\chi^2$, $t$, $F$ 三大分布

**定义 2.3.6**　若随机变量 $X$ 的密度函数为

$$f(x)=\begin{cases}\dfrac{1}{2^{\frac{n}{2}}\Gamma\left(\dfrac{n}{2}\right)}x^{\frac{n}{2}-1}\mathrm{e}^{-\frac{x}{2}}, & x>0\\ 0, & x\leqslant 0\end{cases},$$

则称其服从自由度为 $n$ 的 $\chi^2$ 分布 (chi-squared distribution), 记作 $X\sim\chi^2(n)$.

因为 $\chi^2(n)\sim \mathrm{Ga}\left(\dfrac{n}{2},\dfrac{1}{2}\right)$, 所以 $\chi^2$ 分布的概率密度函数为

$$\chi^2(x;n)=\begin{cases}\dfrac{1}{2^{n/2}\Gamma(n/2)}x^{\frac{n}{2}-1}\mathrm{e}^{-\frac{x}{2}}, & x\geqslant 0\\ 0, & x<0\end{cases}.$$

其中伽马积分 $\Gamma(x)=\displaystyle\int_0^{+\infty}\mathrm{e}^{-t}t^{x-1}\mathrm{d}t, x>0$, 且

$$\Gamma\left(\frac{n}{2}\right)=\begin{cases}\left(\dfrac{n}{2}-1\right)\left(\dfrac{n}{2}-2\right)\cdots 3\cdot 2\cdot 1, & n\text{ 为偶数}\\ \left(\dfrac{n}{2}-1\right)\left(\dfrac{n}{2}-2\right)\cdots\dfrac{3}{2}\cdot\dfrac{1}{2}\cdot\sqrt{\pi}, & n\text{ 为奇数}\end{cases}.$$

**定义 2.3.7**　若随机变量 $X$ 的密度函数为

$$f(x)=\frac{1}{\sqrt{n\pi}}\frac{\Gamma\left(\dfrac{n+1}{2}\right)}{\Gamma\left(\dfrac{n}{2}\right)}\left(1+\frac{x^2}{n}\right)^{-\frac{n+1}{2}},\quad -\infty<x<+\infty,$$

则称其服从自由度为 $n$ 的 $t$ 分布 (student's t-distribution), 记作 $X\sim t(n)$.

特别地，当 $n=1$ 时，是柯西分布.

**定义 2.3.8** 若随机变量 $X$ 的密度函数为

$$f(x)=\begin{cases}\dfrac{\Gamma\left(\dfrac{m+n}{2}\right)}{\Gamma\left(\dfrac{m}{2}\right)\Gamma\left(\dfrac{n}{2}\right)}m^{\frac{m}{2}}n^{\frac{n}{2}}\dfrac{x^{\frac{m}{2}-1}}{(mx+n)^{\frac{m+n}{2}}}, & x>0\\ 0, & x\leqslant 0\end{cases},$$

则称其服从第一自由度为 $m$、第二自由度为 $n$ 的 $F$ 分布 (F-distribution)，记作 $X\sim F(m,n)$.

$\chi^2$，$t$，$F$ 分布的密度函数图分别如图2.10至图2.12所示.

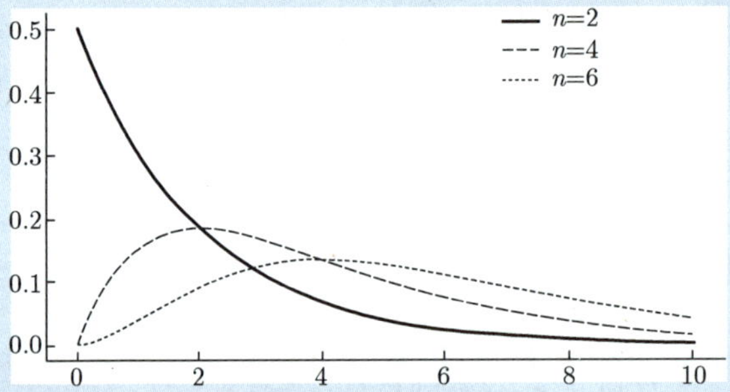


图 2.10 $\chi^2$ 分布

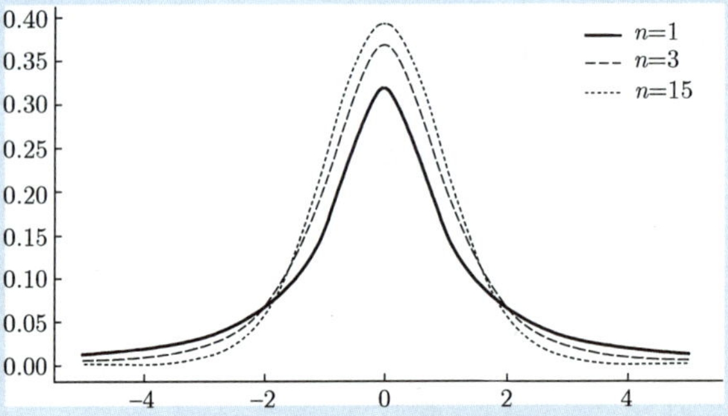


图 2.11 $t$ 分布

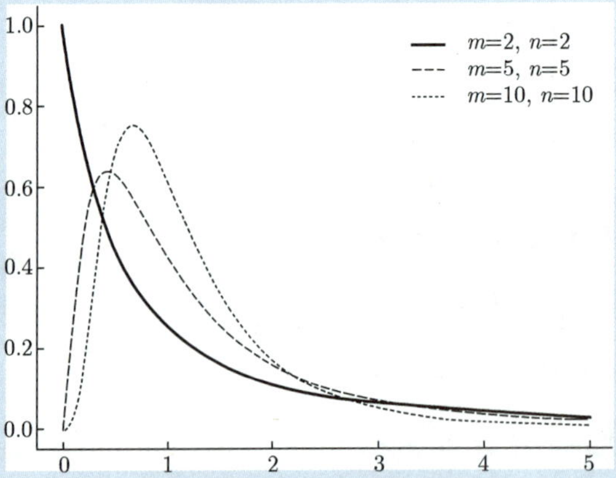


图 2.12 $F$ 分布

这三大分布在数理统计中具有基础性的地位，它们和正态分布有关.

5. Γ 分布

**定义 2.3.9** 若随机变量 $X$ 的密度函数为

$$f(x)=\begin{cases}\dfrac{\lambda^r}{\Gamma(r)}x^{r-1}\mathrm{e}^{-\lambda x}, & x>0\\ 0, & x\leqslant 0\end{cases},$$

则称其服从参数为 $r>0,\lambda>0$ 的 Γ 分布 (gamma distribution)，记作 $X\sim \mathrm{Ga}(r,\lambda)$. 其中 $\Gamma(r)$ 为伽马函数:

$$\Gamma(r)=\int_0^{+\infty}\mathrm{e}^{-x}x^{r-1}\mathrm{d}x.$$

通过计算可以得到 $\Gamma(1)=1$，$\Gamma\left(\dfrac{1}{2}\right)=\sqrt{\pi}$.

Γ 分布有两个常用的特例：

(1) 当 $r=1$ 时，Γ 分布就是指数分布，即 $\mathrm{Ga}(1,\lambda)=E(\lambda)$.

(2) 当 $r=\dfrac{n}{2}$，$\lambda=\dfrac{1}{2}$ 时，Γ 分布变成自由度为 $n$ 的 $\chi^2$ 分布, 即 $\mathrm{Ga}\left(\dfrac{n}{2},\dfrac{1}{2}\right)=\chi^2(n)$.

Γ 分布也是一种等待时间的分布，考虑下面的例子.

**例 2.3.9** 手机信号的故障常常是由于系统用户的拥挤造成的. 若在 $[0,t]$ 内发生故障的次数 $N(t)$ 服从参数为 $\lambda t$ 的泊松分布，试证第 $n$ 次故障发生的时间 $X_n$ 服从 Γ 分布：$X_n\sim\mathrm{Ga}(n,\lambda)$.

**证明**：因为事件“第 $n$ 次故障发生的时间 $X_n$ 小于等于 $t$”等价于事件“$[0,t]$ 内发生故障的次数 $N(t)$ 大于等于 $n$”，即

$$\{X_n\leqslant t\}=\{N(t)\geqslant n\},$$

所以 $X_n$ 的分布函数为

$$F(t)=P(X_n<t)=P(N(t)\geqslant n)=\sum_{k=n}^{+\infty}\frac{(\lambda t)^k}{k!}\mathrm{e}^{-\lambda t}.$$

用分部积分法可验证下列等式成立：

$$\sum_{k=n}^{+\infty}\frac{(\lambda t)^k}{k!}\mathrm{e}^{-\lambda t}=\frac{\lambda^n}{\Gamma(n)}\int_0^t x^{n-1}\mathrm{e}^{-\lambda x}\mathrm{d}x,$$

所以 $F(t)=\dfrac{\lambda^n}{\Gamma(n)}\displaystyle\int_0^t x^{n-1}\mathrm{e}^{-\lambda x}\mathrm{d}x$，即 $X_n$ 服从 Γ 分布 $\mathrm{Ga}(n,\lambda)$.

Γ 分布类似于离散的负二项分布，如果考虑事件发生的时间间隔相互独立且服从同样的指数分布，那么第 $r$ 次事件发生的时间其实就是 $r$ 个指数随机变量的和.

6. 贝塔分布

**定义 2.3.10** 若随机变量 $X$ 的密度函数为

$$f(x)=\begin{cases}\dfrac{1}{B(a,b)}x^{a-1}(1-x)^{b-1}, & 0<x<1\\ 0, & \text{其他}\end{cases},$$

则称 $X$ 服从参数为 $a>0, b>0$ 的贝塔分布 (beta distribution)，记作 $X\sim \mathrm{Be}(a,b)$，$B(a,b)$ 称为贝塔函数:

$$B(a,b)=\int_0^1 x^{a-1}(1-x)^{b-1}\mathrm{d}x.$$

可以证明，贝塔函数与伽马函数之间存在以下关系:

$$B(a,b)=\frac{\Gamma(a)\Gamma(b)}{\Gamma(a+b)}.$$

注意到，服从$\mathrm{Be}(a,b)$ 分布的随机变量仅在区间 $(0,1)$ 取值，它常常作为不合格率、机器的维修率、市场的占有率、射击的命中率等各种比率的概率分布.

## 2.4 随机变量函数的分布

在理论和实际问题中，除了研究随机变量 $X$ 的分布之外，还常常对它的一些函数的分布感兴趣. 首先来看几个例子.

**例 2.4.1** 已知随机变量 $X$ 的概率分布列如下:

| $X=x_i$ | $-3$ | $-2$ | 0 | 1 | 2 |
|---|---|---|---|---|---|
| $P(X=x_i)$ | 0.1 | 0.1 | 0.2 | 0.3 | 0.3 |

求随机变量 $Y=X^2+2$ 的概率分布列.

**解** $Y=X^2+2$ 的可能取值为 2，3，6，11，且取相应值的概率分别为

$$P(Y=2)=P(X^2+2=2)=P(X=0)=0.2,$$

$$P(Y=3)=P(X^2+2=3)=P(X=1)=0.3,$$

$$\begin{aligned}P(Y=6)&=P(X^2+2=6)=P(X=-2,2)=P(X=-2)+P(X=2)\\&=0.1+0.3=0.4,\end{aligned}$$

$$P(Y=11)=P(X^2+2=11)=P(X=3)=0.1,$$

则 $Y$ 的概率分布列为

| $Y=y_i$ | 2 | 3 | 6 | 11 |
|---|---|---|---|---|
| $P(Y=y_i)$ | 0.2 | 0.3 | 0.4 | 0.1 |

**例 2.4.2**　若随机变量 $X$ 的密度函数为 $p(x)$，随机变量 $Y=aX+b\ (a\neq 0)$，求 $Y$ 的密度函数 $g(y)$.

**解**　设随机变量 $X,Y$ 的分布函数分别为 $F(x),G(y)$，则根据分布函数的定义

$$\begin{aligned}G(y)&=P(Y<y)\\&=P(aX+b<y)\\&=\begin{cases}P\left(X<\dfrac{y-b}{a}\right)=F\left(\dfrac{y-b}{a}\right), & a>0\\ P\left(X>\dfrac{y-b}{a}\right)=1-F\left(\dfrac{y-b}{a}\right), & a<0\end{cases},\end{aligned}$$

因此密度函数为

$$g(y)=G'(y)=\begin{cases}\dfrac{1}{a}p\left(\dfrac{y-b}{a}\right), & a>0\\ -\dfrac{1}{a}p\left(\dfrac{y-b}{a}\right), & a<0\end{cases},$$

或表示为 $g(y)=\dfrac{1}{|a|}p\left(\dfrac{y-b}{a}\right)$.

**例 2.4.3**　应用上述结论验证：若随机变量 $X\sim N(\mu,\sigma^2)$，则 $Y=\dfrac{X-\mu}{\sigma}\sim N(0,1)$.

**证明**：因随机变量 $X\sim N(\mu,\sigma^2)$，故 $X$ 的密度函数为 $p(x)=\dfrac{1}{\sqrt{2\pi}\sigma}\mathrm{e}^{-\frac{(x-\mu)^2}{2\sigma^2}}$，而 $Y=\dfrac{X-\mu}{\sigma}=\dfrac{1}{\sigma}X+\left(-\dfrac{\mu}{\sigma}\right)$，则 $Y$ 的密度函数为

$$\begin{aligned}g(y)&=\frac{1}{a}p\left(\frac{y-b}{a}\right)=\frac{1}{1/\sigma}p\left(\frac{y-(-\mu/\sigma)}{1/\sigma}\right)\\&=\sigma\frac{1}{\sqrt{2\pi}\sigma}\mathrm{e}^{-\frac{\left(\frac{y-(-\mu/\sigma)}{1/\sigma}-\mu\right)^2}{2\sigma^2}}\\&=\frac{1}{\sqrt{2\pi}}\mathrm{e}^{-\frac{y^2}{2}},\end{aligned}$$

即 $Y=\dfrac{X-\mu}{\sigma}\sim N(0,1)$.

从以上例子可以看出，要想利用随机变量 $X$ 的分布来计算它的函数 $g(X)$ 的分布，首先需要将 $g(X)\leqslant y$ 表示为 $X$ 属于某博雷尔可测集的形式，这样 $g(X)\leqslant y$ 就是一个事件，这个事件的概率就是 $g(X)$ 的分布. 由测度论的知识可知，如果函数 $g(\cdot)$ 是博雷尔可测函数，则它能够满足这种要求. 本书只考虑一些特殊的函数 $g$.

**定理 2.4.1** 已知 $X$ 是连续型随机变量，其分布函数和密度函数分别为 $F_X(x), p_X(x)$，令 $Y=g(X)$，其中 $g(x)$ 是严格单调函数，并且它的反函数有连续的导数，则 $Y$ 也是连续型随机变量，其密度函数为

$$p_Y(y)=p_X(h(y))|h'(y)|,$$

其中 $h(y)$ 是 $y=g(x)$ 的反函数，$h'(y)$ 是其导数.

**证明**：由于 $g(x)$ 严格单调，不妨设其严格单调递增，这时，其反函数 $h(y)$ 也是严格单调递增的，于是

$$F_Y(y)=P(Y<y)=P(g(X)<y)=P(X<h(y))=F_X(h(y)),$$

则 $p_Y(y)=[F_X(h(y))]'=p_X(h(y))h'(y)$.

同理，可证明当 $g(x)$ 严格单调递减时，反函数 $h(y)$ 也是单调递减的，则 $h'(y)<0$, $p_Y(y)=-p_X(h(y))h'(y)$. 综上所述，可得定理的结论.

**例 2.4.4** 设 $X$ 服从参数为 $\lambda$ 的指数分布，求 $Y=X^3$ 的密度函数.

**解**（方法一） 记 $y=x^3$，则函数严格单调，其反函数为 $x=h(y)=y^{\frac{1}{3}}$，$\dfrac{\mathrm{d}x}{\mathrm{d}y}=\dfrac{1}{3}y^{-2/3}$.

$X$ 的密度函数为 $p_X(x)=\begin{cases}\lambda \mathrm{e}^{-\lambda x}, & x\geqslant 0\\ 0, & x<0\end{cases}$，则由定理2.4.1，得

$$p_Y(y)=p_X(h(y))|h'(y)|=\begin{cases}\dfrac{\lambda}{3y^{\frac{2}{3}}}\mathrm{e}^{-\lambda y^{\frac{1}{3}}}, & y\geqslant 0\\ 0, & y<0\end{cases}.$$

（方法二） 直接求解.

$Y$ 的分布函数为 $F_Y(y)=P(Y<y)=P(X^3<y)=P(X<y^{\frac{1}{3}})$.

当 $y\leqslant 0$ 时，$F_Y(y)=P(Y<y)=0$.

当 $y>0$ 时，$F_Y(y)=P(Y<y)=P(X<y^{\frac{1}{3}})=F_X(y^{\frac{1}{3}})=1-\mathrm{e}^{-\lambda y^{\frac{1}{3}}}$.

则 $Y$ 的密度函数为

$$p_Y(y)=\frac{\mathrm{d}F_Y(y)}{\mathrm{d}y}=\begin{cases}\dfrac{\lambda}{3y^{\frac{2}{3}}}\mathrm{e}^{-\lambda y^{\frac{1}{3}}}, & y\geqslant 0\\ 0, & y<0\end{cases}.$$

**定理 2.4.2** 设 $X$ 是连续型随机变量，其密度函数为 $p_X(x)$，令 $Y=g(X)$. 若 $g(y)$ 在不相重叠的区间 $I_1, I_2, \cdots$ 上逐段严格单调，其反函数分别为 $h_1(y), h_2(y), \cdots$，且其导数 $h_1'(y), h_2'(y), \cdots$ 都为连续函数，则 $Y$ 是连续型随机变量，密度函数为

$$p_Y(y) = p_X(h_1(y))|h_1'(y)| + p_X(h_2(y))|h_2'(y)| + \cdots.$$

证明略.

**例 2.4.5**　设随机变量 $X$ 服从标准正态分布 $N(0,1)$，求随机变量 $Y=X^2$ 的分布.

**解**　设随机变量 $Y$ 的分布函数为 $G(y)$，则

$$G(y) = P(Y<y) = P(X^2<y) = \begin{cases} P(|X|<\sqrt{y}), & y \geqslant 0 \\ 0, & y<0 \end{cases}$$

$$= \begin{cases} \Phi(\sqrt{y}) - \Phi(-\sqrt{y}), & y \geqslant 0 \\ 0, & y<0 \end{cases}$$

$$= \begin{cases} 2\Phi(\sqrt{y}) - 1, & y \geqslant 0 \\ 0, & y<0 \end{cases},$$

其中$\Phi$ 为标准正态分布的分布函数. 进一步，我们可以求得 $Y$ 的概率密度函数

$$p(y) = \frac{\mathrm{d}G(y)}{\mathrm{d}y} = \begin{cases} \dfrac{\mathrm{d}}{\mathrm{d}y}(2\Phi(\sqrt{y})-1), & y \geqslant 0 \\ 0, & y<0 \end{cases}$$

$$= \begin{cases} \dfrac{y^{-1/2}}{\Gamma(1/2)\cdot 2^{1/2}}\mathrm{e}^{-\frac{y}{2}}, & y \geqslant 0 \\ 0, & y<0 \end{cases}.$$

因此 $Y$ 服从 $\mathrm{Ga}(1/2,1/2)$，同时也是 $\chi^2$ 分布在 $n=1$ 时的特例.

**例 2.4.6**　已知随机变量 $X \sim N(0,1)$，求随机变量 $Y=|X|$ 的概率密度.

**解**　依分布函数的定义，$F_Y(y) = P(Y<y) = P(|X|<y)$.

当 $y<0$ 时，$F_Y(y) = P(|X|<y) = 0$.

当 $y=0$ 时，$F_Y(y) = P(|X|<0) = P(X=0) = 0$.

当 $y>0$ 时，$F_Y(y) = P(|X|<y) = P(-y<X<y) = F_X(y) - F_X(-y)$.

则 $Y$ 的概率密度是

$$p_Y(y) = F'(y) = \begin{cases} p_X(y)+p_X(-y), & y>0 \\ 0, & y \leqslant 0 \end{cases} = \begin{cases} \dfrac{2}{\sqrt{2\pi}}\mathrm{e}^{-\frac{y^2}{2}}, & y>0 \\ 0, & y \leqslant 0 \end{cases}.$$

**例 2.4.7** 设 $X$ 服从 $\left[-\dfrac{\pi}{2},\dfrac{\pi}{2}\right]$ 上的均匀分布，求随机变量 $Y=\tan X$ 的密度函数 $p(y)$.

**解** 函数 $y=\tan x$ 单调，反函数为 $x=\arctan y$，$\dfrac{\mathrm{d}x}{\mathrm{d}y}=\dfrac{1}{1+y^2}$，从而 $Y$ 的密度函数为

$$p(y)=\frac{1}{\pi}\frac{1}{1+y^2},\quad -\infty<y<+\infty,$$

这说明 $Y$ 服从柯西分布.

均匀分布有如下重要性质.

**定理 2.4.3** 设连续型随机变量 $X$ 的分布函数是 $F(x)$，则随机变量 $Y=F(X)$ 服从 $U(0,1)$.

**证明**：显然，$0\leqslant Y\leqslant 1$.

$$P(Y<y)=P(F(X)<y)=P(X<F^{-1}(y))=F(F^{-1}(y))=y,\ y\in[0,1],$$

结论得证.

# 2.5 随机变量的期望与方差

## 2.5.1 数学期望

随机变量的分布描述了随机变量的总体规律，但有时要得到随机变量的分布是很困难的，常常只能得到一些“特征数”来概要地描述一个分布. 在这些特征数中，数学期望（一般简称为期望）和方差是两个非常重要的特征数，另外还有各阶矩、分位数等. 本节将主要介绍随机变量的期望和方差.

期望是随机变量的一个重要的特征数，它的定义来自平均的概念，所以又称为均值. 期望的概念源于我们已经介绍过的分赌本问题，由惠更斯提出.

**例 2.5.1**（分赌本问题的第三种解法） 前面已经介绍了分赌本问题的两种解法，下面的第三种解法由惠更斯给出，他的思路是：如果赌博能够继续下去，则甲最终所得 $X$ 是全部赌注或者是 0. 如果 $n=3,k=2,m=1$，则赌博最多再赌两局必可结束，可能结果为以下四种情况：甲甲、甲乙、乙甲、乙乙. 其中“乙甲”表示第一局乙胜，第二局甲胜. 在这四种情况中，“甲甲”“甲乙”“乙甲”这三种情况下甲获得全部赌注，而在情况“乙乙”下甲获得 0. 因为赌技不相上下，所以甲获得全部赌注的

可能性为 $\frac{3}{4}$，获得 0 的可能性为 $\frac{1}{4}$. 如果全部赌注为 100 法郎，则 $X$ 的分布列为

| $X=x_i$ | 100 | 0 |
| --- | --- | --- |
| $P(X=x_i)$ | $\frac{3}{4}$ | $\frac{1}{4}$ |

经过上述分析，惠更斯认为，甲的“期望”所得应为：$100\times\frac{3}{4}+0\times\frac{1}{4}=75$（法郎）. 即分配方案为：甲得 75 法郎，乙得 25 法郎. 这种分配方法不仅考虑了已赌局数的情况，还考虑了再赌下去的胜负情况，是比较合理的分配方案.

惠更斯的解法引出了“期望”的概念. 考虑甲赢得的法郎数这一随机变量，它仅可取两个值，$x_1=100$，$x_2=0$，取这些值的概率分别为

$$p(x_1)=P(X=x_1)=\frac{3}{4};\ p(x_2)=P(X=x_2)=\frac{1}{4}.$$

甲的“期望”所得为 $x_1p(x_1)+x_2p(x_2)$.

下面我们给出数学期望的一般定义，首先考虑离散型随机变量的情形.

### 1. 离散型随机变量的期望

**定义 2.5.1** 设离散型随机变量 $X$ 的分布列为

$$p(x_i)=P(X=x_i),\quad i=1,2,\cdots,n,\cdots,$$

若

$$\sum_{i=1}^{+\infty}|x_i|p(x_i)<+\infty,$$

则称 $E(X)=\sum\limits_{i=1}^{+\infty}x_ip(x_i)$ 为随机变量 $X$ 的数学期望 (expected value)，或称为该分布的数学期望，简称期望或均值. 若级数 $\sum\limits_{i=1}^{+\infty}|x_i|p(x_i)$ 不收敛，则称 $X$ 的期望不存在.

定义中我们要求 $\sum\limits_{i=1}^{+\infty}|x_i|p(x_i)$ 收敛，这一假设看似不合理，因为期望的定义为 $E(X)=\sum\limits_{i=1}^{+\infty}x_ip(x_i)$. 事实上，要求绝对收敛是必须的，否则改变求和顺序会使得 $\sum\limits_{i=1}^{+\infty}x_ip(x_i)$ 的收敛值改变. 具体可看如下的例子.

**例 2.5.2** 由莱布尼茨判别法可知如下的级数收敛，将收敛值设为 $s$:

$$1-\frac{1}{2}+\frac{1}{3}-\frac{1}{4}+\cdots+(-1)^{n-1}\frac{1}{n}+\cdots=s,$$

将级数的顺序调整如下:

$$1-\frac{1}{2}-\frac{1}{4}+\frac{1}{3}-\frac{1}{6}-\frac{1}{8}+\frac{1}{5}-\frac{1}{9}+\cdots,$$

因为收敛的级数满足结合律，故

$$\begin{aligned}&1-\frac{1}{2}-\frac{1}{4}+\frac{1}{3}-\frac{1}{6}-\frac{1}{8}+\frac{1}{5}-\frac{1}{9}+\cdots\\&=\left(1-\frac{1}{2}\right)-\frac{1}{4}+\left(\frac{1}{3}-\frac{1}{6}\right)-\frac{1}{8}+\left(\frac{1}{5}-\frac{1}{10}\right)-\frac{1}{12}+\cdots\\&=\frac{1}{2}-\frac{1}{4}+\frac{1}{6}-\frac{1}{8}+\frac{1}{10}-\frac{1}{12}+\cdots\\&=\frac{1}{2}\left(1-\frac{1}{2}+\frac{1}{3}-\frac{1}{4}+\cdots\right)=\frac{1}{2}s,\end{aligned}$$

因此，通过调整求和顺序改变了收敛值.

下面根据定义来计算一些重要的离散型分布的期望.

（1）伯努利分布.

设事件 $A$ 发生的概率为 $p$，以 $1_A$ 记其示性函数，则

$$E1_A=1\times p+0\times(1-p)=p.$$

（2）二项分布.

由分布列

$$p_k=C_n^k p^k q^{n-k},\quad k=0,1,\cdots,n,$$

得期望为

$$\sum_{k=0}^{n}kp_k=\sum_{k=0}^{n}kC_n^k p^k q^{n-k}=np\sum_{k=1}^{n}C_{n-1}^{k-1}p^{k-1}q^{n-k}=np(p+q)^{n-1}=np.$$

（3）泊松分布.

由分布列

$$p_k=\frac{\lambda^k}{k!}\mathrm{e}^{-\lambda},\ k=0,1,\cdots,$$

得期望为

$$\sum_{k=0}^{\infty}kp_k=\sum_{k=0}^{\infty}k\frac{\lambda^k}{k!}\mathrm{e}^{-\lambda}=\lambda\mathrm{e}^{-\lambda}\sum_{k=1}^{\infty}\frac{\lambda^{k-1}}{(k-1)!}=\lambda\mathrm{e}^{-\lambda}\mathrm{e}^{\lambda}=\lambda.$$

（4）几何分布.

由分布列

$$p_k = q^{k-1}p, \quad k = 1, 2, \cdots ,$$

得期望为

$$E(X) = \sum_{k=1}^{\infty} kq^{k-1}p = p\sum_{k=1}^{\infty} kq^{k-1} = p\sum_{k=1}^{\infty}(x^k)'|_{x=q} = p\Big(\sum_{k=1}^{\infty} x^k\Big)'\Big|_{x=q}, \text{ 其中} q = 1 - p.$$

由函数的幂级数展开有

$$\sum_{k=1}^{\infty} x^k = \frac{x}{1-x},$$

所以

$$E(X) = p\Big(\frac{x}{1-x}\Big)'_{x=q} = p\frac{1}{(1-x)^2}\Big|_{x=q} = \frac{1}{p}.$$

（5）负二项分布.

由分布列

$$p_k = C_{k-1}^{r-1}q^{k-r}p^r, \quad k = r, r+1, r+2, \cdots ,$$

得期望为

$$\sum_{k=r}^{\infty} kC_{k-1}^{r-1}q^{k-r}p^r = \frac{r}{p}\sum_{k=r}^{\infty} C_k^r q^{k-r}p^{r+1} = \frac{r}{p}\sum_{m=r+1}^{\infty} C_{m-1}^r q^{m-(r+1)}p^{r+1} = \frac{r}{p}.$$

（6）超几何分布.

由分布列

$$p_k = \frac{C_M^k C_{N-M}^{n-k}}{C_N^n}, \quad k = 0, 1, \cdots , \min(n, M),$$

得期望为

$$E(X) = \sum_{k=1}^{\min(n,M)} k\frac{C_M^k C_{N-M}^{n-k}}{C_N^n}.$$

利用等式 $kC_M^K = MC_{M-1}^{k-1}$ 和 $nC_N^n = NC_{N-1}^{n-1}$，得

$$E(X) = \frac{Mn}{N}\sum_{k=1}^{\min(n,M)} k\frac{C_{M-1}^{k-1}C_{N-M}^{n-k}}{C_{N-1}^{n-1}} = \frac{Mn}{N}\sum_{j=0}^{\min(n,M)-1}\frac{C_{M-1}^{j}C_{N-M}^{n-1-j}}{C_{N-1}^{n-1}} = \frac{Mn}{N}.$$

有些随机变量不存在期望，见如下例子.

**例 2.5.3** 设随机变量 $X$ 的取值为$x_k=(-1)^k\dfrac{2^k}{k},k=1,2,\cdots$，对应的概率 $p_k=\dfrac{1}{2^k}$. 易验证，$p_k\geqslant 0,\sum\limits_{k=1}^{+\infty}p_k=1$，即它是一个概率分布. 虽然 $\sum\limits_{k=1}^{+\infty}x_kp_k=\sum\limits_{k=1}^{+\infty}(-1)^k\dfrac{1}{k}=-\ln 2$，但 $\sum\limits_{k=1}^{+\infty}|x_k|p_k=\sum\limits_{k=1}^{+\infty}\dfrac{1}{k}=\infty$，故随机变量 $X$ 的数学期望不存在.

**例 2.5.4** 设每张福利彩票上都有一个兑奖号码，售价为 5 元. 每售出 100 万张设一个开奖组，用摇奖器当众摇出一个 6 位数的中奖号码（号码为 000000 到 999999 之间的任一个数，且等可能出现），兑奖规则如下:

(1) 兑奖号码与中奖号码全部相同者获得一等奖，奖金为 500 000 元;

(2) 兑奖号码与中奖号码的最后五位相同者获得二等奖，奖金为 50 000 元;

(3) 兑奖号码与中奖号码的最后四位相同者获得三等奖，奖金为 5 000 元;

(4) 兑奖号码与中奖号码的最后三位相同者获得四等奖，奖金为 500 元;

(5) 兑奖号码与中奖号码的最后两位相同者获得五等奖，奖金为 50 元;

(6) 兑奖号码与中奖号的最后一位相同者获得六等奖，奖金为 10 元.

规定只能领取所中奖中最高额的奖金，求每张彩票的平均奖金额.

**解** 以 $X$ 记一张彩票能中得的奖金额，则 $X$ 的概率分布列为

| $X$ | 500 000 | 50 000 | 5 000 | 500 | 50 | 10 | 0 |
|---|---|---|---|---|---|---|---|
| $P$ | 0.000 001 | 0.000 009 | 0.000 09 | 0.000 9 | 0.009 | 0.09 | 0.9 |

所以每张彩票的平均奖金额为

$$E(X)=0.5+0.45+0.45+0.45+0.45+0.9+0=3.2\text{（元）}.$$

这也意味着每一开奖组把筹得的 500 万元中的 320 万元以奖金形式返给了彩民.

### 2. 连续型随机变量的期望

**定义 2.5.2** 设连续型随机变量 $X$ 的密度函数为 $p(x)$，若

$$\int_{-\infty}^{+\infty}|x|p(x)\mathrm{d}x<+\infty,$$

则称

$$E(X)\equiv\int_{-\infty}^{+\infty}xp(x)\mathrm{d}x$$

为 $X$ 的数学期望，或称为该分布的数学期望 (expected value)，简称期望或均值. 若 $\int_{-\infty}^{+\infty}|x|p(x)\mathrm{d}x$ 不收敛，则称 $X$ 的数学期望不存在.

下面同样计算一些重要的连续型分布的期望.

（1）正态分布 $N(\mu,\sigma^2)$.

$$\begin{aligned}\int_{-\infty}^{+\infty}xp(x)\mathrm{d}x&=\int_{-\infty}^{+\infty}\frac{x}{\sqrt{2\pi}\sigma}\mathrm{e}^{-\frac{(x-\mu)^2}{2\sigma^2}}\mathrm{d}x\\&=\frac{1}{\sqrt{2\pi}}\int_{-\infty}^{+\infty}(\sigma z+\mu)\mathrm{e}^{-\frac{z^2}{2}}\mathrm{d}z\\&=\frac{\mu}{\sqrt{2\pi}}\int_{-\infty}^{+\infty}\mathrm{e}^{-\frac{z^2}{2}}\mathrm{d}z=\mu,\end{aligned}$$

从而正态分布中的参数 $\mu$ 就是它的期望.

（2）指数分布 $E(\lambda)$.

$$\int_0^{+\infty}x\lambda\mathrm{e}^{-\lambda x}\mathrm{d}x=-\int_0^{+\infty}x\mathrm{d}\mathrm{e}^{-\lambda x}=\int_0^{+\infty}\mathrm{e}^{-\lambda x}\mathrm{d}x=\frac{1}{\lambda}.$$

（3）均匀分布 $U(a,b)$.

$$\int_a^b x\frac{1}{b-a}\mathrm{d}x=\frac{a+b}{2}.$$

（4）对数正态分布.

$$\int_0^{+\infty}x\frac{1}{x\sigma\sqrt{2\pi}}\mathrm{e}^{\frac{-(\ln x-\mu)^2}{2\sigma^2}}\mathrm{d}x=\mathrm{e}^{\mu+\frac{\sigma^2}{2}}.$$

（5）柯西分布.

虽然柯西分布的密度函数是偶函数，但是由于 $\int_{-\infty}^{+\infty}|x|\cdot\frac{1}{\pi(1+x^2)}=\infty$，故柯西分布的期望不存在.

（6）伽马分布 $\mathrm{Ga}(r,\lambda)$.

$$\begin{aligned}\int_0^{+\infty}x\frac{\lambda^r}{\Gamma(r)}x^{r-1}\mathrm{e}^{-\lambda x}\mathrm{d}x&=\frac{\lambda^r}{\Gamma(r)}\int_0^{+\infty}x^r\mathrm{e}^{-\lambda x}\mathrm{d}x\\&=\frac{\Gamma(r+1)}{\Gamma(r)}\frac{1}{\lambda}\\&=\frac{r}{\lambda}.\end{aligned}$$

（7）贝塔分布 Be$(a,b)$.

$$\int_0^1 x\frac{1}{B(a,b)}x^{a-1}(1-x)^{b-1}\mathrm{d}x=\frac{1}{B(a,b)}\int_0^1 x^{a+1-1}(1-x)^{b-1}\mathrm{d}x$$
$$=\frac{1}{B(a,b)}B(a+1,b)$$
$$=\frac{a}{a+b}.$$

**例 2.5.5** 设随机变量 $X$ 的密度函数为

$$p(x)=\begin{cases}x, & 0\leqslant x<1\\ 2-x, & 1\leqslant x<2\\ 0, & \text{其他}\end{cases}.$$

求 $X$ 的数学期望.

**解** 根据数学期望的定义，可得

$$E(X)=\int_{-\infty}^0 x\cdot 0\mathrm{d}x+\int_0^1 x\cdot x\mathrm{d}x+\int_1^2 x\cdot(2-x)\mathrm{d}x+\int_2^{+\infty}x\cdot 0\mathrm{d}x=1.$$

### 3. 随机变量函数的期望

**命题 2.5.1** 若随机变量 $X$ 的分布用分布列 $p(x_i)$ 或密度函数 $p(x)$ 表示，给定任一个博雷尔可测函数 $g(\cdot)$，如果随机变量 $g(X)$ 的数学期望存在，则

$$E(g(X))=\begin{cases}\lim\sum\limits_{i=1}^{\infty}g(x_i)p(x_i), & \text{若 } X \text{ 为离散型}\\ \displaystyle\int_{-\infty}^{+\infty}g(x)p(x)\mathrm{d}x, & \text{若 } X \text{ 为连续型}\end{cases}.$$

由此，计算一个随机变量函数的期望时，就可以直接用上面所给的办法，而不需要先求这个随机变量函数的分布.

命题中离散型情形的证明是简单的，连续型情形稍微复杂一些，这里只对 $g(\cdot)$ 为非负函数的情形给出证明，一般的情况留给读者.

首先给出如下引理.

**引理 2.5.1** 若随机变量 $Y$ 为非负连续型随机变量，则它的期望

$$E(Y)=\int_0^{+\infty}P(Y>x)\mathrm{d}x.$$

**证明**：设 $Y$ 的密度函数为 $f$，则

$$\int_0^{+\infty} P(Y > x)\mathrm{d}x = \int_0^{+\infty}\int_x^{+\infty} f(y)\mathrm{d}y\mathrm{d}x,$$

交换积分顺序可得

$$\int_0^{+\infty} P(Y > x)\mathrm{d}x = \int_0^{+\infty}\left(\int_0^{y}\mathrm{d}x\right)f(y)\mathrm{d}y = \int_0^{+\infty} yf(y)\mathrm{d}y = E(Y).$$

**命题 2.5.1 的证明**：由 $g$ 的非负性，

$$\begin{aligned} E(g(X)) &= \int_0^{+\infty} P(g(X) > x)\mathrm{d}x \\ &= \int_0^{+\infty}\int_{y:g(y)>x} p(y)\mathrm{d}y\mathrm{d}x \\ &= \int_{y:g(y)>0}\left(\int_0^{g(y)}\mathrm{d}x\right)p(y)\mathrm{d}y \\ &= \int_{y:g(y)>0} g(y)p(y)\mathrm{d}y. \end{aligned}$$

命题得证.

**例 2.5.6**　某工程队完成某项工程的天数 $X$ 的分布列为

| $X = x_i$ | 10 | 11 | 12 | 13 | 14 |
|---|---|---|---|---|---|
| $P(X = x_i)$ | 0.25 | 0.3 | 0.3 | 0.1 | 0.05 |

所得利润（单位：元）为 $Y = 1\,000(12 - X)$，求 $E(Y)$.

**解**

$$\begin{aligned} E(Y) &= \sum_{i=1}^{5} 1\,000(12 - x_i)P(X = x_i) \\ &= 1\,000 \times (12 - 10) \times 0.25 + 1\,000 \times (12 - 11) \times 0.3 + 1\,000 \times (12 - 12) \times 0.3 \\ &\quad + 1\,000 \times (12 - 13) \times 0.1 + 1\,000 \times (12 - 14) \times 0.05 \\ &= 600\,(\text{元}). \end{aligned}$$

**例 2.5.7**　设随机变量 $X \sim U(a,b)$，求 $Y = \dfrac{1}{4}\pi X^2$ 的数学期望.

**解** 随机变量 $X\sim U(a,b)$，则 $X$ 的密度函数为

$$p(x)=\begin{cases}\dfrac{1}{b-a}, & a<x<b\\ 0, & \text{其他}\end{cases},$$

则 $E(Y)=\displaystyle\int_a^b \frac{1}{4}\pi x^2\cdot\frac{1}{b-a}\mathrm{d}x=\frac{1}{4(b-a)}\pi\cdot\frac{b^3-a^3}{3}=\frac{\pi(a^2+ab+b^2)}{12}$.

4. 数学期望的基本性质

**性质 2.5.1** 若 $a\leqslant X\leqslant b$，则 $a\leqslant E(X)\leqslant b$. 特别地，$E(c)=c$，$a,b,c$ 均为常数.

**证明**：首先设 $X$ 为连续型随机变量，其密度函数为 $p(x)$，则

$$E(X)=\int_a^b xp(x)\mathrm{d}x\leqslant\int_a^b bp(x)\mathrm{d}x=b\int_a^b p(x)\mathrm{d}x=b,$$

$$E(X)=\int_a^b xp(x)\mathrm{d}x\geqslant\int_a^b ap(x)\mathrm{d}x=a\int_a^b p(x)\mathrm{d}x=a,$$

因此 $a\leqslant E(X)\leqslant b$. 当 $X$ 为离散型随机变量时，$a\leqslant E(X)\leqslant b$ 可以同样证明.

当 $X=c$ 时，$P(X=c)=1$，则 $E(X)=c$.

**性质 2.5.2** 对任意的常数 $a$，有

$$E(aX+b)=aE(X)+b.$$

**证明**：当 $X$ 为连续型随机变量，且密度函数为 $p(x)$ 时，

$$E(aX)=\int_{-\infty}^{+\infty}(ax+b)p(x)\mathrm{d}x=a\int_{-\infty}^{+\infty}xp(x)\mathrm{d}x+b=aE(X)+b.$$

当 $X$ 为离散型随机变量，分布列为 $p(x_i)$ 时，

$$E(aX+b)=\sum_i(ax_i+b)p(x_i)=a\sum_i x_ip(x_i)+b=aE(X)+b.$$

得证.

**性质 2.5.3** 对任意两个博雷尔可测函数 $g_1(x),g_2(x)$，有

$$E[g_1(X)\pm g_2(X)]=E[g_1(X)]\pm E[g_2(X)].$$

**证明**：令 $g(x)=g_1(x)\pm g_2(x)$，则当 $X$ 为连续型随机变量，且密度函数为 $p(x)$ 时，

$$\begin{aligned}E[g(X)]&=E[g_1(X)\pm g_2(X)]\\&=\int_{-\infty}^{+\infty}[g_1(x)\pm g_2(x)]p(x)\mathrm{d}x\\&=\int_{-\infty}^{+\infty}g_1(x)p(x)\mathrm{d}x\pm\int_{-\infty}^{+\infty}g_2(x)p(x)\mathrm{d}x\\&=E[g_1(X)]\pm E[g_2(X)].\end{aligned}$$

当 $X$ 为离散型随机变量，分布列为 $p(x_i)$ 时，

$$\begin{aligned}E[g(X)]&=E[g_1(X)\pm g_2(X)]\\&=\sum_i[g_1(x)\pm g_2(x)]p(x_i)\\&=\sum_i g_1(x_i)p(x_i)\pm\sum_i g_2(x_i)p(x_i)\\&=E[g_1(X)]\pm E[g_2(X)].\end{aligned}$$

得证.

此性质可推广到 $n$ 个函数 $g_1(x),g_2(x),\cdots,g_n(x)$ 的情形：

$$E[g_1(X)\pm g_2(X)\pm\cdots\pm g_n(X)]=E[g_1(X)]\pm E[g_2(X)]\pm\cdots\pm E[g_n(X)].$$

特别地，如果 $g_1(x)=1_{(-\infty,a]}(x),g_2(x)=1_{(a,b]}(x),g_3(x)=1_{(b,+\infty)}(x)$，则可推得

$$\begin{aligned}E(X)&=E[g_1(X)+g_2(X)+g_3(X)]\\&=\int_{-\infty}^{a}p(x)\mathrm{d}x+\int_{a}^{b}p(x)\mathrm{d}x+\int_{b}^{+\infty}p(x)\mathrm{d}x.\end{aligned}$$

**例 2.5.8**　设一超市中某种季节性商品的销售量（单位：吨）为服从 $U(5,10)$ 的随机变量 $X$. 每售出 1 吨，超市可获利 2 万元，如果到季末有剩余，每剩余 1 吨，超市将亏损 1.5 万元. 求当进货量为多少吨时，才能使超市获利的数学期望最大.

**解**　设进货量为 $a$，获利为 $Y$，显然 $5<X<10$.

$$p_X(x)=\begin{cases}\dfrac{1}{5}, & 5<X<10\\ 0, & 其他\end{cases},$$

$$Y=\begin{cases}2X-1.5(a-X), & 5<X<a\\ 2a, & a\leqslant X<10\end{cases},$$

则

$$E(Y)=\int_5^a[2x-1.5(a-x)]\times\frac{1}{5}\mathrm{d}x+\int_a^{10}2a\times\frac{1}{5}\mathrm{d}x=-0.35a^2+5.5a-8.75.$$

令 $\dfrac{\mathrm{d}[E(Y)]}{\mathrm{d}a}=-0.7a+5.5=0$，得 $a=\dfrac{5.5}{0.7}\approx 7.857$.

又因为 $\left|\dfrac{\mathrm{d}^2(E(Y))}{\mathrm{d}a^2}\right|_{a=7.857}=-0.7<0$，所以 $a=7.857$ 是最大值点. 故当进货量为 7.857 吨时，超市获利的期望值最大，最大获利为 $E(Y)=-0.35a^2+5.5a-8.75=12.86$（万元）.

下面不加证明地给出两个重要的不等式.

**性质 2.5.4**（詹森 (Jensen) 不等式） 设 $X$ 为非负随机变量，$g(x)$ 是定义在 $[0,+\infty)$ 上的凸函数，如果 $E(X)$ 存在，则

$$g(E(X))\leqslant E(g(X)).$$

**定理 2.5.1** 如果 $E(|X|^k)<\infty$，则 $E(|X|^m)<\infty$ 对任意 $m\leqslant k$ 成立，且 $(E(|X|^m))^{1/m}\leqslant(E(|X|^k))^{1/k}$.

## 2.5.2 方差

数学期望刻画了随机变量取值的“平均值”，反映了随机变量取值所集中的位置. 接下来本节将要介绍的是另一个重要的特征数——方差，它所反映的是随机变量取值的分散程度.

**定义 2.5.3** 若 $(X-E(X))^2$ 的数学期望存在，则称它为随机变量 $X$（或相应分布）的方差 (variance)，记为 $\mathrm{Var}(X)$. 称方差的正平方根 $\sqrt{\mathrm{Var}(X)}$ 为随机变量 $X$（或相应分布）的标准差，记为 $\sigma(X)$ 或 $\sigma_X$.

由数学期望的运算可知，

$$\mathrm{Var}(X)=E(X-E(X))^2=\begin{cases}\displaystyle\sum_i(x_i-E(X))^2p(x_i), & \text{离散型场合}\\ \displaystyle\int_{-\infty}^{+\infty}(x-E(X))^2p(x)\mathrm{d}x, & \text{连续型场合}\end{cases}.$$

另外，利用数学期望的性质，还可以得到计算方差的简便公式 $\mathrm{Var}(X)=E(X^2)-(E(X))^2$，后面有简单证明.

**例 2.5.9** 设连续型随机变量 $X$ 的概率密度函数为

$$p(x)=\begin{cases} Ax+B, & 1\leqslant x\leqslant 2 \\ 0, & \text{其他} \end{cases}.$$

已知 $E(X)=\dfrac{19}{12}$，求 $\mathrm{Var}(X)$（其中 $A,B$ 为待定系数）.

**解** 由概率密度函数的性质 $\displaystyle\int_{-\infty}^{+\infty}p(x)\mathrm{d}x=1$，可知 $\displaystyle\int_{-\infty}^{+\infty}p(x)\mathrm{d}x=\int_1^2(Ax+B)\mathrm{d}x=1$，即 $\dfrac{3}{2}A+B=1$；又由题意得

$$E(X)=\int_{-\infty}^{+\infty}xp(x)\mathrm{d}x=\int_1^2 x(Ax+B)\mathrm{d}x=\frac{7A}{3}+\frac{3B}{2}=\frac{19}{12},$$

由此得到 $\begin{cases} \dfrac{3}{2}A+B=1 \\ \dfrac{7A}{3}+\dfrac{3B}{2}=\dfrac{19}{12} \end{cases}$，解方程得 $\begin{cases} A=1 \\ B=-\dfrac{1}{2} \end{cases}$. 则 $X$ 的概率密度函数为

$$p(x)=\begin{cases} x-\dfrac{1}{2}, & 1\leqslant x\leqslant 2 \\ 0, & \text{其他} \end{cases}.$$

因此可计算得

$$E(X^2)=\int_{-\infty}^{+\infty}x^2p(x)\mathrm{d}x=\int_1^2 x^2\left(x-\frac{1}{2}\right)\mathrm{d}x=\frac{31}{12},$$

$$\mathrm{Var}(X)=E(X^2)-(E(X))^2=\frac{31}{12}-\left(\frac{19}{12}\right)^2=\frac{11}{144}.$$

在投资问题中，选择投资项目或者购买某资产时，除了关心未来的期望收益之外，还要考虑未来收益的不确定程度. 这种不确定程度通常称为风险. 方差是用来度量风险的一种直观而简单的工具.

**例 2.5.10** 某商场与一出版社联系订购下一年的挂历，挂历的进价为 50 元/本，在当年的 12 月 31 日之前零售价为 80 元/本，之后会降到 20 元/本以将全部挂历售出. 根据该商场以往 10 年的销售情况，可知需求概率如下：在当年 12 月 31 日前售出 150 本、160 本、170 本和 180 本的概率分别为 0.1, 0.4, 0.3, 0.2. 根据以上条件，该商场应订购多少本挂历，才能使期望利润最大？

**解** 该商场的订购方案有 150 本、160 本、170 本和 180 本，且各种订购方案的获利都是随机变量，记 $X_1,X_2,X_3,X_4$ 分别表示这四种订购方案所获得的利润. 根据购进、售出的情况可获得的利润（单位：元）如表 2.1 所示.

表 2.1

| 订购数量 | 销售数量 | | | |
|---|---|---|---|---|
| | 150 | 160 | 170 | 180 |
| 150 | 4 500 | 4 500 | 4 500 | 4 500 |
| 160 | 4 200 | 4 800 | 4 800 | 4 800 |
| 170 | 3 900 | 4 500 | 5 100 | 5 100 |
| 180 | 3 600 | 4 200 | 4 800 | 5 400 |

各订购方案的期望利润分别为

$$E(X_1)=0.1\times 4\ 500+0.4\times 4\ 500+0.3\times 4\ 500+0.2\times 4\ 500=4\ 500(\text{元}),$$
$$E(X_2)=0.1\times 4\ 200+0.4\times 4\ 800+0.3\times 4\ 800+0.2\times 4\ 800=4\ 740(\text{元}),$$
$$E(X_3)=0.1\times 3\ 900+0.4\times 4\ 500+0.3\times 5\ 100+0.2\times 5\ 100=4\ 740(\text{元}),$$
$$E(X_4)=0.1\times 3\ 600+0.4\times 4\ 200+0.3\times 4\ 800+0.2\times 5\ 400=4\ 560(\text{元}).$$

根据期望利润最大的原则，应选择期望利润最大的订购方案，即订购 160 本或者 170 本. 此时，在期望利润相等的情况下，应选择获得的利润的方差（可以理解为风险）最小的方案. 考虑订购 160 本、170 本时获得的利润的方差.

$$E(X_2^2)=0.1\times 4\ 200^2+0.4\times 4\ 800^2+0.3\times 4\ 800^2+0.2\times 4\ 800^2=22\ 500\ 000,$$
$$\mathrm{Var}(X_2)=E(X_2^2)-(E(X_2))^2=32\ 400,$$
$$E(X_3^2)=0.1\times 3\ 900^2+0.4\times 4\ 500^2+0.3\times 5\ 100^2+0.2\times 5\ 100^2=22\ 626\ 000,$$
$$\mathrm{Var}(X_3)=E(X_3^2)-(E(X_3))^2=158\ 400,$$

因为 $\mathrm{Var}(X_2)<\mathrm{Var}(X_3)$，所以订购 160 本挂历是最优方案.

### 1. 常见分布的方差

（1）伯努利分布 $B(1,p)$.

$$E(X^2)=1^2\cdot p+0^2\cdot(1-p)=p,$$
$$\mathrm{Var}(X)=E(X^2)-(E(X))^2=p-p^2=pq.$$

（2）二项分布 $B(n,p)$.

$$E(X^2)=\sum_{k=0}^{n}k^2C_n^kp^kq^{n-k}=npq+n^2p^2,$$
$$\mathrm{Var}(X)=E(X^2)-(E(X))^2=npq.$$

（3）泊松分布 $P(\lambda)$.

$$E(X^2)=\sum_{k=0}^{\infty}k^2\frac{\lambda^k}{k!}\mathrm{e}^{-\lambda}=\lambda^2+\lambda,$$
$$\mathrm{Var}(X)=E(X^2)-(E(X))^2=\lambda.$$

（4）几何分布.

$$E(X^2)=\sum_{k=1}^{\infty}k^2q^{k-1}p=p\sum_{k=1}^{\infty}\frac{\mathrm{d}}{\mathrm{d}q}(kq^k)=p\frac{\mathrm{d}}{\mathrm{d}q}\Big(\sum_{k=1}^{\infty}kq^k\Big)$$

$$=p\frac{\mathrm{d}}{\mathrm{d}q}\Big(\frac{q}{1-q}\sum_{k=1}^{\infty}kq^{k-1}p\Big)=p\frac{\mathrm{d}}{\mathrm{d}q}\Big(\frac{q}{1-q}E(X)\Big)=\frac{2}{p^2}-\frac{1}{p},$$

$$\mathrm{Var}(X)=\frac{1-p}{p^2}.$$

（5）正态分布 $N(\mu,\sigma^2)$.

$$E(X)=\mu,$$

$$\mathrm{Var}(X)=\int_{-\infty}^{+\infty}(x-\mu)^2\frac{1}{\sqrt{2\pi}\sigma}\mathrm{e}^{-\frac{(x-\mu)^2}{2\sigma^2}}\mathrm{d}x=\sigma^2.$$

正态分布的两个参数 $\mu,\sigma^2$ 正好是分布的数学期望和方差，因此对于正态分布来讲，它由期望和方差唯一决定.

（6）指数分布 $E(\lambda)$.

$$E(X^2)=\int_0^{+\infty}x^2\lambda\mathrm{e}^{-\lambda x}\mathrm{d}x=\int_0^{+\infty}x^2\mathrm{d}(-\mathrm{e}^{-\lambda x})$$

$$=-x^2\mathrm{e}^{-\lambda x}\Big|_0^{+\infty}+2\int_0^{+\infty}x\mathrm{e}^{-\lambda x}\mathrm{d}x=\frac{2}{\lambda^2},$$

$$\mathrm{Var}(X)=E(X^2)-(E(X))^2=\frac{1}{\lambda^2},$$

（7）均匀分布 $U(a,b)$.

$$E(X^2)=\int_a^b x^2\frac{1}{b-a}\mathrm{d}x=\frac{a^2+ab+b^2}{3},$$

$$\mathrm{Var}(X)=E(X^2)-(E(X))^2=\frac{a^2+ab+b^2}{3}-\Big(\frac{a+b}{2}\Big)^2=\frac{(b-a)^2}{12}.$$

（8）对数正态分布.

$$E(X)=\mathrm{e}^{\mu+\sigma^2/2},$$

$$\mathrm{Var}(X)=\mathrm{e}^{2\mu+\sigma^2}(\mathrm{e}^{\sigma^2}-1).$$

（9）柯西分布.

由于柯西分布的期望不存在，故它的方差也不存在.

（10）伽马分布 $Ga(r,\lambda)$.

$$E(X^2)=\int_0^{+\infty}x^2\frac{\lambda^r}{\Gamma(r)}x^{r-1}\mathrm{e}^{-\lambda x}\mathrm{d}x=\frac{\lambda^r}{\Gamma(r)}\int_0^{+\infty}x^{r+1}\mathrm{e}^{-\lambda x}\mathrm{d}x=\frac{\Gamma(r+2)}{\Gamma(r)}\frac{1}{\lambda^2}=\frac{r(r+1)}{\lambda^2},$$

$$\mathrm{Var}(X)=E(X^2)-(EX)^2=\frac{r(r+1)}{\lambda^2}-\frac{r^2}{\lambda^2}=\frac{r}{\lambda^2}.$$

（11）贝塔分布 $Be(a,b)$.

$$\begin{aligned}E(X^2)&=\int_0^1 x^2\frac{1}{B(a,b)}x^{a-1}(1-x)^{b-1}\mathrm{d}x\\&=\frac{1}{B(a,b)}\int_0^1 x^{a+2-1}(1-x)^{b-1}\mathrm{d}x\\&=\frac{1}{B(a,b)}B(a+2,b)\\&=\frac{a(a+1)}{(a+b)(a+b+1)}.\end{aligned}$$

$$\mathrm{Var}(X)=E(X^2)-(E(X))^2=\frac{a(a+1)}{(a+b)(a+b+1)}-\left(\frac{a}{a+b}\right)^2=\frac{ab}{(a+b)^2(a+b+1)}.$$

## 2. 方差的性质

**性质 2.5.5** $\mathrm{Var}(X)=E(X^2)-(E(X))^2$.

**证明**：$\mathrm{Var}(X)=E(X-E(X))^2=E(X^2-2X\cdot E(X)+(E(X))^2)=E(X^2)-(E(X))^2$.

**性质 2.5.6** 常数的方差为 0，即 $\mathrm{Var}(c)=0$，其中 $c$ 是常数.

**证明**：$\mathrm{Var}(c)=E(c-E(c))^2=0$.

**性质 2.5.7** 若 $a,b$ 是常数，则 $\mathrm{Var}(aX+b)=a^2\mathrm{Var}(X)$.

**证明**：$\mathrm{Var}(aX+b)=E(aX+b-E(aX+b))^2=E(a(X-E(X)))^2=a^2\mathrm{Var}(X)$.

**性质 2.5.8** 若 $c\neq E(X)$，则 $\mathrm{Var}(X)<E((X-c)^2)$.

**证明**：$\mathrm{Var}(X)=E(X-E(X))^2=E((X-c)^2)-(c-E(X))^2$.
此性质表明期望是使得 $E((X-c)^2)$ 达到最小的 $c$.

**例 2.5.11** 设随机变量 $X$ 的数学期望 $E(X)=\mu$，方差 $\mathrm{Var}(X)=\sigma^2$. 记 $X^*=\dfrac{X-\mu}{\sigma}$，求 $E(X^*)$，$\mathrm{Var}(X^*)$.

**解** $E(X^*)=E\left(\dfrac{X-\mu}{\sigma}\right)=\dfrac{1}{\sigma}E(X-\mu)=\dfrac{1}{\sigma}(\mu-\mu)=0,$

$$\mathrm{Var}(X^*)=\mathrm{Var}\left(\frac{X-\mu}{\sigma}\right)=\frac{1}{\sigma^2}\mathrm{Var}(X-\mu)=\frac{1}{\sigma^2}\mathrm{Var}(X)=1.$$

对于期望、方差都存在的随机变量 $X$，称 $X^*=\dfrac{X-\mu}{\sigma}$ 为 $X$ 的标准化随机变量.

**例 2.5.12** 若随机变量 $X$ 的方差 $\mathrm{Var}(X)=3$，求 $Y=2X-5$ 的方差.

**解** 由方差的性质，$\mathrm{Var}(Y)=\mathrm{Var}(2X-5)=2^2\mathrm{Var}(X)=12$.

**例 2.5.13** 若随机变量 $X\sim U(0,2\pi)$，求随机变量 $Y=\cos X$ 的方差.

**解**

$$E(Y)=\int_0^{2\pi}\cos x\frac{1}{2\pi}\mathrm{d}x=0,$$

$$E(Y^2)=\int_0^{2\pi}\cos^2 x\frac{1}{2\pi}\mathrm{d}x=\frac{1}{2},$$

$$\mathrm{Var}(Y)=E(Y^2)-(E(Y))^2=\frac{1}{2}.$$

下面介绍一个重要的不等式，利用这个不等式可以对随机变量取值在其均值周围的一个区间上的概率大小做一个估计.

**定理 2.5.2**（切比雪夫不等式） 设随机变量 $X$ 的数学期望和方差都存在，则对任意常数 $\varepsilon>0$，有

$$P(|X-E(X)|\geqslant\varepsilon)\leqslant\frac{\mathrm{Var}(X)}{\varepsilon^2}.$$

**证明**：首先考虑 $X$ 为连续型的情形，设其概率密度函数为 $p(x)$. 记 $E(X)=a$，则

$$\begin{aligned}P(|X-a|\geqslant\varepsilon)&=\int_{\{x:|x-a|\geqslant\varepsilon\}}p(x)\mathrm{d}x\\&\leqslant\int_{\{x:|x-a|\geqslant\varepsilon\}}\frac{(x-a)^2}{\varepsilon^2}p(x)\mathrm{d}x\\&\leqslant\frac{1}{\varepsilon^2}\int_{-\infty}^{+\infty}(x-a)^2p(x)\mathrm{d}x,\end{aligned}$$

即

$$P(|X-E(X)|\geqslant\varepsilon)\leqslant\frac{\operatorname{Var}(X)}{\varepsilon^2}.$$

对于离散型随机变量亦可类似进行证明. 特别地，若 $\operatorname{Var}(X)=0$，则对任意 $\varepsilon>0$，恒有 $P(|X-E(X)|\geqslant\varepsilon)=0$，因此 $P(X\neq E(X))=0$，即 $P(X=E(X))=1$，所以方差为零的随机变量只能是常数.

从切比雪夫不等式可以看出，当方差很小时，事件 $\{|X-E(X)|\geqslant\varepsilon\}$ 的概率也被控制得很小，这就可以看出方差是描述随机变量远离其期望值程度的一个度量.

**例 2.5.14** 设某地区有 10 000 盏电灯，每晚每盏电灯开灯的概率为 0.75. 假设灯开与不开是相互独立的，试用切比雪夫不等式估计夜晚同时开着的电灯数在 7 250~7 750 盏之间的概率.

**解** 令 $X$ 表示夜晚同时开着的电灯数，则 $X$ 服从 $n=10\ 000$，$p=0.75$ 的二项分布，且 $E(X)=np=7\ 500$，$\operatorname{Var}(X)=np(1-p)=1\ 875$，因此

$$P(7\ 250<X<7\ 750)=P(|X-7\ 500|<250)\geqslant 1-\frac{\operatorname{Var}(X)}{250^2}=1-\frac{1\ 875}{250^2}=0.97.$$

## 2.6 随机变量的其他数字特征

数学期望与方差是随机变量最重要的两个数字特征. 此外，还有些应用较为广泛的数字特征，如原点矩、中心矩、变异系数、偏度、峰度、分位数、众数等. 下面将一一介绍.

### 2.6.1 矩

**定义 2.6.1** 设 $X$ 为随机变量，$c$ 为常数，$k$ 为正整数，称 $E[(X-c)^k]$（假如 $E(|(X-c)^k|)<\infty$）为 $X$ 关于 $c$ 点的 $k$ 阶矩 (moment). 若 $c=0$，则称 $\mu_k=E(X^k)$ 为 $X$ 的 $k$ 阶原点矩；若 $c=E(X)$，则称 $\nu_k=E[(X-E(X))^k]$ 为 $X$ 的 $k$ 阶中心矩.

一阶原点矩就是数学期望，二阶中心矩就是方差.

中心矩可以用原点矩来表达，即

$$\nu_k=E[(X-E(X))^k]=\sum_{i=0}^{k}C_k^i(-E(X))^{k-i}E(X^i)=\sum_{i=0}^{k}C_k^i(-\mu_1)^{k-i}\mu_i.$$

实际中常用低阶矩，高于四阶的矩极少使用. 由上述表达式，可得到前四阶中心矩分别用如下原点矩表示：

$$
\begin{aligned}
\nu_1 &= 0, \\
\nu_2 &= \mu_2 - \mu_1^2, \\
\nu_3 &= \mu_3 - 3\mu_2\mu_1 + 2\mu_1^2, \\
\nu_4 &= \mu_4 - 4\mu_3\mu_1 + 6\mu_2\mu_1^2 - 3\mu_1^4.
\end{aligned}
$$

反之，当已知数学期望时，原点矩也可以用中心矩来表示.

$$
\mu_k = E(X^k) = E(X - E(X) + E(X))^k = \sum_{i=0}^{k} C_k^i E(X - E(X))^i (E(X))^{k-i} = \sum_{i=0}^{k} C_k^i \nu_i \mu_1^{k-i}.
$$

**例 2.6.1** 设随机变量 $X \sim N(\mu, \sigma^2)$，求 $X$ 的前四阶中心矩.

**解** 依题意，随机变量 $X$ 的 $k$ 阶中心矩为

$$
\begin{aligned}
\nu_k &= E[(X - E(X))^k] = E[(X - \mu)^k] \\
&= \int_{-\infty}^{+\infty} (x - \mu)^k \frac{1}{\sqrt{2\pi}\sigma} \mathrm{e}^{-\frac{(x-\mu)^2}{2\sigma^2}} \mathrm{d}x \\
&= \frac{\sigma^k}{\sqrt{2\pi}} \int_{-\infty}^{+\infty} t^k \mathrm{e}^{-\frac{t^2}{2}} \mathrm{d}t.
\end{aligned}
$$

当 $k$ 是奇数时，被积函数是奇函数，故 $\nu_k = 0$；当 $k$ 是偶数时，利用变换 $z = \dfrac{t^2}{2}$，得

$$
\begin{aligned}
\nu_k &= \frac{\sigma^k}{\sqrt{2\pi}} \int_{-\infty}^{+\infty} t^k \mathrm{e}^{-\frac{t^2}{2}} \mathrm{d}t \\
&= \sigma^k \sqrt{\frac{2}{\pi}} \int_0^{+\infty} t^k \mathrm{e}^{-\frac{t^2}{2}} \mathrm{d}t \\
&= 2^{\frac{k-1}{2}} \sigma^k \sqrt{\frac{2}{\pi}} \int_0^{+\infty} z^{\frac{k-1}{2}} \mathrm{e}^{-z} \mathrm{d}z \\
&= 2^{\frac{k-1}{2}} \sigma^k \sqrt{\frac{2}{\pi}} \Gamma\left(\frac{k+1}{2}\right) \\
&= \sigma^k (k-1)(k-3) \cdots 1.
\end{aligned}
$$

故正态分布 $N(\mu, \sigma^2)$ 的前四阶中心矩为

$$
\nu_1 = 0,\ \nu_2 = \sigma^2,\ \nu_3 = 0,\ \nu_4 = 3\sigma^4.
$$

### 2.6.2 变异系数

**定义 2.6.2** 设随机变量 $X$ 的二阶矩存在，则比值

$$
C_\nu = \frac{\sqrt{\nu_2}}{\mu_1} = \frac{\sqrt{\mathrm{Var}(X)}}{E(X)}
$$

称为 $X$ 的变异系数（coefficient of variation）.

由于方差描述了随机变量相对于其数学期望的离散程度，变异系数是以其数学期望为单位来度量随机变量取值波动程度的数字特征. 一般来说，取值较大的随机变量其方差和标准差也较大，仅仅从方差大小比较其取值波动就不太合理，这时采用变异系数更为合适.

**例 2.6.2** 某地 8 岁男孩身高的数学期望为 125.20cm，标准差为 4.71cm；体重的数学期望为 24.52kg，标准差为 2.32kg. 身高和体重哪个波动更大?

**解** 身高和体重的单位不一样，如果直接用 4.71>2.32 得出身高的波动大于体重的波动是不恰当的. 这时可以用变异系数来比较.

$$\text{身高}C_\nu=\frac{\sqrt{\operatorname{Var}(X)}}{E(X)}=\frac{4.71}{125.20}=3.76\%;$$

$$\text{体重}C_\nu=\frac{\sqrt{\operatorname{Var}(Y)}}{E(Y)}=\frac{2.32}{24.52}=9.46\%;$$

可见该地 8 岁男孩体重的波动比身高的波动大.

### 2.6.3 分位数和中位数

**定义 2.6.3** 设随机变量 $X$ 的分布函数为 $F_X(x)$，对任意的 $\alpha\ (0<\alpha<1)$，假如 $x_\alpha$ 满足条件 $F(x_\alpha)=P(X\leqslant x_\alpha)=\alpha$，则将 $x_\alpha$ 称为 $X$ 分布的下侧 $\alpha$ 分位数 (quantile). 特别地，当 $X$ 是连续型随机变量，概率密度函数为 $p(x)$ 时，$x_\alpha$ 满足 $F(x_\alpha)=\displaystyle\int_{-\infty}^{x_\alpha}p(x)\mathrm{d}x=\alpha$.

假如 $x'_\alpha$ 满足条件 $1-F(x'_\alpha)=P(X\geqslant x'_\alpha)=\alpha$，则将 $x'_\alpha$ 称为 $X$ 分布的上侧 $\alpha$ 分位数. 当 $X$ 是连续型随机变量时，有 $1-F(x'_\alpha)=\displaystyle\int_{x'_\alpha}^{+\infty}p(x)\mathrm{d}x=\alpha$. 从上述定义中可得 $x'_\alpha=x_{1-\alpha}$.

分位数常在连续型随机变量场合使用，上述定义中给出了连续型随机变量情形下的表达式. 图2.13给出了上、下侧 $\alpha$ 分位数.

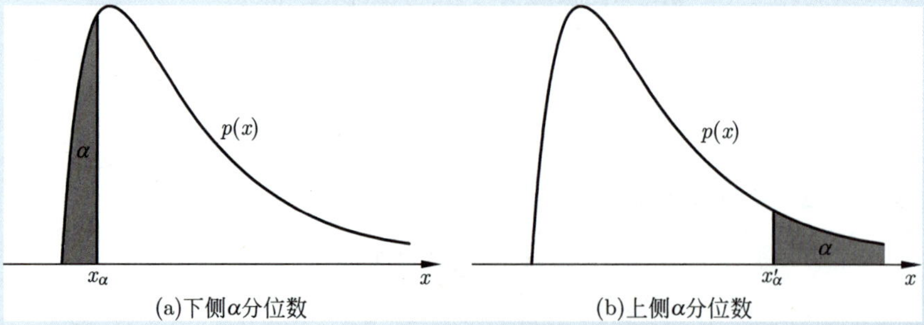


图 2.13 分位数图

经常使用的是上侧 $\alpha$ 分位数.

**例 2.6.3** 设随机变量 $X$ 的概率分布列如下:

| $X$ | $-2$ | $0$ | $1$ | $2$ |
|---|---|---|---|---|
| $P$ | 0.2 | 0.4 | 0.3 | 0.1 |

求 $X$ 的上侧 0.1 分位数.

**解** $P(X \geqslant x_{0.1}) = 0.1$，则 $x_{0.1} = 2$.

**例 2.6.4** 随机变量 $Z \sim N(0,1)$，已知 $z_\alpha$ 为 $\alpha$ 上侧分位数. 若 $Y = \sigma Z + \mu$，求 $y_\alpha$.

**解** $P(Y \geqslant y_\alpha) = P(\sigma Z + \mu \geqslant y_\alpha) = P\left(Z \geqslant \dfrac{y_\alpha - \mu}{\sigma}\right) = \alpha$，则 $z_\alpha = \dfrac{y_\alpha - \mu}{\sigma}$，故 $y_\alpha = \sigma z_\alpha + \mu$.

在数理统计中，经常会使用三大分布（$t$ 分布、$\chi^2$ 分布、$F$ 分布）的分位数. 可以通过三大分布的分位数表查找相应的分位数.

刻画一个随机变量 $X$ 的平均取值的特征数，除了数学期望之外，还有中位数. 中位数经常在连续型随机变量场合使用.

**定义 2.6.4** 设连续型随机变量 $X$ 的分布函数为 $F(x)$，概率密度函数为 $p(x)$，则满足条件

$$F(x_{0.5}) = \int_{-\infty}^{x_{0.5}} p(x)\mathrm{d}x = 0.5$$

的值 $x_{0.5}$ 称为 $X$ 的分布的中位数（median），即 $X$ 的分布的 0.5 分位数，也称为 $X$ 的分布的中位点.

中位数的一个优点是可以排除极端值对随机变量的干扰，有时比均值更有效. 比如刻画某小区居民的年平均收入情况. 假设小区中有两人的收入较高，分别为 100 万元和 120 万元，而该小区其他居民的收入水平则较低，均在 10 万元以下. 若用数学期望刻画该小区居民收入的整体情况，则数学期望因受极端值的影响，可能很高，但与实际情况并不是很相符. 而中位数则比较有代表性，它说明小区一半人的收入低于此值，一半人的收入高于此值，不受极端值的干扰.

中位数的另一个优点是它总是存在的，而数学期望不是任何随机变量都存在.

**例 2.6.5** 设随机变量 $X$ 的概率密度函数为

$$p(x)=\frac{1}{\pi(1+x^2)},\quad -\infty<x<+\infty,$$

求 $X$ 的中位数.

**解** 根据中位数的定义，得

$$F(x_{0.5})=\int_{-\infty}^{x_{0.5}}p(x)\mathrm{d}x=\int_{-\infty}^{x_{0.5}}\frac{1}{\pi(1+x^2)}\mathrm{d}x=\frac{1}{\pi}\arctan x\Big|_{-\infty}^{x_{0.5}}$$
$$=0.5+\frac{1}{\pi}\arctan x_{0.5}=0.5,$$

解得 $x_{0.5}=0$，即 $X$ 的中位数为 0.

## 2.6.4 偏度与峰度

**定义 2.6.5** 设随机变量 $X$ 的三阶矩存在，则比值

$$\beta_1=\frac{\nu_3}{(\nu_2)^{3/2}}=\frac{E(X-E(X))^3}{[E(X-E(X))^2]^{3/2}}$$

称为 $X$ 的分布的偏度系数，简称偏度 (skewness).

这里 $(\nu_2)^{3/2}$ 是为了消除量纲的影响. 偏度刻画的是分布的偏斜程度，若 $\beta_1=0$，则称分布是无偏的；若 $\beta_1>0$，则称分布是正偏或右偏的；若 $\beta_1<0$，则称分布为负偏或左偏的（如图2.14所示）.

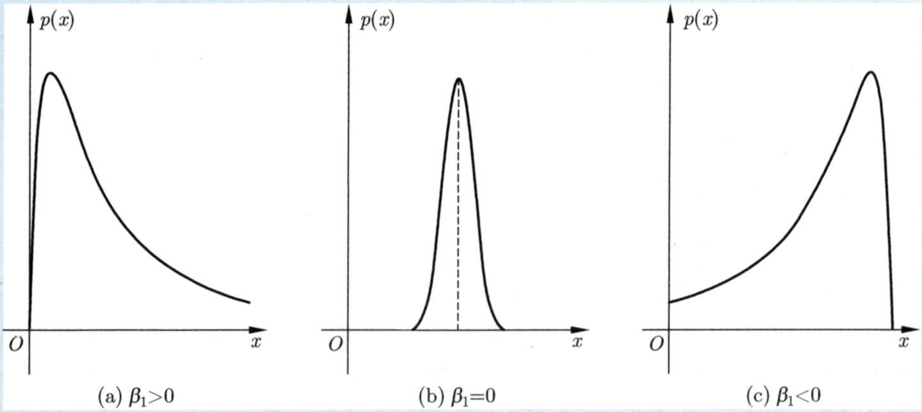


图 2.14 偏度

正态分布 $N(\mu,\sigma^2)$ 的三阶中心矩为 0，从而其偏度为 0. 一般地，若概率密度函数关于数学期望 $E(X)$ 对称，则 $\nu_3=0$，偏度为 0.

**定义 2.6.6**　设随机变量 $X$ 的四阶矩存在，则

$$\beta_2 = \frac{\nu_4}{\nu_2^2} = \frac{E(X-E(X))^4}{[E(X-E(X))^2]^2}$$

称为 $X$ 的分布的峰度系数，简称峰度 (kurtosis).

正态分布 $N(\mu,\sigma^2)$ 的 $\nu_4 = 3\sigma^4$，$\nu_2 = \sigma^2$，故其峰度系数为 $\beta_2 = \dfrac{\nu_4}{\nu_2^2} = \dfrac{3\sigma^4}{(\sigma^2)^2} = 3$，与 $\mu,\sigma^2$ 均无关，因此有时将 $\beta_2 = \dfrac{\nu_4}{\nu_2^2} - 3$ 定义为峰度系数.

对于任意一个分布，通过把它的峰度和正态分布的峰度相比较，分为尖峰或者平峰：当峰度系数大于 3 时称为尖峰分布；当峰度系数小于 3 时称为平峰分布（如图2.15所示）.

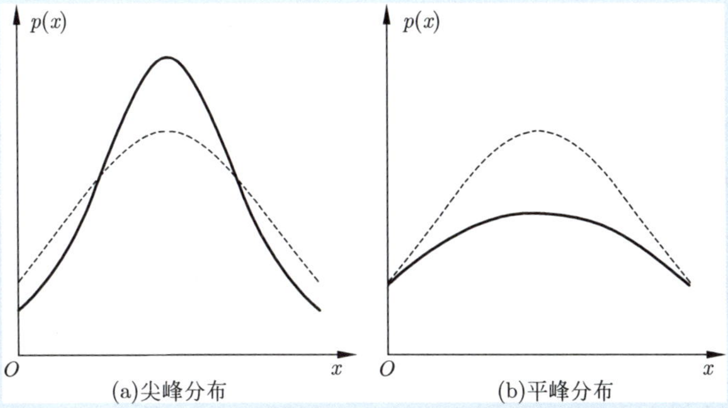


图 2.15　尖峰分布和平峰分布（虚线峰度为 3）

## 2.6.5　众数

**定义 2.6.7**　假如 $X$ 是离散型随机变量，则使得 $P(X=x)$ 达到最大的 $x$ 值，称 $X$ 的众数 (mode). 假如 $X$ 是连续型随机变量，则使其概率密度函数 $p(x)$ 达到最大的 $x$ 值称为 $X$ 的众数.

**例 2.6.6**　设随机变量 $X$ 服从参数为 $\lambda$ 的泊松分布，求 $X$ 的众数.

**解**　因为 $X \sim P(\lambda)$，所以 $P(X=k) = \dfrac{\lambda^k}{k!}\mathrm{e}^{-\lambda}$，$k=0,1,\cdots$，则

$$\frac{P(X=k+1)}{P(X=k)} = \frac{\dfrac{\lambda^{k+1}}{(k+1)!}\mathrm{e}^{-\lambda}}{\dfrac{\lambda^k}{k!}\mathrm{e}^{-\lambda}} = \frac{\lambda}{k+1}.$$

当 $\lambda$ 是整数时，若 $k+1<\lambda$，$P(X=k)$ 关于 $k$ 单调递增；若 $k+1>\lambda$，$P(X=k)$ 关于 $k$ 单调递减. 因此当 $k+1=\lambda$，即 $k=\lambda-1$ 时，$P(X=k)$ 达到最大. 此时有 $\dfrac{P(X=k+1)}{P(X=k)}=1$，即 $P(X=k+1)=P(X=k)$，故 $\lambda-1,\lambda$ 都是众数.

当 $\lambda$ 不是整数时，若 $k+1\leqslant[\lambda]<\lambda$，$P(X=k)$ 关于 $k$ 单调递增；若 $k+1>[\lambda]+1>\lambda+1$，$P(X=k)$ 关于 $k$ 单调递减. 由此可知，当 $k=[\lambda]$ 时，$P(X=k)$ 达到最大，即此时 $[\lambda]$ 为众数.

**例 2.6.7** 某公司职工去年每人每月的平均销售额 $X$（单位：元）服从均值为 40 000、方差为 360 000 的正态分布，求随机变量 $X$ 的众数.

**解** 已知正态分布 $N(\mu,\sigma^2)$ 的概率密度函数 $p(x)$ 在 $x=\mu$ 处达到最大值，且最大值为 $p(\mu)=\dfrac{1}{\sqrt{2\pi}\sigma}$. 根据题意 $X\sim N(40\,000,360\,000)$，则 $X$ 的众数是 40 000.

众数、中位数和期望都能够刻画分布的集中位置，对于对称分布 (比如正态分布) 来说这三者是相同的，但对于一般的分布这三者通常不相同.

# 2.7 随机变量的特征函数与矩母函数

## 2.7.1 特征函数

前面两节讲述的数字特征都只反映了概率分布的某些侧面，一般不能通过它们来完全确定分布函数. 而本节将要研究的特征函数，不仅可以完全决定分布函数，而且具有良好的分析性质.

**定义 2.7.1** 设 $X$ 是任一随机变量，称

$$\phi(t)=E(\mathrm{e}^{\mathrm{i}tX}),\quad -\infty<t<+\infty$$

为 $X$ 的特征函数 (characteristic function).

因为 $|\mathrm{e}^{\mathrm{i}tX}|=1$，所以 $E(\mathrm{e}^{\mathrm{i}tX})$ 总是存在的，即任一随机变量的特征函数总是存在的.

对于分布列为 $p(x_i)=P(X=x_i)$, $i=1,2,\cdots,n,\cdots$ 的随机变量 $X$，它的特征函数为

$$\phi(t)=\sum_{i=1}^{+\infty}\mathrm{e}^{\mathrm{i}tx_i}p(x_i),\quad -\infty<t<+\infty.$$

对于概率密度函数为 $p(x)$ 的随机变量 $X$，它的特征函数为

$$\phi(t)=\int_{-\infty}^{+\infty}\mathrm{e}^{\mathrm{i}tx}p(x)\mathrm{d}x,\quad -\infty<t<+\infty.$$

下面看一些常用分布的特征函数.

（1）二项分布.

$$\phi(t) = (p\mathrm{e}^{\mathrm{i}t} + q)^n.$$

（2）泊松分布. $p_k = \frac{\lambda^k}{k!}\mathrm{e}^{-\lambda}, k = 0, 1, \cdots$，其特征函数为

$$\phi(t) = \sum_{k=0}^{\infty} \mathrm{e}^{\mathrm{i}tk} \frac{\lambda^k}{k!}\mathrm{e}^{-\lambda} = \mathrm{e}^{\lambda(\mathrm{e}^{\mathrm{i}t}-1)}.$$

（3）标准正态分布 $N(0,1)$，其特征函数为

$$\phi(t) = \frac{1}{\sqrt{2\pi}} \int_{-\infty}^{+\infty} \mathrm{e}^{\mathrm{i}tx}\mathrm{e}^{-\frac{x^2}{2}}\mathrm{d}x = \frac{1}{\sqrt{2\pi}} \int_{-\infty}^{+\infty} \cos(tx)\mathrm{e}^{-\frac{x^2}{2}}\mathrm{d}x,$$

其中第二个等号利用了欧拉公式：$\mathrm{e}^{\mathrm{i}tx} = \cos(tx) + \mathrm{i}\sin(tx)$.

对上面的特征函数关于 $t$ 求导，可得

$$\phi'(t) = -\frac{1}{\sqrt{2\pi}} \int_{-\infty}^{+\infty} t\cos(tx)\mathrm{e}^{-\frac{x^2}{2}}\mathrm{d}x = -t\phi(t).$$

又因为 $\phi(0) = 1$，从而可以解得

$$\phi(t) = \mathrm{e}^{-\frac{t^2}{2}}.$$

（4）指数分布 $p(x) = \lambda\mathrm{e}^{-\lambda x}, x > 0$，其特征函数为

$$\phi(t) = \left(1 - \frac{\mathrm{i}t}{\lambda}\right)^{-1}.$$

（利用欧拉公式以及分部积分可求得.）

### 1. 特征函数的性质

**性质 2.7.1**　$|\phi(t)| \leqslant \phi(0) = 1$.

**证明**　以连续型情形为例.

$$|\phi(t)| = \left|\int_{-\infty}^{+\infty} \mathrm{e}^{\mathrm{i}tx}p(x)\mathrm{d}x\right| \leqslant \int_{-\infty}^{+\infty} |\mathrm{e}^{\mathrm{i}tx}|p(x)\mathrm{d}x = \phi(0) = 1.$$

**性质 2.7.2**　$\phi(-t) = \overline{\phi(t)}$，其中 $\overline{\phi(t)}$ 表示 $\phi(t)$ 的共轭.

**性质 2.7.3**　若 $Y = aX + b$，其中 $a, b$ 是常数，则

$$\phi_Y(t) = \mathrm{e}^{\mathrm{i}bt}\phi_X(at).$$

**性质 2.7.4** 若 $E(X^n)$ 存在，则 $X$ 的特征函数 $\phi$ 可 $n$ 次求导，且对 $1\leqslant k\leqslant n$，有

$$\phi^{(k)}(0)=\mathrm{i}^k E(X^k).$$

以上性质根据特征函数的定义和复变函数的知识很容易证明.

利用性质2.7.3可以求出一般正态分布 $N(\mu,\sigma^2)$ 的特征函数为

$$\phi_Y(t)=\exp\left\{\mathrm{i}\mu t-\frac{\sigma^2t^2}{2}\right\}.$$

**性质 2.7.5** $\phi(t)$ 在 $(-\infty,+\infty)$ 上一致连续.

*证明：以连续型随机变量为例.

$$\begin{aligned}|\phi(t+h)-\phi(t)|&\leqslant\int_{-\infty}^{+\infty}|\mathrm{e}^{\mathrm{i}hx}-1|p(x)\mathrm{d}x\\&\leqslant 2\int_{|x|\geqslant a}p(x)\mathrm{d}x+\int_{-a}^{a}|\mathrm{e}^{\mathrm{i}hx}-1|p(x)\mathrm{d}x.\end{aligned}$$

由于 $|\mathrm{e}^{\mathrm{i}hx}-1|=\left|\mathrm{e}^{\mathrm{i}\frac{h}{2}x}(\mathrm{e}^{\mathrm{i}\frac{h}{2}x}-\mathrm{e}^{-\mathrm{i}\frac{h}{2}x})\right|=2\left|\sin\frac{hx}{2}\right|$，所以

$$|\phi(t+h)-\phi(t)|\leqslant 2\int_{|x|\geqslant a}p(x)\mathrm{d}x+2\int_{-a}^{a}\left|\sin\frac{hx}{2}\right|p(x)\mathrm{d}x.$$

从上述不等式看到，可以选取足够大的 $a$ 使得 $2\int_{|x|\geqslant a}p(x)\mathrm{d}x$ 任意小，然后选充分小的 $|h|$ 可使不等式右边第二个积分也任意小，从而证明了结论.

**性质 2.7.6** $\phi(t)$ 是非负定的，即对任意正整数 $n$，及 $n$ 个实数 $t_1,t_2,\cdots,t_n$ 和 $n$ 个复数 $z_1,z_2,\cdots,z_n$，有

$$\sum_{k=1}^{n}\sum_{j=1}^{n}\phi(t_k-t_j)z_k\overline{z}_j\geqslant 0.$$

*证明：同样以连续型随机变量为例，

$$\begin{aligned}\sum_{k=1}^{n}\sum_{j=1}^{n}\phi(t_k-t_j)z_k\overline{z}_j&=\sum_{k=1}^{n}\sum_{j=1}^{n}z_k\overline{z}_j\int_{-\infty}^{+\infty}\mathrm{e}^{\mathrm{i}(t_k-t_j)x}p(x)\mathrm{d}x\\&=\int_{-\infty}^{+\infty}\sum_{k=1}^{n}\sum_{j=1}^{n}z_k\overline{z}_j\mathrm{e}^{\mathrm{i}(t_k-t_j)x}p(x)\mathrm{d}x\\&=\int_{-\infty}^{+\infty}\Big(\sum_{k=1}^{n}z_k\mathrm{e}^{\mathrm{i}t_kx}\Big)\Big(\sum_{j=1}^{n}\overline{z}_j\mathrm{e}^{-\mathrm{i}t_jx}\Big)p(x)\mathrm{d}x\\&=\int_{-\infty}^{+\infty}\left|\sum_{k=1}^{n}z_k\mathrm{e}^{\mathrm{i}t_kx}\right|^2p(x)\mathrm{d}x\geqslant 0.\end{aligned}$$

2. 逆转公式与唯一性定理

由特征函数的定义可知，随机变量的分布唯一地确定了它的特征函数. 而下面的定理2.7.1给出了由特征函数求分布函数的公式.

**定理 2.7.1**（逆转公式） 设 $F(x)$ 和 $\phi(t)$ 分别为随机变量 $X$ 的分布函数和特征函数，则对 $F(x)$ 的任意两个连续点 $x_1 < x_2$，有

$$F(x_2) - F(x_1) = \lim_{T\to\infty} \frac{1}{2\pi} \int_{-T}^{T} \frac{\mathrm{e}^{-\mathrm{i}tx_1} - \mathrm{e}^{-\mathrm{i}tx_2}}{\mathrm{i}t} \phi(t)\mathrm{d}t.$$

*证明：以连续型随机变量为例. 记

$$I_T = \frac{1}{2\pi} \int_{-T}^{T} \frac{\mathrm{e}^{-\mathrm{i}tx_1} - \mathrm{e}^{-\mathrm{i}tx_2}}{\mathrm{i}t} \phi(t)\mathrm{d}t = \frac{1}{2\pi} \int_{-T}^{T} \int_{-\infty}^{+\infty} \frac{\mathrm{e}^{-\mathrm{i}tx_1} - \mathrm{e}^{-\mathrm{i}tx_2}}{\mathrm{i}t} \mathrm{e}^{\mathrm{i}tx} p(x)\mathrm{d}x\mathrm{d}t,$$

要证被积函数的有界性，需要用到不等式$|\mathrm{e}^{\mathrm{i}a} - 1| \leqslant a$.

事实上，对 $a \geqslant 0$ 有

$$|\mathrm{e}^{\mathrm{i}a} - 1| = \left|\int_0^a \mathrm{e}^{\mathrm{i}x}\mathrm{d}x\right| \leqslant \int_0^a |\mathrm{e}^{\mathrm{i}x}|\mathrm{d}x = |a|.$$

不难证明对 $a < 0$ 上式同样也成立.

因此 $\left|\dfrac{\mathrm{e}^{-\mathrm{i}tx_1} - \mathrm{e}^{-\mathrm{i}tx_2}}{\mathrm{i}t} \mathrm{e}^{\mathrm{i}tx}\right| \leqslant x_2 - x_1$.

交换二次积分的顺序得到

$$\begin{aligned} I_T &= \frac{1}{2\pi} \int_{-\infty}^{+\infty} \int_{-T}^{T} \frac{\mathrm{e}^{-\mathrm{i}tx_1} - \mathrm{e}^{-\mathrm{i}tx_2}}{\mathrm{i}t} \mathrm{e}^{\mathrm{i}tx} p(x)\mathrm{d}t\mathrm{d}x \\ &= \frac{1}{2\pi} \int_{-\infty}^{+\infty} \int_{0}^{T} \frac{\mathrm{e}^{\mathrm{i}t(x-x_1)} - \mathrm{e}^{-\mathrm{i}t(x-x_1)} - \mathrm{e}^{\mathrm{i}t(x-x_2)} + \mathrm{e}^{-\mathrm{i}t(x-x_2)}}{\mathrm{i}t} \mathrm{d}tp(x)\mathrm{d}x \\ &= \frac{1}{\pi} \int_{-\infty}^{+\infty} \int_{0}^{T} \left(\frac{\sin t(x-x_1)}{t} - \frac{\sin t(x-x_2)}{t}\right) \mathrm{d}tp(x)\mathrm{d}x \end{aligned}$$

令 $g(T,x,x_1,x_2) = \dfrac{1}{\pi}\displaystyle\int_0^T \left(\frac{\sin t(x-x_1)}{t} - \frac{\sin t(x-x_2)}{t}\right)\mathrm{d}t$，则由数学分析中的狄利克雷积分

$$D(a) = \frac{1}{\pi} \int_0^{+\infty} \frac{\sin(at)}{t}\mathrm{d}t = \begin{cases} \dfrac{1}{2}, & a > 0 \\ 0, & a = 0 \\ -\dfrac{1}{2}, & a < 0 \end{cases}$$

知 $\lim\limits_{T\to+\infty} g(T,x,x_1,x_2) = D(x-x_1) - D(x-x_2)$.

分别考察 $x$ 在区间 $(x_1, x_2)$ 的端点及内外时相应的狄利克雷积分的值即可得

$$\lim_{T\to+\infty} g(T,x,x_1,x_2) = \begin{cases} 0, & x < x_1 \text{ 或} x > x_2 \\ \dfrac{1}{2}, & x = x_1 \text{ 或} x = x_2 \text{，} \\ 1, & x_1 < x < x_2 \end{cases}$$

且 $|g(T,x,x_1,x_2)|$ 有界，从而可以把积分号与极限号交换，故有

$$\begin{aligned}\lim_{T\to+\infty} I_T &= \int_{-\infty}^{+\infty} \lim_{T\to+\infty} g(T,x,x_1,x_2)p(x)\mathrm{d}x\\ &= \int_{x_1}^{x_2} p(x)\mathrm{d}x\\ &= F(x_2)-F(x_1).\end{aligned}$$

**定理 2.7.2**（唯一性定理） 随机变量的分布函数由其特征函数唯一决定.

***证明**：对 $F(x)$ 的每一个连续点 $x$，当 $y$ 沿着 $F(x)$ 的连续点趋于 $-\infty$ 时，由逆转公式得

$$F(x)=\lim_{y\to-\infty}\lim_{T\to+\infty}\frac{1}{2\pi}\int_{-T}^{T}\frac{\mathrm{e}^{-\mathrm{i}ty}-\mathrm{e}^{-\mathrm{i}tx}}{\mathrm{i}t}\phi(t)\mathrm{d}t,$$

而分布函数由其连续点上的值唯一决定，故结论成立.

特别地，当 $X$ 为连续型随机变量，有下述更强的结果.

**定理 2.7.3** 设具有密度函数 $p(x)$ 的连续型随机变量 $X$，它的特征函数为 $\phi(t)$，若

$$\int_{-\infty}^{+\infty}|\phi(t)|\mathrm{d}t<+\infty,$$

则

$$p(x)=\frac{1}{2\pi}\int_{-\infty}^{+\infty}\mathrm{e}^{-\mathrm{i}tx}\phi(t)\mathrm{d}t.$$

***证明**：令 $F(x)$ 为 $X$ 的分布函数，由逆转公式，若 $x+\Delta x$ 及 $x$ 是 $F(x)$ 的连续点，则

$$\begin{aligned}p(x)&=\lim_{\Delta x\to0}\frac{F(x+\Delta x)-F(x)}{\Delta x}\\ &=\lim_{\Delta x\to0}\frac{1}{2\pi}\int_{-\infty}^{+\infty}\frac{\mathrm{e}^{-\mathrm{i}tx}-\mathrm{e}^{-\mathrm{i}t(x+\Delta x)}}{\mathrm{i}t\cdot\Delta x}\phi(t)\mathrm{d}t\end{aligned}$$

利用 $|\mathrm{e}^{\mathrm{i}a}-1|\leqslant|a|$，得

$$\left|\frac{\mathrm{e}^{-\mathrm{i}tx}-\mathrm{e}^{-\mathrm{i}t(x+\Delta x)}}{\mathrm{i}t\cdot\Delta x}\right|\leqslant 1.$$

又因为 $\displaystyle\int_{-\infty}^{+\infty}|\phi(t)|\mathrm{d}t<+\infty$，因此可以交换极限号和积分号，故有

$$\begin{aligned}p(x)&=\frac{1}{2\pi}\int_{-\infty}^{+\infty}\lim_{\Delta x\to0}\frac{\mathrm{e}^{-\mathrm{i}tx}-\mathrm{e}^{-\mathrm{i}t(x+\Delta x)}}{\mathrm{i}t\cdot\Delta x}\phi(t)\mathrm{d}t\\ &=\frac{1}{2\pi}\int_{-\infty}^{+\infty}\mathrm{e}^{-\mathrm{i}tx}\phi(t)\mathrm{d}t.\end{aligned}$$

## 2.7.2　矩母函数

虽然随机变量的特征函数总是存在的，也具有非常好的性质，但是如果读者没有一定的复变函数基础还是比较难理解的. 下面我们将要介绍的是一个虽然没有特征函数那么好的性质但是与特征函数又类似的函数——矩母函数.

**定义 2.7.2**　令 $M_X(t)=E(\mathrm{e}^{tX})$，若 $M_X(t)$ 存在 (即取有限值)，则称 $M_X(t)$ 为 $X$ 的矩母函数 (moment-generating function). 在不混淆的情形下，可将 $M_X(t)$ 简记为 $M(t)$.

根据上面的定义，我们求一些常用分布的矩母函数.

（1）参数为 $\lambda$ 的泊松分布 $P(\lambda)$.

$$M(t)=\sum_{k=0}^{\infty}\mathrm{e}^{tk}\frac{\lambda^k}{k!}\mathrm{e}^{-\lambda}=\mathrm{e}^{\lambda(\mathrm{e}^t-1)}.$$

（2）参数为 $\lambda$ 的指数分布 $E(\lambda)$.

$$M(t)=\int_0^{+\infty}\mathrm{e}^{tx}\lambda\mathrm{e}^{-\lambda x}\mathrm{d}x=\frac{\lambda}{\lambda-t},\quad \text{其中}\lambda>t.$$

（3）正态分布 $N(\mu,\sigma^2)$.

$$M(t)=\int_{-\infty}^{+\infty}\mathrm{e}^{tx}\frac{1}{\sqrt{2\pi}\sigma}\mathrm{e}^{-\frac{(x-\mu)^2}{2\sigma^2}}\mathrm{d}x=\mathrm{e}^{\mu t+\frac{1}{2}\sigma^2t^2}.$$

矩母函数也具有一些良好的性质.

**性质 2.7.7**　若随机变量 $X$ 的矩母函数为 $M_X(t)$，则随机变量 $aX+b$ 的矩母函数为

$$M_{aX+b}(t)=\mathrm{e}^{bt}M_X(at).$$

**性质 2.7.8**　若随机变量 $X$ 的矩母函数 $M(t)$ 存在，则

$$E(X^n)=M^{(n)}(0).$$

也就是说，矩母函数提供了一种求解随机变量各阶矩的办法.

**例 2.7.1**　利用矩母函数计算参数为 $\lambda$ 的指数分布的期望和方差.

**解** 已求得参数为 $\lambda$ 的指数分布的矩母函数为 $M(t)=\dfrac{\lambda}{\lambda-t}$，其中 $t<\lambda$.

根据性质2.7.8，可得

$$E(X)=M'(0)=-\frac{\lambda}{(\lambda-t)^2}(-1)|_{t=0}=\frac{1}{\lambda},$$
$$E(X^2)=M''(0)=-\frac{2\lambda}{(\lambda-t)^3}(-1)|_{t=0}=\frac{2}{\lambda^2},$$
$$\mathrm{Var}(X)=E(X^2)-(E(X))^2=\frac{1}{\lambda^2}.$$

我们不加证明地引述下面极为重要的定理，其证明需要借助数学中的傅里叶分析方法.

**定理 2.7.4**（矩母函数的唯一性定理） 矩母函数唯一地刻画了分布函数，即如果随机变量$X,Y$ 的分布函数分别为 $F_X(x),F_Y(y)$，而且它们的矩母函数 $M_X(t),M_Y(t)$ 分别存在，那么，我们有

$$F_X(x)\equiv F_Y(y)\Longleftrightarrow M_X(t)\equiv M_Y(t).$$

矩母函数是 19 世纪拉普拉斯引进的一种变换法，它的一个缺点是它并不总是存在，但是这种方法为特征函数的引入起到了启发作用.

## 2.8 与本章相关的 Python 操作

下面介绍一下一元随机变量分布的展示.

(1) 理论分布.

以正态分布为例，假设总体服从均值为 0，标准差分别为 20，15，10，5 的正态分布，分别为它们绘制概率密度曲线. Python 代码如下：

```
from scipy.stats import norm
import numpy as np
import matplotlib.pyplot as plt

sd=np.array([20,15,10,5])   # sd
linestyles=['-', '--', '-.', ':']  # 设置线条样式
x=np.linspace(norm.ppf(0.01,scale=sd[0]),
              norm.ppf(0.99,scale=sd[0]),100)   # 设置x轴


# 画图
plt.rc("font", family='Kaiti SC')  #设置字体
fig,ax=plt.subplots(1,1)  #设置画布
fig.dpi=600

for i in range(len(sd)):
    ax.plot(x,norm.pdf(x,scale=sd[i]),'black',
```

```
        linestyle=linestyles[i],lw=1,
        label='sd'+str(sd[i]))  # norm.pdf可以计算x处的概率密度函数值

ax.set_xlim([x[0],x[-1]])  # 设置坐标轴
ax.legend(loc='best',frameon=False)  #设置坐标轴标签
plt.show()  # 显示图像,见图2.16
```

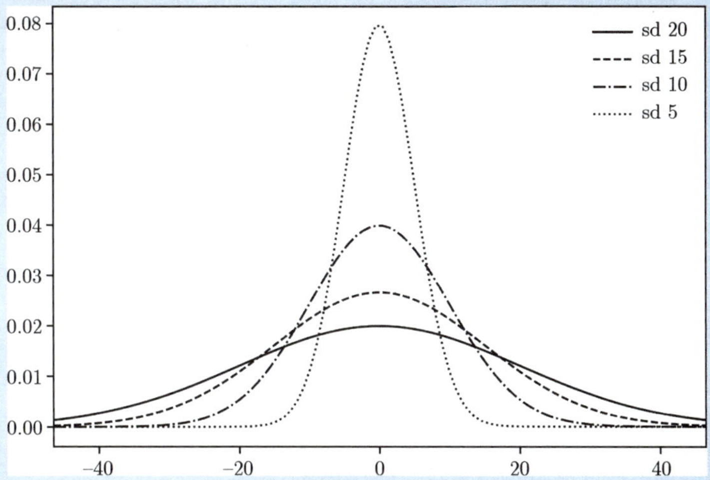

图 2.16

(2) 数值模拟.

假设总体服从均值为 0，标准差分别为 20，15，10，5 的正态分布，从它们中抽取 1 000 个样本，绘制直方图. Python 代码如下：

```
from scipy.stats import norm
import numpy as np
import matplotlib.pyplot as plt

sd=np.array([20,15,10,5])  # sd

# 画图
plt.rc("font",family='Kaiti SC')  #设置字体
fig,axs=plt.subplots(nrows=2,ncols=2)  # 设置画布和子图
fig.dpi=600

for i in range(len(sd)):
    axs.flat[i].hist(norm.rvs(scale=sd[i],size=1000),
                     color='gray',density=True,bins='auto',
                     histtype='stepfilled',alpha=0.75,
                     label='sd'+str(sd[i]),range=[-50,50])
                     # norm.rvs可以模拟正态分布生成的随机数
    axs.flat[i].set_title("sd="+str(sd[i]))  # 设置子图标题

plt.tight_layout()  # 显示图像,见图2.17
```

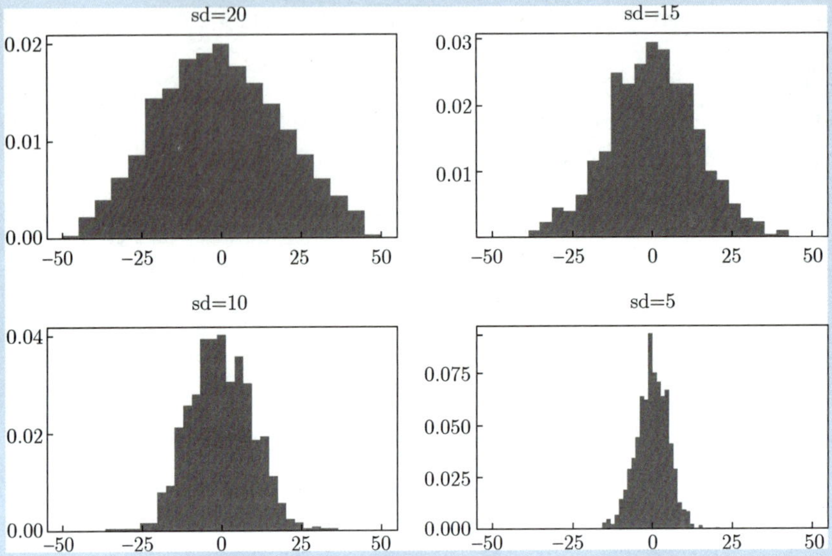


图 2.17

(3) 比较理论分布与数值模拟.

假设总体服从均值为 0、标准差为 20 的正态分布，从中抽取 1 000 个样本，并将理论分布与数值模拟的直方图进行比较. Python 代码如下：

```
from scipy.stats import norm
import numpy as np
import matplotlib.pyplot as plt

# 画图
plt.rc("font",family='Kaiti SC')  # 设置字体
fig,ax=plt.subplots(1,1)  # 设置画布
fig.dpi=600

x=np.linspace(norm.ppf(0.01,scale=5),
              norm.ppf(0.99,scale=5),100)  # 设置x

ax.plot(x,norm.pdf(x,scale=5),'black',linestyle='-',
        lw=1)  # norm.pdf可以计算x处的概率密度函数值

ax.hist(norm.rvs(scale=5,size=1000),color='gray',
        density=True,bins='auto',
        histtype='stepfilled',alpha=0.5)
        # norm.rvs可以模拟正态分布生成的随机数

ax.set_xlim([x[0],x[-1]])  # 设置坐标轴
plt.show()  # 显示图像,见图2.18
```

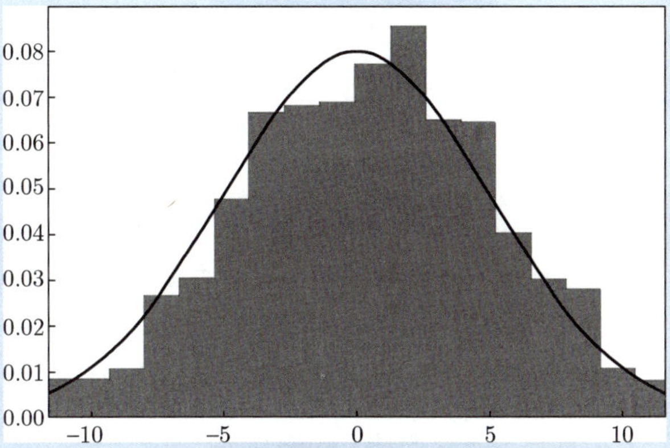

图 2.18

## 本章小结

本章首先给出了随机变量严格的数学定义，按照这个定义，它是定义在概率空间上的一个可测函数. 随机变量是概率论的主要研究对象，它取哪些值以及取这些值的概率是研究的重点. 随机变量的分布函数就反映了这方面的信息，所以对随机变量的研究主要是研究它的分布函数. 分布函数一般具有很好的分析性质，研究起来比较方便. 我们主要讨论了离散型和连续型两种情形，介绍了几种重要的离散型和连续型分布.

在很多问题中，需要考虑随机变量的函数，如何推导随机变量函数的分布是一个很重要的问题，本章介绍了几种比较简单的情形.

本章还介绍了随机变量的一些重要的数字特征，这些数字特征都反映了随机变量某方面的性质，一般情况下，数字特征不能唯一确定随机变量的分布，或只能在某个给定的分布范围内决定分布，例如我们知道这个随机变量来自正态分布，那么期望和方差即可唯一确定分布. 假如没有分布的假设，想利用矩来唯一确定随机变量的分布，一个充分条件即卡莱曼条件（Carleman's condition）指出，只要随机变量的各阶矩存在且 $n$ 趋向于无穷时 $2n$ 阶矩不要太大，随机变量的分布即可由各阶矩唯一确定. 后面要讲的极限理论中，只要随机变量序列 $X_n$ 的各阶矩收敛到 $X$ 的各阶矩，且 $X$ 的矩满足卡莱曼条件，$X_n$ 就弱收敛到 $X$，具体可以参考 Rick Durrett 的 “Probability: theory and examples”，但一般情况下各阶矩的存在性不一定能够得到保障.

本章的最后介绍了两种重要的分析工具：特征函数和矩母函数. 它们都是分布函数的某种变换，和分布函数可以相互决定. 虽然它们不如分布函数那样直观，但是它们都具有非常好的分析性质，用它们来解决一些问题（比如极限定理等）是非常方便的.

## 习 题 二

2.1　一袋中装有 6 个同样大小的小球，编号为 1，2，3，4，5，6，现从中随机取出 3 个小球，以 $X$ 表示取出的球的最大号码，求 $X$ 的概率分布列.

2.2 设离散型随机变量的概率分布列为 $P(X=0)=0.5, P(X=1)=0.3, P(X=3)=0.2$，求 $X$ 的分布函数及 $P(X\leqslant 2)$.

2.3 随机变量 $X$ 的概率分布为 $P(X=k)=\dfrac{a}{k(k+1)}, k=1,2,\cdots$，求系数 $a$ 及 $P(X\leqslant 2)$.

2.4 设随机变量 $X$ 的概率密度函数为

$$f(x)=\begin{cases} ax+1, & 0\leqslant x\leqslant 2 \\ 0, & \text{其他} \end{cases}.$$

求：（1）常数 $a$；（2）$X$ 的分布函数 $F(x)$；（3）$P(1<X<3)$.

2.5 设随机变量 X 的概率密度函数为

$$f(x)=\begin{cases} kx, & 0\leqslant x<3 \\ 2-\dfrac{x}{2}, & 3\leqslant x\leqslant 4 \\ 0, & \text{其他} \end{cases}.$$

（1）确定常数 $k$；（2）求 $P\left(1<X\leqslant \dfrac{7}{2}\right)$.

2.6 已知连续型随机变量 $X$ 的概率密度函数为 $f(x)=\dfrac{1}{2}\mathrm{e}^{-|x|}$，$x\in(-\infty,+\infty)$，求 $X$ 的分布函数 $F(x)$ 及 $P\left(-1<X\leqslant \dfrac{\sqrt{2}}{2}\right)$.

2.7 设随机变量 $X$ 的概率密度函数关于 $x=\mu$ 对称，证明其分布函数满足

$$F(\mu+x)+F(\mu-x)=1,\ -\infty<x<+\infty.$$

2.8 某优秀射手命中 10 环的概率为 0.7，命中 9 环的概率为 0.3. 求该射手 3 次射击所得的环数不少于 29 环的概率.

2.9 某实验成功的概率为 0.75，失败的概率是 0.25，若以 $X$ 表示实验者首次成功所进行的次数，写出 $X$ 的分布列.

2.10 设 $X$ 服从泊松分布，且已知 $P(X=1)=P(X=2)$，求 $P(X=4)$.

2.11 某一无线寻呼台每分钟收到寻呼的次数 $X$ 服从参数 $\lambda=3$ 的泊松分布. 求:(1) 一分钟内恰好收到 3 次寻呼的概率; (2) 一分钟内收到 2~5 次寻呼的概率.

2.12 已知在一段时间内进入某商店的顾客人数 $X$ 服从参数为 $\lambda$ 的泊松分布，每个顾客购买某种物品的概率为 $p$，并且每个顾客是否购买该种物品是相互独立的，试求这段时间内购买这种物品的顾客人数的分布.

2.13 设 $X\sim N(\mu,\sigma^2)$，若 $P(X>250)=P(X<350)=92.36\%$，试求解 $\mu,\sigma^2$.

2.14 在电源电压不超过 200V、200~240V、超过 240V 三种情况下，某种电子元件损坏的概率分别为 $0.1, 0.001, 0.2$. 假设电源电压服从正态分布 $N(220,25^2)$，试求该电子元件损坏的概率.

2.15 设连续型随机变量 $Y$ 服从 $[0,5]$ 上的均匀分布，求关于 $x$ 的一元二次方程 $4x^2+4xY+Y+2=0$ 有实根的概率.

2.16　统计调查表明，1875—1951 年间，英格兰在矿山发生 10 人或者 10 人以上死亡的两次事故之间的时间 $T$（以日计）服从均值为 241 的指数分布. 试求 $P(50 < T < 100)$.

2.17　已知某电子元件厂生产的电子元件的寿命 $X$ (h) 服从均值为 3 000 的指数分布. 该厂规定寿命低于 300（h）的元件可以退换，问该厂被退换元件的数量大约占总产量的百分之几?

2.18　设随机变量 $X$ 的概率密度函数为 $p_X(x) = \begin{cases} e^{-x}, & x \geqslant 0 \\ 0, & x < 0 \end{cases}$，求随机变量 $Y = e^X$ 的概率密度函数 $p_Y(y)$.

2.19　从学校乘汽车到火车站的途中有 3 个交通岗，假设在各个交通岗遇到红灯的事件是相互独立的，并且概率都是 $\dfrac{2}{5}$. 设 $X$ 为途中遇到红灯的次数，求 $X$ 的分布列、分布函数、数学期望和方差.

2.20　某地区在一个月内发生的重大交通事故数服从如下分布：

| $X$ | 0 | 1 | 2 | 3 | 4 | 5 | 6 |
|---|---|---|---|---|---|---|---|
| $P$ | 0.301 | 0.362 | 0.216 | 0.087 | 0.026 | 0.006 | 0.002 |

求该地区一个月内发生的重大交通事故的平均数.

2.21　设随机变量 $X$ 具有概率密度函数 $f(x) = \dfrac{1}{2}e^{-|x|}, -\infty < x < +\infty$，求 $X$ 的数学期望和方差.

2.22　设某种商品每周的需求量 $X$ 服从区间 $(10, 30)$ 上的均匀分布，而商店进货数为区间 $(10, 30)$ 中的某一整数，商店每销售 1 单位商品可获利 500 元；若供大于求，则削价处理，每处理 1 单位商品亏损 100 元；若供不应求，则可从外部调剂供应，此时每单位商品仅获利 300 元. 为使商店所获利润的期望值不少于 9 280 元，试确定最少进货量.

2.23　已知随机变量 $X$ 的概率密度函数为

$$f(x) = \begin{cases} ax^2 + bx + c, & 0 \leqslant x \leqslant 1 \\ 0, & \text{其他} \end{cases}.$$

又已知 $E(X) = 0.5, \mathrm{Var}(X) = 0.15$，求解 $a, b, c$.

2.24　一台设备由三个部件组成，在设备的运转过程中需要调整的概率分别为 0.10, 0.20, 0.30，假设各部分相互独立，$X$ 表示需要调整的部件数，试求 $X$ 的分布，$E(X), \mathrm{Var}(X)$.

2.25　$A, B$ 两台机床同时加工零件，每生产一批数量较大的产品时，出现次品的概率如下表所示.

| $A$ 机床次品数 $X_1$ | 0 | 1 | 2 | 3 |
|---|---|---|---|---|
| 概率 $P$ | 0.70 | 0.20 | 0.06 | 0.04 |
| $B$ 机床次品数 $X_2$ | 0 | 1 | 2 | 3 |
| 概率 $P$ | 0.80 | 0.06 | 0.04 | 0.10 |

问哪一台机床加工质量较好？

2.26 设考生的外语成绩（百分制）$X$ 服从正态分布，平均成绩（即参数 $\mu$ 值）为 72 分，96 分以上的人占考生总数的 2.3%，今任取 100 个考生的成绩，以 $Y$ 表示成绩在 60~84 分之间的人数. 求：（1）$Y$ 的分布列；（2）$E(Y)$ 和 $\mathrm{Var}(Y)$.（$\Phi(2)=0.977, \Phi(1)=0.841.$）

2.27 已知离散型随机变量 $X$ 的分布为 $P(X=k)=\left(\frac{1}{2}\right)^k$，其中 $k=1,2,3,\cdots$，求随机变量 $X$ 的期望和方差.

2.28 设 $X$ 的概率密度函数为

$$p_X(x)=\begin{cases} 6x(1-x), & 0<x<1 \\ 0, & \text{其他} \end{cases}.$$

求 $Y=2X+1$ 的概率密度函数.

2.29 设 $g(x)$ 为随机变量 $X$ 取值的集合上的非负不减函数，且 $E(g(X))$ 存在，试证明：对任意的 $\varepsilon>0$，有 $P(X>\varepsilon)\leqslant\dfrac{E(g(X))}{g(\varepsilon)}$.

2.30 设随机变量 $X$ 是非负随机变量，$a>0$. 若 $E(\mathrm{e}^{aX})$ 存在，证明：对任意的 $x>0$，有 $P(X>\varepsilon)\leqslant\dfrac{E(\mathrm{e}^{aX})}{\mathrm{e}^{a\varepsilon}}$.

2.31 设随机变量 $X\sim U[0,6], Y\sim B\left(12,\dfrac{1}{4}\right)$ 且 $X,Y$ 相互独立，利用切比雪夫不等式计算 $P(X-3<Y<X+3)$.

2.32 设 $X\sim U(a,b)$，对于 $k=1,2,3,4$，求 $\mu_k=E(X^k)$ 与 $\nu_k=E(X-E(X))^k$，并求此分布的偏度系数和峰度系数.

2.33 设 $X$ 服从参数为 $\lambda$ 的指数分布，概率密度函数为 $f(x)=\begin{cases}\lambda\mathrm{e}^{-\lambda x}, & x\geqslant 0\\ 0, & x<0\end{cases}$. 求 $\mu_k=E(X^k)$ 与 $\nu_k=E(X-E(X))^k$，并求此分布的变异系数、偏度系数和峰度系数.

2.34 设随机变量 $X$ 服从正态分布 $N(10,9)$，试求 $x_{0.025}, x_{0.975}$.

2.35 自由度为 2 的 $\chi^2$ 分布的概率密度函数为 $p(x)=\dfrac{1}{2}\mathrm{e}^{-\frac{x}{2}}, x>0$，试求此分布的分位数 $x_{0.1}, x_{0.5}$.

2.36 求下列随机变量的特征函数：（1）$X\sim U(0,1)$；（2）$X\sim E(\lambda)$.

2.37 若 $X\sim N(a,\sigma^2)$，利用特征函数法求 $E(X), \mathrm{Var}(X)$.

2.38 设 $X_1, X_2$ 为相互独立且服从二项分布的随机变量，其概率函数分别为

$$P(X_1=k)=C_n^k p^k q^{n-k},\ k=0,1,2,\cdots,n,$$
$$P(X_2=k)=C_m^k p^k q^{m-k},\ k=0,1,2,\cdots,m,$$

求 $Y=X_1+X_2$ 的特征函数及分布列.

2.39 设 $X_k\ (k=1,\cdots,n)$ 是 $n$ 个相互独立且分别服从 $N(\mu_k,\sigma_k^2)$ 分布的随机变量，求 $Y=\sum\limits_{k=1}^{n}X_k$ 的分布.

2.40　试求概率密度函数为 $f(x)=\dfrac{1}{\Gamma(\alpha)\beta^{\alpha}}x^{\alpha-1}\mathrm{e}^{-x/\beta}$，其中 $0<x<\infty,\alpha>0,\beta>0$ 的伽马分布的矩母函数.

2.41　试求概率密度函数为 $f(x)=\dfrac{2x}{c^2}$，其中 $0<x<c$ 的矩母函数.

2.42　验证下列矩母函数，并利用矩母函数计算 $E(X)$ 和 $\mathrm{Var}(X)$.

（1）$P(X=x)=\dfrac{\mathrm{e}^{-\lambda}\lambda^{x}}{x!},M_X(t)=\mathrm{e}^{\lambda(\mathrm{e}^t-1)}$，$x=0,1,\cdots,\lambda>0$;

（2）$P(X=x)=p(1-p)^x,M_X(t)=\dfrac{p}{1-(1-p)\mathrm{e}^t}$，$x=0,1,\cdots,0<p<1$.

2.43　令 $M_X(t)$ 表示 $X$ 的矩母函数，定义 $S(t)=\log(M_X(t))$. 证明：$\left.\dfrac{\mathrm{d}}{\mathrm{d}t}S(t)\right|_{t=0}=E(X)$ 和 $\left.\dfrac{\mathrm{d}^2}{\mathrm{d}t^2}S(t)\right|_{t=0}=\mathrm{Var}(X)$.

# 第3章 随机向量的分布与数字特征

## 学习要点

1. 掌握随机向量联合分布的定义及性质
2. 理解边际分布的定义
3. 掌握随机变量独立性的判别方法
4. 掌握次序统计量的定义和分布
5. 理解随机向量的特征，如期望、协方差、特征函数、矩母函数等本章内容重点在于介绍多元随机变量的分布及其特征，主要包括随机向量的联合分布、特征（矩、特征函数）、独立性以及条件期望等. 学习本章时应重点理解随机向量分布与单个随机变量分布的异同，以及与分布一一对应的特征函数的形式.

## 3.1 随机向量及其（联合）分布函数

### 3.1.1 随机向量及其（联合）分布函数的定义

描述现实生活中的一些随机现象时，有时只用一个随机变量是不够的，需要同时运用多个随机变量来描述. 例如，在打靶时，用一个随机变量虽然可以反映弹着点偏离靶心的距离 (例如环数)，但距离并不能全面反映弹着点的位置. 如果引入直角坐标系，用 $(X_1, X_2)$ 两个坐标来反映弹着点的位置，就比较清楚. 显然，坐标 $X_1, X_2$ 都是随机变量，都具有自己的分布. 因为靶子的形状一般为圆形或其他不规则形状，分开考虑这两个随机变量无疑是不合理的，这时需要考虑它们的联合分布. 接下来我们引入随机向量的概念来统一描述这些问题.

> **定义 3.1.1**　若 $X_1(\omega), X_2(\omega), \cdots, X_n(\omega)$ 是定义在同一个样本空间 $\Omega = \{\omega\}$ 上的随机变量，称 $X(\omega) = (X_1(\omega), X_2(\omega), \cdots, X_n(\omega))$ 是一个 $n$ 维随机变量，又称为 $n$ 维随机向量（$n$-dimentional random vector）.

利用上述定义，我们重新思考如何将打靶的坐标定义成一个二元随机变量. 首先我们需要为二元随机变量指定一个样本空间. 为简化问题，我们假定子弹一定会击中靶子，这时靶子所在区域即为样本空间. 不妨令靶子为圆形，靶心为坐标原点，半径为 $r$，那么 $\Omega = \{(x, y) | x^2 + y^2 \leqslant r^2\}$. 因为随机变量 $X_1, X_2$ 表示坐标且它是定义在样本空间的函数，故 $X_1(x, y) = x, X_2(x, y) = y$.

由于

$$\{X_1 < x_1, X_2 < x_2, \cdots, X_n < x_n\} = \bigcap_{i=1}^{n} \{X_i < x_i\} \in \mathcal{F},$$

类似于一维随机变量分布函数的定义，也可以定义随机向量的分布函数.

> **定义 3.1.2**　若 $(X_1, X_2, \cdots, X_n)$ 是 $n$ 维随机向量，$x_1, x_2, \cdots, x_n$ 是任意实数，则称
>
> $$F(x_1, x_2, \cdots, x_n) = P(X_1 < x_1, X_2 < x_2, \cdots, X_n < x_n)$$
>
> 为 $n$ 维随机向量 $(X_1, X_2, \cdots, X_n)$ 的分布函数，也叫作联合分布函数（joint cumulative distribution function）.

我们在本章将重点讨论二维随机向量，多维随机向量的结论是类似的.

设 $(X,Y)$ 是二维随机向量，$x,y$ 是任意实数，$F(x,y)=P(X<x,Y<y)$ 为其分布函数. $F(x,y)$ 具有以下性质.

**性质 3.1.1** （1）$F(x,y)$ 关于 $x$ 或 $y$ 单调不减，即对于任意固定的 $y$，当 $x_1<x_2$ 时，$F(x_1,y)\leqslant F(x_2,y)$；对于任意固定的 $x$，当 $y_1<y_2$ 时，$F(x,y_1)\leqslant F(x,y_2)$.

（2）$0\leqslant F(x,y)\leqslant 1$，且

$$F(-\infty,y)=0,F(x,-\infty)=0,F(-\infty,-\infty)=0,F(+\infty,+\infty)=1.$$

（3）$F(x,y)$ 分别关于 $x,y$ 左连续.

（4）对于任意实数 $x_1<x_2$，$y_1<y_2$，有

$$P(x_1\leqslant X<x_2,y_1\leqslant Y<y_2)=F(x_2,y_2)-F(x_1,y_2)-F(x_2,y_1)+F(x_1,y_1)\geqslant 0.$$

性质（1）至（3）与一维随机变量分布函数的性质是类似的，只对性质（4）做如下说明，若将二维随机向量 $(X,Y)$ 视作二维平面上的随机点的坐标，分布函数 $F(x,y)$ 在 $(x,y)$ 处的函数值就是 $(X,Y)$ 落在以 $(x,y)$ 为右上角顶点的无穷矩形区域内的概率，如图3.1所示，则 $P(x_1\leqslant X<x_2,y_1\leqslant Y<y_2)$ 表示的是随机点落入如图3.2所示的矩形内的概率，所以

$$\begin{aligned}0&\leqslant P(x_1\leqslant X<x_2,y_1\leqslant Y<y_2)\\&=P(X<x_2,Y<y_2)-P(X<x_1,Y<y_2)-P(X<x_2,Y<y_1)+P(X<x_1,Y<y_1)\\&=F(x_2,y_2)-F(x_1,y_2)-F(x_2,y_1)+F(x_1,y_1).\end{aligned}$$

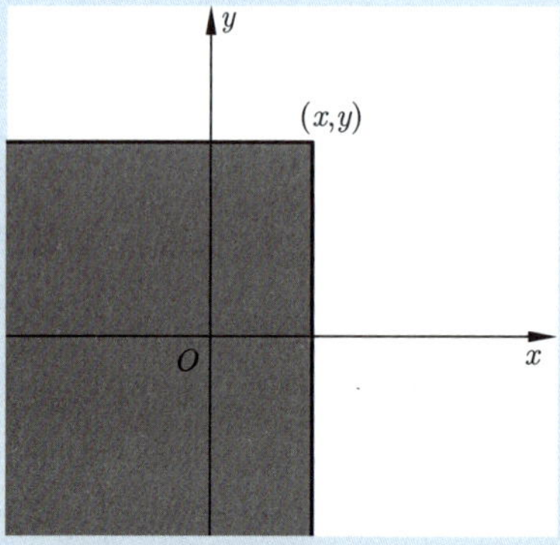


图 3.1 性质 (4)

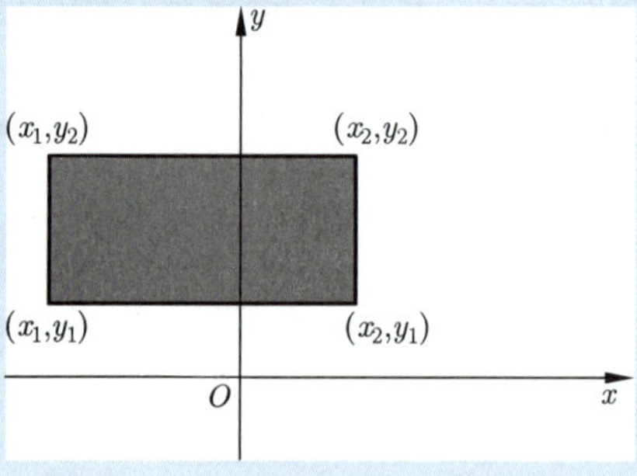


图 3.2

类似于一维的情形，若二元实函数 $F(x,y)$ 满足上述四条性质，则必然存在一个二维随机向量 $(X,Y)$，它的分布就是 $F(x,y)$.

同样，对于多维随机向量，我们也只介绍离散型和连续型两种情况.

### 3.1.2　离散型随机向量及其联合分布列

**定义 3.1.3**　当二维随机向量 $(X,Y)$ 的所有可能取值是有限的或者可列的时，称 $(X,Y)$ 为二维离散型随机向量. 设 $X$ 的可能取值是 $\{x_1,x_2,\cdots\}$，$Y$ 的可能取值是 $\{y_1,y_2,\cdots\}$，则称

$$p_{ij}=P(X=x_i,Y=y_j),\ i=1,2,\cdots,j=1,2,\cdots$$

为 $(X,Y)$ 的联合分布列（joint probability mass function）.

用表格来表示 $(X,Y)$ 的联合分布列会更直观些.

| $X$ \ $Y$ | $y_1$ | $y_2$ | $\cdots$ | $y_j$ | $\cdots$ |
|---|---|---|---|---|---|
| $x_1$ | $p_{11}$ | $p_{12}$ | $\cdots$ | $p_{1j}$ | $\cdots$ |
| $x_2$ | $p_{21}$ | $p_{22}$ | $\cdots$ | $p_{2j}$ | $\cdots$ |
| $\vdots$ | $\vdots$ | $\vdots$ | | $\vdots$ | |
| $x_i$ | $p_{i1}$ | $p_{i2}$ | $\cdots$ | $p_{ij}$ | $\cdots$ |
| $\vdots$ | $\vdots$ | $\vdots$ | | $\vdots$ | |

其中称 $p_{ij}$ 为联合概率函数. 根据概率的定义和性质知

$$p_{ij}\geqslant 0,\ \sum_{i=1}^{\infty}\sum_{j=1}^{\infty}p_{ij}=1.$$

离散型随机向量的联合分布函数和联合分布列相互唯一确定，它们之间的关系是

$$\begin{aligned}F(x,y)&=P(X<x,Y<y)\\&=\sum_{x_i<x}\sum_{y_j<y}P(X=x_i,Y=y_j)\\&=\sum_{x_i<x}\sum_{y_j<y}p_{ij}.\end{aligned}$$

**例 3.1.1**　抛一枚均匀硬币两次，以 $X$ 表示硬币在这两次中出现正面的次数，$Y$ 表示出现的正面次数与反面次数之差的绝对值，试写出 $(X,Y)$ 的联合分布列.

**解** 由题意可知，$X$ 的可能取值为 $0,1,2$，$Y$ 的可能取值为 $0,2$，$(X,Y)$ 的联合分布列如下.

| $X$ \ $Y$ | 0 | 2 |
|---|---|---|
| 0 | 0 | $\frac{1}{4}$ |
| 1 | $\frac{1}{2}$ | 0 |
| 2 | 0 | $\frac{1}{4}$ |

**定义 3.1.4**（多项分布） 在 $n$ 次独立重复实验中，若每次实验的可能结果为 $A_1,A_2,\cdots,A_r$，且 $P(A_i)=p_i, i=1,2,\cdots,r, p_1+p_2+\cdots+p_r=1$. 以 $X_1,X_2,\cdots,X_r$ 分别记 $A_1,A_2,\cdots,A_r$ 出现的次数，则

$$P(X_1=n_1,X_2=n_2,\cdots,X_r=n_r)=\frac{n!}{n_1!n_2!\cdots n_r!}p_1^{n_1}p_2^{n_2}\cdots p_r^{n_r},$$

其中 $n_1+n_2+\cdots+n_r=n$. 称这种分布为多项分布，它可以看作二项分布的一种扩展.

**例 3.1.2** 一批产品共有 100 件，其中一等品 60 件、二等品 30 件、三等品 10 件. 从这批产品中有放回地任取 3 件，以 $X$ 和 $Y$ 分别表示取出的 3 件产品中一等品、二等品的件数，求二维随机向量 $(X,Y)$ 的联合分布列.

**解** 因为 $X$ 和 $Y$ 的可能取值都是 $0,1,2,3$，所以记 $(X,Y)$ 的联合分布列如下.

| $X$ \ $Y$ | 0 | 1 | 2 | 3 |
|---|---|---|---|---|
| 0 | $p_{00}$ | $p_{01}$ | $p_{02}$ | $p_{03}$ |
| 1 | $p_{10}$ | $p_{11}$ | $p_{12}$ | $p_{13}$ |
| 2 | $p_{20}$ | $p_{21}$ | $p_{22}$ | $p_{23}$ |
| 3 | $p_{30}$ | $p_{31}$ | $p_{32}$ | $p_{33}$ |

当 $i+j>3$ 时，有 $p_{ij}=0$，即

$$p_{13}=p_{22}=p_{23}=p_{31}=p_{32}=p_{33}=0.$$

而当 $i+j\leqslant 3$ 时，事件 $\{X=i,Y=j\}$ 表示取出的 3 件产品中有 $i$ 件一等品、$j$ 件二等品、$3-i-j$ 件三等品，所以有放回地抽取时，对 $i+j\leqslant 3$，有

$$p_{ij}=\frac{3!}{i!j!(3-i-j)!}\left(\frac{6}{10}\right)^i\left(\frac{3}{10}\right)^j\left(\frac{1}{10}\right)^{3-i-j}.$$

由以上公式, 就可具体算出 $(X,Y)$ 的联合分布列如下.

| $X$ \ $Y$ | 0 | 1 | 2 | 3 |
|---|---|---|---|---|
| 0 | 0.001 | 0.009 | 0.027 | 0.027 |
| 1 | 0.018 | 0.108 | 0.162 | 0 |
| 2 | 0.108 | 0.324 | 0 | 0 |
| 3 | 0.216 | 0 | 0 | 0 |

**定义 3.1.5**（多元超几何分布） 设袋中装有标志为 $i$ 的球 $N_i$ 只，$i=1,2,\cdots,r$，$N_1+N_2+\cdots+N_r=N$，从中随机摸出 $n$ 只，以 $X_1,X_2,\cdots,X_r$ 分别记 $1,2,\cdots,r$ 号球出现的次数，则

$$P(X_1=n_1,X_2=n_2,\cdots,X_r=n_r)=\frac{C_{N_1}^{n_1}C_{N_2}^{n_2}\cdots C_{N_r}^{n_r}}{C_N^n},$$

其中 $n_1+n_2+\cdots+n_r=n$. 称此分布为多元超几何分布.

**例 3.1.3** 将例 3.1.3 改成不放回抽样, 即从这批产品中不放回地任取 3 件, 记 $X$ 和 $Y$ 分别表示 3 件产品中一等品和二等品的件数, 求二维随机向量 $(X,Y)$ 的联合分布列.

**解** 记 $i$ 与 $j$ 分别为 $X$ 与 $Y$ 的取值, 此时对 $i+j>3$, 有 $p_{ij}=0$, 即

$$p_{13}=p_{22}=p_{23}=p_{31}=p_{32}=p_{33}=0.$$

对 $i+j\leqslant 3$, 有

$$p_{ij}=\frac{\begin{pmatrix}60\\i\end{pmatrix}\begin{pmatrix}30\\j\end{pmatrix}\begin{pmatrix}10\\3-i-j\end{pmatrix}}{\begin{pmatrix}100\\3\end{pmatrix}}.$$

由此可得如下联合分布列.

| $X$ \ $Y$ | 0 | 1 | 2 | 3 |
|---|---|---|---|---|
| 0 | 0.000 7 | 0.008 3 | 0.026 9 | 0.025 1 |
| 1 | 0.016 7 | 0.111 3 | 0.161 4 | 0 |
| 2 | 0.109 5 | 0.328 4 | 0 | 0 |
| 3 | 0.211 6 | 0 | 0 | 0 |

### 3.1.3 连续型随机向量及其联合密度函数

**定义 3.1.6** 设二维随机向量 $(X,Y)$ 的分布函数是 $F(x,y)$. 若存在定义在平面上的非负函数 $p(x,y)$，使得

$$F(x,y)=\int_{-\infty}^{x}\int_{-\infty}^{y}p(u,v)\mathrm{d}u\mathrm{d}v,$$

则称 $(X,Y)$ 为二维连续型随机向量，$p(x,y)$ 为 $(X,Y)$ 的联合概率密度函数（joint probability density function）.

根据定义，密度函数 $p(x,y)$ 有如下性质：

（1）$p(x,y)\geqslant 0$；

（2）$\int_{-\infty}^{+\infty}\int_{-\infty}^{+\infty}p(x,y)\mathrm{d}x\mathrm{d}y=1$；

（3）若 $p(x,y)$ 在点 $(x,y)$ 处连续，则 $\dfrac{\partial^2F(x,y)}{\partial x\partial y}=p(x,y)$；

（4）若 $G$ 是一个二维平面上的博雷尔可测区域，随机点 $(X,Y)$ 落入 $G$ 内的概率为

$$P((X,Y)\in G)=\iint\limits_{G}p(x,y)\mathrm{d}x\mathrm{d}y.$$

由性质（3），在 $p(x,y)$ 的连续点处有

$$\begin{aligned}&\lim_{\substack{\Delta x\to 0\\ \Delta y\to 0}}\frac{P(x\leqslant X<x+\Delta x,y\leqslant Y<y+\Delta y)}{\Delta x\Delta y}\\ =&\lim_{\substack{\Delta x\to 0^+\\ \Delta y\to 0^+}}\frac{1}{\Delta x\Delta y}[F(x+\Delta x,y+\Delta y)-F(x+\Delta x,y)-F(x,y+\Delta y)+F(x,y)]\\ =&\frac{\partial^2F(x,y)}{\partial x\partial y}=p(x,y),\end{aligned}$$

这说明可以 $p(x,y)\Delta x\Delta y$ 近似表示随机变量 $(X,Y)$ 在矩形区域 $[x\leqslant X<x+\Delta x,y\leqslant Y<y+\Delta y]$ 的概率大小.

**例 3.1.4** 设 $(X,Y)$ 的联合概率密度函数为

$$p(x,y)=\begin{cases}2\mathrm{e}^{-2x}\mathrm{e}^{-y}, & x>0,y>0\\ 0, & \text{其他}\end{cases},$$

求：（1）$P(X>2,Y<2)$；（2）$P(X<Y)$.

**解**　(1)

$$\begin{aligned}P(X>2,Y<2)&=\int_{2}^{+\infty}\int_{0}^{2}2\mathrm{e}^{-2x}\mathrm{e}^{-y}\mathrm{d}y\mathrm{d}x\\&=\int_{2}^{+\infty}2\mathrm{e}^{-2x}\mathrm{d}x\cdot(-\mathrm{e}^{-y}|_{0}^{2})\\&=(-\mathrm{e}^{-2x}|_{2}^{+\infty})(1-\mathrm{e}^{-2})\\&=\mathrm{e}^{-4}(1-\mathrm{e}^{-2}).\end{aligned}$$

(2)

$$\begin{aligned}P(X<Y)&=\iint\limits_{X<Y}2\mathrm{e}^{-2x}\mathrm{e}^{-y}\mathrm{d}x\mathrm{d}y\\&=\int_{0}^{+\infty}\int_{x}^{+\infty}2\mathrm{e}^{-2x}\mathrm{e}^{-y}\mathrm{d}y\mathrm{d}x\\&=\int_{0}^{+\infty}2\mathrm{e}^{-2x}(-\mathrm{e}^{-y}|_{x}^{+\infty})\mathrm{d}x\\&=2\int_{0}^{+\infty}\mathrm{e}^{-3x}\mathrm{d}x\\&=\frac{2}{3}.\end{aligned}$$

**例 3.1.5**（多维均匀分布）　向半径为 $r$、圆心在原点的圆内随机投质点，此时质点落在圆内面积相等的不同区域上的可能性是相同的. 以 $(X,Y)$ 表示质点落点的坐标，则 $(X,Y)$ 的密度函数为

$$p(x,y)=\begin{cases}\dfrac{1}{\pi r^2}, & x^2+y^2\leqslant r^2\\ 0, & x^2+y^2>r^2\end{cases},$$

称此分布为圆上的均匀分布（由此也可以定义平面上任一有限博雷尔可测区域的均匀分布，或任意有限维情形）. 求 $P\left(|X|>\dfrac{r}{2}\right)$.

**解**　$P\left(|X|>\dfrac{r}{2}\right)=\iint\limits_{|x|>\frac{r}{2}}p(x,y)\mathrm{d}x\mathrm{d}y=4\int_{\frac{r}{2}}^{r}\int_{0}^{\sqrt{r^2-x^2}}\dfrac{1}{\pi r^2}\mathrm{d}y\mathrm{d}x=\dfrac{1}{\pi}\left(\dfrac{2\pi}{3}-\dfrac{\sqrt{3}}{2}\right).$

**定义 3.1.7**（多元正态分布）　若 $B=(b_{ij})$ 是 $n$ 阶正定对称矩阵，以 $B^{-1}=(r_{jk})$ 表示 $B$ 的逆阵；$\det B$ 表示 $B$ 的行列式的值. $\mu=(\mu_1,\mu_2,\cdots,\mu_n)^{\mathrm{T}}$ 是任意实值列向量，则由密度函数

$$p(x_1,x_2,\cdots,x_n)=\frac{1}{(2\pi)^{\frac{n}{2}}(\det B)^{\frac{1}{2}}}\exp\left\{-\frac{1}{2}\sum_{j,k=1}^{n}r_{jk}(x_j-\mu_j)(x_k-\mu_k)\right\}$$

定义的分布称为 $n$ 元正态分布，也称 $n$ 维正态分布，简记为 $N(\mu,B)$.

多元正态分布是一种非常重要的多元分布，特别地，当 $n=2$ 时，矩阵

$$B=\begin{pmatrix}\sigma_1^2 & \rho\sigma_1\sigma_2\\ \rho\sigma_1\sigma_2 & \sigma_2^2\end{pmatrix},\ \mu=(\mu_1,\mu_2)^{\mathrm{T}}.$$

它的密度函数可以写为 $(x\in\mathbb{R},y\in\mathbb{R})$

$$p(x,y)=\frac{1}{2\pi\sigma_1\sigma_2\sqrt{1-\rho^2}}\exp\left\{-\frac{1}{2(1-\rho^2)}\left[\frac{(x-\mu_1)^2}{\sigma_1^2}-\frac{2\rho(x-\mu_1)(y-\mu_2)}{\sigma_1\sigma_2}+\frac{(y-\mu_2)^2}{\sigma_2^2}\right]\right\}.$$

## 3.2 边际分布与随机变量的独立性

### 3.2.1 边际分布

**定义 3.2.1** 设二维随机向量 $(X,Y)$ 的分布函数为 $F(x,y)$，则 $X$ 的分布函数为

$$F_X(x)=P(X<x)=P(X<x,Y<+\infty)=F(x,+\infty).$$

称 $F_X(x)$ 为二维随机向量 $(X,Y)$ 关于 $X$ 的边际分布函数 (marginal cumulative distribution function)，相应地称随机变量 $X$ 为 $(X,Y)$ 的边际随机变量 (marginal random variable).

同样可以定义关于 $Y$ 的边际分布函数 $F_Y(y)$:

$$F_Y(y)=P(Y<y)=P(X<+\infty,Y<y)=F(+\infty,y).$$

对于任何一个 $n$ 维随机向量 $(X_1,X_2,\cdots,X_n)$，$X_1,X_2,\cdots,X_n$ 中的任意 $k$ 个都构成一个新的 $k$ 维随机向量，称为$(X_1,X_2,\cdots,X_n)$ 的（$k$ 维）边际随机向量，它们的联合分布称为原来分布的（$k$ 维）边际分布.

1. 离散型随机变量的边际分布列

对于离散型随机变量 $(X,Y)$，关于 $X$ 的边际分布函数为

$$F_X(x)=F(x,+\infty)=\sum_{x_i<x}\sum_{j=1}^{+\infty}p_{ij},$$

则 $X$ 的**边际分布列**（marginal probability mass function）为

$$P(X=x_i)=\sum_{j=1}^{+\infty}p_{ij}=p_{i\cdot},\quad i=1,2,\cdots.$$

同理，$Y$ 的边际分布列为

$$P(Y=y_j)=\sum_{i=1}^{+\infty}p_{ij}=p_{\cdot j},\quad j=1,2,\cdots.$$

**例 3.2.1**　袋中有两只白球、三只红球，从中任取一只，观察颜色后将其放回，再任取一只，求第二次取到白球的概率.

**解**　令 $X=\begin{cases}0, & 第一次取到红球\\ 1, & 第一次取到白球\end{cases}$，$Y=\begin{cases}0, & 第二次取到红球\\ 1, & 第二次取到白球\end{cases}$，则可以得到 $(X,Y)$ 的联合分布列及边际分布列如下.

| $X$ \ $Y$ | 0 | 1 | $p_{i\cdot}$ |
|---|---|---|---|
| 0 | $\frac{3}{5}\times\frac{3}{5}$ | $\frac{3}{5}\times\frac{2}{5}$ | $\frac{3}{5}$ |
| 1 | $\frac{2}{5}\times\frac{3}{5}$ | $\frac{2}{5}\times\frac{2}{5}$ | $\frac{2}{5}$ |
| $p_{\cdot j}$ | $\frac{3}{5}$ | $\frac{2}{5}$ | |

因此 $P(Y=1)=p_{\cdot 2}=\dfrac{2}{5}$.

**例 3.2.2**　在上题中，如果条件改为取出的球不放回，则

| $X$ \ $Y$ | 0 | 1 | $p_{i\cdot}$ |
|---|---|---|---|
| 0 | $\frac{3}{5}\times\frac{2}{4}$ | $\frac{3}{5}\times\frac{2}{4}$ | $\frac{3}{5}$ |
| 1 | $\frac{2}{5}\times\frac{3}{4}$ | $\frac{2}{5}\times\frac{1}{4}$ | $\frac{2}{5}$ |
| $p_{\cdot j}$ | $\frac{3}{5}$ | $\frac{2}{5}$ | |

因而 $P(Y=1)=p_{\cdot 2}=\dfrac{2}{5}$.

由上面两个例子可以看到：放回与不放回两种情况下的联合分布列并不一样，但得到的边际分布列却是相同的. 从这也可以清楚地看到，边际分布由联合分布唯一决定，反之却不成立.

### 2. 连续型随机变量的边际分布

连续型随机变量 $(X,Y)$ 关于 $X$ 的边际分布函数为

$$F_X(x)=P(X<x)=F(x,+\infty)=\int_{-\infty}^{x}\left[\int_{-\infty}^{+\infty}p(x,y)\mathrm{d}y\right]\mathrm{d}x.$$

令

$$p_X(x)=\int_{-\infty}^{+\infty}p(x,y)\mathrm{d}y,$$

则 $p_X(x)\geqslant 0$,

$$F_X(x)=\int_{-\infty}^{x}p_X(u)\mathrm{d}u.$$

同理可以定义

$$p_Y(y)=\int_{-\infty}^{+\infty}p(x,y)\mathrm{d}x,$$

则 $p_Y(y)\geqslant 0$,

$$F_Y(y)=\int_{-\infty}^{y}p_Y(v)\mathrm{d}v.$$

称 $p_X(x)\geqslant 0$, $p_Y(y)\geqslant 0$ 为 $X$, $Y$ 的**边际概率密度函数**（marginal probability density function）.

> **例 3.2.3** 求例3.1.4中的边际概率密度函数.

**解** $X$ 的边际密度函数为

$$\begin{aligned}p_X(x)&=\int_{0}^{+\infty}p(x,y)\mathrm{d}y\\&=\int_{0}^{+\infty}2\mathrm{e}^{-2x}\mathrm{e}^{-y}\mathrm{d}y\\&=2\mathrm{e}^{-2x}.\end{aligned}$$

$Y$ 的边际密度函数为

$$\begin{aligned}p_Y(y)&=\int_{0}^{+\infty}p(x,y)\mathrm{d}x\\&=\int_{0}^{+\infty}2\mathrm{e}^{-2x}\mathrm{e}^{-y}\mathrm{d}x\\&=\mathrm{e}^{-y}.\end{aligned}$$

> **例 3.2.4** 计算二元正态分布的边际密度函数.

**解** 首先计算 $X$ 的边际概率密度函数: $p_X(x)=\int_{-\infty}^{+\infty}p(x,y)\mathrm{d}y$.

由于

$$\frac{(y-\mu_2)^2}{\sigma_2^2}-\frac{2\rho(x-\mu_1)(y-\mu_2)}{\sigma_1\sigma_2}=\left(\frac{y-\mu_2}{\sigma_2}-\frac{x-\mu_1}{\sigma_1}\rho\right)^2-\rho^2\left(\frac{x-\mu_1}{\sigma_1}\right)^2,$$

因此

$$p(x,y)=\frac{1}{2\pi\sigma_1\sigma_2\sqrt{1-\rho^2}}\exp\left[-\frac{(x-\mu_1)^2}{2\sigma_1^2}-\frac{1}{2(1-\rho^2)}\left(\frac{y-\mu_2}{\sigma_2}-\frac{x-\mu_1}{\sigma_1}\rho\right)^2\right].$$

于是

$$p_X(x)=\frac{1}{2\pi\sigma_1\sigma_2\sqrt{1-\rho^2}}\mathrm{e}^{-\frac{(x-\mu_1)^2}{2\sigma_1^2}}\int_{-\infty}^{+\infty}\exp\left[-\frac{1}{2(1-\rho^2)}\left(\frac{y-\mu_2}{\sigma_2}-\frac{x-\mu_1}{\sigma_1}\rho\right)^2\right]\mathrm{d}y,$$

作变换，令

$$t=\frac{1}{\sqrt{1-\rho^2}}\left(\frac{y-\mu_2}{\sigma_2}-\frac{x-\mu_1}{\sigma_1}\rho\right),$$

则

$$p_X(x)=\frac{1}{\sqrt{2\pi}\sigma_1}\mathrm{e}^{-\frac{(x-\mu_1)^2}{2\sigma_1^2}}\int_{-\infty}^{+\infty}\mathrm{e}^{-\frac{t^2}{2}}\mathrm{d}t=\frac{1}{\sqrt{2\pi}\sigma_1}\mathrm{e}^{-\frac{(x-\mu_1)^2}{2\sigma_1^2}},\quad -\infty<x<+\infty.$$

同理，可计算 $Y$ 的边际概率密度函数为 $p_Y(y)=\dfrac{1}{\sqrt{2\pi}\sigma_2}\mathrm{e}^{-\frac{(y-\mu_2)^2}{2\sigma_2^2}},-\infty<y<+\infty$.

可见二元正态分布的边际分布仍然是正态分布.

### 3.2.2　条件分布

利用边际分布，可以很容易地引入条件分布的概念. 下面分离散型和连续型两种情形分别说明.

#### 1. 离散型随机向量的条件分布

对于二维离散型随机向量 $(X,Y)$，由条件概率的知识可知，$P(X=x_i|Y=y_j),i=1,2,\cdots$ 表示在事件 $\{Y=y_j\}$ 已经发生的条件下，事件 $\{X=x_i\}$ 发生的条件概率. 如果 $P(Y=y_j)\neq 0$，由条件概率计算公式可知

$$P(X=x_i|Y=y_j)=\frac{P(X=x_i,Y=y_j)}{P(Y=y_j)}=\frac{p_{ij}}{p_{\cdot j}},\ i=1,2,\cdots.$$

容易验证条件概率 $P(X=x_i|Y=y_j)$ 满足以下性质：

（1）$P(X=x_i|Y=y_j)\geqslant 0$；

（2）$\sum\limits_{i=1}^{+\infty}P(X=x_i|Y=y_j)=\sum\limits_{i=1}^{+\infty}\dfrac{p_{ij}}{p_{\cdot j}}=\dfrac{1}{p_{\cdot j}}\sum\limits_{i=1}^{+\infty}p_{ij}=1$.

即 $P(X=x_i|Y=y_j),i=1,2,\cdots$ 也是一个分布列，称为**条件分布列**（conditional probability mass function）.

**定义 3.2.2** 设 $(X,Y)$ 是一个二维离散型随机向量，对于确定的 $j$，若 $P(Y=y_j)\neq 0$，则称

$$P(X=x_i|Y=y_j)=\frac{P(X=x_i,Y=y_j)}{P(Y=y_j)}=\frac{p_{ij}}{p_{\cdot j}},\ i=1,2,\cdots$$

为在 $Y=y_j$ 的条件下，随机变量 $X$ 的条件分布列.

同样的，对于确定的 $i$，若 $P(X=x_i)\neq 0$，则称

$$P(Y=y_j|X=x_i)=\frac{P(X=x_i,Y=y_j)}{P(X=x_i)}=\frac{p_{ij}}{p_{i\cdot}},\ j=1,2,\cdots$$

为在 $X=x_i$ 的条件下，随机变量 $Y$ 的条件分布列.

**例 3.2.5** 设袋中有三只白球和两只黑球，甲先从中任取两只，乙再从剩下的球中任取两只，以 $X,Y$ 分别表示甲、乙取到的白球数，求在 $Y$ 的每个取值下 $X$ 的条件分布律.

**解** 由题意可知，$X,Y$ 的可能取值均为 0,1,2，则

$$P(X=0,Y=0)=P(X=0)P(Y=0|X=0)=0,$$

$$P(X=1,Y=1)=P(X=1)P(Y=1|X=1)=\frac{C_3^1C_2^1}{C_5^2}\cdot\frac{C_2^1}{C_3^2}=\frac{2}{5},$$

$$P(X=2,Y=1)=P(X=2)P(Y=1|X=2)=\frac{C_3^2}{C_5^2}\cdot\frac{C_2^1}{C_3^2}=\frac{1}{5}.$$

其他类似可求，从而得到的联合分布列及边际分布列如下.

| $X$ \ $Y$ | 0 | 1 | 2 | $p_{i\cdot}$ |
|---|---|---|---|---|
| 0 | 0 | 0 | $\frac{1}{10}$ | $\frac{1}{10}$ |
| 1 | 0 | $\frac{2}{5}$ | $\frac{1}{5}$ | $\frac{3}{5}$ |
| 2 | $\frac{1}{10}$ | $\frac{1}{5}$ | 0 | $\frac{3}{10}$ |
| $p_{\cdot j}$ | $\frac{1}{10}$ | $\frac{3}{5}$ | $\frac{3}{10}$ | |

由条件分布公式$P(X=i|Y=j)=\dfrac{P(X=i,Y=j)}{P(Y=j)}$ 知，

$$P(X=0|Y=0)=P(X=0|Y=1)=P(X=1|Y=0)=P(X=2|Y=2)=0,$$

$$P(X=1|Y=1)=P(X=1|Y=2)=\frac{2}{3},$$

$$P(X=2|Y=1)=P(X=0|Y=2)=\frac{1}{3},$$

$$P(X=2|Y=0)=1.$$

**例 3.2.6** 分别计算例 3.2.1 和例 3.2.2 中 $X$ 在条件 $Y=0$ 和 $Y=1$ 下的条件分布列.

**解** 在例 3.2.1 中，$X$ 在条件 $Y=0$ 下的条件分布为

$$P(X=0|Y=0)=\frac{P(X=0,Y=0)}{P(Y=0)}=\frac{9/25}{3/5}=\frac{3}{5},$$

$$P(X=1|Y=0)=\frac{P(X=1,Y=0)}{P(Y=0)}=\frac{6/25}{3/5}=\frac{2}{5}.$$

$X$ 在条件 $Y=1$ 下的条件分布为

$$P(X=0|Y=1)=\frac{6/25}{2/5}=\frac{3}{5},$$

$$P(X=1|Y=1)=\frac{4/25}{2/5}=\frac{2}{5}.$$

在例 3.2.2 中，$X$ 在条件 $Y=0$ 下的条件分布为

$$P(X=0|Y=0)=\frac{P(X=0,Y=0)}{P(Y=0)}=\frac{3/10}{3/5}=\frac{1}{2},$$

$$P(X=1|Y=0)=\frac{P(X=1,Y=0)}{P(Y=0)}=\frac{3/10}{3/5}=\frac{1}{2}.$$

$X$ 在条件 $Y=1$ 下的条件分布为

$$P(X=0|Y=1)=\frac{3/10}{2/5}=\frac{3}{4},$$

$$P(X=1|Y=1)=\frac{1/10}{2/5}=\frac{1}{4}.$$

这说明，虽然上述两个例子中 $X$ 的边缘分布都相同，但是在给定 $Y$ 的条件下的条件分布却不同.

### 2. 连续型随机变量的条件分布

对于二维连续型随机向量 $(X,Y)$，由于对于任意实数 $x,y$，都有 $P(X=x)=P(Y=y)=0$，所以不能像离散型那样直接利用条件概率来引入条件分布，需要做如下处理.

**定义 3.2.3** 设连续型随机向量 $(X,Y)$ 的联合分布函数为 $F(x,y)$，概率密度函数为 $p(x,y)$，$Y$ 的边际分布函数为 $F_Y(y)$，边际概率密度函数为 $p_Y(y)$，则

$$\lim_{\varepsilon\to0^+}P(X<x|y\leqslant Y<y+\varepsilon)=\lim_{\varepsilon\to0^+}\frac{P(X<x,y\leqslant Y<y+\varepsilon)}{P(y\leqslant Y<y+\varepsilon)}$$
$$=\lim_{\varepsilon\to0^+}\frac{F(x,y+\varepsilon)-F(x,y)}{F_Y(y+\varepsilon)-F_Y(y)}$$
$$=\lim_{\varepsilon\to0^+}\frac{\dfrac{F(x,y+\varepsilon)-F(x,y)}{\varepsilon}}{\dfrac{F_Y(y+\varepsilon)-F_Y(y)}{\varepsilon}}$$
$$=\frac{\dfrac{\partial F(x,y)}{\partial y}}{\dfrac{\partial F_Y(y)}{\partial y}}$$
$$=\frac{\displaystyle\int_{-\infty}^{x}p(u,y)\mathrm{d}u}{p_Y(y)}$$
$$=\int_{-\infty}^{x}\frac{p(u,y)}{p_Y(y)}\mathrm{d}u.$$

称此极限为在条件 $\{Y=y\}$ 下 $X$ 的条件分布函数，记作 $P(X<x|Y=y)$ 或者 $F_{X|Y}(x|y)$. 称 $p_{X|Y}(x|y)=\dfrac{p(x,y)}{p_Y(y)}$ 为在条件 $\{Y=y\}$ 下 $X$ 的条件概率密度函数，记作 $p_{X|Y}(x|y)$.

同样可定义在条件 $\{X=x\}$ 下 $Y$ 的条件分布函数

$$P(Y<y|X=x)=\frac{\dfrac{\partial F(x,y)}{\partial x}}{\dfrac{\partial F_X(x)}{\partial x}}=\frac{\displaystyle\int_{-\infty}^{y}p(x,v)\mathrm{d}v}{p_X(x)}=\int_{-\infty}^{y}\frac{p(x,v)}{p_X(x)}\mathrm{d}v,$$

记作 $P(Y<y|X=x)$ 或者 $F_{Y|X}(y|x)$. 称 $p_{Y|X}(y|x)=\dfrac{p(x,y)}{p_X(x)}$ 为在条件 $\{X=x\}$ 下 $Y$ 的条件概率密度函数 ( conditional probability density function )，记作 $p_{Y|X}(y|x)$. 当然，这里的定义需要 $p_X(x)\neq0,p_Y(y)\neq0$.

根据上述定义，可得 $p(x,y)=p_{X|Y}(x|y)p_Y(y)=p_{Y|X}(y|x)p_X(x)$.

**例 3.2.7** 设二维随机向量 $(X,Y)$的联合概率密度函数为 $p(x,y)=\begin{cases}\dfrac{3}{x^2}\mathrm{e}^{3-y}, & x\geqslant3,y\geqslant3\\ 0, & 其他\end{cases}$，求条件概率密度函数 $p_{X|Y}(x|y)$，$p_{Y|X}(y|x)$.

**解** 根据联合概率密度函数可以算出 $X,Y$ 的边际概率密度函数分别为

$$p_X(x)=\int_{3}^{+\infty}\frac{3}{x^2}\mathrm{e}^{3-y}\mathrm{d}y=\frac{3}{x^2},$$
$$p_Y(y)=\int_{3}^{+\infty}\frac{3}{x^2}\mathrm{e}^{3-y}\mathrm{d}x=\mathrm{e}^{3-y}.$$

再由条件概率密度的公式知，

$$p_{X|Y}(x|y) = \frac{p(x,y)}{p_Y(y)} = \frac{3}{x^2},$$

$$p_{Y|X}(y|x) = \frac{p(x,y)}{p_X(x)} = \mathrm{e}^{3-y}.$$

**例 3.2.8** 设二维随机向量 $(X,Y)$ 的联合概率密度函数为 $p(x,y) = \begin{cases} 2y\mathrm{e}^{-2y}, & 0 \leqslant x \leqslant y \\ 0, & \text{其他} \end{cases}$，求条件概率密度函数 $p_{X|Y}(x|y)$，$p_{Y|X}(y|x)$.

**解** 由联合概率密度函数可以求出边际概率密度函数为

$$p_X(x) = \int_x^{+\infty} 2y\mathrm{e}^{-2y}\mathrm{d}y = \left(\frac{1}{2} + x\right)\mathrm{e}^{-2x},\ x \geqslant 0,$$

$$p_Y(y) = \int_0^y 2y\mathrm{e}^{-2y}\mathrm{d}x = 2y^2\mathrm{e}^{-2y},\ y \geqslant 0,$$

利用公式求条件概率密度函数，对于 $x \geqslant 0$，

$$p_{Y|X}(y|x) = \begin{cases} \dfrac{4y}{1+2x}\mathrm{e}^{2(x-y)}, & y \geqslant x \\ 0, & y < x \end{cases};$$

对于 $y > 0$，

$$p_{X|Y}(x|y) = \begin{cases} \dfrac{1}{y}, & 0 \leqslant x \leqslant y \\ 0, & \text{其他} \end{cases}.$$

**例 3.2.9** 求二维正态随机向量 $(X,Y)$ 的条件概率密度函数 $p_{X|Y}(x|y)$，$p_{Y|X}(y|x)$.

**解** 已经求得 $X$ 与 $Y$ 的边际分布分别为 $N(\mu_1,\sigma_1^2)$，$N(\mu_2,\sigma_2^2)$，则

$$\begin{aligned} p_{X|Y}(x|y) &= \frac{p(x,y)}{p_Y(y)} \\ &= \frac{1}{2\pi\sigma_1\sigma_2\sqrt{1-\rho^2}} \\ &\quad \cdot\exp\left\{-\frac{1}{2(1-\rho^2)}\left[\frac{(x-\mu_1)^2}{\sigma_1^2} - \frac{2\rho(x-\mu_1)(y-\mu_2)}{\sigma_1\sigma_2} + \frac{(y-\mu_2)^2}{\sigma_2^2}\right]\right\}\Bigg/\left(\frac{1}{\sqrt{2\pi}\sigma_2}\mathrm{e}^{-\frac{(y-\mu_2)^2}{2\sigma_2^2}}\right) \\ &= \frac{1}{\sqrt{2\pi}\sigma_1\sqrt{1-\rho^2}}\exp\left\{-\frac{1}{2(1-\rho^2)\sigma_1^2}\left[x - \left(\mu_1 + \rho\frac{\sigma_1}{\sigma_2}(y-\mu_2)\right)\right]^2\right\}, \end{aligned}$$

这恰好是正态分布 $N\left(\mu_1 + \rho\dfrac{\sigma_1}{\sigma_2}(y-\mu_2), (1-\rho^2)\sigma_1^2\right)$ 的概率密度函数.

同理，可求

$$p_{Y|X}(y|x)=\frac{1}{\sqrt{2\pi}\sigma_2\sqrt{1-\rho^2}}\exp\left\{-\frac{1}{2(1-\rho^2)\sigma_2^2}\left[y-\left(\mu_2+\rho\frac{\sigma_2}{\sigma_1}(x-\mu_1)\right)^2\right]\right\},$$

这是 $N\left(\mu_2+\rho\frac{\sigma_2}{\sigma_1}(x-\mu_1),(1-\rho^2)\sigma_2^2\right)$ 的概率密度函数，因此二元正态分布的条件分布仍然是正态分布，这也是多元正态分布的一个很重要的性质.

### 3.2.3 随机变量间的独立性

第 1 章已经定义了事件以及事件域乃至随机实验之间的独立性，现在我们引入随机变量独立性的概念.

**定义 3.2.4** 设二维随机向量 $(X,Y)$ 的联合分布函数、边际分布函数分别为 $F(x,y)$，$F_X(x)$ 及 $F_Y(y)$，若对任意实数 $x$ 和 $y$，总有

$$P(X<x,Y<y)=P(X<x)\cdot P(Y<y),$$

即 $F(x,y)=F_X(x)\cdot F_Y(y)$，则称随机变量 $X$ 与 $Y$ 是相互独立的（independent）.

由测度论的知识可知，如果随机变量 $X,Y$ 相互独立，则对于任意博雷尔可测集 $B_1,B_2$，都有

$$P(X\in B_1,Y\in B_2)=P(X\in B_1)\cdot P(Y\in B_2).$$

这一结论反过来也是成立的，以后我们将不加证明地引用此结论.

若 $(X,Y)$ 是离散型随机向量，则 $X$ 与 $Y$ 相互独立等价于，对 $(X,Y)$ 的所有可能取值 $(x_i,y_i)$，总有 $P(X=x_i,Y=y_i)=P(X=x_i)\cdot P(Y=y_i)$，即

$$p_{ij}=p_{i\cdot}\cdot p_{\cdot j},\quad i,j=1,2,\cdots,$$

其中 $p_{ij},p_{i\cdot},p_{\cdot j}$ 分别是 $(X,Y)$ 的联合分布列和 $X,Y$ 的边际分布列.

若 $(X,Y)$ 是连续型随机向量，则 $X$ 与 $Y$ 相互独立等价于，对任意实数 $x,y$，总有

$$p(x,y)=p_X(x)\cdot p_Y(y),$$

其中 $p(x,y),p_X(x),p_Y(y)$ 分别是 $(X,Y)$ 的联合概率密度函数和 $X,Y$ 的边际概率密度函数.

**例 3.2.10** 设二维随机向量 $(X,Y)$ 的联合分布列为

| $X$ \ $Y$ | 0 | 1 |
|---|---|---|
| 0 | $\frac{2}{5}$ | $a$ |
| 1 | $b$ | $\frac{1}{10}$ |

且已知事件 $\{X=1\}$ 与 $\{X+Y=1\}$ 相互独立，求常数 $a,b$.

**解** 由事件 $\{X=1\}$ 与 $\{X+Y=1\}$ 相互独立，得

$$P(X=1,Y=0)=P(X=1,X+Y=1)=P(X=1)P(X+Y=1).$$

将分布列中的值代入有

$$b=\left(b+\frac{1}{10}\right)(a+b).$$

由概率的正则性，得 $a+b=\dfrac{1}{2}$.

解得$a=\dfrac{2}{5}, b=\dfrac{1}{10}$.

**例 3.2.11** 设随机变量 $X,Y$ 同分布，$X$ 的分布列为

| $X$ | $-1$ | $0$ | $1$ |
|---|---|---|---|
| $p(x)$ | $\frac{1}{4}$ | $\frac{1}{2}$ | $\frac{1}{4}$ |

若 $P(XY=0)=1$，判断 $X,Y$ 是否独立.

**解** 由题中的条件可以得到 $(X,Y)$ 的联合分布列为

| $X$ \ $Y$ | $-1$ | $0$ | $1$ | $p_{i\cdot}$ |
|---|---|---|---|---|
| $-1$ | $0$ | $\frac{1}{4}$ | $0$ | $\frac{1}{4}$ |
| $0$ | $\frac{1}{4}$ | $0$ | $\frac{1}{4}$ | $\frac{1}{2}$ |
| $1$ | $0$ | $\frac{1}{4}$ | $0$ | $\frac{1}{4}$ |
| $p_{\cdot j}$ | $\frac{1}{4}$ | $\frac{1}{2}$ | $\frac{1}{4}$ | |

而 $0=P(X=-1,Y=-1)\neq P(X=-1)P(Y=-1)=\dfrac{1}{16}$，可知 $X$ 与 $Y$ 不独立.

**例 3.2.12** 设二维随机向量 $(X,Y)$ 的联合概率密度函数为 $p(x,y)=\begin{cases}6xy^2, & 0\leqslant x,y\leqslant 1\\ 0, & 其他\end{cases}$，判断 $X,Y$ 是否独立.

**解** 根据联合概率密度函数可以计算出 $X,Y$ 的边际概率密度函数分别为

$$p_X(x)=\int_0^1 6xy^2\mathrm{d}y=2x,$$

$$p_Y(y)=\int_0^1 6xy^2\mathrm{d}x=3y^2,$$

因此 $p(x,y)=p_X(x)p_Y(y)$，即 $X,Y$ 相互独立.

**例 3.2.13** 设二维随机向量 $(X,Y)$的联合概率密度函数为 $p(x,y)=\begin{cases}\frac{1}{9}|y|, & 0\leqslant x\leqslant 3,|y|\leqslant x\\ 0, & \text{其他}\end{cases}$，判断 $X,Y$ 是否独立.

**解** 边际概率密度函数分别为

$$p_X(x)=\int_{-x}^{x}\frac{1}{9}|y|\mathrm{d}y=\frac{1}{9}x^2,$$

$$p_Y(y)=\int_{|y|}^{3}\frac{1}{9}|y|\mathrm{d}x=\frac{1}{9}|y|(3-|y|),$$

显然 $p_X(x)p_Y(y)\neq p(x,y)$，即 $X,Y$ 不独立.

**例 3.2.14** 对于二维正态随机向量，证明：两个分量 $X$ 与 $Y$ 相互独立的充要条件是参数 $\rho=0$.

**证明：**(充分性) 当 $\rho=0$ 时，对任意 $x,y$，有

$$\begin{aligned}p(x,y)&=\frac{1}{\sqrt{2\pi}\sigma_1\sigma_2}\exp\left\{-\frac{1}{2}\left[\frac{(x-\mu_1)^2}{\sigma_1^2}+\frac{(y-\mu_2)^2}{\sigma_2^2}\right]\right\}\\&=\frac{1}{\sqrt{2\pi}\sigma_1}\mathrm{e}^{-\frac{(x-\mu_1)^2}{2\sigma_1^2}}\cdot\frac{1}{\sqrt{2\pi}\sigma_2}\mathrm{e}^{-\frac{(y-\mu_2)^2}{2\sigma_2^2}}\\&=p_X(x)\cdot p_Y(y),\end{aligned}$$

即随机变量 $X$ 与 $Y$ 相互独立.

(必要性) 若 $X$ 与 $Y$ 相互独立，则 $p(x,y)=p_X(x)p_Y(y)$，即

$$\begin{aligned}&\frac{1}{2\pi\sigma_1\sigma_2\sqrt{1-\rho^2}}\exp\left\{-\frac{1}{2(1-\rho^2)}\left[\frac{(x-\mu_1)^2}{\sigma_1^2}-\frac{2\rho(x-\mu_1)(y-\mu_2)}{\sigma_1\sigma_2}+\frac{(y-\mu_2)^2}{\sigma_2^2}\right]\right\}\\&=\frac{1}{\sqrt{2\pi}\sigma_1}\mathrm{e}^{-\frac{(x-\mu_1)^2}{2\sigma_1^2}}\cdot\frac{1}{\sqrt{2\pi}\sigma_2}\mathrm{e}^{-\frac{(y-\mu_2)^2}{2\sigma_2^2}},\end{aligned}$$

上式对任意 $x,y$ 都成立，令 $x=\mu_1,y=\mu_2$，则易得 $\rho=0$.

关于随机变量的独立性，有下面一些结论.

**命题 3.2.1** 常数 $c$ 与任意随机变量相互独立.

**证明**：用随机变量 $X$ 来表示常数 $c$，$Y$ 为任意随机变量，则 $X$ 的分布函数为

$$F_X(x)=\begin{cases}1, & x>c\\ 0, & x\leqslant c\end{cases}.$$

设 $(X,Y)$ 的分布函数为 $F(x,y)$，当 $x\leqslant c$ 时，$\{X<x\}=\varnothing$，则

$$F(x,y)=P(X<x,Y<y)=0=F_X(x)\cdot F_Y(y).$$

当 $x>c$ 时，$\{X<x\}=\Omega$，$F_X(x)=1$，则

$$F(x,y)=P(X<x,Y<y)=P(Y<y)=F_Y(y)=F_X(x)\cdot F_Y(y).$$

也就是说，对任意实数 $x,y$，都有 $F(x,y)=F_X(x)\cdot F_Y(y)$，即常数 $c$ 与任意随机变量相互独立.

**命题 3.2.2** 若随机变量 $X$ 与 $Y$ 相互独立，则随机变量 $f(X)$ 与 $g(Y)$ 也相互独立.

**证明**：对于任意实数 $a,b$，记使 $f(x)<a$ 成立的 $x$ 值的范围为 $E(a)$，使 $g(y)<b$ 成立的 $y$ 值的范围为 $E(b)$，则 $P\left(f(X)<a,g(Y)<b\right)=P\left(X\in E(a),Y\in E(b)\right)$.

因为随机变量 $X$ 与 $Y$ 相互独立，故

$$\begin{aligned}P(f(X)<a,g(Y)<b)&=P(X\in E(a),Y\in E(b))\\&=P(X\in E(a))\cdot P(Y\in E(b))=P(f(X)<a)\cdot P(g(Y)<b),\end{aligned}$$

即对于任意实数 $a,b$，总有 $P(f(X)<a,g(Y)<b)=P(f(X)<a)\cdot P(g(Y)<b)$，则随机变量 $f(X)$ 与 $g(Y)$ 相互独立.

随机变量的独立定义可以自然地推广到任意 $n$ 个随机变量的情形.

**定义 3.2.5** 设 $n$ 维随机向量 $(X_1,X_2,\cdots,X_n)$ 的分布函数和各边际分布函数分别为 $F(x_1,x_2,\cdots,x_n)$，$F_{X_i}(x_i)$，$i=1,2,\cdots,n$，若对任意实数 $x_1,x_2,\cdots,x_n$，总有

$$F(x_1,x_2,\cdots,x_n)=\prod_{i=1}^{n}F_{X_i}(x_i),$$

则称随机变量 $X_1,X_2,\cdots,X_n$ 相互独立.

与事件的相互独立类似，多个（三个或以上）随机变量的相互独立可以推导出其中任意两个随机变量的独立（两两独立），但是两两独立不能推导出相互独立.

**例 3.2.15** 设有四张形状、大小、质量完全一样的卡片，上面分别标有数字 112, 121, 211, 222，现从四张卡片中任抽一张，以随机变量 $X,Y,Z$ 分别表示抽到卡片

上的第一、二、三位数字, 则

$$P(X=1)=P(Y=1)=P(Z=1)=\frac{1}{2},$$

$$P(X=1,Y=1)=P(X=1,Z=1)=P(Y=1,Z=1)=\frac{1}{4},$$

所以 $X,Y,Z$ 两两独立, 但

$$P(X=1,Y=1,Z=1)=0\neq\frac{1}{8}=P(X=1)P(Y=1)P(Z=1),$$

因而 $X,Y,Z$ 不相互独立.

# 3.3 随机向量的函数及其分布

## 3.3.1 随机向量的函数及其分布简介

上一章已经讨论过一维随机变量函数的分布，下面介绍多维随机向量函数的分布. 类似于一维的情况，如果 $g(x_1,x_2,\cdots,x_n)$ 是一个 $n$ 维博雷尔可测函数，那么 $Z=g(X_1,X_2,\cdots,X_n)$ 就是一个随机变量，可以讨论它的分布. 这里只介绍几种比较简单的情形.

1. 随机变量和的分布

考虑函数 $g(x_1,x_2,\cdots,x_n)=x_1+x_2+\cdots+x_n$，这里只介绍 $n=2$ 的情况，对于多维情况是类似的.

先考虑离散型随机向量的情况.

**例 3.3.1** 若随机向量 $(X,Y)$ 的分布列为

$$P(X=i,Y=j)=p_{ij},$$

求函数 $Z=g(X,Y)=X+Y$ 的分布列.

**解** 由事件的等价性知,

$$\{Z=k\}=\{X+Y=k\}=\left\{\bigcup_{i=0}^{k}(X=i,Y=k-i)\right\}.$$

由概率的有限可加性知, $Z$ 的分布列为

$$P(Z=k)=\sum_{i=0}^{k}P(X=i,Y=k-i)=\sum_{i=0}^{k}p_{i,k-i}.$$

特别地, 当随机变量 $X$ 与 $Y$ 相互独立时, $Z=X+Y$ 的分布列为

$$P(Z=k)=\sum_{i=0}^{k}P(X=i)P(Y=k-i)=\sum_{i=0}^{k}p_ip_{k-i}.$$

**定义 3.3.1** 称独立随机变量和的分布为这些随机变量分布的卷积，上式称为离散卷积（convolution）公式.

**例 3.3.2**（二项分布的卷积） 设随机变量 $X\sim B(n,p)$，随机变量 $Y\sim B(m,p)$，且 $X$ 与 $Y$ 相互独立，求 $Z=X+Y$ 的分布.

**解** $X\sim B(n,p)$，则 $X$ 的可能取值是 $0,1,\cdots,n$；$Y\sim B(m,p)$，则 $Y$ 的可能取值是 $0,1,\cdots,m$. 因而 $Z=X+Y$ 的可能取值为 $0,1,\cdots,n+m$，利用离散卷积公式，可得

$$\begin{aligned}P(Z=k)&=P(X+Y=k)\\&=\sum_{i=0}^{k}P(X=i)P(Y=k-i)\\&=\sum_{i=0}^{k}C_n^ip^i(1-p)^{n-i}C_m^{k-i}p^{k-i}(1-p)^{m-k+i}\\&=\sum_{i=0}^{k}C_n^iC_m^{k-i}p^k(1-p)^{n+m-k},\end{aligned}$$

应用组合恒等式 $C_{n+m}^k=\sum\limits_{i=0}^{k}C_n^iC_m^{k-i}$，有

$$P(Z=k)=C_{n+m}^kp^k(1-p)^{n+m-k},$$

即 $X+Y\sim B(n+m,p)$.

这个结论称为二项分布的可加性，可将此结论推广到有限个二项分布的场合：若随机变量 $X_1,X_2,\cdots,X_n$ 相互独立，且分别服从 $B(n_1,p),B(n_2,p),\cdots,B(n_n,p)$，则随机变量 $Z=X_1+X_2+\cdots+X_n$ 服从 $B(n_1+n_2+\cdots+n_n,p)$. 二项分布的这种性质从直观上是很容易解释的：既然 $X_i\ (i=1,2,\cdots,n)$ 分别表示 $n_i\ (i=1,2,\cdots,n)$ 次伯努利实验中成功出现的次数，那么 $Z$ 就是 $n_1+n_2+\cdots+n_n$ 次伯努利实验中成功出现的次数，分布自然是 $B(n_1+n_2+\cdots+n_n,p)$.

**例 3.3.3**（泊松分布的卷积） 设随机变量 $X\sim P(\lambda_1)$，随机变量 $Y\sim P(\lambda_2)$，且 $X$ 与 $Y$ 相互独立，求 $Z=X+Y$ 的分布.

**解** 因为 $X$ 与 $Y$ 服从泊松分布，故它们可取所有非负整数，$Z$ 也只取所有非负整数，利用离散卷积公式，可得

$$\begin{aligned}P(Z=k)&=P(X+Y=k)\\&=\sum_{i=0}^{k}P(X=i)P(Y=k-i)\\&=\sum_{i=0}^{k}\frac{\lambda_1^i}{i!}\mathrm{e}^{-\lambda_1}\frac{\lambda_2^{k-i}}{(k-i)!}\mathrm{e}^{-\lambda_2}\\&=\left(\sum_{i=0}^{k}\frac{k!}{i!(k-i)!}\lambda_1^i\lambda_2^{k-i}\right)\frac{\mathrm{e}^{-(\lambda_1+\lambda_2)}}{k!}.\end{aligned}$$

由于 $\sum\limits_{i=0}^{k}\frac{k!}{i!(k-i)!}\lambda_1^i\lambda_2^{k-i}=\sum\limits_{i=0}^{k}C_k^i\lambda_1^i\lambda_2^{k-i}=(\lambda_1+\lambda_2)^k$，故

$$P(Z=k)=\frac{(\lambda_1+\lambda_2)^k}{k!}\mathrm{e}^{-(\lambda_1+\lambda_2)},\ 即 Z=X+Y\sim P(\lambda_1+\lambda_2).$$

此结论也可以推广到有限个泊松分布的场合. 若随机变量 $X_1,X_2,\cdots,X_n$ 相互独立，且分别服从 $P(\lambda_1),P(\lambda_2),\cdots,P(\lambda_n)$，则随机变量 $Z=X_1+X_2+\cdots+X_n$ 服从 $P(\lambda_1+\lambda_2+\cdots+\lambda_n)$.

二项分布和泊松分布的这种性质称为可加性，除了这两个分布之外，负二项分布也具有可加性，且 $r$ 个相互独立同分布的几何随机变量的分布是负二项分布，证明留给读者.

下面讨论连续型随机向量的情况.

设二维连续型随机向量 $(X,Y)$ 的联合概率密度函数是 $p(x,y)$，$Z=X+Y$，则 $Z$ 的分布函数为

$$\begin{aligned}F_Z(z)=P(Z<z)=P(X+Y<z)&=\iint\limits_{x+y<z}p(x,y)\mathrm{d}x\mathrm{d}y\\&=\int_{-\infty}^{+\infty}\int_{-\infty}^{z-x}p(x,y)\mathrm{d}y\mathrm{d}x.\end{aligned}$$

这里的积分区域是如图3.3所示的直线 $x+y=z$ 左下方的阴影部分，固定 $z$ 和 $x$，对积分 $\int_{-\infty}^{z-x}p(x,y)\mathrm{d}y$ 做变量代换，令 $y=u-x$，得

$$\int_{-\infty}^{z-x}p(x,y)\mathrm{d}y=\int_{-\infty}^{z}p(x,u-x)\mathrm{d}u,$$

$$\begin{aligned}F_Z(z)&=\int_{-\infty}^{+\infty}\int_{-\infty}^{z}p(x,u-x)\mathrm{d}u\mathrm{d}x\\&=\int_{-\infty}^{z}\int_{-\infty}^{+\infty}p(x,u-x)\mathrm{d}x\mathrm{d}u\\&=\int_{-\infty}^{z}\left[\int_{-\infty}^{+\infty}p(x,u-x)\mathrm{d}x\right]\mathrm{d}u,\end{aligned}$$

从而可以得到 $Z$ 的概率密度函数为

$$p_Z(z)=\int_{-\infty}^{+\infty}p(x,z-x)\mathrm{d}x.$$

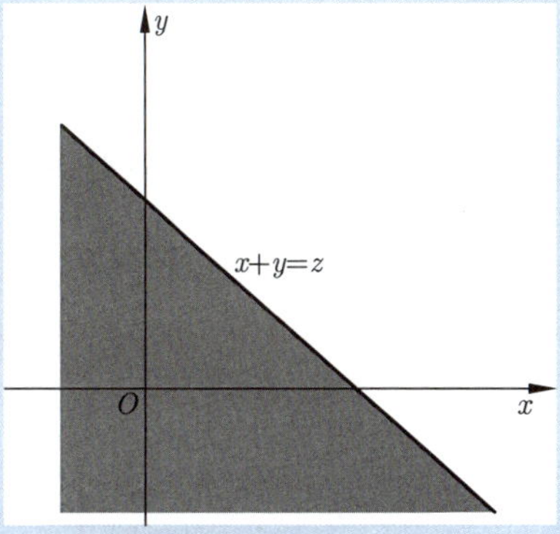


图 3.3　$x+y\leqslant z$

由对称性，$p_Z(z)$ 还可以表示为 $p_Z(z)=\int_{-\infty}^{+\infty}p(z-y,y)\mathrm{d}y$.

当 $X$ 与 $Y$ 相互独立，且概率密度函数分别为 $p_X(x),p_Y(y)$ 时，$Z=X+Y$ 的概率密度函数可以表示为

$$p_Z(z)=\int_{-\infty}^{+\infty}p_X(x)p_Y(z-x)\mathrm{d}x=\int_{-\infty}^{+\infty}p_X(z-y)p_Y(y)\mathrm{d}y,$$

称此公式为**连续型随机变量的卷积公式**，记为 $p_X*p_Y$，

$$p_X*p_Y=\int_{-\infty}^{+\infty}p_X(x)p_Y(z-x)\mathrm{d}x=\int_{-\infty}^{+\infty}p_X(z-y)p_Y(y)\mathrm{d}y.$$

**例 3.3.4**（正态分布的卷积）　设 $X\sim N(\mu_1,\sigma_1^2),Y\sim N(\mu_2,\sigma_2^2)$，且 $X,Y$ 相互独立，则 $X+Y\sim N(\mu_1+\mu_2,\sigma_1^2+\sigma_2^2)$.

**解**　由于 $X$ 和 $Y$ 的取值均为实数 $\mathbb{R}$，故其和 $Z=X+Y$ 的取值也为 $\mathbb{R}$.

利用连续型随机变量的卷积公式可得

$$\begin{aligned}p_Z(z)&=\int_{-\infty}^{+\infty}\frac{1}{\sqrt{2\pi}\sigma_1}\exp\left\{-\frac{(z-y-\mu_1)^2}{2\sigma_1^2}\right\}\cdot\frac{1}{\sqrt{2\pi}\sigma_2}\exp\left\{-\frac{(y-\mu_2)^2}{2\sigma_2^2}\right\}\mathrm{d}y\\&=\frac{1}{2\pi\sigma_1\sigma_2}\int_{-\infty}^{+\infty}\exp\left\{-\frac{1}{2}\left[\frac{(z-\mu_1-\mu_2)^2}{\sigma_1^2+\sigma_2^2}+\left(\frac{1}{\sigma_1^2}+\frac{1}{\sigma_2^2}\right)\left(y-\frac{(z-\mu_1)\sigma_2^2+\mu_2\sigma_1^2}{\sigma_1^2+\sigma_2^2}\right)\right]\right\}\mathrm{d}y.\end{aligned}$$

而

$$\int_{-\infty}^{+\infty}\exp\left\{-\frac{1}{2}\left[\left(\frac{1}{\sigma_1^2}+\frac{1}{\sigma_2^2}\right)\left(y-\frac{(z-\mu_1)\sigma_2^2+\mu_2\sigma_1^2}{\sigma_1^2+\sigma_2^2}\right)\right]\right\}\mathrm{d}y=\sqrt{2\pi}\frac{\sigma_1\sigma_2}{\sqrt{\sigma_1^2+\sigma_2^2}},$$

因此

$$p_Z(z)=\frac{1}{\sqrt{2\pi}\cdot\sqrt{\sigma_1^2+\sigma_2^2}}\exp\left\{-\frac{(z-\mu_1-\mu_2)^2}{2(\sigma_1^2+\sigma_2^2)}\right\},-\infty<z<+\infty.$$

这正是均值为 $\mu_1+\mu_2$、方差为 $\sigma_1^2+\sigma_2^2$ 的正态分布. 类似地，可将此结论推广到有限个独立正态分布的场合：若 $X_i\sim N(\mu_i,\sigma_i^2),i=1,2,\cdots,n$，则 $\sum\limits_{i=1}^{n}X_i\sim N\left(\sum\limits_{i=1}^{n}\mu_i,\sum\limits_{i=1}^{n}\sigma_i^2\right)$.

**例 3.3.5**（伽马分布的卷积） 设 $X\sim \mathrm{Ga}(\alpha_1,\lambda),Y\sim \mathrm{Ga}(\alpha_2,\lambda)$，且 $X,Y$ 相互独立，则 $Z=X+Y\sim \mathrm{Ga}(\alpha_1+\alpha_2,\lambda)$.

**解** 由于 $X,Y$ 的取值均大于 0，因而 $Z$ 的取值也大于 0. 利用卷积公式可得

$$\begin{aligned}p_Z(z)&=\int_0^z p_X(z-y)p_Y(y)\mathrm{d}y\\&=\int_0^z\frac{\lambda^{\alpha_1}}{\Gamma(\alpha_1)}(z-y)^{\alpha_1-1}\mathrm{e}^{-\lambda(z-y)}\frac{\lambda^{\alpha_2}}{\Gamma(\alpha_2)}y^{\alpha_2-1}\mathrm{e}^{-\lambda y}\mathrm{d}y\\&=\frac{\lambda^{\alpha_1+\alpha_2}}{\Gamma(\alpha_1)\Gamma(\alpha_2)}\mathrm{e}^{-\lambda z}\int_0^z(z-y)^{\alpha_1-1}y^{\alpha_2-1}\mathrm{d}y.\end{aligned}$$

做变换，令 $y=zt$，则 $\mathrm{d}y=z\mathrm{d}t$，因此

$$\begin{aligned}p_Z(z)&=\frac{\lambda^{\alpha_1+\alpha_2}}{\Gamma(\alpha_1)\Gamma(\alpha_2)}\mathrm{e}^{-\lambda z}\cdot z^{\alpha_1+\alpha_2-1}\int_0^1(1-t)^{\alpha_1-1}t^{\alpha_2-1}\mathrm{d}t\\&=\frac{\lambda^{\alpha_1+\alpha_2}}{\Gamma(\alpha_1)\Gamma(\alpha_2)}\mathrm{e}^{-\lambda z}\cdot z^{\alpha_1+\alpha_2-1}\cdot\frac{\Gamma(\alpha_1)\Gamma(\alpha_2)}{\Gamma(\alpha_1+\alpha_2)}\\&=\frac{\lambda^{\alpha_1+\alpha_2}}{\Gamma(\alpha_1+\alpha_2)}z^{\alpha_1+\alpha_2-1}\mathrm{e}^{-\lambda z},\quad z>0,\end{aligned}$$

即证得 $Z\sim \mathrm{Ga}(\alpha_1+\alpha_2,\lambda)$. 也就是说，具有相同参数 $\lambda$ 的两个独立伽马随机变量之和仍为伽马随机变量. 此结论同样可以推广到有限个伽马随机变量的场合.

另外，还可以证明 $n$ 个独立同分布的指数随机变量之和服从伽马分布，证明留给读者.

### 2. 随机变量商的分布

这里仅讨论连续型随机向量的情况.

设二维连续型随机向量 $(X,Y)$ 的联合概率密度函数是 $p(x,y)$，且 $Y\neq 0$，$Z=\dfrac{X}{Y}$，则 $Z$ 的分布函数为 $F_Z(z)=P(Z<z)=P\left(\dfrac{X}{Y}<z\right)=\iint\limits_{x/y<z}p(x,y)\mathrm{d}x\mathrm{d}y$.

这里的积分区域是如图3.4所示的阴影部分.

$$\begin{aligned}F_Z(z)&=\iint\limits_{\substack{x/y<z\\y>0}}p(x,y)\mathrm{d}x\mathrm{d}y+\iint\limits_{\substack{x/y<z\\y<0}}p(x,y)\mathrm{d}x\mathrm{d}y\\&=\int_0^{+\infty}\left[\int_{-\infty}^{yz}p(x,y)\mathrm{d}x\right]\mathrm{d}y+\int_{-\infty}^{0}\left[\int_{yz}^{+\infty}p(x,y)\mathrm{d}x\right]\mathrm{d}y,\end{aligned}$$

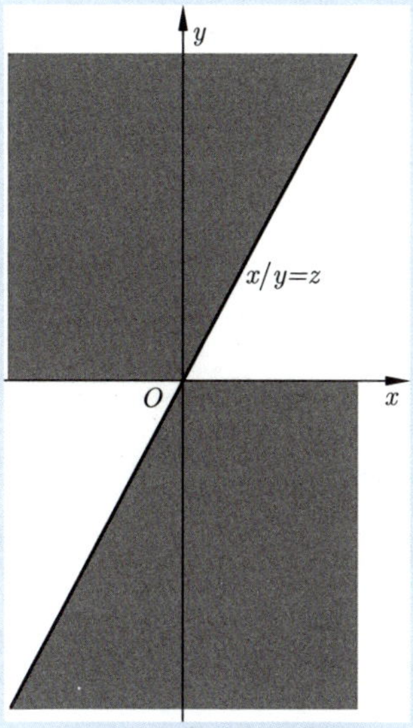


图 3.4　$x/y \leqslant z$

固定 $y$ 与 $z$，对积分 $\int_{-\infty}^{yz} p(x,y)\mathrm{d}x$ 和 $\int_{yz}^{+\infty} p(x,y)\mathrm{d}x$ 进行变量代换，令 $u=\dfrac{x}{y}$，则

$$\begin{aligned} F_Z(z) &= \int_0^{+\infty}\left[\int_{-\infty}^{z} p(yu,y)y\mathrm{d}u\right]\mathrm{d}y + \int_{-\infty}^{0}\left[\int_{z}^{-\infty} p(yu,y)y\mathrm{d}u\right]\mathrm{d}y \\ &= \int_{-\infty}^{z}\left[\int_0^{+\infty} yp(yu,y)\mathrm{d}y\right]\mathrm{d}u + \int_{z}^{-\infty}\left[\int_{-\infty}^{0} yp(yu,y)\mathrm{d}y\right]\mathrm{d}u \\ &= \int_{-\infty}^{z}\left[\int_0^{+\infty} yp(yu,y)\mathrm{d}y\right]\mathrm{d}u - \int_{-\infty}^{z}\left[\int_{-\infty}^{0} yp(yu,y)\mathrm{d}y\right]\mathrm{d}u. \end{aligned}$$

因此

$$p_Z(z)=F_Z'(z)=\int_0^{+\infty} yp(yz,y)\mathrm{d}y-\int_{-\infty}^{0} yp(yz,y)\mathrm{d}y=\int_{-\infty}^{+\infty}|y|p(yz,y)\mathrm{d}y.$$

若 $X$ 与 $Y$ 相互独立，且概率密度函数分别为 $p_X(x),p_Y(y)$，则 $Z=\dfrac{X}{Y}$ 的概率密度函数为

$$p_Z(z)=\int_{-\infty}^{+\infty}|y|p_X(yz)p_Y(y)\mathrm{d}y.$$

**例 3.3.6**　设随机变量 $X,Y$ 相互独立，且均服从 $N(0,1)$，试求 $Z=\dfrac{X}{Y}$ 的概率密度函数.

**解**　由前面推导的公式可知，$Z$ 的概率密度函数为

$$p_Z(z)=\int_{-\infty}^{+\infty}|y|\frac{1}{\sqrt{2\pi}}\mathrm{e}^{-\frac{y^2z^2}{2}}\frac{1}{\sqrt{2\pi}}\mathrm{e}^{-\frac{y^2}{2}}\mathrm{d}y$$

$$= \frac{1}{\pi}\int_0^{+\infty} \mathrm{e}^{-\frac{y^2(1+z^2)}{2}}\mathrm{d}\left(\frac{y^2}{2}\right)$$

$$= \frac{1}{\pi}\int_0^{+\infty} \mathrm{e}^{-(1+z^2)t}\mathrm{d}t$$

$$= \frac{1}{\pi(1+z^2)}.$$

3. 随机变量乘积的分布

同样仅讨论连续型随机向量的情况.

设二维连续型随机向量 $(X,Y)$ 的联合概率密度函数是 $p(x,y)$，$Z=XY$，则 $Z$ 的分布函数为

$$F_Z(z)=P(Z<z)=P(XY<z)=\iint\limits_{xy<z} p(x,y)\mathrm{d}x\mathrm{d}y,$$

积分区域为

$$\begin{cases} y<\dfrac{z}{x}, & x>0 \\ y>\dfrac{z}{x}, & x<0 \end{cases},$$

即如图3.5所示的阴影部分，则

$$F_Z(z)=\int_0^{+\infty}\left[\int_{-\infty}^{\frac{z}{x}} p(x,y)\mathrm{d}y\right]\mathrm{d}x+\int_{-\infty}^{0}\left[\int_{\frac{z}{x}}^{+\infty} p(x,y)\mathrm{d}y\right]\mathrm{d}x.$$

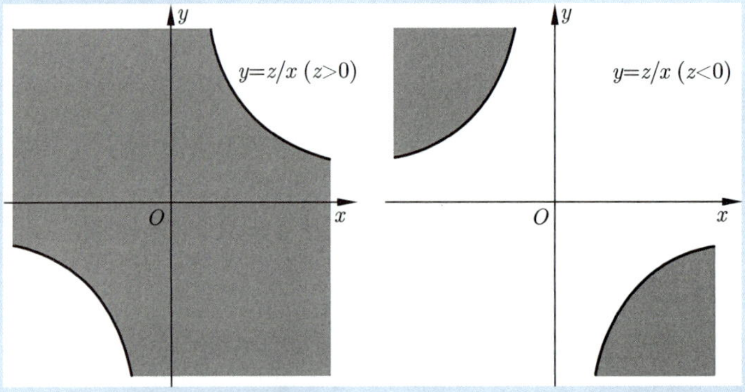


图 3.5 积分区域

固定 $z,x$，令 $y=\dfrac{u}{x}$，则

$$\int_0^{+\infty}\left[\int_{-\infty}^{\frac{z}{x}} p(x,y)\mathrm{d}y\right]\mathrm{d}x=\int_0^{+\infty}\left[\int_{-\infty}^{z}\frac{1}{x}p\left(x,\frac{u}{x}\right)\mathrm{d}u\right]\mathrm{d}x$$

$$=\int_{-\infty}^{z}\left[\int_0^{+\infty}\frac{1}{x}p\left(x,\frac{u}{x}\right)\mathrm{d}x\right]\mathrm{d}u,$$

$$\int_{-\infty}^{0}\left[\int_{\frac{z}{x}}^{+\infty}p(x,y)\mathrm{d}y\right]\mathrm{d}x=\int_{-\infty}^{0}\left[\int_{z}^{-\infty}\frac{1}{x}p\left(x,\frac{u}{x}\right)\mathrm{d}u\right]\mathrm{d}x$$
$$=-\int_{-\infty}^{z}\left[\int_{-\infty}^{0}\frac{1}{x}p\left(x,\frac{u}{x}\right)\mathrm{d}x\right]\mathrm{d}u,$$

可得

$$F_Z(z)=\int_{-\infty}^{z}\left[\int_{0}^{+\infty}\frac{1}{x}p\left(x,\frac{u}{x}\right)\mathrm{d}x-\int_{-\infty}^{0}\frac{1}{x}p\left(x,\frac{u}{x}\right)\mathrm{d}x\right]\mathrm{d}u,$$

则 $Z$ 的概率密度函数为

$$p_Z(z)=\int_{0}^{+\infty}\frac{1}{x}p\left(x,\frac{z}{x}\right)\mathrm{d}x-\int_{-\infty}^{0}\frac{1}{x}p\left(x,\frac{z}{x}\right)\mathrm{d}x=\int_{-\infty}^{+\infty}\frac{1}{|x|}p\left(x,\frac{z}{x}\right)\mathrm{d}x.$$

4. 连续型随机向量的函数分布的一般形式

由上面几种函数分布的计算过程，可以知道对于一个一般的博雷尔可测函数 $g(x_1,x_2,\cdots,x_n)$，随机向量 $(X_1,X_2,\cdots,X_n)$ 的函数分布的求解方法.

若 $Z=g(X_1,X_2,\cdots,X_n)$，且 $(X_1,X_2,\cdots,X_n)$ 的联合概率密度函数为 $p(x_1,x_2,\cdots,x_n)$，根据分布函数的定义，可知 $Z$ 的分布函数为

$$G(y)=P(Z<y)=\underset{g(x_1,x_2,\cdots,x_n)<y}{\int\cdots\int}p(x_1,x_2,\cdots,x_n)\mathrm{d}x_1\mathrm{d}x_2\cdots\mathrm{d}x_n.$$

从而根据联合概率密度函数就可以具体计算出 $Z$ 的分布函数.

## 3.3.2 多维随机向量函数的分布

考虑如下问题：若 $n$ 维连续型随机向量 $(X_1,X_2,\cdots,X_n)$ 的联合概率密度函数为 $p(x_1,x_2,\cdots,x_n)$，那么 $Y_1=f_1(X_1,X_2,\cdots,X_n),\cdots,Y_m=f_m(X_1,X_2,\cdots,X_n)$ 的联合分布将如何计算？要使得这一问题有意义，首先每个 $Y_i(i=1,2,\cdots,m)$ 都要是随机变量，这样根据联合分布函数的定义，有

$$\begin{aligned}G(y_1,y_2,\cdots,y_m)&=P(Y_1<y_1,Y_2<y_2,\cdots,Y_m<y_m)\\&=P(f_1(X_1,X_2,\cdots,X_n)<y_1,\cdots,f_m(X_1,X_2,\cdots,X_n)<y_m)\\&=\underset{\substack{f_1(x_1,x_2,\cdots,x_n)<y_1\\ \cdots\cdots\\ f_m(x_1,x_2,\cdots,x_n)<y_m}}{\int\cdots\int}p(x_1,x_2,\cdots,x_n)\mathrm{d}x_1\mathrm{d}x_2\cdots\mathrm{d}x_n\end{aligned}\qquad(*)$$

如果 $m=n$ 且方程组 $y_i=f_i(X_1,X_2,\cdots,X_n),i=1,2,\cdots,n$ 有唯一连续可微的反函数组 $x_j=g_j(y_1,y_2,\cdots,y_n),j=1,2,\cdots,n$，那么关于 $(Y_1,Y_2,\cdots,Y_n)$ 的联合分布有如下定理.

**定理 3.3.1** 若 $n$ 维连续型随机向量 $(X_1,X_2,\cdots,X_n)$ 的概率密度函数为 $p(x_1,x_2,\cdots,x_n)$，$y_i=f_i(X_1,X_2,\cdots,X_n),i=1,2,\cdots,n$ 是博雷尔可测函数，定义随机向量 $(Y_1,Y_2,\cdots,Y_n)$，其中 $Y_i=f_i(X_1,X_2,\cdots,X_n)$，对于其每一组可能值 $(y_1,y_2,\cdots,y_n)$，方程组

$$\begin{cases} y_1=f_1(x_1,x_2,\cdots,x_n) \\ \cdots\cdots \\ y_n=f_n(x_1,x_2,\cdots,x_n) \end{cases}$$

都有唯一解

$$\begin{cases} x_1=g_1(y_1,y_2,\cdots,y_n) \\ \cdots\cdots \\ x_n=g_n(y_1,y_2,\cdots,y_n) \end{cases}$$

且每一个 $g_i$ 都是连续可微的，那么随机向量 $(Y_1,\cdots,Y_n)$ 是连续的，联合概率密度函数为

$$q(y_1,y_2,\cdots,y_n)=\begin{cases} p(x_1,x_2,\cdots,x_n)|J|, & (y_1,y_2,\cdots,y_n)\text{在}(Y_1,Y_2,\cdots,Y_n)\text{的取值范围内} \\ 0, & \text{其他} \end{cases},$$

其中 $J$ 为坐标变换的雅可比行列式（Jacobian determinant）

$$J=\begin{vmatrix} \dfrac{\partial x_1}{\partial y_1} & \cdots & \dfrac{\partial x_n}{\partial y_1} \\ \vdots & & \vdots \\ \dfrac{\partial x_1}{\partial y_n} & \cdots & \dfrac{\partial x_n}{\partial y_n} \end{vmatrix}.$$

证明：对式 $(*)$ 做变量代换，利用多元积分的知识即可得.

**例 3.3.7** 设 $X,Y$ 均为连续型随机变量，且它们的联合概率密度函数为 $p(x,y)$，令 $U=X+Y$，$V=X-Y$，求 $U,V$ 的联合概率密度函数 $q(u,v)$.

**解** 可以算出雅可比行列式 $J=\begin{vmatrix} \dfrac{1}{2} & \dfrac{1}{2} \\ \dfrac{1}{2} & -\dfrac{1}{2} \end{vmatrix}=-\dfrac{1}{2}$，从而

$$q(u,v)=|J|p(x,y)=\frac{1}{2}p\Big(\frac{u+v}{2},\frac{u-v}{2}\Big).$$

**例 3.3.8** 设 $X,Y$ 均服从标准正态分布 $N(0,1)$，且它们相互独立，令 $U=X+Y$，$V=X-Y$，求 $U,V$ 的联合概率密度 $q(u,v)$.

**解**　由上题的结果，可以得到

$$q(u,v)=\frac{1}{2}p(x,y)=\frac{1}{2}\cdot\frac{1}{2\pi}\mathrm{e}^{-\frac{x^2+y^2}{2}}=\frac{1}{4\pi}\mathrm{e}^{-\frac{1}{2}\left[\left(\frac{u+v}{2}\right)^2+\left(\frac{u-v}{2}\right)^2\right]}=\frac{1}{4\pi}\mathrm{e}^{-\frac{u^2+v^2}{4}}.$$

**例 3.3.9**　设 $X,Y$ 分别服从 $\mathrm{Ga}(\lambda,r_1),\mathrm{Ga}(\lambda,r_2)$，且它们相互独立，令 $U=X+Y$，$V=\dfrac{X}{X+Y}$，求 $U,V$ 的联合概率密度 $q(u,v)$.

**解**　由已知条件可知，$x=uv,y=u(1-v)$.

因而雅可比行列式

$$J=\begin{vmatrix} v & u \\ 1-v & -u \end{vmatrix}=-u,$$

$$\begin{aligned}q(u,v)&=up(x)p(y)=u\frac{\lambda^{r_1}}{\Gamma(r_1)}x^{r_1-1}\mathrm{e}^{-\lambda x}\frac{\lambda^{r_2}}{\Gamma(r_2)}y^{r_2-1}\mathrm{e}^{-\lambda y}\\&=\frac{u\lambda^{r_1+r_2}}{\Gamma(r_1)\Gamma(r_2)}(uv)^{r_1-1}[u(1-v)]^{r_2-1}\mathrm{e}^{-\lambda u}\\&=\frac{\lambda^{r_1+r_2}}{\Gamma(r_1+r_2)}u^{r_1+r_2-1}\mathrm{e}^{-\lambda u}\cdot\frac{\Gamma(r_1+r_2)}{\Gamma(r_1)\Gamma(r_2)}v^{r_1-1}(1-v)^{r_2-1},\ u\geqslant 0,0\leqslant v\leqslant 1.\end{aligned}$$

### 3.3.3　次序统计量

本节要考虑随机向量函数分布的一种特殊情况.

**定义 3.3.2**　随机变量 $X_1,X_2,\cdots,X_n$ 相互独立，且具有相同的分布函数 $F(x)$，对于任一个样本点 $\omega\in\Omega$，$X_1(\omega),X_2(\omega),\cdots,X_n(\omega)$ 都是实数，可以比较大小. 将它们按照大小顺序重新排列为 $X_{(1)}(\omega)\leqslant X_{(2)}(\omega)\leqslant\cdots\leqslant X_{(n)}(\omega)$，如果其中某两个数值相等，则约定原来下标小的在前面. 当在每一个 $\omega$ 上都做这样的排列时，就会得到 $n$ 个定义在 $\Omega$ 上的函数 $X_{(1)},X_{(2)},\cdots,X_{(n)}$，且 $X_{(1)}\leqslant X_{(2)}\leqslant\cdots\leqslant X_{(n)}$，将其称为 $(X_1,X_2,\cdots,X_n)$ 的次序统计量（order statistics），其中 $X_{(k)}$ 称为 $(X_1,X_2,\cdots,X_n)$ 的第 $k$ 个次序统计量. 特别地，$X_{(1)}=\min\limits_{1\leqslant i\leqslant n}X_i$ 称为最小次序统计量，$X_{(n)}=\max\limits_{1\leqslant i\leqslant n}X_i$ 称为最大次序统计量.

次序统计量在很多学科特别是非参数统计中有重要应用.

下面分别讨论次序统计量的分布.

(1) 最大次序统计量 $X_{(n)}=\max\limits_{1\leqslant i\leqslant n}X_i$ 的分布.

$$P(X_{(n)}<x)=P(\max_{1\leqslant i\leqslant n}X_i<x)=P(X_1<x,X_2<x,\cdots,X_n<x).$$

由于 $X_1,X_2,\cdots,X_n$ 独立同分布，所以

$$P(X_{(n)} < x) = P(X_1 < x)P(X_2 < x)\cdots P(X_n < x) = [F(x)]^n.$$

(2) 最小次序统计量 $X_{(1)} = \min\limits_{1\leqslant i\leqslant n} X_i$ 的分布. 注意到

$$P(X_{(1)} \geqslant x) = P(X_1 \geqslant x, X_2 \geqslant x, \cdots, X_n \geqslant x).$$

由于 $X_1, X_2, \cdots, X_n$ 独立同分布，所以

$$P(X_{(1)} \geqslant x) = P(X_1 \geqslant x)P(X_2 \geqslant x)\cdots P(X_n \geqslant x) = [1-F(x)]^n,$$

故 $P(X_{(1)} < x) = 1 - [1-F(x)]^n$.

(3) $(X_{(1)}, X_{(n)})$ 的联合分布.

记 $G(x,y) = P(X_{(1)} < x, X_{(n)} < y)$.

当$x \geqslant y$ 时，$G(x,y) = P(X_{(n)} < y) = [F(y)]^n$.

当$x < y$ 时，

$$\begin{aligned} G(x,y) &= P(X_{(n)} < y) - P(X_{(1)} \geqslant x, X_{(n)} < y) \\ &= [F(y)]^n - P(x \leqslant X_1 < y, x \leqslant X_2 < y, \cdots, x \leqslant X_n < y) \\ &= [F(y)]^n - P(x \leqslant X_1 < y)P(x \leqslant X_2 < y)\cdots P(x \leqslant X_n < y) \\ &= [F(y)]^n - [F(y)-F(x)]^n. \end{aligned}$$

$(X_{(1)}, X_{(n)})$ 的联合概率密度函数为

$$g(x,y) = \begin{cases} 0, & x \geqslant y \\ n(n-1)[F(y)-F(x)]^{n-2}p(x)p(y), & x < y \end{cases}.$$

(4) 定义 $R = X_{(n)} - X_{(1)}$ 为 $X_1, X_2, \cdots, X_n$ 的极差，若 $X_i \sim F(x)$，且概率密度函数为 $p(x)$，则 $R$ 的分布为

$$\begin{aligned} P(R < r) = P(X_{(n)} - X_{(1)} < r) &= \iint\limits_{y-x<r} g(x,y)\mathrm{d}x\mathrm{d}y \\ &= \int_{-\infty}^{+\infty}\left[\int_x^{x+r} n(n-1)[F(y)-F(x)]^{n-2}p(x)p(y)\mathrm{d}y\right]\mathrm{d}x \\ &= \int_{-\infty}^{+\infty}\left[\int_x^{x+r} n(n-1)[F(y)-F(x)]^{n-2}\mathrm{d}(F(y)-F(x))\right]p(x)\mathrm{d}x \\ &= n\int_{-\infty}^{+\infty}\left\{[F(y)-F(x)]^{n-1}\Big|_x^{x+r}\right\}p(x)\mathrm{d}x \\ &= n\int_{-\infty}^{+\infty} p(x)\left[F(x+r)-F(x)\right]^{n-1}\mathrm{d}x, \end{aligned}$$

因此，$R$ 的概率密度函数为

$$f_R(r) = n(n-1)\int_{-\infty}^{+\infty}\left[F(x+r)-F(x)\right]^{n-2}p(x)p(x+r)\mathrm{d}x.$$

(5) $X_{(k)}$ 的分布.

注意到 $X_{(k)} < x \Longleftrightarrow X_1, X_2, \cdots, X_n$ 中至少有 $k$ 个小于 $x$，令 $A_m =$"$X_1, X_2, \cdots, X_n$

中恰有 $m$ 个小于 $x$" 的事件，则 $A_1, A_2, \cdots, A_m$ 两两不交，且

$$(X_{(k)} < x) = \bigcup_{m=k}^{n} A_m,$$

$$P(X_{(k)}) < x) = \sum_{m=k}^{n} P(A_m).$$

易见

$$P(A_m) = C_n^m F^m(x)(1-F(x))^{n-m},$$

从而

$$P(X_{(k)}) < x) = \sum_{m=k}^{n} C_n^m F^m(x)(1-F(x))^{n-m}.$$

**例 3.3.10** 对于 $2n+1$ 个独立同分布的随机变量，将第 $n+1$ 个次序统计量 $X_{(n+1)}$ 称为样本中位数. 求 3 个独立同服从均匀 $U(0,1)$ 分布的随机变量的样本中位数在 1/2 到 3/4 之间的概率.

**解** 由样本中位数的定义知，所求的概率为 $P\left(\frac{1}{2} < X_{(2)} < \frac{3}{4}\right)$.

由上面的公式可以求得

$$P\left(\frac{1}{2} < X_{(2)} < \frac{3}{4}\right) = \frac{11}{32}.$$

## 3.4 随机向量的数字特征

类似于一维随机变量的情况，可以考虑随机向量的各种数字特征，其中重要的数字特征有数学期望、协方差、相关系数等，另外还可以考虑多元特征函数以及多元矩母函数.

### 3.4.1 随机向量的数学期望

**定义 3.4.1** $n$ 维随机向量 $(X_1, X_2, \cdots, X_n)$ 的数学期望是 $(E(X_1), E(X_2), \cdots, E(X_n))$，其中 $E(X_i)$ 是根据 $X_i$ 的边际分布计算出的 $X_i$ 的期望值，称为边际期望.

以上定义要求各个边际期望都存在.

特别地，对于二维离散型随机向量 $(X_1, X_2)$，设它的联合分布列为

$$p_{ij} = P(X_1 = x_i, X_2 = y_j), \quad i, j = 1, 2, \cdots,$$

若 $\sum_{i=1}^{\infty}\sum_{j=1}^{\infty} |x_i| p_{ij} < +\infty$，$\sum_{i=1}^{\infty}\sum_{j=1}^{\infty} |y_j| p_{ij} < +\infty$，则随机向量 $(X_1,\ X_2)$ 的数学期望为 $(E(X_1), E(X_2))$，其中

$$E(X_1)=\sum_{i=1}^{\infty}x_ip_{i\cdot}=\sum_{i=1}^{\infty}x_i\sum_{j=1}^{\infty}p_{ij}=\sum_{i=1}^{\infty}\sum_{j=1}^{\infty}x_ip_{ij}<\infty,\quad E(X_2)=\sum_{i=1}^{\infty}\sum_{j=1}^{\infty}y_jp_{ij}<\infty.$$

对于二维连续型随机向量 $(X_1,X_2)$，设联合概率密度函数为 $p(x,y)$，若

$$\int_{-\infty}^{+\infty}\int_{-\infty}^{+\infty}|x|p(x,y)\mathrm{d}x\mathrm{d}y<+\infty,\quad \int_{-\infty}^{+\infty}\int_{-\infty}^{+\infty}|y|p(x,y)\mathrm{d}x\mathrm{d}y<+\infty,$$

则随机向量 $(X_1,X_2)$ 的数学期望为 $(E(X_1),E(X_2))$，其中

$$E(X_1)=\int_{-\infty}^{+\infty}\int_{-\infty}^{+\infty}xp(x,y)\mathrm{d}x\mathrm{d}y,\quad E(X_2)=\int_{-\infty}^{+\infty}\int_{-\infty}^{+\infty}yp(x,y)\mathrm{d}x\mathrm{d}y.$$

随机向量函数的数学期望有类似于一维情形的结果，这里仍以二维随机向量为例叙述，对于 $n$ 维情形结论是一样的.

**定理 3.4.1** 设二维离散型随机向量 $(X,Y)$ 的联合分布列为

$$p_{ij}=P(X=x_i,Y=y_j),\quad i,j=1,2,\cdots,$$

$g(x,y)$ 是一个博雷尔可测函数.

若

$$\sum_{i=1}^{\infty}\sum_{j=1}^{\infty}|g(x_i,y_j)|p_{ij}<+\infty,$$

则随机变量 $Z=g(X,Y)$ 的数学期望为

$$E(Z)=\sum_{i=1}^{\infty}\sum_{j=1}^{\infty}g(x_i,y_j)p_{ij}.$$

设二维连续型随机向量 $(X,Y)$ 的联合概率密度函数为 $p(x,y)$，若

$$\int_{-\infty}^{+\infty}\int_{-\infty}^{+\infty}|g(x,y)|p(x,y)\mathrm{d}x\mathrm{d}y<+\infty,$$

则随机变量 $Z=g(X,Y)$ 的数学期望为

$$E(Z)=\int_{-\infty}^{+\infty}\int_{-\infty}^{+\infty}g(x,y)p(x,y)\mathrm{d}x\mathrm{d}y.$$

**例 3.4.1** 设随机向量 $(X,Y)$ 的联合分布列为

| $X$ \ $Y$ | 0 | 1 |
|---|---|---|
| 0 | 0.1 | 0.15 |
| 1 | 0.25 | 0.2 |
| 2 | 0.15 | 0.15 |

求 $Z=X+Y$ 的数学期望.

**解** 由数学期望公式知,

$$E(Z) = 0 \times 0.1 + 1 \times (0.15 + 0.25) + 2 \times (0.2 + 0.15) + 3 \times 0.15 = 1.55.$$

**例 3.4.2** 设随机向量 $(X, Y)$ 的联合概率密度函数为

$$p(x, y) = \begin{cases} \dfrac{x(1+3y^2)}{4}, & 0 < x < 2, 0 < y < 1 \\ 0, & \text{其他} \end{cases}.$$

求 $E(Y/X)$.

**解** 由数学期望公式知,

$$\begin{aligned} E(Y/X) &= \int_0^1 \int_0^2 y/x \cdot \frac{x(1+3y^2)}{4} \mathrm{d}x\mathrm{d}y \\ &= \frac{(1+3y^2)^2}{24}\Big|_0^1 = \frac{5}{8}. \end{aligned}$$

数学期望有如下性质.

**性质 3.4.1**（线性性质） 设 $(X, Y)$ 是二维随机向量, 则对于任意常数 $a, b$,

$$E(aX + bY) = aE(X) + bE(Y).$$

仅给出连续型场合的证明, 离散型情形类似.

**证明**: 设 $(X, Y)$ 的联合概率密度函数为 $p(x, y)$, 边际概率密度函数分别为 $p_X(x)$, $p_Y(y)$, 则

$$\begin{aligned} E(aX + bY) &= \int_{-\infty}^{+\infty} \int_{-\infty}^{+\infty} (ax + by) p(x, y) \mathrm{d}x\mathrm{d}y \\ &= a \int_{-\infty}^{+\infty} \int_{-\infty}^{+\infty} x p(x, y) \mathrm{d}x\mathrm{d}y + b \int_{-\infty}^{+\infty} \int_{-\infty}^{+\infty} y p(x, y) \mathrm{d}x\mathrm{d}y \\ &= aE(X) + bE(Y). \end{aligned}$$

特别地, 当 $a = b = 1$ 时, 有 $E(X + Y) = E(X) + E(Y)$, 即“随机变量和的数学期望等于数学期望的和”, 将其推广到 $n$ 个随机变量的场合, 即有 $E(X_1 + X_2 + \cdots + X_n) = E(X_1) + E(X_2) + \cdots + E(X_n)$.

有了这一性质, 就可以很容易地解释伯努利分布和二项分布、几何分布和负二项分布、指数分布和伽马分布的数学期望之间的关系了.

在有的问题中, 可以先将随机变量 $X$ 分解成若干个简单随机变量的和, 再利用数学期望的性质求解, 以使问题简化.

**例 3.4.3** 求掷 $n$ 次骰子出现点数之和的数学期望.

**解** 记 $X_i$ 为第 $i\ (i=1,2,\cdots,n)$ 次掷出的点数，$Y$ 为出现的点数之和，则 $Y=\sum\limits_{i=1}^{n}X_i$，且 $X_i$ 相互独立，分布列均为 $P(X_i=k)=\dfrac{1}{6},k=1,2,\cdots,6$. 因此

$$E(Y)=E\Big(\sum_{i=1}^{n}X_i\Big)=\sum_{i=1}^{n}E(X_i)=\frac{n}{6}(1+2+\cdots+6)=\frac{7}{2}n.$$

**例 3.4.4** 求超几何分布 $p_k=\dfrac{C_M^kC_{N-M}^{n-k}}{C_N^n},k=0,1,\cdots,n$ 的数学期望.

**解** 超几何分布的定义参见定义 3.1.5. 设想一个与之相应的不放回抽样，令

$$X_i=\begin{cases}1, & \text{第 } i \text{ 次抽得的为废品}\\ 0, & \text{第 } i \text{ 次抽得的为正品}\end{cases},$$

则

$$P(X_1=1)=\frac{M}{N},$$

$$P(X_2=1)=\frac{M}{N}\times\frac{M-1}{N-1}+\frac{N-M}{N}\times\frac{M}{N-1}=\frac{M}{N},$$

$$\cdots\cdots$$

$$P(X_i=1)=\frac{M}{N},\ i=1,2,\cdots,n,$$

因此 $E(X_i)=\dfrac{M}{N}$，而 $X=X_1+\cdots+X_n$ 表示第 $n$ 次抽样中抽出的废品数，它服从超几何分布，利用 $E(X)=E(X_1+\cdots+X_n)=E(X_1)+\cdots+E(X_n)$ 可得

$$E(X)=E(X_1)+\cdots+E(X_n)=\frac{nM}{N}.$$

**性质 3.4.2** 设 $X,Y$ 是相互独立的随机变量，则 $E(XY)=E(X)E(Y)$.

**证明**：这里同样仅给出连续型随机变量场合下的证明.

若 $X$ 与 $Y$ 相互独立，则 $p(x,y)=p_X(x)\cdot p_Y(y)$，所以

$$E(XY)=\int_{-\infty}^{+\infty}\int_{-\infty}^{+\infty}xyp(x,y)\mathrm{d}x\mathrm{d}y=\int_{-\infty}^{+\infty}\int_{-\infty}^{+\infty}xyp_X(x)\cdot p_Y(y)\mathrm{d}x\mathrm{d}y$$

$$=\left[\int_{-\infty}^{+\infty}xp_X(x)\mathrm{d}x\right]\cdot\left[\int_{-\infty}^{+\infty}y\,p_Y(y)\mathrm{d}y\right]=E(X)E(Y).$$

该性质可叙述为“独立随机变量积的数学期望等于数学期望之积”，可以将其推广到 $n$ 个独立随机变量的场合：若 $(X_1,X_2,\cdots,X_n)$ 是 $n$ 维独立随机向量，则

$$E(X_1X_2\cdots X_n)=E(X_1)E(X_2)\cdots E(X_n).$$

### 3.4.2 协方差和相关系数

首先来看一下随机向量函数的方差.

设 $(X,Y)$ 是一个二维随机向量，$g$ 为博雷尔可测函数，按照定义，随机变量 $Z=g(X,Y)$ 的方差为

$$\begin{aligned}\operatorname{Var}(Z)&=E(Z-E(Z))^2\\&=E\left(g(X,Y)-Eg(X,Y)\right)^2\\&=E\left(g^2(X,Y)\right)-\left(Eg(X,Y)\right)^2\\&=\begin{cases}\displaystyle\sum_i\sum_j g^2(x_i,y_j)p(x_i,y_j)-\Big(\sum_i\sum_j g(x_i,y_j)p(x_i,y_j)\Big)^2, & \text{离散型}\\ \displaystyle\iint g^2(x,y)p(x,y)\mathrm{d}x\mathrm{d}y-\Big(\iint g(x,y)p(x,y)\mathrm{d}x\mathrm{d}y\Big)^2, & \text{连续型}\end{cases}.\end{aligned}$$

当 $g(x,y)=x+y$ 时，有如下性质.

**性质 3.4.3** 当随机变量 $X,Y$ 相互独立时，$\operatorname{Var}(X\pm Y)=\operatorname{Var}(X)+\operatorname{Var}(Y)$.

**证明**：

$$\begin{aligned}\operatorname{Var}(X\pm Y)&=E\left[X\pm Y-E(X\pm Y)\right]^2\\&=E\left[(X-E(X))\pm(Y-E(Y))\right]^2\\&=E[(X-E(X))^2+(Y-E(Y))^2\pm2(X-E(X))(Y-E(Y))]\\&=E(X-E(X))^2+E(Y-E(Y))^2\pm2E[(X-E(X))(Y-E(Y))]\\&=\operatorname{Var}(X)+\operatorname{Var}(Y)\pm2E[(X-E(X))(Y-E(Y))].\end{aligned}$$

因为 $X$ 与 $Y$ 相互独立，故 $X-E(X)$ 与 $Y-E(Y)$ 也相互独立，从而

$$E[(X-E(X))(Y-E(Y))]=E(X-E(X))E(Y-E(Y))=0,$$

所以 $\operatorname{Var}(X\pm Y)=\operatorname{Var}(X)+\operatorname{Var}(Y)$.

这个性质可叙述为“独立随机变量之和（或差）的方差等于方差之和”，也可以将其推广到 $n$ 个独立随机变量的场合：若随机变量 $X_1,X_2,\cdots,X_n$ 相互独立，则

$$\operatorname{Var}(X_1\pm X_2\pm\cdots\pm X_n)=\operatorname{Var}(X_1)+\operatorname{Var}(X_2)+\cdots+\operatorname{Var}(X_n).$$

**例 3.4.5** 设随机变量 $U$ 服从 $(-2,2)$ 上的均匀分布，定义 $X$ 和 $Y$ 如下：

$$X=\begin{cases}-1, & U<-1\\1, & U\geqslant-1\end{cases},\quad Y=\begin{cases}-1, & U<-1\\1, & U\geqslant-1\end{cases}.$$

试求 $\operatorname{Var}(X+Y)$.

**解** 由题意可知，

$$P(X=-1,Y=-1)=\int_{-2}^{-1}\frac{1}{4}\mathrm{d}u=\frac{1}{4},$$

$$P(X=1,Y=-1)=P(X=-1,Y=1)=0,$$

$$P(X=1,Y=1)=\int_{-1}^{2}\frac{1}{4}\mathrm{d}u=\frac{3}{4},$$

从而 $E(X+Y)=-2\times\frac{1}{4}+2\times\frac{3}{4}=1$，因此 $\mathrm{Var}(X+Y)=E(X+Y)^2-(E(X+Y))^2=(-2)^2\times\frac{1}{4}+2^2\times\frac{3}{4}-1^2=3.$

### 1. 协方差

已知当随机变量 $X,Y$ 相互独立时，有 $E[(X-E(X))(Y-E(Y))]=0$，而在一般情况下，$E[(X-E(X))(Y-E(Y))]\neq 0$，这就表明 $X,Y$ 之间存在一定的关系，这里将用一个新的特征数来表示随机变量之间的这种关系，该特征数称为**协方差**（covariance）.

> **定义 3.4.2** 对于随机变量 $X,Y$，若 $E[(X-E(X))(Y-E(Y))]$ 存在，则称它为 $X$ 和 $Y$ 的协方差，记为 $\mathrm{Cov}(X,Y)$.

若 $X=Y$，则 $\mathrm{Cov}(X,Y)=\mathrm{Var}(X)$.

对于一个 $n$ 维随机向量 $(X_1,X_2,\cdots,X_n)$，可以考虑它的任意两个随机变量 $X_i,X_j$ 的协方差，将其表示成一个矩阵的形式，称为协方差矩阵：

$$\begin{pmatrix} b_{11} & b_{12} & \cdots & b_{1n} \\ b_{21} & b_{22} & \cdots & b_{2n} \\ \vdots & \vdots & & \vdots \\ b_{n1} & b_{n2} & \cdots & b_{nn} \end{pmatrix}$$

其中 $b_{ij}=\mathrm{Cov}(X_i,X_j)$.

下面介绍协方差的一些性质.

> **性质 3.4.4** $\mathrm{Cov}(X,Y)=\mathrm{Cov}(Y,X)$.

> **性质 3.4.5** $\mathrm{Cov}(X,Y)=E(XY)-E(X)E(Y)$.

> **性质 3.4.6** 对任意常数 $a,b\neq 0$，$\mathrm{Cov}(aX,bY)=ab\mathrm{Cov}(X,Y)$.

> **性质 3.4.7** $\mathrm{Cov}(X_1+X_2,Y)=\mathrm{Cov}(X_1,Y)+\mathrm{Cov}(X_2,Y)$.

仅给出性质3.4.5的证明，其他性质均可由协方差的定义和数学期望的性质得出.

**证明：**

$$\begin{aligned}\operatorname{Cov}(X,Y)&=E[(X-E(X))(Y-E(Y))]\\&=E[XY-XE(Y)-YE(X)+E(X)E(Y)]\\&=E(XY)-E(X)E(Y)-E(Y)E(X)+E(X)E(Y)\\&=E(XY)-E(X)E(Y).\end{aligned}$$

对于任意随机变量 $X,Y$，均有 $\operatorname{Var}(X\pm Y)=\operatorname{Var}(X)+\operatorname{Var}(Y)\pm 2\operatorname{Cov}(X,Y)$ 成立. 若推广到任意有限个随机变量的场合，则

$$\operatorname{Var}\Big(\sum_{i=1}^{n}X_i\Big)=\sum_{i=1}^{n}\operatorname{Var}(X_i)+2\sum_{i<j}\sum\operatorname{Cov}(X_i,Y_j).$$

**例 3.4.6** 设二维随机向量 $(X,Y)$ 的联合概率密度函数为

$$p(x,y)=\begin{cases}x, & 0<y<3x<3\\ 0, & \text{其他}\end{cases}.$$

试求 $\operatorname{Cov}(X,Y)$.

**解** 依题意得

$$E(X)=\int_0^1\int_0^{3x}x\cdot x\mathrm{d}y\mathrm{d}x=\frac{3}{4},$$

$$E(Y)=\int_0^1\int_0^{3x}y\cdot x\mathrm{d}y\mathrm{d}x=\frac{9}{8},$$

$$E(XY)=\int_0^1\int_0^{3x}xy\cdot x\mathrm{d}y\mathrm{d}x=\frac{9}{10},$$

从而

$$\operatorname{Cov}(X,Y)=E(XY)-E(X)E(Y)=\frac{9}{10}-\frac{3}{4}\times\frac{9}{8}=\frac{9}{160}.$$

**例 3.4.7** 设二维随机向量 $(X,Y)$ 的联合分布列为

| $X$ \ $Y$ | $-1$ | 0 | 1 |
|---|---|---|---|
| 0 | 0.07 | 0.18 | 0.15 |
| 1 | 0.08 | 0.32 | 0.20 |

试求 $X^2$ 与 $Y^2$ 的协方差.

**解** 不难算出

$$E(X^2)=0.08+0.32+0.20=0.6,$$

$$E(Y^2) = (-1)^2 \times (0.07 + 0.08) + 1^2 \times (0.15 + 0.20) = 0.5,$$
$$E(X^2Y^2) = 0.08 + 0.20 = 0.28.$$

因此

$$\mathrm{Cov}(X^2, Y^2) = E(X^2Y^2) - E(X^2)E(Y^2) = 0.28 - 0.6 \times 0.5 = -0.02.$$

### 2. 相关系数

协方差是用来刻画随机变量之间关系的特征数，但它与随机变量的大小和量纲有关. 例如，$X$ 表示物体的体积，单位是升 (L)，$Y$ 表示物体的质量，单位是千克 (kg)，则协方差 $\mathrm{Cov}(X,Y)$ 的量纲为 $(\mathrm{L}\cdot\mathrm{kg})$. 为了消除这些影响，我们可以除以一个和协方差有相同量纲的量，这样就得到了相关系数这个新概念，它的定义如下.

**定义 3.4.3** 设 $(X,Y)$ 是二维随机向量，且 $\mathrm{Var}(X) > 0, \mathrm{Var}(Y) > 0$，则称 $\rho(X,Y) = \dfrac{\mathrm{Cov}(X,Y)}{\sqrt{\mathrm{Var}(X)}\sqrt{\mathrm{Var}(Y)}}$ 为 $X$ 与 $Y$ 的线性相关系数，简称相关系数 (correlation coefficient). 显然它与协方差同号，当 $\rho(X,Y) > 0$ 时，称 $X$ 与 $Y$ 正相关；当 $\rho(X,Y) < 0$ 时，称 $X$ 与 $Y$ 负相关；当 $\rho(X,Y) = 0$ 时，称 $X$ 与 $Y$ 不相关.

另外，定义常数与任意随机变量的相关系数为 0.

易证相关系数 $\rho(X,Y)$ 是 $X$ 与 $Y$ 的标准化随机变量

$$X^* = \frac{X - E(X)}{\sqrt{\mathrm{Var}(X)}} \quad 与 \quad Y^* = \frac{Y - E(Y)}{\sqrt{\mathrm{Var}(Y)}}$$

的协方差，因此相关系数也称为标准协方差.

**例 3.4.8** 设二维随机变量 $(X,Y)$ 的联合概率密度函数为

$$p(x,y) = \begin{cases} 3x, & 0 < y < x < 1 \\ 0, & 其他 \end{cases}.$$

试求 $\rho(X,Y)$.

**解** 依题意得

$$E(X) = \int_0^1 \int_0^x x \cdot 3x\mathrm{d}y\mathrm{d}x = \frac{3}{4},$$
$$E(X^2) = \int_0^1 \int_0^x x^2 \cdot 3x\mathrm{d}y\mathrm{d}x = \frac{3}{5},$$
$$E(Y) = \int_0^1 \int_0^x y \cdot 3x\mathrm{d}y\mathrm{d}x = \frac{3}{8},$$
$$E(Y^2) = \int_0^1 \int_0^x y^2 \cdot 3x\mathrm{d}y\mathrm{d}x = \frac{1}{5},$$

$$E(XY)=\int_0^1\int_0^x xy\cdot 3x\mathrm{d}y\mathrm{d}x=\frac{3}{10},$$

从而 $\operatorname{Cov}(X,Y)=E(XY)-E(X)E(Y)=\frac{3}{10}-\frac{3}{4}\times\frac{3}{8}=\frac{3}{160}$，因此

$$\rho(X,Y)=\frac{\operatorname{Cov}(X,Y)}{\sqrt{\operatorname{Var}(X)}\sqrt{\operatorname{Var}(Y)}}=\frac{3/160}{\sqrt{\frac{3}{5}-\frac{9}{16}}\cdot\sqrt{\frac{1}{5}-\frac{9}{64}}}=\frac{3}{\sqrt{57}}.$$

下面研究相关系数的性质，先证明一个常用的定理.

**定理 3.4.2**（柯西-施瓦茨不等式（Cauchy-Schwarz inequality））　对于任意随机变量 $X$ 和 $Y$，有

$$|E(XY)|^2\leqslant E(X^2)E(Y^2),$$

当且仅当 $P(Y=aX)=1$（其中 $a$ 是一个常数）时，等式成立.

**证明**：对任意实数 $t$，定义 $u(t)=E(tX-Y)^2=t^2E(X^2)-2tE(XY)+E(Y^2)$，显然对一切 $t$，$u(t)\geqslant 0$，因此二次方程 $u(t)=0$ 没有实根或者有一个重根. 所以

$$|E(XY)|^2\leqslant E(X^2)E(Y^2).$$

此外，方程 $u(t)=0$ 有一个重根 $a$ 的充要条件是 $|E(XY)|^2-E(X^2)E(Y^2)=0$，这等价于 $E(Y-aX)^2=0$，即 $P(Y-aX=0)=1$，证毕.

由柯西-施瓦茨不等式，可以证明相关系数的如下性质.

**性质 3.4.8**　$|\rho(X,Y)|\leqslant 1$. $\rho(X,Y)=\pm 1$ 的充要条件是存在常数 $a,b$ 使得 $P(Y=aX+b)=1$，且当 $\rho(X,Y)=1$ 时 $a>0$，当 $\rho(X,Y)=-1$ 时 $a<0$.

**证明**：由

$$\{E[X-E(X)][Y-E(Y)]\}^2\leqslant E[X-E(X)]^2E[Y-E(Y)]^2,$$

即 $\operatorname{Cov}^2(X,Y)\leqslant \operatorname{Var}(X)\operatorname{Var}(Y)$，得

$$\left[\frac{\operatorname{Cov}(X,Y)}{\sqrt{\operatorname{Var}(X)}\sqrt{\operatorname{Var}(Y)}}\right]^2\leqslant 1,$$

所以 $|\rho(X,Y)|\leqslant 1$.

若 $Y=aX+b$，则

$$\begin{aligned}\operatorname{Cov}(X,Y)&=\operatorname{Cov}(X,aX+b)=\operatorname{Cov}(X,aX)+\operatorname{Cov}(X,b)\\&=a\operatorname{Cov}(X,X)+0=a\operatorname{Var}(X),\end{aligned}$$

$$\operatorname{Var}(Y)=\operatorname{Var}(aX+b)=a^2\operatorname{Var}(X),$$

因此

$$\rho(X,Y)=\frac{\mathrm{Cov}(X,Y)}{\sqrt{\mathrm{Var}(X)}\sqrt{\mathrm{Var}(Y)}}=\frac{a\mathrm{Var}(X)}{|a|\mathrm{Var}(X)}=\frac{a}{|a|}.$$

当 $a>0$ 时，$\rho(X,Y)=1$；当 $a<0$ 时，$\rho(X,Y)=-1$.

反之，由于

$$\mathrm{Var}\Big(\frac{X}{\sqrt{\mathrm{Var}(X)}}-\frac{Y}{\sqrt{\mathrm{Var}(Y)}}\Big)=2-\frac{2}{\sqrt{\mathrm{Var}(X)}\sqrt{\mathrm{Var}(Y)}}\mathrm{Cov}(X,Y)=2-2\rho(X,Y),$$

因此当 $\rho(X,Y)=1$ 时，$\mathrm{Var}\Big(\frac{X}{\sqrt{\mathrm{Var}(Y)}}-\frac{Y}{\sqrt{\mathrm{Var}(Y)}}\Big)=0$，则

$$P\Big(\frac{Y}{\sqrt{\mathrm{Var}(Y)}}-\frac{X}{\sqrt{\mathrm{Var}(X)}}=C\Big)=1,$$

即

$$P\Big(Y=\frac{\sqrt{\mathrm{Var}(Y)}}{\sqrt{\mathrm{Var}(X)}}X+C\sqrt{\mathrm{Var}(Y)}\Big)=1.$$

当 $\rho(X,Y)=-1$ 时，对 $\mathrm{Var}\Big(\frac{X}{\sqrt{\mathrm{Var}(X)}}+\frac{Y}{\sqrt{\mathrm{Var}(Y)}}\Big)$ 进行讨论即可得证.

对于相关系数为 0（即随机变量不相关）的极端情况，有以下的等价描述.

**性质 3.4.9** 对随机变量 $X$ 和 $Y$，以下描述是等价的:

(1) $\mathrm{Cov}(X,Y)=0$;

(2) $X,Y$ 不相关 (uncorrelated);

(3) $E(XY)=E(X)E(Y)$;

(4) $\mathrm{Var}(X+Y)=\mathrm{Var}(X)+\mathrm{Var}(Y)$.

**证明**：由相关系数的定义可知 (1) 和 (2) 是等价的；由

$$\mathrm{Cov}(X,Y)=E(XY)-E(X)E(Y)$$

可知 (1) 和 (3) 等价；再由

$$\mathrm{Var}(X+Y)=\mathrm{Var}(X)+\mathrm{Var}(Y)+2\mathrm{Cov}(X,Y)$$

可知 (1) 和 (4) 等价.

已经知道如果随机变量之间相互独立，就有以上的 (3) 和 (4) 成立，从而对于相关系数就有如下结论.

**性质 3.4.10** 若 $X$ 与 $Y$ 独立，则 $X$ 与 $Y$ 不相关.

相关系数在某种意义上度量了两个随机变量之间线性关系的程度，随着 $\rho$ 从 1 减少到 0，说明这种线性关系的程度越来越低；$\rho=0$, 说明两个随机变量之间没有这种线性关系，但不代表此时它们相互独立（下面的例子可以说明这个结论）；反之，如果两个随机变量相互独立，说明它们之间不存在任何联系，进而也不存在线性关系，从而就不相关.

**例 3.4.9**　离散型随机变量 $X$ 和 $Y$ 的二维列联表如下:

| $X$ \ $Y$ | $-1$ | $0$ | $1$ | $p_X$ |
|---|---|---|---|---|
| $0$ | $0$ | $\frac{1}{3}$ | $0$ | $\frac{1}{3}$ |
| $1$ | $\frac{1}{3}$ | $0$ | $\frac{1}{3}$ | $\frac{2}{3}$ |
| $p_Y$ | $\frac{1}{3}$ | $\frac{1}{3}$ | $\frac{1}{3}$ | $1$ |

不难算出

$$E(X)=\frac{2}{3},\quad E(Y)=0,\quad E(XY)=0,$$

$$\mathrm{Cov}(X,Y)=E(XY)-E(X)E(Y)=0,$$

从而 $X$ 与 $Y$ 不相关. 但通过列联表可看出 $P(X=0,Y=1)=0$，而 $P(X=0)=1/3$，$P(Y=1)=1/3$，故 $X$ 与 $Y$ 不独立.

事实上，相关系数为 0，只说明两个随机变量没有线性关系，相互正交，但是它们之间还可以存在其他形式的关系，下面的例子可以说明这一点.

**例 3.4.10**　设 $\theta$ 服从 $[0,2\pi]$ 上的均匀分布，令 $X=\cos\theta$，$Y=\cos(\theta+a)$，其中 $a$ 是一个常数. 则

$$E(X)=\frac{1}{2\pi}\int_0^{2\pi}\cos\theta\mathrm{d}\theta=0,$$

$$E(Y)=\frac{1}{2\pi}\int_0^{2\pi}\cos(\theta+a)\mathrm{d}\theta=0,$$

$$E(X^2)=\frac{1}{2\pi}\int_0^{2\pi}\cos^2\theta\mathrm{d}\theta=\frac{1}{2},$$

$$E(Y^2)=\frac{1}{2\pi}\int_0^{2\pi}\cos^2(\theta+a)\mathrm{d}\theta=\frac{1}{2},$$

$$E(XY)=\frac{1}{2\pi}\int_0^{2\pi}\cos\theta\cos(\theta+a)\mathrm{d}\theta=\frac{1}{2}\cos a.$$

因此，相关系数 $\rho(X,Y)=\cos a$. 当 $a=0$ 时，$\rho(X,Y)=1$，$X=Y$；当 $a=\pi$ 时，$\rho(X,Y)=-1$，$X=-Y$. 但是当 $a=\frac{\pi}{2}$ 或者 $\frac{3\pi}{2}$ 时，$\rho(X,Y)=0$，二者不相关. 然而，此时 $X^2+Y^2=1$，说明二者不独立.

一般来说，不相关不能推导出独立，但是，对于正态分布来说，不相关与独立是一致的. 下面我们以二元正态分布为例来说明这一点.

**例 3.4.11** 若随机向量 $(X,Y)\sim N(\mu_1,\mu_2,\sigma_1^2,\sigma_2^2,\rho)$，则 $X,Y$ 独立的充要条件是 $X$ 与 $Y$ 不相关.

**证明**：只需证明充分性. 首先 $(X,Y)$ 的联合概率密度函数为

$$p(x,y)=\frac{1}{2\pi\sigma_1\sigma_2\sqrt{1-\rho^2}}\exp\left\{-\frac{1}{2(1-\rho^2)}\left[\frac{(x-\mu_1)^2}{\sigma_1^2}-\frac{2\rho(x-\mu_1)(y-\mu_2)}{\sigma_1\sigma_2}+\frac{(y-\mu_2)^2}{\sigma_2^2}\right]\right\}.$$

已经求出 $X$ 与 $Y$ 的边际概率密度函数分别为

$$p_X(x)=\frac{1}{\sqrt{2\pi}\sigma_1}\mathrm{e}^{-\frac{(x-\mu_1)^2}{2\sigma_1^2}},\quad p_Y(y)=\frac{1}{\sqrt{2\pi}\sigma_2}\mathrm{e}^{-\frac{(y-\mu_2)^2}{2\sigma_2^2}}.$$

计算 $X$ 与 $Y$ 的相关系数，首先

$$\begin{aligned}\mathrm{Cov}(X,Y)&=\int_{-\infty}^{+\infty}\int_{-\infty}^{+\infty}(x-\mu_1)(y-\mu_2)p(x,y)\mathrm{d}x\mathrm{d}y\\&=\frac{1}{2\pi\sigma_1\sigma_2\sqrt{1-\rho^2}}\int_{-\infty}^{+\infty}\exp\left[-\frac{(y-\mu_2)^2}{2\sigma_2^2}\right]\mathrm{d}y\\&\quad\cdot\int_{-\infty}^{+\infty}(x-\mu_1)(y-\mu_2)\exp\left\{-\frac{1}{2(1-\rho^2)}\left(\frac{x-\mu_1}{\sigma_1}-\rho\frac{y-\mu_2}{\sigma_2}\right)^2\right\}\mathrm{d}x.\end{aligned}$$

做变换，$z=\dfrac{1}{\sqrt{1-\rho^2}}\left(\dfrac{x-\mu_1}{\sigma_1}-\rho\dfrac{y-\mu_2}{\sigma_2}\right)$，$t=\dfrac{y-\mu_2}{\sigma_2}$，则

$$\begin{aligned}\mathrm{Cov}(X,Y)&=\frac{1}{2\pi}\int_{-\infty}^{+\infty}\int_{-\infty}^{+\infty}(\sigma_1\sigma_2\sqrt{1-\rho^2}tz+\rho\sigma_1\sigma_2t^2)\mathrm{e}^{-\frac{t^2}{2}-\frac{z^2}{2}}\mathrm{d}z\mathrm{d}t\\&=\frac{\sqrt{1-\rho^2}}{2\pi}\sigma_1\sigma_2\int_{-\infty}^{+\infty}t\mathrm{e}^{-\frac{t^2}{2}}\mathrm{d}t\int_{-\infty}^{+\infty}z\mathrm{e}^{-\frac{z^2}{2}}\mathrm{d}z+\frac{\rho\sigma_1\sigma_2}{2\pi}\int_{-\infty}^{+\infty}t^2\mathrm{e}^{-\frac{t^2}{2}}\mathrm{d}t\int_{-\infty}^{+\infty}\mathrm{e}^{-\frac{z^2}{2}}\mathrm{d}z\\&=\rho\sigma_1\sigma_2.\end{aligned}$$

因此 $\rho(X,Y)=\dfrac{\mathrm{Cov}(X,Y)}{\sqrt{\mathrm{Var}(X)}\sqrt{\mathrm{Var}(Y)}}=\dfrac{\rho\sigma_1\sigma_2}{\sigma_1\sigma_2}=\rho$. 若 $X$ 与 $Y$ 不相关，即 $\rho=0$，则

$$p(x,y)=p_X(x)p_Y(y),$$

即 $X$ 与 $Y$ 相互独立.

到目前为止，已经知道了二元正态分布中所有 5 个参数的含义，其中 $(\mu_1,\sigma_1^2),(\mu_2,\sigma_2^2)$ 分别是两个边际分布的均值和方差，$\rho$ 是两个分量之间的相关系数. 这再次说明了联合分布不能由边际分布决定.

### 3.4.3 特征函数（续）和多元特征函数

上一章中介绍的特征函数是一种很重要的分析工具，下面再介绍它的一个重要性质.

**性质 3.4.11**　两个相互独立的随机变量之和的特征函数是它们的特征函数的乘积.

证明：设 $X_1, X_2$ 是两个相互独立的随机变量，则随机变量 $\mathrm{e}^{\mathrm{i}tX_1}, \mathrm{e}^{\mathrm{i}tX_2}$ 相互独立，令 $Y = X_1 + X_2$，则

$$E(\mathrm{e}^{\mathrm{i}tY}) = E(\mathrm{e}^{\mathrm{i}t(X_1+X_2)}) = E(\mathrm{e}^{\mathrm{i}tX_1}\mathrm{e}^{\mathrm{i}tX_2}) = E(\mathrm{e}^{\mathrm{i}tX_1})E(\mathrm{e}^{\mathrm{i}tX_2}).$$

这一性质可以推广到 $n$ 个独立随机变量的情形.

应当指出的是，正是由于特征函数的这一性质才确立了它在概率论中的重要地位，要计算独立随机变量之和的分布函数需要进行卷积运算，计算很复杂. 相比之下，计算特征函数的乘积要简单得多. 得到了随机变量和的特征函数，利用逆转公式和唯一性定理，就可以求出相应的分布函数.

**例 3.4.12**　设 $X_1, X_2, \cdots, X_n$ 是相互独立同服从伯努利分布的随机变量，则 $Y = X_1 + X_2 + \cdots + X_n$ 服从二项分布 $B(n,p)$.

**例 3.4.13**　设 $X_1, X_2$ 相互独立，$X_1$ 服从二项分布 $B(n,p)$，$X_2$ 服从二项分布 $B(m,p)$，则 $Y = X_1 + X_2$ 服从二项分布 $B(n+m,p)$.

**例 3.4.14**　设 $X_1, X_2$ 相互独立，$X_1$ 服从泊松分布 $P(\lambda_1)$，$X_2$ 服从泊松分布 $P(\lambda_2)$，则 $Y = X_1 + X_2$ 服从泊松分布 $P(\lambda_1+\lambda_2)$.

**例 3.4.15**　设 $X_1, X_2$ 相互独立，$X_1$ 服从正态分布 $N(\mu_1,\sigma_1^2)$，$X_2$ 服从正态分布 $N(\mu_2,\sigma_2^2)$，则 $Y = X_1 + X_2$ 服从正态分布 $N(\mu_1+\mu_2,\sigma_1^2+\sigma_2^2)$.

前面讲述随机向量函数的分布时已经给出了上述问题的一种证明方法，这些问题还可以通过特征函数的性质和唯一性定理证明，证明过程要比之前的方法简洁，留给读者.

**例 3.4.16**　设 $X_1, X_2, \cdots, X_n$ 独立，都服从 $N(\mu,\sigma^2)$ 分布，试用特征函数的方法求 $\overline{X} = \dfrac{1}{n}\displaystyle\sum_{i=1}^{n} X_i$ 的分布.

**解**　由于正态分布的特征函数为 $\phi(t) = \mathrm{e}^{\mathrm{i}\mu t - \frac{1}{2}\sigma^2 t^2}$，$\overline{X}$ 的特征函数为 $\phi_{\overline{X}}(t) = \mathrm{e}^{\mathrm{i}\mu t - \frac{1}{2n}\sigma^2 t^2}$，从而由唯一性定理可知 $\overline{X}$ 的分布为 $N\left(\mu, \dfrac{\sigma^2}{n}\right)$.

和一维情况一样，可以定义随机向量联合分布的特征函数.

**定义 3.4.4** 若随机向量 $(X_1, X_2, \cdots, X_n)$ 的联合分布函数为 $F(x_1, x_2, \cdots, x_n)$，令

$$\varphi(t_1, t_2, \cdots, t_n) = E(\mathrm{e}^{\mathrm{i}(t_1x_1+t_2x_2+\cdots+t_nx_n)}), \quad -\infty < t_1, t_2, \cdots, t_n < +\infty$$

为 $(X_1, X_2, \cdots, X_n)$ 的特征函数.

以 $n = 2$ 为例，当随机向量为离散型时，

$$\varphi(t_1, t_2) = \sum_i \sum_j \mathrm{e}^{\mathrm{i}(t_1x_1+t_2x_2)} p_{ij}, \quad -\infty < t_1, t_2 < +\infty,$$

其中 $p_{ij} = P(X_1 = i, X_2 = j)$ 是联合分布列.

当随机向量是连续型，联合概率密度为 $p(x, y)$ 时，

$$\varphi(t_1, t_2) = \int_{-\infty}^{+\infty} \int_{-\infty}^{+\infty} \mathrm{e}^{\mathrm{i}(t_1x_1+t_2x_2)} p(x_1, x_2) \mathrm{d}x_1 \mathrm{d}x_2, \quad -\infty < t_1, t_2 < +\infty.$$

下面不加证明地叙述一些多维特征函数的有关结论.

**性质 3.4.12** $\varphi(t_1, t_2, \cdots, t_n)$ 在 $\mathbb{R}^n$ 中一致连续，而且

$$|\varphi(t_1, t_2, \cdots, t_n)| \leqslant \varphi(0, 0, \cdots, 0) = 1,$$
$$\varphi(-t_1, -t_2, \cdots, -t_n) = \overline{\varphi(t_1, t_2, \cdots, t_n)}.$$

**性质 3.4.13** 如果 $\varphi(t_1, t_2, \cdots, t_n)$ 是 $(X_1, X_2, \cdots, X_n)$ 的特征函数，则 $Y = a_1X_1 + a_2X_2 + \cdots + a_nX_n$ 的特征函数为 $\varphi_Y(t) = \varphi(a_1t, a_2t, \cdots, a_nt)$.

**性质 3.4.14** 如果 $E(X_1^{k_1} X_2^{k_2} \cdots X_n^{k_n})$ 存在，则

$$E(X_1^{k_1} X_2^{k_2} \cdots X_n^{k_n}) = \mathrm{i}^{-\sum\limits_{j=1}^{n} k_j} \left[ \frac{\partial^{k_1+k_2+\cdots+k_n} \varphi(t_1, t_2, \cdots, t_n)}{\partial t_1^{k_1} \partial t_2^{k_2} \cdots \partial t_n^{k_n}} \right]_{t_1=t_2=\cdots=t_n=0}.$$

**性质 3.4.15** 若 $(X_1, X_2, \cdots, X_n)$ 的特征函数为 $\varphi(t_1, t_2, \cdots, t_n)$，则 $k(k < n)$ 维随机向量 $(X_1, X_2, \cdots, X_k)$ 的特征函数为 $\varphi_{1,2,\cdots,k}(t_1, t_2, \cdots, t_k) = \varphi(t_1, t_2, \cdots, t_k, 0, \cdots, 0)$.

**定理 3.4.3**（逆转公式） 如果 $\varphi(t_1, t_2, \cdots, t_n)$ 是随机向量 $(X_1, X_2, \cdots, X_n)$ 的特征函数，$F(x_1, x_2, \cdots, x_n)$ 是它的分布函数，则

$$P(a_k \leqslant X_k < b_k)$$
$$= \lim_{\substack{T_j \to +\infty \\ j=1,2,\cdots,n}} \frac{1}{(2\pi)^n} \int_{-T_1}^{T_1} \int_{-T_2}^{T_2} \cdots \int_{-T_n}^{T_n} \prod_{k=1}^{n} \frac{e^{-it_k a_k} - e^{-it_k b_k}}{it_k} \varphi(t_1, t_2, \cdots, t_n) dt_1 dt_2 \cdots dt_n,$$

其中 $a_k, b_k$ $(k = 1, 2, \cdots, n)$ 是满足如下要求的任意常数：$(X_1, X_2, \cdots, X_n)$ 落在平行体$a_k \leqslant x_k < b_k$ 的面上的概率等于零.

**定理 3.4.4**（唯一性定理） 分布函数 $F(x_1, x_2, \cdots, x_n)$ 由其特征函数唯一决定.

**性质 3.4.16** 若 $(X_1, X_2, \cdots, X_n)$ 的特征函数为 $\varphi(t_1, t_2, \cdots, t_n)$，$X_j$ 的特征函数为 $\varphi_{X_j}(t), j = 1, 2, \cdots, n$，则 $X_1, X_2, \cdots, X_n$ 相互独立的充要条件是

$$\varphi(t_1, t_2, \cdots, t_n) = \varphi_{X_1}(t_1)\varphi_{X_2}(t_2)\cdots\varphi_{X_n}(t_n).$$

**性质 3.4.17** 若记 $\varphi_1(t_1, t_2, \cdots, t_n)$，$\varphi_2(u_1, u_2, \cdots, u_m)$ 及 $\varphi(t_1, t_2, \cdots, t_n, u_1, u_2, \cdots, u_m)$ 分别为随机向量 $(X_1, X_2, \cdots, X_n)$, $(Y_1, Y_2, \cdots, Y_m)$, $(X_1, X_2, \cdots, X_n, Y_1, Y_2, \cdots, Y_m)$ 的特征函数，则 $(X_1, X_2, \cdots, X_n)$ 与 $(Y_1, Y_2, \cdots, Y_m)$ 独立的充要条件是对一切实数 $t_1, t_2, \cdots, t_n$ 及 $u_1, u_2, \cdots, u_m$ 有

$$\varphi(t_1, t_2, \cdots, t_n, u_1, u_2, \cdots, u_m) = \varphi_1(t_1, t_2, \cdots, t_n)\varphi_2(u_1, u_2, \cdots, u_m).$$

**定理 3.4.5**（连续性定理） 若特征函数列 $\{\varphi_k(t_1, t_2, \cdots, t_n)\}$ 收敛于一个连续函数 $\varphi(t_1, t_2, \cdots, t_n)$，则 $\varphi(t_1, t_2, \cdots, t_n)$ 是某个分布函数对应的特征函数.

### 3.4.4 联合矩母函数

矩母函数也可推广到两个及以上随机变量的场合，称为联合矩母函数.

**定义 3.4.5** 对于一个 $n$ 维随机向量 $(X_1, X_2, \cdots, X_n)$，若对任意实数 $t_1, t_2, \cdots, t_n$，$E(e^{t_1 X_1 + t_2 X_2 + \cdots + t_n X_n})$ 都存在，则称

$$M(t_1, t_2, \cdots, t_n) = E(e^{t_1 X_1 + t_2 X_2 + \cdots + t_n X_n})$$

为 $X_1, X_2, \cdots, X_n$ 的联合矩母函数.

根据定义，每个分量 $X_i$ 的矩母函数为

$$M_{X_i}(t) = E(e^{tX_i}) = M(0, \cdots, 0, t, 0, \cdots, 0),$$

其中 $t$ 处于第 $i$ 个位置.

可以证明联合矩母函数可以唯一确定联合分布，证明超出本书范围，故略.

矩母函数具有和特征函数类似的性质.

**性质 3.4.18** $n$ 个随机变量 $X_1,\cdots,X_n$ 相互独立的充要条件是

$$M(t_1,\cdots,t_n)=M_{X_1}(t_1)\cdots M_{X_n}(t_n).$$

**证明**：由 $X_1,\cdots,X_n$ 相互独立可知 $\mathrm{e}^{t_1X_1},\cdots,\mathrm{e}^{t_nX_n}$ 也相互独立，根据矩母函数的定义可得必要性；至于充分性，只要注意到 $M_{X_1}(t_1)\cdots M_{X_n}(t_n)$ 是 $F_{X_1}(x_1)\cdots F_{X_n}(x_n)$ 的矩母函数，再由矩母函数可以唯一决定分布函数可知

$$F(x_1,\cdots,x_n)=F_{X_1}(x_1)\cdots F_{X_n}(x_n).$$

**性质 3.4.19** 若随机变量 $X_1,X_2,\cdots,X_n$ 相互独立，矩母函数分别为 $M_{X_1}(t),M_{X_2}(t),\cdots,M_{X_n}(t)$，$Y=X_1+X_2+\cdots+X_n$，则 $Y$ 的矩母函数为

$$M_Y(t)=M_{X_1}(t)M_{X_2}(t)\cdots M_{X_n}(t).$$

**证明**：依据矩母函数的定义，可得

$$\begin{aligned}M_Y(t)=E(\mathrm{e}^{tY})&=E\left(\mathrm{e}^{t(X_1+X_2+\cdots+X_n)}\right)\\&=E\left(\mathrm{e}^{tX_1}\mathrm{e}^{tX_2}\cdots\mathrm{e}^{tX_n}\right).\end{aligned}$$

又因为 $X_1,X_2,\cdots,X_n$ 相互独立，所以

$$\begin{aligned}M_Y(t)&=E(\mathrm{e}^{tX_1})E(\mathrm{e}^{tX_2})\cdots E(\mathrm{e}^{tX_n})\\&=M_{X_1}(t)M_{X_2}(t)\cdots M_{X_n}(t).\end{aligned}$$

特别地，当 $X_1,X_2,\cdots,X_n\sim X$ 同分布时，$Y$ 的矩母函数为 $M_Y(t)=[M_X(t)]^n$, 其中 $M_X(t)$ 是 $X$ 的矩母函数.

**推论 3.4.1** 设随机变量 $X_1,X_2,\cdots,X_n$ 相互独立，且矩母函数分别为 $M_{X_1}(t),M_{X_2}(t),\cdots,M_{X_n}(t)$，$a_1,a_2,\cdots,a_n,b_1,b_2,\cdots,b_n$ 为任意给定的常数，$Y=(a_1X_1+b_1)+(a_2X_2+b_2)+\cdots+(a_nX_n+b_n)$，则 $Y$ 的矩母函数为

$$M_Y(t)=\exp\left[t\Big(\sum_{i=1}^n b_i\Big)\right]M_{X_1}(a_1t)M_{X_2}(a_2t)\cdots M_{X_n}(a_nt).$$

**证明**：由 $X_1,X_2,\cdots,X_n$ 相互独立可知，$a_1X_1+b_1,a_2X_2+b_2,\cdots,a_nX_n+b_n$ 相互独立，根据矩母函数的定义，可知

$$\begin{aligned}M_Y(t)=E\left(\mathrm{e}^{tY}\right)&=E\left(\mathrm{e}^{t[(a_1X_1+b_1)+(a_2X_2+b_2)+\cdots+(a_nX_n+b_n)]}\right)\\&=E\left(\mathrm{e}^{t(a_1X_1+b_1)}\right)E\left(\mathrm{e}^{t(a_2X_2+b_2)}\right)\cdots E\left(\mathrm{e}^{t(a_nX_n+b_n)}\right)\end{aligned}$$

$$
\begin{aligned}
&= e^{tb_1}E\left(e^{ta_1X_1}\right)e^{tb_2}E\left(e^{ta_2X_2}\right)\cdots e^{tb_n}E\left(e^{ta_nX_n}\right)\\
&= e^{tb_1}e^{tb_2}\cdots e^{tb_n}E\left(e^{ta_1X_1}\right)E\left(e^{ta_2X_2}\right)\cdots E\left(e^{ta_nX_n}\right)\\
&= \exp\left[t\Big(\sum_{i=1}^{n}b_i\Big)\right]M_{X_1}(a_1t)M_{X_2}(a_2t)\cdots M_{X_n}(a_nt).
\end{aligned}
$$

**例 3.4.17** 设随机变量 $X_1,X_2,\cdots,X_n$ 相互独立，$X_i \sim N(\mu_i,\sigma_i^2)$，若 $a_1,a_2,\cdots,a_n,b_1,b_2,\cdots,b_n$ 为任意给定的常数，则

$$
Y=\sum_{i=1}^{n}(a_iX_i+b_i)\sim N\left(\sum_{i=1}^{n}(a_i\mu_i+b_i),\sum_{i=1}^{n}a_i^2\sigma_i^2\right).
$$

**证明：** $N(\mu,\sigma^2)$ 的矩母函数为 $e^{\mu t+\frac{1}{2}\sigma^2t^2}$，由已知条件和矩母函数的性质，可得

$$
\begin{aligned}
M_Y(t)&=\exp\left[t\Big(\sum_{i=1}^{n}b_i\Big)\right]\exp\left(\mu_1a_1t+\frac{1}{2}\sigma_1^2a_1^2t^2\right)\exp\left(\mu_2a_2t+\frac{1}{2}\sigma_2^2a_2^2t^2\right)\cdots\\
&\quad\cdot\exp\left(\mu_na_nt+\frac{1}{2}\sigma_n^2a_n^2t^2\right)\\
&=\exp\left(\sum_{i=1}^{n}(a_i\mu_i+b_i)t+\frac{t^2}{2}\sum_{i=1}^{n}a_i^2\sigma_i^2\right),
\end{aligned}
$$

则 $Y\sim N\left(\sum_{i=1}^{n}(a_i\mu_i+b_i),\sum_{i=1}^{n}a_i^2\sigma_i^2\right)$.

**例 3.4.18**（随机个随机变量之和的矩母函数） 考虑一列独立同分布且取整数值的随机变量 $X_1,X_2,\cdots,X_n,\cdots$，它们的分布列为 $P(X_i=j)=p_j$，其矩母函数为 $M_{X_j}(s)=\sum_{j}p_je^{sj}$，$\nu$ 是一个取值为正整数的随机变量，且与 $X_1,X_2,\cdots,X_n,\cdots$ 相互独立. 设 $\nu$ 的分布列为 $P(\nu=n)=q_n,n=1,2,\cdots$.

令$Y=\sum_{i=1}^{\nu}X_i$，则 $Y$ 的矩母函数为

$$
\begin{aligned}
M_Y(s)&=\sum_{i}P(Y=i)e^{si}\\
&=\sum_{i}\sum_{n=1}^{\infty}P(\nu=n)P(Y=i|\nu=n)e^{si}\\
&=\sum_{i}\sum_{n=1}^{\infty}P(\nu=n)P(X_1+X_2+\cdots+X_n=i|\nu=n)e^{si}\\
&=\sum_{i}\sum_{n=1}^{\infty}P(\nu=n)P(X_1+X_2+\cdots+X_n=i)e^{si}
\end{aligned}
$$

$$
\begin{aligned}
&= \sum_{n=1}^{\infty} P(\nu = n) \sum_i P(X_1 + X_2 + \cdots + X_n = i) \mathrm{e}^{si} \\
&= \sum_{n=1}^{\infty} P(\nu = n) [M_{X_j}(s)]^n \\
&= E(M_{X_j}(s))^{\nu}.
\end{aligned}
$$

$$
E(Y) = M_Y'(0) = E\left[\nu \left(M_{X_j}(0)^{\nu-1} M_{X_j}'(0)\right)\right] = E(\nu E(X_j)) = E(X_j)E(\nu).
$$

特别地，当 $\nu$ 服从泊松分布 $P(\lambda)$ 时，称 $Y$ 服从的分布为复合泊松分布，它的矩母函数为 $\exp[\lambda(F(s)-1)]$，这个分布在很多领域 (例如保险精算) 中具有重要的应用.

## 3.4.5 多元正态分布（续）

多元正态分布是一类非常重要的分布，在概率统计的各个学科都具有重要的应用. 本节将介绍一些与之相关的重要结论.

首先说明一些符号. 以 $\boldsymbol{\mu}, \boldsymbol{t}, \boldsymbol{X}$ 表示列向量

$$
\boldsymbol{\mu} = \begin{pmatrix} \mu_1 \\ \mu_2 \\ \vdots \\ \mu_n \end{pmatrix}, \quad \boldsymbol{t} = \begin{pmatrix} t_1 \\ t_2 \\ \vdots \\ t_n \end{pmatrix}, \quad \boldsymbol{X} = \begin{pmatrix} X_1 \\ X_2 \\ \vdots \\ X_n \end{pmatrix},
$$

用 $\boldsymbol{B}$ 表示矩阵

$$
\boldsymbol{B} = \begin{pmatrix} b_{11} & b_{12} & \cdots & b_{1n} \\ b_{21} & b_{22} & \cdots & b_{2n} \\ \vdots & \vdots & & \vdots \\ b_{n1} & b_{n2} & \cdots & b_{nn} \end{pmatrix}.
$$

### 1. 多元正态分布的特征函数

**定理 3.4.6** $n$ 元正态分布 $N(\boldsymbol{\mu}, \boldsymbol{B})$ 的特征函数为

$$
\varphi(\boldsymbol{t}) = \exp\left\{\mathrm{i}\boldsymbol{\mu}'\boldsymbol{t} - \frac{1}{2}\boldsymbol{t}'\boldsymbol{B}\boldsymbol{t}\right\}.
$$

由特征函数与分布函数的一一对应关系可知，以 $\varphi(\boldsymbol{t}) = \exp\left\{\mathrm{i}\boldsymbol{\mu}'\boldsymbol{t} - \frac{1}{2}\boldsymbol{t}'\boldsymbol{B}\boldsymbol{t}\right\}$ 为特征函数的分布函数为 $n$ 元正态分布 $N(\boldsymbol{\mu}, \boldsymbol{B})$.

特征函数对研究多元正态分布的很多问题都有很大帮助.

2. 多元正态分布的联合分布及边际分布

回忆 $n$ 元正态分布 $N(\boldsymbol{\mu},\boldsymbol{B})$ 的概率密度函数，采用向量形式，则表达为

$$p(\boldsymbol{x})=\frac{1}{(2\pi)^{\frac{n}{2}}(\det\boldsymbol{B})^{\frac{1}{2}}}\exp\left\{-\frac{1}{2}(\boldsymbol{x}-\boldsymbol{\mu})'\boldsymbol{B}^{-1}(\boldsymbol{x}-\boldsymbol{\mu})\right\},$$

其中 $\boldsymbol{B}$ 是 $n$ 阶正定对称矩阵，$\boldsymbol{\mu}$ 为实值列向量.

**定理 3.4.7** 随机向量 $\boldsymbol{X}$ 服从 $n$ 元正态分布 $N(\boldsymbol{\mu},\boldsymbol{B})$，则 $\boldsymbol{X}$ 的任一子向量 $(X_{k_1},X_{k_2},\cdots,X_{k_m})'(m\leqslant n)$ 也服从正态分布，分布为 $N(\tilde{\boldsymbol{\mu}},\tilde{\boldsymbol{B}})$，其中 $\tilde{\boldsymbol{\mu}}=(\mu_{k_1},\mu_{k_2},\cdots,\mu_{k_m})'$，$\tilde{\boldsymbol{B}}$ 为保留 $\boldsymbol{B}$ 的第 $k_1,k_2,\cdots,k_m$ 行及列所得的 $m$ 阶矩阵. 特别地，$X_j$ 服从一元正态分布 $N(\mu_j,b_{jj})$.

证明：只需对特征函数中不等于 $k_1,k_2,\cdots,k_m$ 的 $n$，令 $t_n=0$ 即可得 $(X_{k_1},X_{k_2},\cdots,X_{k_m})'$，$m\leqslant n$ 的特征函数

$$\tilde{\varphi}(\tilde{\boldsymbol{t}})=\exp\{\mathrm{i}\tilde{\boldsymbol{\mu}}'\tilde{\boldsymbol{t}}-\frac{1}{2}\tilde{\boldsymbol{t}}'\tilde{\boldsymbol{B}}\tilde{\boldsymbol{t}}\},$$

其中 $\tilde{\boldsymbol{t}}=(t_{k_1},t_{k_2},\cdots,t_{k_m})'$，这正是 $N(\tilde{\boldsymbol{\mu}},\tilde{\boldsymbol{B}})$ 的特征函数.

此定理表明，多元正态分布的边际分布仍然为正态分布.

**定理 3.4.8** $\boldsymbol{\mu},\boldsymbol{B}$ 分别是服从 $n$ 元正态分布 $N(\boldsymbol{\mu},\boldsymbol{B})$ 的随机向量 $(X_1,X_2,\cdots,X_n)$ 的数学期望及协方差矩阵，即

$$\mu_j=E(X_j),\quad 1\leqslant j\leqslant n,$$

$$b_{jk}=E((X_j-\mu_j)(X_k-\mu_k)),\quad 1\leqslant j,k\leqslant n.$$

证明：$\mu_j=E(X_j),1\leqslant j\leqslant n$ 由定理3.4.7直接得到；并且有 $\mathrm{Var}(X_i)=b_{ii}$，由柯西-施瓦茨不等式可知，协方差存在，并且

$$E(X_jX_k)=\frac{1}{i^2}\frac{\partial^2\phi(t_1,t_2,\cdots,t_n)}{\partial t_j\partial t_k}|_{t_1=t_2=\cdots=t_n=0}=b_{jk}+\mu_j\mu_k,$$

$$\mathrm{Cov}(X_j,X_k)=E(X_jX_k)-\mu_j\mu_k=b_{jk}.$$

3. 多元正态变量的线性函数的分布

**定理 3.4.9** 随机向量 $\boldsymbol{X}=(X_1,X_2,\cdots,X_n)'$ 服从 $n$ 元正态分布 $N(\boldsymbol{\mu},\boldsymbol{B})$，设 $\boldsymbol{C}$ 为任意 $m\times n$ 矩阵，则 $\boldsymbol{Y}=\boldsymbol{C}\boldsymbol{X}$ 服从 $m$ 元正态分布 $N(\boldsymbol{C}\boldsymbol{\mu},\boldsymbol{C}\boldsymbol{B}\boldsymbol{C}')$.

证明：计算 $Y$ 的特征函数

$$\begin{aligned}\varphi_{\boldsymbol{Y}}(\boldsymbol{t}) &= E(\mathrm{e}^{\mathrm{i}\boldsymbol{t}'\boldsymbol{Y}}) = E(\mathrm{e}^{\mathrm{i}\boldsymbol{t}'\boldsymbol{C}\boldsymbol{X}}) = E(\mathrm{e}^{\mathrm{i}(\boldsymbol{C}'\boldsymbol{t})'\boldsymbol{X}}) \\ &= \exp\left\{\mathrm{i}\boldsymbol{\mu}'(\boldsymbol{C}'\boldsymbol{t}) - \frac{1}{2}(\boldsymbol{C}'\boldsymbol{t})'\boldsymbol{B}(\boldsymbol{C}'\boldsymbol{t})\right\} \\ &= \exp\left\{\mathrm{i}(\boldsymbol{C}\boldsymbol{\mu})'\boldsymbol{t} - \frac{1}{2}\boldsymbol{t}'(\boldsymbol{C}\boldsymbol{B}\boldsymbol{C}')\boldsymbol{t}\right\},\end{aligned}$$

从而 $\boldsymbol{Y}=\boldsymbol{C}\boldsymbol{X}$ 服从 $m$ 元正态分布 $N(\boldsymbol{C}\boldsymbol{\mu},\boldsymbol{C}\boldsymbol{B}\boldsymbol{C}')$.

**推论 3.4.2** 若随机向量 $\boldsymbol{X}=(X_1,X_2,\cdots,X_n)'$ 服从 $n$ 元正态分布 $N(\boldsymbol{\mu},\boldsymbol{B})$，则存在一个正交矩阵 $\boldsymbol{U}$，使得 $\boldsymbol{Y}=\boldsymbol{U}\boldsymbol{X}$ 服从 $m$ 元正态分布 $N(\boldsymbol{U}\boldsymbol{\mu},\boldsymbol{U}\boldsymbol{B}\boldsymbol{U}')$，且 $\boldsymbol{Y}$ 的各个分量相互独立.

证明：由矩阵知识可知，存在正交阵 $\boldsymbol{U}$，使得 $\boldsymbol{U}\boldsymbol{B}\boldsymbol{U}'$ 为对角阵：

$$\begin{pmatrix} d_1 & 0 & \cdots & 0 \\ 0 & d_2 & \cdots & 0 \\ \vdots & \vdots & & \vdots \\ 0 & 0 & \cdots & d_n \end{pmatrix},$$

这里 $d_1,d_2,\cdots,d_n$ 是 $\boldsymbol{B}$ 的特征值. 做正交变换 $\boldsymbol{Y}=\boldsymbol{U}\boldsymbol{X}$，则根据定理3.4.9，即可得结论.

**定理 3.4.10** 随机向量 $\boldsymbol{X}=(X_1,X_2,\cdots,X_n)'$ 服从 $n$ 元正态分布 $N(\boldsymbol{\mu},\boldsymbol{B})$ 的充要条件是它的任何一个线性组合 $Y=\sum\limits_{j=1}^{n}l_jX_j$ 都服从一元正态分布 $N\left(\sum\limits_{j=1}^{n}l_j\mu_j,\sum\limits_{j,k=1}^{n}l_jl_kb_{jk}\right)$.

证明：令 $\boldsymbol{C}=(l_1,l_2,\cdots,l_n)'$，再利用定理3.4.9即证明了必要性.

（充分性）注意到 $N\left(\sum\limits_{j=1}^{n}l_j\mu_j,\sum\limits_{j,k=1}^{n}l_jl_kb_{jk}\right)$ 的特征函数为

$$E(\mathrm{e}^{\mathrm{i}t\boldsymbol{C}'\boldsymbol{X}}) = \exp\{\mathrm{i}\boldsymbol{\mu}'\boldsymbol{C}t - \frac{1}{2}t^2\boldsymbol{C}'\boldsymbol{B}\boldsymbol{C}\},$$

令$t=1$，即可得

$$E(\mathrm{e}^{\mathrm{i}\boldsymbol{C}'\boldsymbol{X}}) = \exp\{\mathrm{i}\boldsymbol{\mu}'\boldsymbol{C} - \frac{1}{2}\boldsymbol{C}'\boldsymbol{B}\boldsymbol{C}\},$$

由于 $\boldsymbol{C}=(l_1,l_2,\cdots,l_n)$ 是任意的，故这恰好是正态分布 $N(\boldsymbol{\mu},\boldsymbol{B})$ 的特征函数.

由此定理，就可以通过一维正态分布来研究多维正态分布，为一些问题的研究提供了方便.

4. 独立性，条件分布

类似于二维的情况，对于 $n$ 元正态分布，不相关和独立也是等价的.

**定理 3.4.11** 设随机向量 $\boldsymbol{X}$ 服从 $n$ 元正态分布 $N(\boldsymbol{\mu},\boldsymbol{B})$，则其各个分量 $X_1,X_2,\cdots,X_n$ 相互独立的充要条件是它们两两不相关.

证明：必要性显然，只证充分性. 若 $X_1,X_2,\cdots,X_n$ 两两不相关，则有 $b_{jk}=\mathrm{Cov}(X_j,X_k)=0$，从而特征函数

$$\begin{aligned}\phi(t_1,\cdots,t_n)&=\exp\left\{\mathrm{i}\sum_{k=1}^{n}\mu_k t_k-\frac{1}{2}\sum_{k=1}^{n}b_{kk}t_k^2\right\}\\&=\prod_{k=1}^{n}\exp\left\{\mathrm{i}\mu_k t_k-\frac{1}{2}b_{kk}t_k^2\right\}=\prod_{k=1}^{n}\phi_{X_k}(t_k),\end{aligned}$$

由特征函数的性质可知 $X_1,X_2,\cdots,X_n$ 相互独立.

**定理 3.4.12** 若随机向量 $\boldsymbol{X}=\begin{pmatrix}\boldsymbol{X}_1\\ \boldsymbol{X}_2\end{pmatrix}$ 服从 $n$ 元正态分布 $N(\boldsymbol{\mu},\boldsymbol{B})$，$X_1,X_2$ 是随机向量 $\boldsymbol{X}$ 的子向量，记 $\boldsymbol{B}=\begin{pmatrix}\boldsymbol{B}_{11}&\boldsymbol{B}_{12}\\ \boldsymbol{B}_{21}&\boldsymbol{B}_{22}\end{pmatrix}$，其中 $\boldsymbol{B}_{11},\boldsymbol{B}_{22}$ 分别是 $\boldsymbol{X}_1,\boldsymbol{X}_2$ 的协方差矩阵，$\boldsymbol{B}_{12}$ 则是由 $\boldsymbol{X}_1$ 与 $\boldsymbol{X}_2$ 的相应分量的协方差构成的相互协方差矩阵，则 $\boldsymbol{X}_1$ 与 $\boldsymbol{X}_2$ 相互独立的充要条件是 $\boldsymbol{B}_{12}=\boldsymbol{0}$.

证明：（必要性）若 $\boldsymbol{X}_1$ 与 $\boldsymbol{X}_2$ 相互独立，则 $\boldsymbol{X}_1$ 和 $\boldsymbol{X}_2$ 的任意分量相互独立，从而其协方差为 $\boldsymbol{0}$，这就证明了 $\boldsymbol{B}_{12}=\boldsymbol{0}$.

（充分性）由 $\boldsymbol{B}$ 的对称性，若 $\boldsymbol{B}_{12}=\boldsymbol{0}$，则 $\boldsymbol{B}_{21}=\boldsymbol{0}$，令 $\boldsymbol{t}=\begin{pmatrix}\boldsymbol{t}_1\\ \boldsymbol{t}_2\end{pmatrix}$，其中 $\boldsymbol{t}_1$ 与 $\boldsymbol{X}_1$ 有相同维数，$\boldsymbol{t}_2$ 与 $\boldsymbol{X}_2$ 有相同维数，于是

$$\boldsymbol{t}'\boldsymbol{B}\boldsymbol{t}=\boldsymbol{t}_1\boldsymbol{B}_{11}\boldsymbol{t}_1+2\boldsymbol{t}_1'\boldsymbol{B}_{12}\boldsymbol{t}_2+\boldsymbol{t}_2'\boldsymbol{B}_{22}\boldsymbol{t}_2=\boldsymbol{t}_1\boldsymbol{B}_{11}\boldsymbol{t}_1+\boldsymbol{t}_2'\boldsymbol{B}_{22}\boldsymbol{t}_2.$$

记 $\boldsymbol{\mu}=\begin{pmatrix}\boldsymbol{\mu}_1\\ \boldsymbol{\mu}_2\end{pmatrix}$，则 $\boldsymbol{X}$ 的特征函数为

$$\begin{aligned}\phi_{\boldsymbol{X}}(\boldsymbol{t})&=\exp\left\{\mathrm{i}\boldsymbol{\mu}'\boldsymbol{t}-\frac{1}{2}\boldsymbol{t}'\boldsymbol{B}\boldsymbol{t}\right\}\\&=\exp\left\{\mathrm{i}\boldsymbol{\mu}_1'\boldsymbol{t}_1-\frac{1}{2}\boldsymbol{t}_1'\boldsymbol{B}_{11}\boldsymbol{t}_1+\mathrm{i}\boldsymbol{\mu}'\boldsymbol{t}_2-\frac{1}{2}\boldsymbol{t}_2'\boldsymbol{B}_{22}\boldsymbol{t}_2\right\}\\&=\exp\left\{\mathrm{i}\boldsymbol{\mu}_1'\boldsymbol{t}_1-\frac{1}{2}\boldsymbol{t}_1'\boldsymbol{B}_{11}\boldsymbol{t}_1\right\}\exp\left\{\mathrm{i}\boldsymbol{\mu}'\boldsymbol{t}_2-\frac{1}{2}\boldsymbol{t}_2'\boldsymbol{B}_{22}\boldsymbol{t}_2\right\}=\phi_{\boldsymbol{X}_1}(\boldsymbol{t}_1)\phi_{\boldsymbol{X}_2}(\boldsymbol{t}_2).\end{aligned}$$

由特征函数的性质即可得结论.

若随机向量 $\boldsymbol{X}=\begin{pmatrix}\boldsymbol{X}_1\\\boldsymbol{X}_2\end{pmatrix}$ 服从 $n$ 元正态分布 $N(\boldsymbol{\mu},\boldsymbol{B})$，$\boldsymbol{X}_1,\boldsymbol{X}_2$ 是随机向量 $\boldsymbol{X}$ 的子向量，下面考虑在 $\boldsymbol{X}_1=\boldsymbol{x}_1$ 的条件下 $\boldsymbol{X}_2$ 的概率密度.

**定理 3.4.13** 若随机向量 $\boldsymbol{X}=\begin{pmatrix}\boldsymbol{X}_1\\\boldsymbol{X}_2\end{pmatrix}$ 服从 $n$ 元正态分布 $N(\boldsymbol{\mu},\boldsymbol{B})$，$\boldsymbol{X}_1,\boldsymbol{X}_2$ 是随机向量 $\boldsymbol{X}$ 的子向量，$E(\boldsymbol{X}_1)=\boldsymbol{\mu}_1,E(\boldsymbol{X}_2)=\boldsymbol{\mu}_2$，记 $\boldsymbol{B}=\begin{pmatrix}\boldsymbol{B}_{11}&\boldsymbol{B}_{12}\\\boldsymbol{B}_{21}&\boldsymbol{B}_{22}\end{pmatrix}$，已知 $\det(\boldsymbol{B}_{11})\neq 0$，则在给定 $\boldsymbol{X}_1=\boldsymbol{x}_1$ 下 $\boldsymbol{X}_2$ 的条件分布还是正态分布，其期望为

$$E(\boldsymbol{X}_2|\boldsymbol{X}_1=\boldsymbol{x}_1)=\boldsymbol{\mu}_2+\boldsymbol{B}_{21}\boldsymbol{B}_{11}^{-1}(\boldsymbol{x}_1-\boldsymbol{\mu}_1),$$

方差为

$$\mathrm{Var}(\boldsymbol{X}_2|\boldsymbol{X}_1=\boldsymbol{x}_1)=\boldsymbol{B}_{22}-\boldsymbol{B}_{21}\boldsymbol{B}_{11}^{-1}\boldsymbol{B}_{12}.$$

证明：令 $\boldsymbol{Y}_1=\boldsymbol{X}_1,\boldsymbol{Y}_2=-\boldsymbol{B}_{21}\boldsymbol{B}_{11}^{-1}\boldsymbol{X}_1+\boldsymbol{X}_2$，则

$$E(\boldsymbol{Y}_1)=\boldsymbol{\mu}_1,E(\boldsymbol{Y}_2)=\boldsymbol{\mu}_2-\boldsymbol{B}_{21}\boldsymbol{B}_{11}^{-1}\boldsymbol{\mu}_1,$$

$$\mathrm{Var}(\boldsymbol{Y}_1)=\boldsymbol{B}_{11},$$

$$\mathrm{Var}(\boldsymbol{Y}_2)=\boldsymbol{B}_{22}-\boldsymbol{B}_{21}\boldsymbol{B}_{11}^{-1}\boldsymbol{B}_{12},$$

$$\mathrm{Cov}(\boldsymbol{Y}_1,\boldsymbol{Y}_2)=\boldsymbol{0}.$$

用 $p_{\boldsymbol{X}}(\boldsymbol{x}_1,\boldsymbol{x}_2)$ 表示 $(\boldsymbol{X}_1,\boldsymbol{X}_2)$ 的联合概率密度，$p_{\boldsymbol{Y}}(\boldsymbol{y}_1,\boldsymbol{y}_2)$ 表示 $(\boldsymbol{Y}_1,\boldsymbol{Y}_2)$ 的联合概率密度，$p_{\boldsymbol{Y}_1}(\boldsymbol{y}_1),p_{\boldsymbol{Y}_2}(\boldsymbol{y}_2)$ 分别表示 $\boldsymbol{Y}_1,\boldsymbol{Y}_2$ 的边际概率密度. 这里 $\boldsymbol{y}_1=\boldsymbol{x}_1,\boldsymbol{y}_2=-\boldsymbol{B}_{21}\boldsymbol{B}_{11}^{-1}\boldsymbol{x}_1+\boldsymbol{x}_2$，经计算，变换的雅可比行列式为 1，从而

$$p_{\boldsymbol{X}}(\boldsymbol{x}_1,\boldsymbol{x}_2)=p_{\boldsymbol{Y}}(\boldsymbol{y}_1,\boldsymbol{y}_2)=p_{\boldsymbol{Y}_1}(\boldsymbol{y}_1)p_{\boldsymbol{Y}_2}(\boldsymbol{y}_2).$$

显然 $p_{\boldsymbol{Y}_1}(\boldsymbol{y}_1)=p_{\boldsymbol{X}_1}(\boldsymbol{x}_1)$，从而

$$\begin{aligned}p(\boldsymbol{x}_2|\boldsymbol{X}_1=\boldsymbol{x}_1)&=\frac{p_{\boldsymbol{X}}(\boldsymbol{x}_1,\boldsymbol{x}_2)}{p_{\boldsymbol{X}_1}(\boldsymbol{x}_1)}=\frac{p_{\boldsymbol{Y}_1}(\boldsymbol{y}_1)p_{\boldsymbol{Y}_2}(\boldsymbol{y}_2)}{p_{\boldsymbol{X}_1}(\boldsymbol{x}_1)}\\&=p_{\boldsymbol{Y}_2}(\boldsymbol{y}_2)=p_{\boldsymbol{Y}_2}(-\boldsymbol{B}_{21}\boldsymbol{B}_{11}^{-1}\boldsymbol{x}_1+\boldsymbol{x}_2).\end{aligned}$$

由 $\boldsymbol{Y}_2\sim N(\boldsymbol{\mu}_2-\boldsymbol{B}_{21}\boldsymbol{B}_{11}^{-1}\boldsymbol{\mu}_1,\boldsymbol{B}_{22}-\boldsymbol{B}_{21}\boldsymbol{B}_{11}^{-1}\boldsymbol{B}_{12})$ 即可得证.

一般把 $E(\boldsymbol{X}_2|\boldsymbol{X}_1=\boldsymbol{x}_1)$ 称为 $\boldsymbol{X}_2$ 对 $\boldsymbol{X}_1$ 的回归.

# 3.5 条件期望和条件方差

## 3.5.1 条件期望与条件概率

条件期望是概率论中一个很重要的概念，首先考虑一种简单情形：回忆二维随机向量 $(X,Y)$ 情形时在 $Y=y$ 条件下 $X$ 条件分布，可以定义在 $Y=y$ 的条件下 $X$ 的条件期望.

**定义 3.5.1**　若条件分布的数学期望存在，则称其为条件期望（conditional expectation），它可用条件分布算得

$$E(X|Y=y)=\begin{cases}\displaystyle\sum_i x_iP(X=x_i|Y=y), & (X,Y)\text{ 为二维离散型随机向量}\\ \displaystyle\int_{-\infty}^{+\infty} xp_{X|Y}(x|y)\mathrm{d}x, & (X,Y)\text{ 为二维连续型随机向量}\end{cases},$$

其中 $P(X=x_i|Y=y)$ 是在给定 $Y=y$ 的条件下 $X$ 的条件分布列，$p_{X|Y}(x|y)$ 是在给定 $Y=y$ 的条件下 $X$ 的条件概率密度函数.

易见 $E(X|Y=y)$ 是 $y$ 的函数.

条件期望是条件分布的数学期望，所以它具有数学期望的一般性质.

**性质 3.5.1**　$E(a_1X_1+a_2X_2|Y=y)=a_1E(X_1|Y=y)+a_2E(X_2|Y=y)$.

**性质 3.5.2**　对任意函数 $g(x)$，有

$$E(g(X)|Y=y)=\begin{cases}\displaystyle\sum_i g(x_i)P(X=x_i|Y=y), & (X,Y)\text{ 为二维离散型随机向量}\\ \displaystyle\int_{-\infty}^{+\infty} g(x)p_{X|Y}(x|y)\mathrm{d}x, & (X,Y)\text{ 为二维连续型随机向量}\end{cases}.$$

**性质 3.5.3**（条件詹森不等式）　设 $X$ 为非负随机变量，$g(x)$ 是定义在 $[0,+\infty)$ 上的凸函数，如果 $E(X)$ 存在，则

$$g\left(E(X|Y=y)\right)\leqslant E\left(g(X)|Y=y\right).$$

**例 3.5.1**　设二维随机变量 $(X,Y)$ 的联合分布列为

| X \ Y | 0 | 1 | 2 | 3 |
|---|---|---|---|---|
| 0 | 0 | 0.01 | 0.01 | 0.01 |
| 1 | 0.01 | 0.02 | 0.03 | 0.02 |
| 2 | 0.03 | 0.04 | 0.05 | 0.04 |
| 3 | 0.05 | 0.05 | 0.05 | 0.06 |
| 4 | 0.07 | 0.06 | 0.05 | 0.06 |
| 5 | 0.09 | 0.08 | 0.06 | 0.05 |

试求 $E(X|Y=2)$ 和 $E(Y|X=0)$.

**解**

$$P(Y=2)=0.01+0.03+0.05+0.05+0.05+0.06=0.25,$$

$$P(X=0)=0.01+0.01+0.01=0.03,$$

$$E(X|Y=2)=\sum_i x_iP(x_i|y=2)=3.12,$$

$$E(Y|X=0)=\sum_i y_iP(y_i|x=0)=2.$$

**例 3.5.2** 设二维连续型随机向量 $(X,Y)$ 的联合概率密度函数为

$$p(x,y)=\begin{cases} x+y, & 0<x,y<1 \\ 0, & \text{其他} \end{cases},$$

试求 $E(X|Y=0.5)$.

**解**

$$p(y)=\int_0^1 p(x,y)\mathrm{d}x=\frac{1}{2}+y,$$

$$E(X|Y=0.5)=\int_0^1 xp(x|y=0.5)\mathrm{d}x=\int_0^1 x\cdot\frac{p(x,0.5)}{p(y=0.5)}\mathrm{d}x$$

$$=\int_0^1 x\cdot\frac{x+0.5}{1}\mathrm{d}x=\frac{7}{12}.$$

**例 3.5.3** 设 $(X,Y)$ 服从二元正态分布 $N(\mu_1,\mu_2,\sigma_1^2,\sigma_2^2,\rho)$，已计算得

$$p(x|y)=\frac{1}{\sqrt{2\pi}\sigma_1\sqrt{1-\rho^2}}\exp\left\{-\frac{1}{2(1-\rho^2)\sigma_1^2}\left[x-\left(\mu_1+\rho\frac{\sigma_1}{\sigma_2}(y-\mu_2)\right)\right]^2\right\},$$

这正是正态分布 $N\left(\mu_1+\rho\dfrac{\sigma_1}{\sigma_2}(y-\mu_2),(1-\rho^2)\sigma_1^2\right)$ 的概率密度函数.

$E(X|Y=y)=\mu_1+\rho\dfrac{\sigma_1}{\sigma_2}(y-\mu_2)$ 是 $y$ 的线性函数.

若将 $\left(\mu_1+\rho\dfrac{\sigma_1}{\sigma_2}(y-\mu_2), y\right)$ 画在平面直角坐标系中，它是一条直线，称为回归直线.

前面条件期望的定义是在给定一个事件 $\{Y=y\}$ 之后考虑的，只要 $y$ 给定，它的取值就确定了，当 $y$ 变化时，它是 $y$ 的函数. 那么随着 $y$ 取遍 $Y$ 的所有可能取值，$E(X|Y)$ 就可以看作 $Y$ 的一个函数. 由测度论的知识可知，可测函数的复合（或者说可测函数的可测函数）还是可测函数，因此 $E(X|Y)$ 也可以看作一个随机变量. 对随机变量 $E(X|Y)$ 而言，我们可以对它求期望. 它的期望有以下重要性质.

**性质 3.5.4** 条件期望的期望就是无条件期望，即

$$E\left(E(X|Y)\right)=E(X).$$

若 $(X,Y)$ 为离散型，则上式可以写成

$$E(X)=\sum_y E(X|Y=y)P(Y=y);$$

若 $(X,Y)$ 为连续型，且 $Y$ 的概率密度为 $p_Y(y)$，则上式可以写成

$$E(X)=\int E\left(X|Y=y\right)p_Y(y)\mathrm{d}y.$$

**证明**：首先证明离散型情形.

$$\begin{aligned}\sum_y E(X|Y=y)P(Y=y)&=\sum_y\sum_x xP(X=x|Y=y)P(Y=y)\\&=\sum_y\sum_x \frac{xP(X=x,Y=y)}{P(Y=y)}P(Y=y)=\sum_y\sum_x xP(X=x,Y=y)\\&=\sum_x x\sum_y P(X=x,Y=y)=\sum_x xP(X=x)=E(X).\end{aligned}$$

再证明连续型情形.

$$\begin{aligned}E(X)&=\int_{-\infty}^{+\infty}\int_{-\infty}^{+\infty}xp(x,y)\mathrm{d}x\mathrm{d}y=\int_{-\infty}^{+\infty}\int_{-\infty}^{+\infty}xp_{X|Y}(x|y)p_Y(y)\mathrm{d}x\mathrm{d}y\\&=\int_{-\infty}^{+\infty}xp_{X|Y}(x|y)\mathrm{d}x\int_{-\infty}^{+\infty}p_Y(y)\mathrm{d}y=\int_{-\infty}^{+\infty}E(X|Y=y)p_Y(y)\mathrm{d}y.\end{aligned}$$

**性质 3.5.5** 若 $X,Y$ 相互独立，则

$$E(X|Y)=E(X).$$

证明：只证明连续型情形，离散型情况类似.

$$E(X)=\int_{-\infty}^{+\infty}\int_{-\infty}^{+\infty}xp(x,y)\mathrm{d}x\mathrm{d}y=\int_{-\infty}^{+\infty}\int_{-\infty}^{+\infty}xp_{X|Y}(x)p_Y(y)\mathrm{d}x\mathrm{d}y$$

$$=\int_{-\infty}^{+\infty}xp_{X|Y}(x|y)\mathrm{d}x=E(X|Y).$$

有时候利用条件期望会使问题简化，请看下面的几个例子.

**例 3.5.4** 假设一个人走迷宫，面前有三条路. 若他选择走第一条路，则他可以在 3 分钟后从迷宫中走出；若他选择走第二条路，则他可以在 5 分钟后回到原地；若他选择走第三条路，则他可以在 7 分钟后返回原地. 假设此人每次都只能随机地选择一条路，问此人离开迷宫平均需要多长时间？

**解** 以 $Y$ 表示此人离开迷宫所需的时间，$X$ 表示他选择的路，则

$$\begin{aligned}E(Y)&=E[E(Y|X)]\\&=E(Y|X=1)P(X=1)+E(Y|X=2)P(X=2)+E(Y|X=3)P(X=3)\\&=\frac{1}{3}[E(Y|X=1)+E(Y|X=2)+E(Y|X=3)].\end{aligned}$$

注意到

$$E(Y|X=1)=3,\ E(Y|X=2)=5+E(Y),\ E(Y|X=3)=7+E(Y),$$

因此

$$E(Y)=\frac{1}{3}(3+5+7+2E(Y)),$$

从而 $E(Y)=15$.

**例 3.5.5**（随机个随机变量之和的期望） 假设在某天进入一家超市的人数是一个随机变量，均值为 50，来到超市的顾客的消费是相互独立同分布的随机变量，均值为 8，且顾客的消费与来到超市的人数之间也是独立的，那么超市在该天的期望营业额是多少？

**解** 令 $N$ 表示来到超市的人数，$X_i$ 是顾客 $i$ 在超市的消费额，则这些顾客在超市的消费总额 $\sum\limits_{i=1}^{N}X_i$ 的期望为

$$E\left(\sum_{i=1}^{N}X_i\right)=E\left[E\left\{\sum_{i=1}^{N}X_i|N\right\}\right],$$

由于 $X_i$ 与 $N$ 独立，故

$$E\left\{\sum_{i=1}^{N}X_i|N\right\}=\sum_{i=1}^{N}E(X_i)=NE(X_1).$$

因此

$$E\left[E\left\{\sum_{i=1}^{N}X_i|N\right\}\right]=E(NE(X_1))=E(N)E(X_1).$$

条件期望在随机过程等研究中具有非常重要的作用，关于它还有很多重要的性质，但是超出了本书的范围，这里不再一一列举.

### 3.5.2　条件方差

**定义 3.5.2**　给定 $Y=y$ 时 $X$ 的条件方差（conditional variance）定义为

$$\operatorname{Var}(X|Y=y)=E\left\{[X-E(X|Y=y)]^2\,|Y=y\right\}.$$

也就是说，条件方差正好与通常的方差有相同的定义方式，不同之处是期望换成了条件期望. 将上式右边展开，逐项地取期望，可推出

$$\operatorname{Var}(X|Y=y)=E(X^2|Y=y)-[E(X|Y=y)]^2.$$

当 $y$ 取遍 $Y$ 的所有可能取值时，用 $\operatorname{Var}(X|Y)$ 来表示这一函数，它在 $Y=y$ 的值就是 $\operatorname{Var}(X|Y=y)$.

**定理 3.5.1**　对于随机变量 $X$ 和 $Y$ 有

$$\operatorname{Var}(X)=E\left[\operatorname{Var}(X|Y)\right]+\operatorname{Var}\left[E(X|Y)\right].$$

**证明：**

$$E\left[\operatorname{Var}(X|Y)\right]=E\left\{E(X^2|Y)-[E(X|Y)]^2\right\}=E(X^2)-E\left[E(X|Y)\right]^2,$$

$$\operatorname{Var}\left[E(X|Y)\right]=E\left[E(X|Y)\right]^2-\left\{E\left[E(X|Y)\right]\right\}^2=E[E(X|Y)]^2-(E(X))^2.$$

公式得证.

**例 3.5.6**（复合随机变量的方差）　设 $X_1,X_2,\cdots,X_n$ 是独立同分布的随机变量，其分布为 $F(x)$，均值为 $\mu$，方差为 $\sigma^2$. 假设它们与取非负整数值的随机变量 $\nu$ 独立，随机变量 $S=\sum_{i=1}^{\nu}X_i$ 称为复合随机变量. 求 $S$ 的方差.

**解**　因为

$$\operatorname{Var}(S|\nu=n)=\operatorname{Var}\left(\sum_{i=1}^{n}X_i\right)=n\sigma^2,$$

又因为 $E(S|\nu=n)=n\mu$，所以

$$\mathrm{Var}(S|\nu)=\nu\sigma^2,\ E(S|\nu)=\nu\mu,$$

由条件方差公式，得

$$\mathrm{Var}(S)=E(\nu\sigma^2)+\mathrm{Var}(\nu\mu)=\sigma^2E(\nu)+\mu^2\mathrm{Var}(\nu).$$

**例 3.5.7** 设 $(X,Y)$ 服从二元正态分布 $N(\mu_1,\mu_2,\sigma_1^2,\sigma_2^2,\rho)$，则条件方差 $\mathrm{Var}(X|Y=y)=(1-\rho^2)\sigma_1^2$.

## 3.6 与本章相关的 Python 操作

下面介绍二元随机向量的分布展示.

(1) 理论分布.

以二元正态分布为例，假设总体服从均值为 $\boldsymbol{\mu}=(0,0)$、协方差矩阵为单位阵的二元正态分布，绘制它的概率密度曲线. Python 代码如下：

```
from scipy.stats import multivariate_normal
import numpy as np
import matplotlib.pyplot as plt
from mpl_toolkits.mplot3d import Axes3D

# 设置参数
mean=np.array([0,0])
cov=np.array([[1,0],[0,1]])
x,y=np.mgrid[-2:2:.01,-2:2:.01]  # 设置x,y轴
n=x.shape[0]*x.shape[1]

# 画图
plt.rc("font",family='Kaiti SC')  # 设置字体
fig=plt.figure(dpi=600)  # 设置画布
ax=Axes3D(fig)  # 设置坐标

ax.plot_surface(x,y,
                multivariate_normal.pdf(np.hstack((x.reshape(n,1),y.
                reshape(n,1))),mean,cov).reshape(x.shape[0],x.shape[1]),
                cmap=plt.cm.gray)  # norm.pdf可以计算x处的概率密度函数值
plt.show()  # 显示图像，见图3.6
```

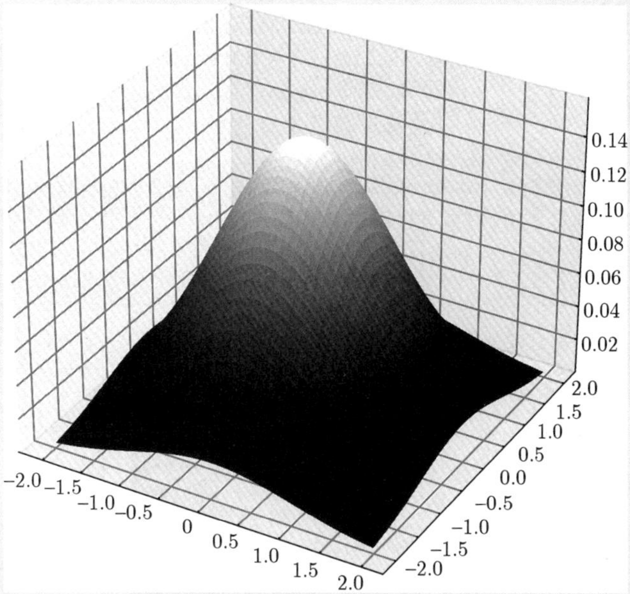


图 3.6

它的二维高度图（越亮表明概率密度函数值越大）以及边缘分布如图 3.7 所示. Python 代码如下:

```
import matplotlib.pyplot as plt
from scipy.stats import multivariate_normal
from scipy.stats import norm

# 设置参数
mean=np.array([0,0])
cov=np.array([[1,0],[0,1]])
x,y=np.mgrid[-2:2:.01,-2:2:.01]  # 设置x,y轴
n=x.shape[0]*x.shape[1]

# 创建画布并将画布分割成格子
plt.rc("font",family='Kaiti SC')  # 设置字体
fig=plt.figure(figsize=(12,12),dpi=600,facecolor='white')
grid=plt.GridSpec(4,4,hspace=0.5,wspace=0.2)

# 添加子图
ax_main=fig.add_subplot(grid[:-1,:-1])
ax_right=fig.add_subplot(grid[:-1,-1],xticklabels=[],yticklabels=[])
ax_bottom=fig.add_subplot(grid[-1,:-1],xticklabels=[],yticklabels=[])

# 在中心画高度图
ax_main.contourf(x,y,multivariate_normal.pdf(np.hstack((x.reshape(n,1),
              y.reshape(n,1))),mean,cov).reshape(x.shape[0],x.shape[1]),
              cmap=plt.cm.gray)
```

```
# 绘制底部边缘密度图
ax_bottom.plot(np.arange(-2,2,0.01),norm.pdf(np.arange(-2,2,0.01),scale=1),
           'black',linestyle='-',lw=1)  # norm.pdf可以计算x处的概率密度函数值
ax_bottom.invert_yaxis()  # 让y轴反向

# 绘制右边缘密度图
ax_right.plot(norm.pdf(np.arange(-2,2,0.01),scale=1),np.arange(-2,2,0.01),
              'black',linestyle='-',lw=1)

plt.show()  # 见图3.7
```

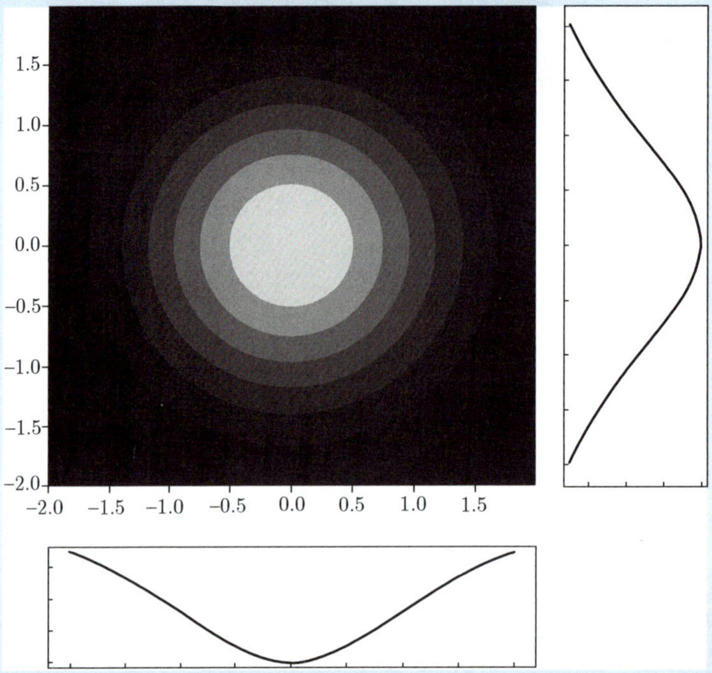


图 3.7

(2) 数值模拟.

假设总体服从均值为 $\boldsymbol{\mu}=(0,0)$、协方差矩阵为单位阵的二元正态分布，抽取 1 000 个样本，绘制它的二维直方图（越亮表明区域内点越多）. Python 代码如下：

```
import matplotlib.pyplot as plt
import pandas as pd
from scipy.stats import multivariate_normal
from scipy.stats import norm
import numpy as np

# 创建画布并将画布分割成格子
plt.rc("font",family='Kaiti SC')  # 设置字体
fig=plt.figure(figsize=(4,4),dpi=600,facecolor='white')
```

```
grid=plt.GridSpec(4,4,hspace=0.5,wspace=0.2)

# 添加子图
ax_main=fig.add_subplot(grid[:-1,:-1])
ax_right=fig.add_subplot(grid[:-1,-1],xticklabels=[],yticklabels=[])
ax_bottom=fig.add_subplot(grid[-1,:-1],xticklabels=[],yticklabels=[])

# 设置参数以及生成数据
mean=np.array([0,0])
cov=np.array([[1,0],[0,1]])
data=multivariate_normal.rvs(mean,cov,size=1000)  # 生成1000个二维正态分布
                                                    的随机数
x=data[:,0]
y=data[:,1]

# 在中心绘制气泡图
ax_main.hist2d(x,y,bins=20,cmap=plt.cm.gray,range=[[-3,3],[-3,3]])

# 绘制底部边缘密度图
ax_bottom.plot(np.arange(-3,3,0.01),
               norm.pdf(np.arange(-3,3,0.01),
               scale=1),'black',linestyle='-',
               lw=1)  # norm.pdf可以计算x处的概率密度函数值
ax_bottom.invert_yaxis()  # 让y轴反向

# 绘制右边缘密度图
ax_right.plot(norm.pdf(np.arange(-3,3,0.01),scale=1),
              np.arange(-3,3,0.01),'black',
              linestyle='-',lw=1)  # x轴与y轴互换

plt.show()  # 见图3.8
```

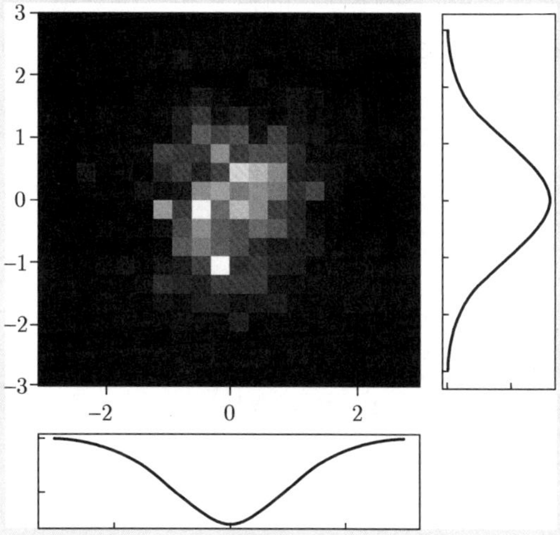


图 3.8

## 本章小结

本章主要介绍了随机向量的分布以及数字特征、多元特征函数和矩母函数等，基本内容和一维情形类似. 不同之处在于随机向量的分布是联合分布，它不能由各个分量的分布（即边际分布）决定. 此外还提出条件分布的概念，并由此给出了随机变量之间的独立性这一重要内容. 其他关于随机向量函数分布的求法，其思想和一维情形是类似的. 关于随机向量的数字特征，主要考虑的是均值和协方差阵，其中均值是把各分量的均值放在一起构成的向量，而协方差阵的概念与一维情形相差很多，除了要考虑各个分量的方差之外，还要研究各分量之间的协方差，特别提出了相关系数的概念，它是标准化的协方差，是变量之间线性关系的度量. 另外，随机变量不相关和随机变量相互独立之间的区别要搞清楚；随机向量的多元特征函数和矩母函数的定义及性质与一维情形是相似的.

多元正态分布是一种非常重要的分布，是数理统计的基础. 本章用一节的内容介绍了它的一些性质，从中也可以看出特征函数这一分析工具的重要作用. 本书中我们通过定义概率密度函数的方式来定义多元正态分布，即若 $\boldsymbol{B}=(b_{ij})$ 是 $n$ 阶正定对称矩阵，以 $\boldsymbol{B}^{-1}=(r_{jk})$ 表示 $\boldsymbol{B}$ 的逆矩阵；$\det\boldsymbol{B}$ 表示 $\boldsymbol{B}$ 的行列式的值. $\boldsymbol{\mu}=(\mu_1,\mu_2,\cdots,\mu_n)'$ 是任意实值列向量，则由概率密度函数

$$p(x_1,x_2,\cdots,x_n)=\frac{1}{(2\pi)^{\frac{n}{2}}(\det\boldsymbol{B})^{\frac{1}{2}}}\exp\left\{-\frac{1}{2}\sum_{j,k=1}^{n}r_{jk}(x_j-\mu_j)(x_k-\mu_k)\right\}$$

定义的分布称为 $n$ 元正态分布. 这种定义方式要求方差矩阵 $\boldsymbol{B}$ 正定，此时的正态分布为满秩的正态分布. 除了这种定义外，我们还可以通过若干相互独立的一元标准正态分布的线性变换来定义正态分布，此时允许正态分布的方差矩阵半正定. 当方差矩阵 $\det\boldsymbol{B}=0$ 时，正态分布称为奇异正态分布，见王松桂的《线性模型引论》.

本章还特别介绍了条件期望与条件方差的概念和一些性质. 条件期望是一个非常重要的概念，是随机过程内容中许多定义的基础. 条件方差的定义与方差很类似，它在风险理论中具有很重要的作用.

## 习 题 三

3.1 将 4 个球随机地放入 3 个盒子中，若 $X,Y$ 分别表示第一、第二个盒子中球的个数，求二维随机向量 $(X,Y)$ 的分布列.

3.2 设二维连续型随机向量 $(X,Y)$ 的分布列为

| $X$ \ $Y$ | 0 | 1 |
|---|---|---|
| 0 | 0.5 | 0 |
| 1 | 0 | 0.5 |

求 $(X,Y)$ 的分布函数.

3.3　设有二元函数

$$f(x,y)=\begin{cases} x^2+y^2, & x^2+y^2<2 \\ 0, & \text{其他} \end{cases},$$

试说明 $f(x,y)$ 能否是某二维随机向量的概率密度函数.

3.4　设二维连续型随机向量 $(X,Y)$ 的联合概率密度函数为

$$f(x,y)=\begin{cases} Axy\mathrm{e}^{-(x+y)}, & x\geqslant 0, y\geqslant 0 \\ 0, & \text{其他} \end{cases},$$

求：(1) 系数 $A$；(2) 边际概率密度 $f_X(x), f_Y(y)$.

3.5　设二维随机向量 $(X,Y)$ 的联合分布列为

| X \ Y | 0 | 1 | 2 | 3 |
|---|---|---|---|---|
| 0 | $\frac{10}{50}$ | $\frac{6}{50}$ | $\frac{4}{50}$ | $\frac{1}{50}$ |
| 1 | $\frac{9}{50}$ | $\frac{10}{50}$ | $\frac{3}{50}$ | 0 |
| 2 | $\frac{5}{50}$ | $\frac{2}{50}$ | 0 | 0 |

试求随机变量 $X$ 与 $Y$ 的边际概率密度函数.

3.6　二维随机向量 $(X,Y)$ 的联合概率密度函数为

$$f(x,y)=\frac{1}{2\pi}(1-\sin xy)\mathrm{e}^{\frac{-(x^2+y^2)}{2}},$$

求 $X$ 与 $Y$ 的边际概率密度，并说明当边际分布为正态分布时，联合分布未必是正态分布.

3.7　设随机向量 $(X,Y)$ 的联合概率密度函数为

$$p(x,y)=\begin{cases} 3x, & 0<x<1, 0<y<x \\ 0, & \text{其他} \end{cases},$$

(1) 试求边际概率密度函数 $p_X(x), p_Y(y)$；(2) 判断 $X$ 与 $Y$ 是否独立.

3.8　设随机变量 $X$ 与 $Y$ 是相互独立的，其联合分布和边际分布如下表所示，其中部分概率给出了已知值，试求未知值.

| X \ Y | $y_1$ | $y_2$ | $y_3$ | $p_X(x_i)$ |
|---|---|---|---|---|
| $x_1$ | $p_{11}$ | $\frac{1}{8}$ | $p_{13}$ | $p_X(x_1)$ |
| $x_2$ | $\frac{1}{8}$ | $p_{22}$ | $p_{23}$ | $p_X(x_2)$ |
| $p_Y(y_j)$ | $\frac{1}{6}$ | $p_Y(y_2)$ | $p_Y(y_3)$ | 1 |

3.9 设随机变量 $X$ 与 $Y$ 是相互独立的，其概率密度分别为

$$f_X(x)=\begin{cases}3\mathrm{e}^{-3x}, & x>0\\ 0, & x\leqslant 0\end{cases},\quad f_Y(y)=\begin{cases}4\mathrm{e}^{-4y}, & y>0\\ 0, & y\leqslant 0\end{cases}.$$

求:（1）$f(x,y)$，$F(x,y)$；（2）$P(X<1,Y<1)$；（3）$P((X,Y)\in D)$，$D=\{(x,y)|x>0,y>0,3x+4y<3\}$.

3.10 设 $X,Y,Z$ 为独立随机变量，都服从 $(0,1)$ 上的均匀分布，求它们的联合概率密度以及方程 $Xx^2+Yx+Z=0$ 的解都为实数的概率.

3.11 设 $X,Y$ 为独立随机变量，$X$ 服从 $(0,1)$ 上的均匀分布，$Y$ 服从参数为 1 的指数分布，求 $Z=X+Y$ 和 $Z=X/Y$ 的分布.

3.12 设 $X,Y$ 为独立随机变量，分别服从参数为 $\lambda_1,\lambda_2$ 的指数分布，求 $Z=X/Y$ 的分布并计算 $P(X>Y)$.

3.13 设 $X,Y$ 的联合概率密度函数为

$$p(x,y)=c(x^2-y^2)\mathrm{e}^{-x},\ 0\leqslant x<\infty,\quad -x\leqslant y\leqslant x,$$

求在给定 $X=x$ 的条件下 $Y$ 的条件分布.

3.14 设 $X,Y$ 为独立随机变量，都服从 $(0,1)$ 上的均匀分布，求 $R=\sqrt{X^2+Y^2}$，$\Theta=\arctan(Y/X)$ 的联合分布并判断是否独立.

3.15 设随机变量 $X$ 和 $Y$ 独立同分布，其分布列为

$$P(X=k)=P(Y=k)=pq^{k-1};\ k=1,2,\cdots;\ 0<p<1,q=1-p.$$

求 $X+Y$ 的分布列.

3.16 设二维随机向量 $(X,Y)$ 在区域 $D=\{(x,y)|x\geqslant 0,y\geqslant 0,x+y\leqslant 1\}$ 上服从均匀分布. 求:（1）$(X,Y)$ 关于 $X$ 的边际概率密度；（2）$Z=X+Y$ 的分布函数与概率密度；（3）$\Theta=X/Y$ 的概率密度.

3.17 设 $X$ 和 $Y$ 为两个随机变量，且 $P(X\geqslant 0,Y\geqslant 0)=3/7,P(X\geqslant 0)=P(Y\geqslant 0)=4/7$. 试求 $P(\max(X,Y)\geqslant 0)$.

3.18 设 $X$ 和 $Y$ 独立，且分别服从参数为 $\lambda_1,\lambda_2$ 的指数分布，求:（1）$U=\max(X,Y)$；（2）$V=\min(X,Y)$.

3.19 设 $X_1,X_2,\cdots,X_n$ 是独立标准正态随机变量，令 $S_j=\sum\limits_{i=1}^{j}X_i$，求在 $S_j=y$ 的

条件下 $S_n$ 的条件分布，并证明：在 $S_n=x$ 的条件下，$S_j=y$ 的分布为均值等于 $\dfrac{xj}{n}$、方差等于 $\dfrac{j(n-j)}{n}$ 的正态分布.

3.20 设 $X_1,X_2,\cdots$ 是一列独立同分布的随机变量，求：(1) $P(X_5>X_1|X_1=\max\{X_1,X_2,X_3,X_4\})$；(2) $P(X_5>X_2|X_1=\max\{X_1,X_2,X_3,X_4\})$.

3.21 设 $Z$ 为标准正态随机变量，对固定的 $x$，令

$$X=\begin{cases} Z, & Z>x \\ 0, & \text{其他} \end{cases}.$$

求 $E(X)$.

3.22 试求下列期望：(1) 设 $X\sim U[0,1]$，$Y\sim U[0,1]$ 且 $X$ 与 $Y$ 独立，求 $E(|X-Y|)$；(2) 设 $X\sim N(0,1)$， $Y\sim N(0,1)$ 且 $X$ 与 $Y$ 独立，求 $E(|X-Y|)$.

3.23 向一目标射击，目标中心为坐标原点，已知命中点的横坐标 $X$ 和纵坐标 $Y$ 相互独立，且均服从 $N(0,2^2)$ 分布，求：(1) 命中环形区域 $D=\{(x,y)|1\leqslant x^2+y^2\leqslant 2\}$ 的概率；(2) 命中点到目标中心距离 $R=\sqrt{X^2+Y^2}$ 的数学期望.

3.24 设二维离散型随机向量 $(X,Y)$ 的分布列为

| $(X,Y)$ | $(1,0)$ | $(1,1)$ | $(2,0)$ | $(2,1)$ |
|---|---|---|---|---|
| $P$ | 0.4 | 0.2 | $a$ | $b$ |

若 $E(XY)=0.8$，求 $\mathrm{Cov}(X,Y)$.

3.25 设随机变量 $X$ 与 $Y$ 独立同分布, 且 $X$ 的概率分布为

| $X$ | 1 | 2 |
|---|---|---|
| $P$ | $\dfrac{2}{3}$ | $\dfrac{1}{3}$ |

记 $U=\max\{X,Y\},V=\min\{X,Y\}$，求：(1) $(U,V)$ 的概率分布；(2) $(U,V)$ 的协方差 $\mathrm{Cov}(U,V)$.

3.26 将一枚硬币重复抛 $n$ 次，以 $X$ 和 $Y$ 分别表示正面向上和反面向上的次数，试求 $X$ 和 $Y$ 的协方差与相关系数.

3.27 已知二元正态随机向量 $(X_1,X_2)$ 的二元特征函数为:

$$\phi(t_1,t_2)=\mathrm{e}^{\mathrm{i}(t_1\mu_1+t_2\mu_2)-\frac{1}{2}(\sigma_1^2t_1^2+2\rho\sigma_1\sigma_2t_1t_2+\sigma_2^2t_2^2)},$$

其中 $\mu_i=E(X_i),\sigma_i^2=D(X_i),i=1,2,\rho$ 为 $X_1$和$X_2$ 的相关系数,试求：(1) $\left(\dfrac{X_1-\mu_1}{\sigma_1},\dfrac{X_2-\mu_2}{\sigma_2}\right)$ 的二元特征函数；(2) $Y=\dfrac{X_1-\mu_1}{\sigma_1}+\dfrac{X_2-\mu_2}{\sigma_2}$ 的特征函数.

3.28 已知二元正态随机向量 $(X,Y)$ 服从二维正态分布 $N(0,0,1,1,\rho)$，试求：(1) $E[\max(X,Y)]$；(2) $X-Y$ 和 $XY$ 的协方差与相关系数.

3.29 设二维随机向量 $(X,Y)$ 在圆域 $x^2+y^2\leqslant r^2$ 上服从均匀分布.（1）求 $X$ 和 $Y$ 的相关系数 $\rho$;（2）判断 $X,Y$ 是否独立.

3.30 设二维随机向量 $(X,Y)$ 的联合概率密度函数为

$$f(x,y)=\begin{cases}1/\pi, & x^2+y^2\leqslant 1\\ 0, & \text{其他}\end{cases},$$

试问:（1）$X$ 与 $Y$ 是否相互独立?（2）是否相关?

3.31 设二维随机向量 $(X,Y)$ 的联合概率密度函数为

$$p(x,y)=\begin{cases}\dfrac{2}{(1+x+y)^3}, & x\geqslant 0,y\geqslant 0\\ 0, & \text{其他}\end{cases}.$$

令 $U=X+Y$，$V=Y/X$，试求 $U,V$ 的联合密度函数并判断是否独立.

3.32 设 $(X_1,X_2)$ 服从二元正态分布，$\mu_1=\mu_2=0$，令 $Y_1=X_1\cos\alpha+X_2\sin\alpha$, $Y_2=-X_1\sin\alpha+X_2\cos\alpha$，其中 $0\leqslant\alpha\leqslant 2\pi$.（1）求 $(Y_1,Y_2)$ 的联合概率密度函数;（2）问 $\alpha$ 取何值时 $Y_1,Y_2$ 互相独立?

3.33 已知 $X$ 服从参数 $p=0.6$ 的 0-1 分布，且在 $X=0$ 及 $X=1$ 下，关于 $Y$ 的条件分布分别如下表所示.

| $Y$ | 1 | 2 | 3 |
|---|---|---|---|
| $P(Y\|X=0)$ | $\frac{1}{4}$ | $\frac{1}{2}$ | $\frac{1}{4}$ |

| $Y$ | 1 | 2 | 3 |
|---|---|---|---|
| $P(Y\|X=1)$ | $\frac{1}{2}$ | $\frac{1}{6}$ | $\frac{1}{3}$ |

求二维随机向量 $(X,Y)$ 的联合分布，以及在 $Y\neq 1$ 时 $X$ 的条件分布.

3.34 设随机向量 $(X,Y)$ 的联合概率密度函数为

$$f(x,y)=\begin{cases}1, & |y|<x,0<x<1\\ 0, & \text{其他}\end{cases},$$

求:（1）条件概率密度 $f_{X|Y}(x|y), f_{Y|X}(y|x)$;（2）$P\left(0<Y\leqslant 1|X=\dfrac{1}{2}\right)$.

3.35 设二维连续型随机向量 $(X,Y)\sim N(\mu_1,\mu_2,\sigma_1^2,\sigma_2^2,\rho)$，求条件概率密度 $f_{X|Y}(x|y)$, $f_{Y|X}(y|x)$.

3.36 设二维连续型随机向量 $(X,Y)$ 的联合概率密度函数为

$$p(x,y)=\begin{cases}24(1-x)y, & 0<y<x<1\\ 0, & \text{其他}\end{cases},$$

试在 $0<y<1$ 时，求 $E(X|Y=y)$.

3.37 设 $E(Y),E(h(Y))$ 存在，试证 $E(h(Y)|Y)=h(Y)$.

3.38　设 $X_1, X_2, \cdots, X_n$ 为独立同分布的随机变量序列，分布函数是未知的连续函数 $F(x)$；$X_1, X_2, \cdots, X_m$ 也是独立同分布的随机变量序列，分布函数是未知的连续函数 $G$. 将这 $n+m$ 个随机变量从小到大排序，令

$$I_i = \begin{cases} 1, & \text{若 } n+m \text{ 个随机变量中第 } i \text{ 个最小值来自 } X \\ 0, & \text{其他} \end{cases},$$

称 $R = \sum_{i=1}^{n+m} iI_i$ 为秩和，在 $F = G$ 的条件下，计算 $R$ 的期望和方差.

3.39　设 $X_1, X_2, \cdots, X_n$ 为独立同分布的随机变量，计算

$$E\left[\left(\sum_{i=1}^{k} X_i\right) \Big/ \left(\sum_{i=1}^{n} X_i\right)\right],\ k \leqslant n.$$

3.40　对于给定的随机变量 $Z$，定义 $X, Y$ 的条件协方差为

$$\mathrm{Cov}(X, Y|Z) = E[(X - E(X|Z))(Y - E(Y|Z))].$$

证明:

$$\mathrm{Cov}(X, Y|Z) = E(XY|Z) - E(X|Z)E(Y|Z),$$

$$\mathrm{Cov}(X, Y) = E[\mathrm{Cov}(X, Y|Z)] + \mathrm{Cov}(E(X|Z), E(Y|Z)).$$

3.41　证明：$E(g(X)Y|X) = g(X)E(Y|X)$.

3.42　证明: 若 $E(Y|X = x) = E(Y)$ 对一切 $x$ 成立，则 $X, Y$ 不相关，反过来是否成立？如果不成立，请举出反例.

3.43　证明：$\mathrm{Cov}(X, E(Y|X)) = \mathrm{Cov}(X, Y)$.

3.44　设 $Y$ 服从均值为 $\mu$、方差为 $\sigma^2$ 的正态分布. 已知在 $Y = y$ 条件下 $X$ 的分布是均值为 $y$、方差为 1 的正态分布. 证明:（1）$(X, Y)$ 的联合分布与 $(X + Z, Y)$ 的联合分布相同，其中 $Z$ 是与 $Y$ 独立且服从标准正态分布的随机变量；（2）$(X, Y)$ 服从正态分布.

第 4 章

# 大数定律与中心极限定理

## 学习要点

1. 理解各种收敛、大数定律和中心极限定理的概念 .
2. 掌握不同收敛的区别和联系
3. 掌握大数定律的几种形式，了解它们的应用范围
4. 掌握中心极限定理的几种形式，了解它们的应用范围

在本书的前言中已经提到，对于随机现象的研究是通过大量重复实验来揭示其统计规律性. 概率论中的极限理论就是研究大量随机现象的. 例如在大量重复的随机实验中，各次的随机性相互抵消又相互补偿，因而其平均结果趋于稳定. 随机事件在一次实验中是否出现是随机的，但是，随着实验次数增多，该事件出现的频率会逐渐趋近于概率，为了刻画类似行为，各种极限理论被引入. 在这些内容丰富的极限理论中，最重要的有两种: 大数定律和中心极限定理. 本章将介绍几种大数定律以及几个重要的中心极限定理.

## 4.1 随机变量序列的几种收敛性

在概率论的极限理论中，“收敛性”的概念十分重要，在不同的收敛性定义下，极限理论会有区别，所以为了研究这些极限理论，首先要弄清楚收敛性的定义. 本节将介绍四种常用的重要的收敛性的定义，这四种定义在本章后面的内容中都会用到.

### 4.1.1 几乎处处收敛

**定义 4.1.1**（几乎处处收敛） 设 $\{X_n\}$ 为一随机变量序列，$X$ 为一随机变量，若

$$P\left\{\lim_{n\to\infty} X_n(\omega) = X(\omega)\right\} = 1,$$

则称 $\{X_n\}$ 几乎处处收敛 (almost sure convergence) 于 $X$，也称 $\{X_n\}$ 以概率 1 收敛 (convergence with probability 1) 于 $X$，记作 $X_n \xrightarrow{\text{a.s.}} X$. 其中 “$\lim\limits_{n\to\infty} X_n(\omega) = X(\omega)$” 采用的是数学分析中数列极限的定义.

在上述定义中，把所有使得 $\left\{\lim\limits_{n\to\infty} X_n(\omega) = X(\omega)\right\}$ 的 $\omega$ 放在一起的集合是一个事件. 事实上，$\omega \in \left\{\omega : \lim\limits_{n\to\infty} X_n(\omega) = X(\omega)\right\}$ 等价于：对任意的正整数 $m$，均存在 $N(\omega) \in \mathbb{N}$，使得当 $n > N(\omega)$ 时，有 $|X_n(\omega) - X(\omega)| < \dfrac{1}{m}$. 换句话说，对任意的正整数 $m$，$|X_n(\omega) - X(\omega)| < \dfrac{1}{m}$ 至多有有限个不成立，即 $\omega$ 属于 $A_n = \left\{\omega : |X_n(\omega) - X(\omega)| < \dfrac{1}{m}\right\}$ 的下极限，从而

$$\left\{\omega : \lim_{n\to\infty} X_n(\omega) = X(\omega)\right\} = \left\{\omega : \bigcap_{m=1}^{\infty}\bigcup_{k=1}^{\infty}\bigcap_{n=k}^{\infty} |X_n(\omega) - X(\omega)| < \frac{1}{m}\right\} \in \mathcal{F}.$$

因此，随机变量序列的几乎处处收敛性也可以等价地定义为：

(1) $P\left(\bigcap\limits_{m=1}^{\infty}\bigcup\limits_{k=1}^{\infty}\bigcap\limits_{n=k}^{\infty} |X_n(\omega) - X(\omega)| < \dfrac{1}{m}\right) = 1$;

(2) $P\left(\bigcup\limits_{m=1}^{\infty}\bigcap\limits_{k=1}^{\infty}\bigcup\limits_{n=k}^{\infty} |X_n(\omega) - X(\omega)| \geqslant \dfrac{1}{m}\right) = 0$.

**定理 4.1.1** $X_n \xrightarrow{\text{a.s.}} X$ 的充要条件是：对任意 $\varepsilon>0$，有

$$\lim_{n\to\infty} P\left(\bigcup_{k=n}^{\infty} |X_k - X| \geqslant \varepsilon\right) = 0.$$

**证明：**

（必要性） 令 $A_n = \left\{\omega : \bigcup_{k=n}^{\infty} |X_k - X| \geqslant \varepsilon\right\}$，则 $A_n \supset A_{n+1}$，根据概率的下连续性，有

$$\begin{aligned}\lim_{n\to\infty} P\Big(\bigcup_{k=n}^{\infty} |X_k - X| \geqslant \varepsilon\Big) &= P\Big(\bigcap_{n=1}^{\infty}\bigcup_{k=n}^{\infty} |X_k - X| \geqslant \varepsilon\Big)\\ &\leqslant P\left(\bigcup_{m=1}^{\infty}\bigcap_{k=1}^{\infty}\bigcup_{n=k}^{\infty} |X_n(\omega) - X(\omega)| \geqslant \frac{1}{m}\right)\\ &= 0.\end{aligned}$$

（充分性） 由

$$\lim_{n\to\infty} P\Big(\bigcup_{k=n}^{\infty} |X_k - X| \geqslant \varepsilon\Big) = P\Big(\bigcap_{n=1}^{\infty}\bigcup_{k=n}^{\infty} |X_k - X| \geqslant \varepsilon\Big) = 0$$

可知，$P\Big(\bigcap_{n=1}^{\infty}\bigcup_{k=n}^{\infty} |X_k - X| \geqslant \dfrac{1}{m}\Big) = 0$ 对任意正整数 $m$ 成立. 令

$$A_m = \left\{\omega : \bigcap_{n=1}^{\infty}\bigcup_{k=n}^{\infty} |X_k - X| \geqslant \frac{1}{m}\right\},$$

那么对可列多个概率为零的事件$A_m$ 的并 $A = \bigcup_{m=1}^{\infty} A_m$，有

$$P(A) \leqslant \sum_{m=1}^{\infty} P(A_m) = 0,$$

从而 $P\Big(\bigcup_{m=1}^{\infty}\bigcap_{n=1}^{\infty}\bigcup_{k=n}^{\infty} |X_k - X| \geqslant \dfrac{1}{m}\Big) = 0.$

为了方便解释上述内容以及引出博雷尔-坎泰利引理，我们引入事件的极限运算定义如下：

**定义 4.1.2**（事件的极限） 设 $\{A_n\}$ 为一列事件，称 $\limsup\limits_{n\to\infty} A_n = \bigcap_{k=1}^{\infty}\bigcup_{n=k}^{\infty} A_n$ 为事件的上极限，$\liminf\limits_{n\to\infty} A_n = \bigcup_{k=1}^{\infty}\bigcap_{n=k}^{\infty} A_n$ 为事件的下极限.

类似于数列中的定义，若事件列的上下极限存在且相等，则称事件极限 $\lim\limits_{n\to\infty} A_n$ 存在，且等于其上下极限.

我们首先解释一下上下极限的含义：事件的上下极限也是事件，$\{A_n\}$ 的上极限事件发生当且仅当 $\{A_n\}$ 中有无限个事件发生，下极限事件发生当且仅当 $\{A_n\}$ 在 $n$ 充分大后一直发生. 利用德 · 摩根公式可以得到对于一列事件 $\{A_n\}$, $(\limsup\limits_{n\to\infty} A_n)^c = \liminf\limits_{n\to\infty}(A_n)^c$. 事实上，上极限事件的补集就是 $\Omega$ 中使得 $\{A_n\}$ 发生有限次的全体，即 $A_n^c$ 在 $n$ 充分大后一直发生，这恰好与下极限的定义吻合. 另外，除了 $P(\limsup\limits_{n\to\infty} A_n)$, 上极限的概率也可以记作 $P(A_n, \text{i.o.})$，即 $A_n$ 无限次发生（infinitely often）.

在研究随机变量列 $\{X_n\}$ 几乎处处收敛性的过程中，事件的上下极限是十分重要的概念，事实上想要研究一列随机变量是否收敛，即讨论 $n$ 充分大的时候 $X_n$ 和 $X_m$ 之差足够小 (柯西列) 或者与某个随机变量 $X$ 充分接近 (即 $|X_n - X| < \varepsilon$) 是否一直成立，这和下极限的定义相关，它们的补事件即可用上极限描述.

关于上极限事件的概率，有如下很重要的定理.

**定理 4.1.2**（博雷尔-坎泰利引理）

1. 设 $A_n$ 为事件列，若 $\sum P(A_n) < \infty$，则

$$P(\limsup_{n\to\infty} A_n) = 0.$$

2. 若 $A_n$ 为相互独立的事件列，则 $\sum P(A_n) = \infty$ 的充要条件是

$$P(\limsup_{n\to\infty} A_n) = 1.$$

**证明**：

引理 1:

$$P(\limsup_{n\to\infty} A_n) = P\Big(\bigcap_{k=1}^{\infty}\bigcup_{n=k}^{\infty} A_n\Big) \leqslant P\Big(\bigcup_{n=k}^{\infty} A_n\Big) \leqslant \sum_{n=k}^{\infty} P(A_n) \to 0,\ k\to\infty.$$

引理 2: (必要性)

$$\begin{aligned}
P\left((\limsup_{n\to\infty} A_n)^c\right) &= P\Big(\bigcup_{k=1}^{\infty}\bigcap_{n=k}^{\infty} A_n^c\Big)\\
&\leqslant \sum_{k=1}^{\infty} P\Big(\bigcap_{n=k}^{\infty} A_n^c\Big)\\
&= \sum_{k=1}^{\infty}\prod_{n=k}^{\infty} P\left(A_n^c\right)\\
&= \sum_{k=1}^{\infty}\prod_{n=k}^{\infty}\left[1 - P(A_n)\right].
\end{aligned}$$

由于

$$0 \leqslant 1 - P(A_n) \leqslant \exp\{-P(A_n)\},$$

所以从 $\sum P(A_n) = \infty$ 可得

$$\prod_{n=k}^{\infty}[1 - P(A_n)] \leqslant \lim_{N\to\infty} \exp\{-\sum_{n=k}^{N} P(A_n)\} = 0,$$

从而 $P((\limsup_{n\to\infty} A_n)^c) = 0$，$P(\limsup_{n\to\infty} A_n) = 1$.

(充分性) 反证法. 若 $\sum P(A_n) < \infty$，则根据引理 1，$P(\limsup_{n\to\infty} A_n) = 0$，产生矛盾.

### 4.1.2 依概率收敛

**定义 4.1.3**（依概率收敛） 设 $\{X_n\}$ 为一随机变量序列，$X$ 为一随机变量，如果对任意的 $\varepsilon > 0$，有

$$\lim_{n\to\infty} P(|X_n - X| \geqslant \varepsilon) = 0,$$

则称 $\{X_n\}$ 依概率收敛 (convergence in probability) 于 $X$，记作 $X_n \xrightarrow{\mathrm{P}} X$.

**定理 4.1.3** 若 $X_n \xrightarrow{\text{a.s.}} X$，则 $X_n \xrightarrow{\mathrm{P}} X$.

**证明**：由定理4.1.1知，当 $X_n \xrightarrow{\text{a.s.}} X$ 时，$\lim_{n\to\infty} P\left(\bigcup_{k=n}^{\infty} |X_k - X| \geqslant \varepsilon\right) = 0$，从而

$$\lim_{n\to\infty} P(|X_n - X| \geqslant \varepsilon) \leqslant \lim_{n\to\infty} P\left(\bigcup_{k=n}^{\infty} |X_k - X| \geqslant \varepsilon\right) = 0.$$

反过来，一般依概率收敛不能推出几乎处处收敛，以下提供一个反例. 该反例满足依概率收敛，但不满足几乎处处收敛.

***例 4.1.1** 取 $\Omega = (0,1]$，$\mathcal{F}$ 为 $(0,1]$ 上的博雷尔点集全体所构成的 $\sigma$ 域，$P$ 为勒贝格测度，令

$$Y_{ki}(\omega) = \begin{cases} 1, & \omega \in \left(\dfrac{i-1}{k}, \dfrac{i}{k}\right], i = 1, 2, \cdots, k \\ 0, & \omega \notin \left(\dfrac{i-1}{k}, \dfrac{i}{k}\right], k = 1, 2, \cdots \end{cases}.$$

定义 $X_1(\omega) = Y_{11}(\omega), X_2(\omega) = Y_{21}(\omega), X_3(\omega) = Y_{22}(\omega), X_4(\omega) = Y_{31}(\omega), X_5(\omega) = Y_{32}(\omega), \cdots$，则 $\{X_n\}$ 是一列随机变量，但对于任何一个 $\omega \in (0,1]$，$X_n(\omega)$ 必有无限

个 $k,i$ 使其取值为 0, 也有无限个 $k,i$ 使其取值为 1, 因此 $X_n(\omega)$ 不是以概率 1 收敛于 0.

另外，对任意 $\varepsilon>0$，

$$P(|Y_{ki}(\omega)|\geqslant\varepsilon)\leqslant\frac{1}{k},$$

$P(|X_n(\omega)|\geqslant\varepsilon)\to 0(n\to\infty)$，即 $X_n\xrightarrow{\mathrm{P}}0$.

### 4.1.3　弱收敛及依分布收敛

**定义 4.1.4**　设 $\{F_n(x)\}$ 是一个分布函数列，若存在一个函数 $F(x)$，使得对 $F(x)$ 的任一连续点 $x$，都有

$$\lim_{n\to\infty}F_n(x)=F(x),$$

则称 $F_n(x)$ 弱收敛 (weak convergence) 于 $F(x)$，记作 $F_n(x)\xrightarrow{\mathrm{W}}F(x)$.

**定义 4.1.5**　设随机变量序列 $\{X_n\}$ 的分布函数列为 $\{F_n(x)\}$，随机变量 $X$ 的分布函数为 $F(x)$，若 $F_n(x)$ 弱收敛于 $F(x)$，则称 $\{X_n\}$ 依分布收敛 (convergence in distribution) 于 $X$，记作 $X_n\xrightarrow{\mathrm{L}}X$.

分布函数弱收敛并不能保证极限函数是一个分布函数.

**例 4.1.2**　令 $F_n(x)=\begin{cases}0, & x<n\\ 1, & x\geqslant n\end{cases}$，$F(x)=0$，显然 $F_n(x)\xrightarrow{\mathrm{W}}F(x)$，但是 $F(x)$ 并不是分布函数.

关于分布函数弱收敛，不加证明地给出如下定理.

**定理 4.1.4**　设分布函数列 $\{F_n(x)\}$ 弱收敛于连续的分布函数 $F(x)$，则这种收敛关于 $x$ 是一致的.

**定理 4.1.5**　若 $X_n\xrightarrow{\mathrm{P}}X$，则 $X_n\xrightarrow{\mathrm{L}}X$.

**证明**：设随机变量 $X,X_n$ 的分布函数分别为 $F(x),F_n(x)$，为证 $X_n\xrightarrow{\mathrm{L}}X$，只需证 $F_n(x)\xrightarrow{\mathrm{W}}F(x)$，只需对任意的连续点 $x$，有

$$F(x-0)\leqslant\varliminf_{n\to\infty}F_n(x)\leqslant\varlimsup_{n\to\infty}F_n(x)\leqslant F(x+0).$$

令 $x' < x$，则 $\{X < x'\} = \{X_n < x, X < x'\} \cup \{X_n \geqslant x, X < x'\} \subset \{X_n < x\} \cup \{|X_n - X| \geqslant x - x'\}$，从而有 $F(x') \leqslant F_n(x) + P(|X_n - X| \geqslant x - x')$.

由 $X_n \xrightarrow{\text{P}} X$，得 $P(|X_n - X| \geqslant x - x') \to 0,\ n \to \infty$，因此

$$F(x') \leqslant \varliminf_{n\to\infty} F_n(x).$$

再令 $x' \to x$，即得 $F(x-0) \leqslant \varliminf_{n\to\infty} F_n(x)$.

同理可证，当 $x'' > x$ 时，有 $\varlimsup_{n\to\infty} F_n(x) \leqslant F(x'')$.

令 $x'' \to x$，有 $\varlimsup_{n\to\infty} F_n(x) \leqslant F(x+0)$，得证.

上述定理的逆命题一般不成立，以下提供一个反例. 该反例满足依分布收敛，但不满足依概率收敛.

**例 4.1.3** 令 $\Omega = (\omega_1, \omega_2), P(\{\omega_1\}) = P(\{\omega_2\}) = \dfrac{1}{2}$，定义随机变量 $X(\omega_1) = -1, X(\omega_2) = 1$，令 $X_n(\omega) = -X(\omega)$，$\forall n \in \mathbb{N}$，则 $X_n$，$X$ 具有同样的分布，显然 $X_n \xrightarrow{\text{L}} X$，但是对任意 $0 < \varepsilon < 2$，

$$P(|X_n(\omega) - X(\omega)| > \varepsilon) = P(\Omega) = 1,$$

因此 $X_n$ 不依概率收敛到 $X$.

但是在一种特殊情况下，依概率收敛和依分布收敛等价.

**定理 4.1.6** $X_n \xrightarrow{\text{P}} c$ 的充要条件为：$X_n \xrightarrow{\text{L}} c$，其中 $c$ 为常数.

证明：必要性已由定理4.1.5给出，下面证充分性.

记 $X_n$ 的分布函数为 $F_n(x)$，由于常数 $c$ 的分布函数为退化分布：

$$F(x) = \begin{cases} 0, & x \leqslant c \\ 1, & x > c \end{cases},$$

因此对任意的 $\varepsilon > 0$，有

$$\begin{aligned} P(|X_n - c| \geqslant \varepsilon) &= P(X_n \geqslant c + \varepsilon) + P(X_n \leqslant c - \varepsilon) \\ &= 1 - F_n(c + \varepsilon) + F_n(c - \varepsilon + 0) \to 1 - 1 + 0 = 0. \end{aligned}$$

### 4.1.4 $r$ 阶收敛

**定义 4.1.6**（$r$ 阶收敛） 设随机变量 $X_n$，$X$ 满足 $E(|X_n|^r) < \infty, E(|X|^r) < \infty$，若

$$\lim_{n\to\infty} E(|X_n - X|^r) = 0,$$

其中 $r>0$ 为常数，则称 $\{X_n\}$ $r$ 阶收敛 (convergence in $r$-th mean) 于 $X$，记为 $X_n \xrightarrow{\mathrm{r}} X$.

**定理 4.1.7** 若 $X_n \xrightarrow{\mathrm{r}} X$，则 $X_n \xrightarrow{\mathrm{P}} X$.

**证明**：设 $F_n(x)$ 为 $U=X_n-X$ 的分布函数，对任意的 $\varepsilon>0$，有

$$\begin{aligned}P(|X_n-X|\geqslant\varepsilon)&=\int_{|u|\geqslant\varepsilon}\mathrm{d}F_n(u)\\&\leqslant\int_{|u|\geqslant\varepsilon}\frac{|u|^r}{\varepsilon^r}\mathrm{d}F_n(u)\leqslant\frac{1}{\varepsilon^r}\int_{-\infty}^{+\infty}|u|^r\mathrm{d}F_n(u)\\&=\frac{E(|X_n-X|^r)}{\varepsilon^r}\to 0.\end{aligned}$$

不等式

$$P(|X_n-X|\geqslant\varepsilon)\leqslant\frac{E(|X_n-X|^r)}{\varepsilon^r}$$

是切比雪夫不等式（当 $r=2$ 时）的推广，一般称为马尔可夫不等式.

$r$ 阶收敛中最重要的是 $r=2$ 的情况，称为均方收敛.

上述定理的逆一般不成立.

**例 4.1.4** 令 $\Omega=(0,1]$，$\mathcal{F}$ 是 $(0,1]$ 上的博雷尔 $\sigma$ 域，$P$ 是勒贝格测度. 定义

$$X(\omega)=0\ \text{及}\ X_n(\omega)=\begin{cases}n^{\frac{1}{r}}, & \omega\in\left(0,\dfrac{1}{n}\right]\\ 0, & \omega\notin\left(0,\dfrac{1}{n}\right]\end{cases}，对于任意的\ \varepsilon>0,$$

$$P(|X_n-X|\geqslant\varepsilon)\leqslant\frac{1}{n}\to 0,$$

因此 $X_n \xrightarrow{\mathrm{P}} X$，但是

$$E(|X_n-X|^r)=\left(n^{\frac{1}{r}}\right)^r\frac{1}{n}=1.$$

在这个例子中，可以看到对每个 $\omega$，都有 $X_n(\omega)\to X(\omega)$，即 $X_n \xrightarrow{\text{a.s.}} X$，这说明几乎处处收敛也不能推出 $r$ 阶收敛.

最后把这四种收敛性的关系总结如下：

几乎处处收敛 $\Rightarrow$ 依概率收敛 $\Rightarrow$ 依分布收敛；

$r$ 阶收敛 $\Rightarrow$ 依概率收敛 $\Rightarrow$ 依分布收敛.

## 4.2 大数定律

第 1 章中曾经给出过统计概率的定义，并提到了“频率稳定性”的概念，以伯努利实验为例，假设每次实验中所关心的事件 $A$ 出现的概率为 $p$，以 $\mu_n$ 记 $n$ 次实验中 $A$ 出现的次数，所谓“频率稳定性”就是指当实验次数增加时，频率 $\frac{\mu_n}{n}$ 会趋向于一个常数，这一常数就是统计概率，它应该等于 $p$. 那么应该如何从数学上严格证明

$$\frac{\mu_n}{n} \to p?$$

这一问题也可以用另一种方式来描述：令

$$X_k = \begin{cases} 1, & A\text{ 在第}k\text{ 次实验中出现} \\ 0, & \text{反之} \end{cases}, \quad k = 1, 2, \cdots,$$

则 $X_k$ 相互独立. 如何证明 $\frac{1}{n}\sum_{k=1}^{n} X_k \to p$?（注意到 $E(X_k) = p, \forall k = 1, 2, \cdots.$）

更一般地，对于一个随机变量序列 $\{X_k\}$，令

$$S_n = \sum_{k=1}^{n}(X_k - E(X_k)),$$

那么 $\{S_n/n\}$ 是否收敛？如果收敛，是哪种收敛？大数定律所研究的就是这种类型的极限问题：若 $\{S_n/n\}$ 依概率收敛到 0，则称 $\{X_k\}$ 服从大数定律；若 $\{S_n/n\}$ 几乎处处收敛到 0，则称 $\{X_k\}$ 服从强大数定律.

为了方便后续的证明，我们不加证明地引入以下两个用于刻画分布极限与特征函数极限关系的定理.

**定理 4.2.1**（正极限定理） 设分布函数列 $\{F_n(x)\}$ 弱收敛于某分布函数 $F(x)$，则相应的特征函数列 $\{f_n(t)\}$ 收敛于特征函数 $f(t)$，且在 $t$ 的任一有限区间内收敛是一致的.

**定理 4.2.2**（逆极限定理） 设特征函数列 $\{f_n(t)\}$ 收敛于某连续函数 $f(t)$，则相应的分布函数列 $\{F_n(x)\}$ 弱收敛于某一分布函数 $F(x)$，且 $f(t)$ 是 $F(x)$ 的特征函数.

通常合称正、逆极限定理为连续定理，最先由列维 (Lévy) 和克莱姆 (Cramér) 证得，故又称为列维-克莱姆定理.

接下来介绍一些常见的大数定律.

**定义 4.2.1** 设 $\{X_n, n=1,2,\cdots\}$ 为随机变量序列，令 $S_n=\sum_{k=1}^{n}(X_k-E(X_k))$，若对任意的 $\varepsilon>0$ 有

$$\lim_{n\to\infty} P(|S_n/n|\geqslant\varepsilon)=0,$$

则称随机变量序列 $\{X_n\}$ 服从大数定律.

**定理 4.2.3**（伯努利大数定律） 在 $n$ 次伯努利实验中，假定事件 $A$ 在每次实验中发生的概率为 $p$，以 $Y_n$ 表示此 $n$ 次实验中事件 $A$ 发生的次数，则对任意的 $\varepsilon>0$，有

$$\lim_{n\to\infty} P\left(\left|\frac{Y_n}{n}-p\right|\geqslant\varepsilon\right)=0.$$

**证明**：已经知道在 $n$ 次伯努利实验中，事件 $A$ 发生的次数 $Y_n\sim b(n,p)$，从而

$$E\left(\frac{Y_n}{n}\right)=p,\ \operatorname{Var}\left(\frac{Y_n}{n}\right)=\frac{p(1-p)}{n}\leqslant\frac{1}{4n}.$$

根据切比雪夫不等式，有

$$P\left(\left|\frac{Y_n}{n}-p\right|\geqslant\varepsilon\right)\leqslant\frac{1}{\varepsilon^2}\operatorname{Var}\left(\frac{Y_n}{n}\right)=\frac{1}{4n\varepsilon^2}.$$

对任意的 $\varepsilon>0$，当 $n\to\infty$ 时，上式右边趋于 0.
伯努利大数定律由伯努利建立，发表于 1713 年，是大数定律的第一个结果.
下面我们再介绍一个比伯努利大数定律更广泛的大数定律.

**定理 4.2.4**（切比雪夫大数定律） 设 $X_1,X_2,\cdots$ 是两两不相关的随机变量序列，如果存在常数 $c$，使得 $\operatorname{Var}(X_i)\leqslant c, i=1,2,\cdots$，那么

$$\lim_{n\to\infty} P\left(\left|\frac{1}{n}\sum_{i=1}^{n}X_i-\frac{1}{n}\sum_{i=1}^{n}E\left(X_i\right)\right|\geqslant\varepsilon\right)=0.$$

**证明**：根据切比雪夫不等式，有

$$P\left(\left|\frac{1}{n}\sum_{i=1}^{n}X_i-\frac{1}{n}\sum_{i=1}^{n}E\left(X_i\right)\right|\geqslant\varepsilon\right)\leqslant\frac{\operatorname{Var}\left(\sum_{i=1}^{n}X_i\right)}{n^2\varepsilon^2}.$$

由于序列是两两不相关的，所以 $\operatorname{Var}\left(\sum_{i=1}^{n}X_i\right)=\sum_{i=1}^{n}\operatorname{Var}\left(X_i\right)\leqslant nc$，即

$$P\left(\left|\frac{1}{n}\sum_{i=1}^{n}X_i-\frac{1}{n}\sum_{i=1}^{n}E\left(X_i\right)\right|\geqslant\varepsilon\right)\leqslant\frac{c}{n\varepsilon^2}\to 0,\quad n\to\infty,$$

从而得证.

可以看出伯努利大数定律是切比雪夫大数定律的特例.

**定理 4.2.5**（泊松大数定律） 在 $n$ 次独立实验中，假定事件 $A$ 在第 $k$ 次实验中发生的概率为 $p_k$，以 $Y_n$ 表示此 $n$ 次实验中事件 $A$ 发生的次数，则对任意的 $\varepsilon>0$，有

$$\lim_{n\to\infty} P\left(\left|\frac{Y_n}{n}-\frac{p_1+p_2+\cdots+p_n}{n}\right|\geqslant\varepsilon\right)=0.$$

**证明**：令 $X_k$ 表示第 $k$ 次实验中事件 $A$ 出现的次数，则有

$$E(X_k)=p_k,\ \mathrm{Var}(X_k)=p_k(1-p_k)\leqslant\frac{1}{4},$$

且 $Y_n=\sum\limits_{k=1}^{n}X_k$，利用切比雪夫大数定律即可证得.

因此，泊松大数定律也是切比雪夫大数定律的一种特殊情况.

马尔可夫注意到，在切比雪夫大数定律的证明中，只要有 $\dfrac{\mathrm{Var}\left(\sum\limits_{i=1}^{n}X_i\right)}{n^2}\to 0, n\to+\infty$，大数定律就能成立.

**定理 4.2.6**（马尔可夫大数定律） 对随机变量序列 $\{X_i, i=1,2,\cdots\}$，若有

$$\lim_{n\to\infty}\frac{\mathrm{Var}\left(\sum\limits_{i=1}^{n}X_i\right)}{n^2}=0,$$

则 $\{X_n\}$ 服从大数定律.

在马尔可夫大数定律中，并没有要求随机变量之间独立或者不相关，但是与切比雪夫大数定律一样，它也要求随机变量具有有限方差.

进一步的研究表明，在独立同分布情形下，方差存在这个条件并非必要.

**定理 4.2.7**（辛钦大数定律） 设 $\{X_i, i=1,2,\cdots\}$ 是独立同分布的随机变量序列，且它们的期望存在，$E(X_i)=c, i=1,2,\cdots$，则对任意的 $\varepsilon>0$ 有

$$\lim_{n\to\infty} P\left(\left|\frac{1}{n}\sum_{i=1}^{n}X_i-c\right|\geqslant\varepsilon\right)=0.$$

**证明**：由于 $X_1, X_2,\cdots$ 相互独立且同分布，所以它们的特征函数都相同，记为 $\varphi(t)$，由特征函数的性质 (性质 2.7.5) 可知，$\varphi'(0)=\mathrm{i}c$，从而可将 $\varphi(t)$ 展开为

$$\varphi(t)=\varphi(0)+\varphi'(0)t+o(t)=1+\mathrm{i}ct+o(t).$$

而 $\dfrac{1}{n}\sum\limits_{i=1}^{n}X_i$ 的特征函数为

$$\left[\varphi\left(\frac{t}{n}\right)\right]^n=\left[1+\frac{\mathrm{i}ct}{n}+o\left(\frac{t}{n}\right)\right]^n\to \mathrm{e}^{\mathrm{i}ct},\quad \forall t, n\to\infty.$$

极限函数 $\mathrm{e}^{\mathrm{i}ct}$ 是连续函数，其对应的分布函数为退化分布

$$F(x)=\begin{cases}0, & x<c\\ 1, & x\geqslant c\end{cases}.$$

由逆极限定理 4.2.3 知，$\frac{1}{n}\sum_{i=1}^{n}X_i$ 的分布函数弱收敛于常数 $c$，根据定理 4.1.5，$\frac{1}{n}\sum_{i=1}^{n}X_i$ 依概率收敛于 $c$.

**定义 4.2.2**　设 $\{X_n, n=1,2,\cdots\}$ 为随机变量序列，令 $Y_n=\frac{1}{n}\sum_{k=1}^{n}(X_k-E(X_k))$，若对任意的 $\varepsilon>0$ 有

$$P(\lim_{n\to\infty}Y_n=0)=1,$$

则称随机变量序列 $\{X_n\}$ 服从强大数定律 (strong law of large numbers).

第一个强大数定律针对伯努利实验情形，由博雷尔于 1909 年给出.

**定理 4.2.8**（博雷尔大数定律）　设 $X_n$ 为事件 $A$ 在 $n$ 次独立实验中出现的次数，且在每次实验中事件 $A$ 出现的概率均为 $p$，则当 $n\to\infty$ 时，

$$P\left(\lim_{n\to\infty}\frac{X_n}{n}=p\right)=1.$$

**证明**：要证几乎处处收敛，只需证 $P\left(\bigcap_{k=1}^{\infty}\bigcup_{n=k}^{\infty}\left|\frac{X_n}{n}-p\right|\geqslant\varepsilon\right)=0$.

记 $A_n=\left\{\left|\frac{X_n}{n}-p\right|\geqslant\varepsilon\right\}$，由博雷尔-坎泰利引理，只需证对任意的 $\varepsilon>0$，$\sum_{n=1}^{\infty}P(A_n)<\infty$，上面的结论就成立.

由马尔可夫不等式得 $P\left(\left|\frac{X_n}{n}-p\right|\geqslant\varepsilon\right)\leqslant\frac{1}{\varepsilon^4}E\left(\frac{X_n}{n}-p\right)^4$，且通过计算得到

$$E\left(\frac{X_n}{n}-p\right)^4=\frac{pq}{n^4}\left[n\left(p^3+q^3\right)+3pq\left(n^2-n\right)\right]<\frac{1}{4n^2},$$

因此

$$P\left(\left|\frac{X_n}{n}-p\right|\geqslant\varepsilon\right)\leqslant\frac{1}{4n^2\varepsilon^4}\to 0,\quad n\to\infty.$$

可见当 $n\to\infty$ 时，$\sum_{n=1}^{\infty}P\left(\left|\frac{X_n}{n}-p\right|\geqslant\varepsilon\right)<\infty$.

对于更普遍的情况，我们不加证明地给出以下定理.

**定理 4.2.9**（柯尔莫哥洛夫强大数定律） 设 $\{X_n,n=1,2,\cdots\}$为独立随机变量序列，且 $\sum_{n=1}^{\infty}\frac{\mathrm{Var}(X_n)}{n^2}<\infty$，则

$$P\left(\lim_{n\to\infty}\frac{1}{n}\sum_{i=1}^{n}(X_i-E(X_i))=0\right)=1.$$

柯尔莫哥洛夫大数定律是一个非常重要的大数定律，它的条件在实践中容易达成，并且得到的收敛性更强，应用也很广泛.

**例 4.2.1**（强大数定律的应用，蒙特卡罗方法） 设 $f(x)(a\leqslant x\leqslant b)$ 是连续函数，试用概率方法来近似计算积分 $\int_a^b f(x)\mathrm{d}x$.

**解** 不妨设 $a=0,b=1,0\leqslant f(x)\leqslant 1$. 考虑随机实验：向矩形 $0\leqslant x\leqslant 1,0\leqslant y\leqslant 1$ 内连续随机投质点，以 $A$ 表示此矩形中 $y=f(x)$ 下方的区域. 定义随机变量 $X_k$：

$$X_k=\begin{cases}1, & \text{若第 } k \text{ 次投掷的点落于 } A \text{ 内}\\ 0, & \text{反之}\end{cases},$$

则 $\{X_k\}$ 独立同分布，而且 $E(X_k)=\int_0^1 f(x)\mathrm{d}x$, 由于

$$\lim_{n\to\infty}\frac{1}{n}\sum_{k=1}^{n}X_k\xrightarrow{\text{a.s.}}\int_0^1 f(x)\mathrm{d}x,$$

因而当 $n$ 充分大时，前 $n$ 次实验中落于 $A$ 内的点数除以 $n$ 就可以近似等于 $\int_0^1 f(x)\mathrm{d}x$.

这样的近似算法叫作蒙特卡罗法 (Monte Carlo method)，这种算法所依赖的就是强大数定律.

## 4.3 中心极限定理

除大数定律之外，概率论中还有一类非常重要的极限定理，称为中心极限定理.

**定义 4.3.1**　设随机变量序列 $X_k$，$k=1,2,\cdots$ 的方差有限且大于 0，令

$$\mu_k=E(X_k),\ \sigma_k^2=\operatorname{Var}(X_k),\ B_n^2=\sum_{k=1}^{n}\sigma_k^2,$$

如果 $\forall x\in\mathbb{R}$, 一致地有

$$\lim_{n\to\infty}P\left(\frac{1}{B_n}\sum_{k=1}^{n}(X_k-\mu_k)\leqslant x\right)=\frac{1}{\sqrt{2\pi}}\int_{-\infty}^{x}\mathrm{e}^{-\frac{z^2}{2}}\,\mathrm{d}z,$$

则称 $X_k,k=1,2,\cdots$ 服从中心极限定理 (central limit theorem).

中心极限定理的含义是，无论随机变量本身的分布是不是正态的，大量随机变量的平均会趋向正态分布. 对于中心极限定理的研究始于棣莫弗，他在研究二项分布的极限分布时首先得到了正态分布的函数形式，他的证明是针对二项分布中 $p=1/2$ 给出的，后来拉普拉斯对他的研究做了推广，将结论拓展到任意 $0<p<1$ 的情形，他们的结果是概率论的第一个中心极限定理.

长期以来，大量实践经验都告诉人们，中心极限定理是成立的，但是从棣莫弗和拉普拉斯建立了第一个中心极限定理之后的 150 年间，中心极限定理都只是一个猜想. 1922 年，芬兰的林德伯格 (Lindeberg) 及之后法国的列维分别提出了中心极限定理成立的一组相重叠的充分条件. 1935 年，费勒 (Feller) 又证明了在一定条件下，林德伯格给出的条件还是必要的. 自此，中心极限定理才算真正解决. 实际上中心极限定理并不是一个定理，而是一组定理，其中每个定理都可以在一些略有区别的条件下推导出来.

中心极限定理在数理统计中占据着十分重要的地位，可以说，数理统计的很多理论都是以中心极限定理为基础的.

本节将依次介绍棣莫弗-拉普拉斯中心极限定理、独立同分布情形下的中心极限定理以及独立不同分布情形下的中心极限定理，最后给出林德伯格-列维-费勒关于中心极限定理的证明.

**定理 4.3.1**（棣莫弗-拉普拉斯中心极限定理）　设随机变量 $Y\sim b(n,p)$，则其标准化的随机变量的分布函数的极限为

$$\lim_{n\to\infty}P\left(\frac{Y-np}{\sqrt{np(1-p)}}\leqslant y\right)=\varPhi(y).$$

此定理是下面定理的一种特殊情况.

**定理 4.3.2**（林德伯格-列维中心极限定理）　设 $\{X_n,n=1,2,\cdots\}$ 是独立同分布的随机变量序列，且 $E(X_i)=\mu,\operatorname{Var}(X_i)=\sigma^2>0$，记

$$Y_n = \frac{X_1 + \cdots + X_n - n\mu}{\sigma\sqrt{n}},$$

则对任意的实数 $y$，有

$$\lim_{n\to\infty} P\left(Y_n \leqslant y\right) = \varPhi\left(y\right) = \frac{1}{\sqrt{2\pi}}\int_{-\infty}^{y} \mathrm{e}^{-\frac{t^2}{2}}\,\mathrm{d}t. \tag{4.1}$$

证明：为证 $\{Y_n\}$ 的分布函数弱收敛于标准正态分布，由逆极限定理 4.2.3 知，只需证 $\{Y_n\}$ 的特征函数列收敛于标准正态分布的特征函数.

设 $X_n - \mu$ 的特征函数为 $\varphi(t)$，则 $\{Y_n\}$ 的特征函数为 $\left[\varphi\left(\frac{t}{\sigma\sqrt{n}}\right)\right]^n$.

又因为 $E(X_n - \mu) = 0, \mathrm{Var}(X_n - \mu) = \sigma^2$，根据特征函数的性质有

$$\varphi'(0) = 0,\ \varphi''(0) = -\sigma^2.$$

将 $\varphi(t)$ 展开可以得到

$$\varphi(t) = \varphi(0) + \varphi'(0)t + \frac{1}{2}\varphi''(0)t^2 + o(t^2) = 1 - \frac{1}{2}\sigma^2 t^2 + o(t^2),$$

从而

$$\lim_{n\to\infty} \varphi_{Y_n}(t) = \lim_{n\to\infty}\left[1 - \frac{t^2}{2n} + o\left(\frac{t^2}{n}\right)\right]^n = \mathrm{e}^{-\frac{t^2}{2}}.$$

而 $\mathrm{e}^{-\frac{t^2}{2}}$ 正是 $N(0,1)$ 分布的特征函数，从而证明了对 $\forall y \in \mathbb{R}$，式 (4.1) 成立，由定理4.1.4可知，式 (4.1) 的收敛关于 $y$ 是一致的，这就证明了中心极限定理的成立.

上述定理在数理统计中有着广泛的应用，只需假设 $\{X_n\}$ 独立同分布、方差存在，不管原来的分布是什么，只要 $n$ 充分大，就可以用正态分布逼近.

若 $\{X_n, n = 1, 2, \cdots\}$ 相互独立且均服从两点分布 $b(1,p)$，令 $Y_n = \sum\limits_{i=1}^{n} X_i$，则 $Y \sim b(n,p)$，其中 $Y_n$ 为 $n$ 重伯努利实验中出现的成功次数. 由于 $\{X_n, n = 1, 2, \cdots\}$ 的共同分布的方差有限，且不为零，故满足定理 4.3.2 的条件，从而由棣莫弗-拉普拉斯中心极限定理立即可证. 另外，在实际应用中应指出，对于二项分布，$x < y$ 为两个比较大的正整数时，一般考虑以 $\varPhi((y + 1/2 - np)/(\sigma\sqrt{n})) - \varPhi((x - 1/2 - np)/(\sigma\sqrt{n}))$ 而不是直接以中心极限定理 $\varPhi((y - np)/(\sigma\sqrt{n})) - \varPhi((x - np)/(\sigma\sqrt{n}))$ 作为 $P\left(x \leqslant \sum\limits_{i=1}^{n} X_i \leqslant y\right)$ 的近似，即正态分布修正公式可以得到更高精度的近似.

在林德伯格-列维中心极限定理的证明中，由于以特征函数为工具，证明变得比较简洁. 而实际上，棣莫弗-拉普拉斯中心极限定理的最初证明是通过对二项分布的分布列做近似得到的，证明相当复杂.

**例 4.3.1** 掷 10 颗均匀的骰子，得到点数之和在 30~40 之间的概率近似值为多少？

**解** 设 $X_i$ 表示第 $i$ 颗骰子得到的值，$i=1,2,\cdots,10$，则

$$E(X_i)=\frac{1}{6}\times(1+\cdots+6)=\frac{7}{2},$$

$$\mathrm{Var}(X_i)=\frac{1}{6}\times(1^2+\cdots+6^2)-\left(\frac{7}{2}\right)^2=\frac{35}{12},$$

由中心极限定理的修正公式可知，所求的概率为

$$P(29.5\leqslant X\leqslant 40.5)=P\left(\frac{29.5-35}{\sqrt{\dfrac{350}{12}}}\leqslant\frac{X-35}{\sqrt{\dfrac{350}{12}}}\leqslant\frac{40.5-35}{\sqrt{\dfrac{350}{12}}}\right)=2\Phi(1.018\ 4)-1=0.692.$$

**例 4.3.2** 某产品的不合格率为 0.005，任取 10 000 件，其中不合格品不多于 70 件的概率为多少？

**解** 令 $X$ 表示不合格产品的数量，则 $X\sim B(10\,000,0.005)$，由于 $np=50, n(1-p)\gg 50$，故可用二项分布的正态近似来求：

$$P(X\leqslant 70)\approx\Phi\left(\frac{70+0.5-50}{\sqrt{50\times(1-0.005)}}\right)=\Phi(2.835\ 5)=0.997\ 7.$$

**例 4.3.3** 为确定一批产品的次品率，要从中抽取多少个产品进行检查，才能使其次品出现的频率与实际次品率之差的绝对值小于 0.1 的概率不小于 0.95？

**解** 令

$$X_i=\begin{cases}0, & \text{抽到的第 } i \text{ 个产品为合格品}\\ 1, & \text{抽到的第 } i \text{ 个产品为次品}\end{cases}.$$

以 $p'$ 表示抽检 $n$ 个产品所得次品的频率，$p$ 表示实际次品率，则 $X_i\sim B(1,p)$，$p'=\dfrac{X_1+X_2+\cdots+X_n}{n}$ 近似服从 $N\left(p,\dfrac{p(1-p)}{n}\right)$，即有

$$P\left(\frac{|p'-p|\sqrt{n}}{\sqrt{p(1-p)}}\leqslant\frac{0.1\sqrt{n}}{\sqrt{p(1-p)}}\right)\geqslant 0.95,$$

从而得到

$$\Phi\left(\frac{0.1\sqrt{n}}{\sqrt{p(1-p)}}\right)\geqslant\frac{0.95+1}{2}=0.975\ \frac{0.1\sqrt{n}}{\sqrt{p(1-p)}}\geqslant 1.96,$$

所以 $\sqrt{n}\geqslant 19.6\sqrt{p(1-p)}$，由于 $p(1-p)\leqslant\dfrac{1}{4}$，因此 $n\geqslant 19.6^2\times\dfrac{1}{4}=96$.

中心极限定理和大数定律所研究的都是随机变量序列的极限行为，这二者相比，一般中心极限定理比大数定律更精确. 以伯努利情形为例，由棣莫弗-拉普拉斯中心极限定理可以推出伯努利大数定律.

**定理 4.3.3** 棣莫弗-拉普拉斯中心极限定理可以推出伯努利大数定律.

**证明**：假设 $u_n \sim b(n,p)$, 由棣莫弗-拉普拉斯中心极限定理：

$$P\left\{\left|\frac{\mu_n - np}{\sqrt{npq}}\right| < l\right\} \to \frac{1}{\sqrt{2\pi}}\int_{-l}^{l} \mathrm{e}^{-\frac{x^2}{2}}\mathrm{d}x.$$

而 $\forall \varepsilon > 0$，对任意正数 $l$，当 $n$ 充分大时，有

$$l\sqrt{npq} < \varepsilon n.$$

因此

$$\left\{\left|\frac{\mu_n - np}{\sqrt{npq}}\right| < l\right\} \subset \left\{\left|\frac{\mu_n - np}{n}\right| < \varepsilon\right\},$$

从而

$$P\left\{\left|\frac{\mu_n - np}{\sqrt{npq}}\right| < l\right\} \leqslant P\left\{\left|\frac{\mu_n - np}{n}\right| < \varepsilon\right\}.$$

而任给 $\delta > 0$，存在 $l$ 充分大，使得

$$1 - \delta < \frac{1}{\sqrt{2\pi}}\int_{-l}^{l} \mathrm{e}^{-\frac{x^2}{2}}\mathrm{d}x,$$

因此对于充分大的 $n$，有

$$P\left\{\left|\frac{\mu_n - np}{n}\right| < \varepsilon\right\} > 1 - \delta,$$

这就证明了伯努利大数定律.

最后本节不加证明地给出更普遍的中心极限定理满足的条件. 古典中心极限定理所讨论的是独立但不同分布的随机变量序列和的分布函数向正态分布收敛的条件. 设 $\{X_n, n = 1, 2, \cdots\}$ 是独立随机变量序列，其期望与方差分别为

$$E(X_n) = \mu_n,\ \mathrm{Var}(X_n) = \sigma_n^2, \quad n = 1, 2, \cdots,$$

记 $S_n = \sum\limits_{i=1}^{n} X_i$，令 $B_n = \sqrt{\mathrm{Var}(S_n)}$，则

$$Y_n = \sum_{i=1}^{n} \frac{X_i - \mu_i}{B_n}.$$

在什么条件下，随机变量序列 $\{X_n, n = 1, 2, \cdots\}$ 满足中心极限定理的条件，即在什么条件下，对任意实数 $y$，有

$$\lim_{n\to+\infty} P(Y_n < y) = \varPhi(y),$$

是困扰了人们多年的问题. 直到 1922 年，林德伯格才给出了如下充分条件：

设 $\{X_n, n = 1, 2, \cdots\}$ 为独立的随机变量序列，记 $X_k$ 的分布函数是 $F_k(x)$，若对任意的 $\tau > 0$，有

$$\lim_{n\to\infty} \frac{1}{B_n^2} \sum_{k=1}^{n} \int_{|x-\mu_k|>\tau B_n} (x - \mu_k)^2 \mathrm{d}F_k(x) = 0,$$

则称 $\{X_n\}$ 满足**林德伯格条件**.

**定理 4.3.4**　如果独立随机变量序列 $\{X_n, n=1,2,\cdots\}$ 满足林德伯格条件，则如下结论同时成立：

(1) $\max\limits_{1\leqslant k\leqslant n}\left|\dfrac{X_k-\mu_k}{B_n}\right|\xrightarrow{p}0$;

(2) $\lim\limits_{n\to\infty}\max\limits_{1\leqslant k\leqslant n}\dfrac{\sigma_k^2}{B_n^2}=0$.

其中 (2) 又称为**费勒条件**.

**定理 4.3.5**　费勒条件等价于 $\begin{cases}\lim\limits_{n\to\infty}B_n=\infty\\ \lim\limits_{n\to\infty}\dfrac{\sigma_n}{B_n}=0\end{cases}$.

先来对林德伯格条件的概率意义做一个解释. 直观上看，林德伯格条件的含义是："独立和" 中的每个随机因素 $X_n$ 对总和都要起着 "微不足道" 的作用，对总和的极限分布不会产生显著作用.

事实上，如果林德伯格条件不满足，则 $\sum\limits_{i=1}^{n}X_i$ 随 $n$ 的增加，不一定趋向正态分布. 例如，若 $X_n=0, n=2,3,\cdots$，则 $Y_n$ 的分布完全由 $X_1$ 的分布决定，即 $X_1$ 是起 "突出作用" 的那项，这时极限分布也就不会是正态分布.

林德伯格证明了他给出的条件是 $\{Y_n\}$ 的分布函数收敛到正态分布函数的充分条件. 1935 年，费勒又证明了如果独立随机变量序列满足中心极限定理和费勒条件，则它们一定满足林德伯格条件，从而古典的中心极限定理的证明才算完全得到解决.

**定理 4.3.6**（林德伯格中心极限定理）　设独立随机变量序列 $\{X_n, n=1,2,\cdots\}$ 满足林德伯格条件，则对任意的 $x$ 有

$$\lim_{n\to\infty}P\left(\sum_{k=1}^{n}\frac{X_k-\mu_k}{B_n}\leqslant x\right)=\frac{1}{\sqrt{2\pi}}\int_{-\infty}^{x}\mathrm{e}^{-\frac{t^2}{2}}\,\mathrm{d}t.$$

**定理 4.3.7**（李雅普诺夫中心极限定理）　设 $\{X_n, n=1,2,\cdots\}$ 为独立随机变量序列，如果存在 $\delta>0$，使得

$$\frac{1}{B_n^{2+\delta}}\sum_{k=1}^{n}E(|X_k-\mu_k|^{2+\delta})\to 0,\quad n\to+\infty, \tag{4.2}$$

则对任意的 $x$，有

$$\lim_{n\to\infty} P\left(\sum_{k=1}^{n}\frac{X_k-\mu_k}{B_n}\leqslant x\right)=\frac{1}{\sqrt{2\pi}}\int_{-\infty}^{x}\mathrm{e}^{-\frac{t^2}{2}}\mathrm{d}t.$$

式 (4.2) 称为**李雅普诺夫条件** (Lyapunov condition).

事实上，李雅普诺夫条件是林德伯格条件的特殊情况：

$$\begin{aligned}\frac{1}{B_n^2}\sum_{k=1}^{n}\int_{|x-\mu_k|>\tau B_n}(x-\mu_k)^2\mathrm{d}F_k(x)&\leqslant\frac{1}{B_n^2(\tau B_n)^{\delta}}\sum_{k=1}^{n}\int_{|x-\mu_k|>\tau B_n}|x-\mu_k|^{2+\delta}\mathrm{d}F_k(x)\\&\leqslant\frac{1}{\tau^{\delta}}\cdot\frac{1}{B_n^{2+\delta}}\sum_{k=1}^{n}\int_{-\infty}^{+\infty}|x-\mu_k|^{2+\delta}\mathrm{d}F_k(x)\\&=\frac{1}{\tau^{\delta}}\cdot\frac{1}{B_n^{2+\delta}}\sum_{k=1}^{n}E(|x-\mu_k|^{2+\delta})\to 0,\quad n\to+\infty.\end{aligned}$$

# 4.4 与本章有关的 Python 操作

## 4.4.1 大数定律展示

随着样本量的增加，样本均值会越来越接近总体均值，这是大数定律的一个重要表现. 我们可以通过绘制样本量与样本均值的曲线来展示大数定律. 假设样本服从 $p=0.5$ 的两点分布（均值为 0.5)，根据不同的样本量，模拟样本均值并画图. 可以看出，随着样本量的增加，样本均值趋近于真实均值，符合大数定律的描述. Python 代码如下：

```
import matplotlib.pyplot as plt
import pandas as pd
from scipy.stats import binom
import numpy as np

# 设置参数
True_P=0.5
Maxn=5000  # 最大样本量

# 生成数据
N=np.arange(5,Maxn+1,5)
xbar=list(map(lambda n: binom.rvs(n=n,p=True_P,size=1)/n,N))

# 画图
plt.rc("font",family='Kaiti SC')  # 设置字体
fig,ax=plt.subplots(1,1)
```

```
fig.dpi=600

ax.plot(N,xbar,color='gray',linestyle='--',label=r'$\bar{x}$') # xbar
ax.plot(N,np.ones_like(N)*True_P,color='black',label=r'$0.5$') # 真实的p

plt.xlabel('样本量')
plt.ylabel(r'$\bar{x}$')
plt.legend(loc='upper right',frameon=True)

plt.show() #见图4.1
```

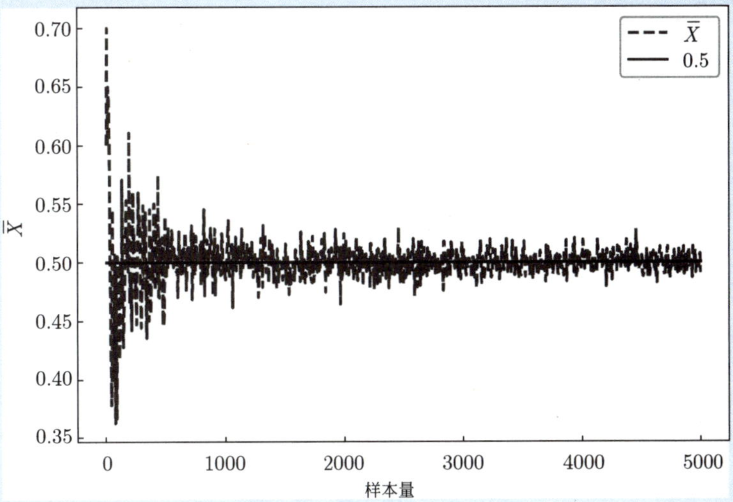


图 4.1

## 4.4.2　高尔顿板

高尔顿板是一种检验伯努利中心极限定理的方法，小球从高处落下，经过钉子后，按照 1/2 的概率向左，最终落到隔板处. 可以证明，每个隔板上的小球数目服从二项分布. 当小球数量足够多时，由中心极限定理可知，二项分布和正态分布相似. 因此可以通过高尔顿板最终的形状判断正态分布的正确性. 高尔顿板的代码如下：

```
from scipy.stats import binom
import matplotlib.pyplot as plt

def simulate_galton_board(n_rows,n_balls):
    """ 模拟高尔顿板，其中 n_rows 是板的行数，n_balls 是球的数量 """
    results=[0 for _ in range(2*n_rows+1)]
    for _ in range(n_balls):
        ball_position=n_rows
        for _ in range(n_rows):
            if binom.rvs(1,0.5) > 0.5:
```

```
                ball_position +=1
            else:
                ball_position -=1
        results[ball_position] += 1
    return results

def plot_galton_board(results):
    """ 画图 """
    x=range(len(results))
    plt.rc("font",family='Kaiti SC')  # 设置字体
    fig,ax=plt.subplots(1,1)  # 设置画布
    fig.dpi=600
    ax.bar(x,results)
    plt.show()

# 模拟和画图，见图4.2
n_rows=10
n_balls=1000
results=simulate_galton_board(n_rows,n_balls)
plot_galton_board(results)
```

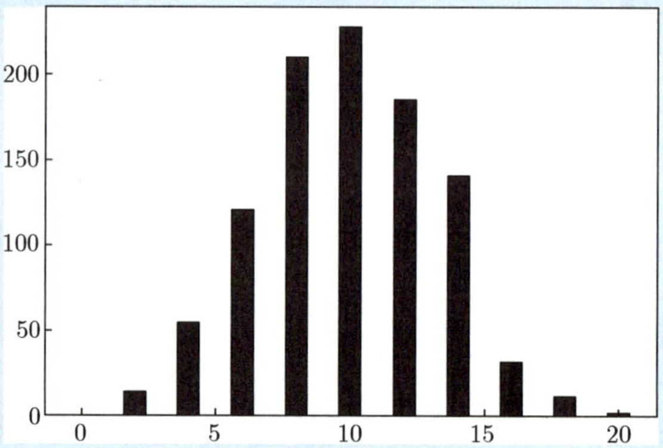

图 4.2

## 4.4.3 中心极限定理展示

随着 $n$ 的增加，$\overline{X}\dot{\sim}N(\mu,\sigma/\sqrt{n})$，这是中心极限定理的一个重要表现. 我们可以通过绘制不同样本量下 $\overline{X}$ 的直方图来展示这一定理. 假设样本服从 $p=0.5$ 的两点分布（均值为 0.5）. 可以看出，随着样本量的增加，$\overline{X}$ 的直方图与正态分布 $N(0.5,0.5/\sqrt{n})$ 越来越接近，符合中心极限定理的描述. Python 代码如下：

```
from scipy.stats import binom
from scipy.stats import norm
import numpy as np
```

```
import matplotlib.pyplot as plt

# 设置参数
True_P=0.5
N=[10,100,1000,10000] # 样本量
M=2000

# 生成数据
MEANS=[]
for n in N:
    xbar=list(map(lambda i:(binom.rvs(n=n,p=True_P,size=1)/n)[0],range(M)))
    MEANS.append(xbar)

# 画图
plt.rc("font",family='Kaiti SC')  # 设置字体
fig,axs=plt.subplots(nrows=2,ncols=2)
fig.dpi=600

for i in range(4):
    axs.flat[i].hist(MEANS[i],color='gray',density=True,
                bins='auto',histtype='stepfilled',alpha=0.75)
    axs.flat[i].plot(np.linspace(np.min(MEANS[i]),
                np.max(MEANS[i]),100),
                norm.pdf(np.linspace(np.min(MEANS[i]),
                np.max(MEANS[i]),100),loc=0.5,scale=0.5/np.sqrt(N[i])),
            'black',linestyle='-',lw=1) # norm.pdf可以计算x处的概率密度函数值
    axs.flat[i].set_title("样本量"+str(N[i]))  # 设置子图标题

plt.tight_layout()  # 显示图像，见图4.3
```

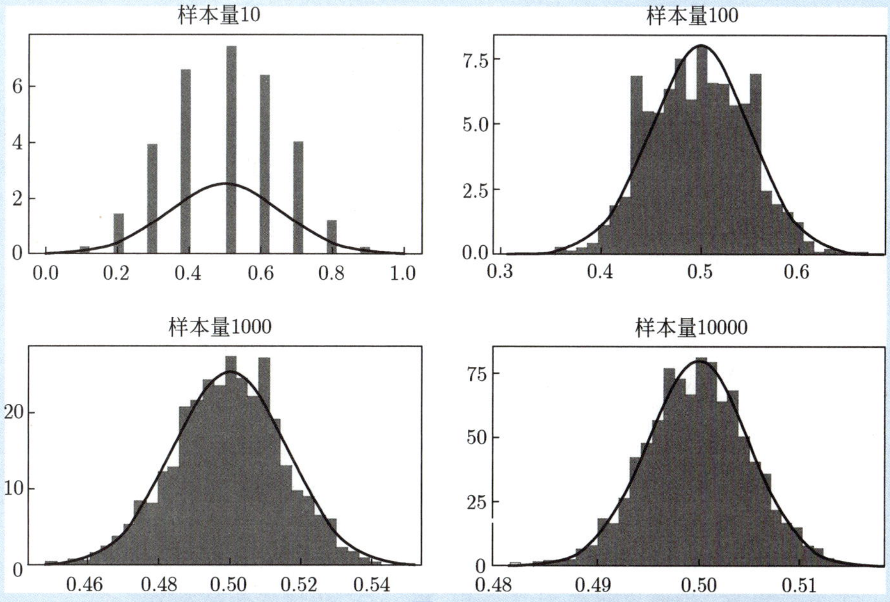


图 4.3

## 本章小结

本章介绍了概率论中两种主要的极限定理：大数定律和中心极限定理. 由于在不同的收敛性的定义下，极限定理的描述不同，所以本章首先介绍了几种重要的收敛性的概念. 根据收敛性是依概率收敛还是几乎处处收敛的不同，大数定律又分为弱大数定律（一般叫作大数定律）和强大数定律两种. 中心极限定理是一种非常重要的极限定理，是数理统计学的基础之一，因为此极限定理备受关注，一度是概率论研究的中心，因而得名中心极限定理. 本章对于古典的中心极限定理做了系统的介绍. 在这些定理的证明中，特征函数起到了重要作用.

事实上大数定律和中心极限定理给出了矩存在的情况下的极限分布，在一些问题中矩可能不存在（或为正无穷），但仍然有对应的极限进行刻画，我们在此简单地介绍几个拓展的例子.

(1) 圣彼得堡悖论 (St. Petersburg paradox). 假设每次进行游戏有 $2^{-j}$ 的概率赢得 $2^j$ 元 $(j=1,2,\cdots)$，这个游戏的期望是正无穷，但很多人不会愿意花 25 元进行这个游戏，可以证明进行 $n$ 次游戏赢得的 $S_n$ 满足 $S_n/(n\log_2 n)$ 依概率收敛到 1. 直观地，如果我们想回本，大约要进行 $2^{25}=33\ 554\ 432$ 次游戏，毫无疑问，没有人愿意这么做. 另外，$S_n/(n\log_2 n)$ 不会几乎处处收敛，这也是一个依概率收敛但不几乎处处收敛的例子.

(2) 稳定分布. 对于独立同分布的随机变量求和，中心极限定理要求随机变量具有有限的二阶矩，对于尾概率 $P(X_1>x)=P(X_1<-x)=\min(1/2,x^{-\alpha}/2)$, $x>0$, 其中 $\alpha\in(0,2)$，可以证明这个随机变量的二阶矩不存在，但是可以证明独立同分布的变量和$S_n$ 满足：$S_n/n^{1/\alpha}$ 弱收敛到某个随机变量 $X_\alpha$. 这个随机变量的特征函数为 $\exp(-C|t|^\alpha)$，由于 $X_\alpha$ 对累加具有某种分布不变性，因此也称为稳定分布，$\alpha=1$ 时即是我们常见的柯西分布. 对于更一般的情形可以参考 Rick Durrett 的《概率论》(Probability: theory and examples).

(3) 独立且都来自二项分布 $b(1,p_n)$ 的样本 $X_{n1},X_{n2},\cdots,X_{nn}$，使得 $np_n\to\lambda$，$\sum\limits_i X_{ni}$ 弱收敛于泊松分布，事实上$\{X_{ni}\}_{i=1,\cdots,n}$ 不满足三角形数组的林德伯格条件，即该随机变量列满足 $\sum\limits_{i=1}^n \mathrm{Var}(X_{ni})\to\sigma^2$，但是并不满足 $\sum\limits_{i=1}^n E(X_{ni}^2 1_{\{|X_{ni}-E(X_{ni})|>\varepsilon\}})\to 0$, 因此其不弱收敛到正态分布（易于验证本书给出的条件是三角形数组的林德伯格条件的特殊情况，考虑 $X_{nk}=X_k\Big/\sqrt{\sum\limits_{k=1}^n \mathrm{Var}(X_k)}$).

## 习 题 四

4.1 证明：若 $X_n$ 依概率收敛到 $X$，则 $X_n-X$ 依概率收敛到 0.

4.2 证明：若 $X_n$ 同时依概率收敛到 $X$ 和 $Y$，则 $P(X=Y)=1$.

4.3　若 $X_n$ 依概率收敛到 $X$，$X_n$ 依概率收敛到 $Y$，证明：(1) $X_n+Y_n$ 依概率收敛到 $X+Y$；(2) $X_nY_n$ 依概率收敛到 $XY$.

4.4　若 $X_n$ 依概率收敛到 $X$，$g(x)$ 是 $\mathbb{R}^1$ 上的连续函数，证明：$g(X_n)$ 依概率收敛到 $g(X)$.

4.5　(Slutsky 定理) 若 $X_n$ 依分布收敛到 $X$，且 $Y_n$ 依概率收敛到常数 $a$，证明：(1) $X_n+Y_n$ 依分布收敛到 $X+a$；(2) $X_nY_n$ 依分布收敛到 $aX$.

4.6　若 $\{X_n\}$ 是单调不降的正随机变量序列，且 $X_n$ 依概率收敛到 0，证明：$X_n$ 几乎处处收敛到 0.

4.7　证明：$X_n$ 依概率收敛到 $X$ 的充要条件为：当 $n\to+\infty$ 时，

$$E\Big(\frac{|X_n-X|}{1+|X_n-X|}\Big)\to 0.$$

4.8　设分布函数列 $\{F_n(x)\}$ 弱收敛于连续的分布函数 $F(x)$，证明：$\{F_n(x)\}$ 在 $(-\infty,+\infty)$ 上一致收敛于分布函数 $F(x)$.

4.9　设 $D(x)$ 为退化分布，$D(x)=\begin{cases}0, & x<0\\ 1, & x\geqslant 0\end{cases}$，判断下列分布函数列的极限函数是否仍为分布函数：(1) $\{D(x+n)\}$；(2) $\Big\{D\Big(x+\dfrac{1}{n}\Big)\Big\}$；(3) $\Big\{D\Big(x-\dfrac{1}{n}\Big)\Big\}$.

4.10　设随机变量 $X_n$ 服从柯西分布，其概率密度函数为 $p_n(x)=\dfrac{n}{\pi(1+n^2x^2)}$, $-\infty<x<+\infty$，证明：$X_n$ 依概率收敛到 0.

4.11　设随机变量序列 $\{X_n\}$ 独立同分布，其概率密度函数为 $p(x)=\begin{cases}\dfrac{1}{\alpha}, & 0<x<\alpha\\ 0, & \text{其他}\end{cases}$，其中 $\alpha$ 为常数且 $\alpha>0$，令 $Y_n=\max(X_1,\cdots,X_n)$，证明：$X_n$ 依概率收敛到 $\alpha$.

4.12　设随机变量序列 $\{X_n\}$ 独立同分布，其概率密度函数为 $p(x)=\begin{cases}\mathrm{e}^{-(x-\beta)}, & x\geqslant\beta\\ 0, & x<\beta\end{cases}$，令 $Y_n=\min(X_1,\cdots,X_n)$，证明：$Y_n$ 依概率收敛到 $\beta$.

4.13　设 $X_i, i=1,2,\cdots$ 为连续型随机变量，且满足 $E(X_i)=0$，$\mathrm{Var}(X_i)=\sigma^2$，$E(X_iX_j)=0\ (\forall i\neq j)$，令 $S_n=X_1+\cdots+X_n$，证明：$\dfrac{S_n}{n}$ 依概率收敛到 0.

4.14　设 $\{X_n\}$ 为独立同分布的随机变量序列，且服从 $[-a,a]$ 上的均匀分布. 记 $Y_n=\dfrac{\sum\limits_{i=1}^{n}(X_i-E(X_i))}{\sqrt{\sum\limits_{i=1}^{n}\mathrm{Var}(X_i)}}$，试计算 $Y_n$ 的特征函数，并求 $n\to\infty$ 时的极限.

4.15　将上题中的均匀分布改成参数为 $\lambda$ 的泊松分布，结果又如何？

4.16　设随机变量 $X_n$ 服从参数为 $(n,\lambda)$ 的 $\Gamma$ 分布，证明：当 $n\to\infty$ 时，$\dfrac{\lambda X_n-n}{\sqrt{n}}$

依分布收敛于标准正态变量.

4.17　设 $\{X_k\}$ 为独立的随机变量序列，且 $P(X_k=\pm\sqrt{\ln k})=\dfrac{1}{2}, k=1,2,\cdots$，证明：$\{X_k\}$ 服从大数定律.

4.18　设 $\{X_n\}$ 为独立同分布的随机变量序列，其共同分布为 $P\Big(X_n=\dfrac{2^k}{k^2}\Big)=\dfrac{1}{2^k}$，试问：$\{X_k\}$ 是否服从大数定律?

4.19　若 $X_k$ 具有有限方差，且服从同一分布，但各 $k$ 间，$X_k$ 和 $X_{k+1}$ 相关，而 $X_k, X_l$ $(|k-l|\geqslant 2)$ 是独立的，证明：对序列 $\{X_k\}$ 大数定律成立.

4.20　(伯恩斯坦定理) 已知随机变量序列 $\{X_n\}$ 的方差有界：$D(X_n)\leqslant C$，其中 $C$ 为常数，并且当 $|i-j|\to+\infty$ 时，$r_{ij}\to 0$，其中 $r_{ij}$ 是 $X_i, X_j$ 的相关系数. 证明：对 $\{X_n\}$ 大数定律成立.

4.21　(格涅坚科定理) 设 $X_i, i=1,2,\cdots$ 为随机变量序列，记 $Y_n=\dfrac{1}{n}\sum\limits_{i=1}^{n}X_i$，$a_n=\dfrac{1}{n}\sum\limits_{i=1}^{n}E(X_i)$，证明：$\{X_n\}$ 服从大数定律的充要条件为 $\lim\limits_{n\to\infty}E\Big\{\dfrac{(Y_n-a_n)^2}{1+(Y_n-a_n)^2}\Big\}=0.$

4.22　设 $\{X_n\}$ 为独立同分布的随机变量序列，其方差有限，且 $X_n$ 不恒为常数，令 $S_n=X_1+\cdots+X_n$，试证：随机变量序列 $\{S_n\}$ 不服从大数定律.

4.23　证明：如果独立随机变量序列存在有限的 4 阶中心矩，则强大数定律成立.

4.24　证明：如果随机变量序列 $X_1, X_2,\cdots$ 两两独立，均值为 0，方差有界，则服从强大数定律.

4.25　对独立随机变量序列 $X_1, X_2,\cdots$，有

$$P\Big\{\sum_{i=1}^{\infty}X_i\text{收敛}\Big\}=0\ \text{或者}\ 1.$$

4.26　某主机有 100 个终端，这些终端被各单位独立操作，使用率各为 0.8，试求至少有 18 个终端空闲的概率.

4.27　某商场每天接待 400 名顾客，设每位顾客的消费额服从 $[20,100]$ 上的均匀分布，且顾客的消费额是相互独立的，试求：(1) 该商场每天的平均营业额；(2) 该商场每天的营业额在平均营业额 $\pm760$ 元内的概率.

4.28　用切比雪夫不等式确定，当抛一枚均匀硬币时，需抛多少次才能保证正面出现的频率在 0.4~0.6 之间的概率不小于 90%? 用正态逼近计算同一问题.

4.29　现有一批产品，其中合格品占 1/6，今从其中任选 6 000 个，试问在这批产品中，合格品所占的比例与 1/6 之差小于 1% 的概率为多少?

4.30　进行独立重复实验，实验中事件发生的概率为 0.25，试问能以 95% 的把握保证 1 000 次实验中事件 $A$ 发生的频率与概率相差多少? 此时 $A$ 发生的次数在什么范围内?

4.31　设 $\{X_k\}$ 是独立随机变量序列，且 $X_k$ 服从 $N(0,2^{-k})$. 试证：序列 $\{X_k\}$ 满足中心极限定理，不满足费勒条件，不满足林德伯格条件，从而说明林德伯格条件并非中心极限定理成立的必要条件.

4.32　若 $\{X_k\}$ 是独立随机变量序列，且 $X_1$ 服从 $[-1,1]$ 上的均匀分布，对 $k=2,3,\cdots$，$X_k$ 服从 $N(0,2^{k-1})$，证明：对 $\{X_k\}$，中心极限定理成立，但不满足费勒条件.

4.33　设 $\{X_k\}$ 是独立随机变量序列，且 $X_k$ 服从 $[-k,k]$ 上的均匀分布，问对 $X_k$ 能否用中心极限定理？

4.34　设 $\{X_n\}$ 是独立同分布的随机变量序列，都服从标准正态分布，证明：

$$Y_n=\frac{\sqrt{n}(X_1+\cdots+X_n)}{X_1^2+\cdots+X_n^2},$$

$$Z_n=\frac{X_1+\cdots+X_n}{\sqrt{X_1^2+\cdots+X_n^2}}$$

服从渐近正态分布 $N(0,1)$.

4.35　设 $\{X_n\}$ 是独立同分布的随机变量序列，若 $P(X_n=\pm\sqrt{n})=\frac{1}{2}$, $P(X_n=0)=\frac{1}{2}$, $P(X_n=\pm n^a)=\frac{1}{3}(a>0)$，验证李雅普诺夫条件是否成立.

# 第 5 章 参数估计

## 学习要点

1. 掌握数理统计的基本概念：总体、样本、总体分布、统计量、经验分布函数等

2. 掌握统计中三个重要分布 ($\chi^2$ 分布、$t$ 分布、$F$ 分布) 的定义及关系

3. 掌握几个重要的抽样分布定理

4. 掌握估计量、置信区间与置信水平的概念

5. 掌握求参数估计的两种方法：矩估计法和极大似然估计法

6. 了解估计量的优良性准则

7. 会求正态总体下均值和方差的区间估计

从本章起我们转入课程的第二部分——数理统计. 数理统计是一门应用性很强的学科. 它是研究怎样收集、整理和分析资料的学科. 凡是有大量资料出现的地方都要用到数理统计. 人口调查、税收预算、测量误差、出生与死亡统计、保险业中赔款额和保险金的确定等，这些数理统计早期主要研究的问题直到现在仍值得认真研究. 半个世纪以来，建立在近代数学和概率论基础上的数理统计在理论、方法和应用上都有较大的发展，社会发展不断向统计学提出新的问题，不少新的统计方法相继产生并在实践中普遍使用.

本章重点介绍数理统计的基本概念以及两种参数估计方法——点估计和区间估计. 学习统计无须把过多时间花费在计算上，因为国内外众多的统计软件包，如 Python 等，可以让我们快速、简便地进行数据处理和分析，所以应该把时间更有效地用在基本概念、方法原理的正确理解上.

## 5.1 数理统计的基本概念

数理统计是一门应用性很强的学科，它研究怎样有效地收集、整理和分析带有随机性的资料，以便对所考察的问题做出推断和预测，直至为采取一定的决策和行动提供依据和建议. 数理统计不同于一般的资料统计，它更侧重于应用随机现象本身的规律性进行数据的收集、整理和分析. 由于大量随机现象必然呈现出规律性，因而从理论上讲，只要对随机现象进行足够多次观察，被研究的随机现象的规律性一定能清楚地呈现出来. 但客观上只允许我们对随机现象进行次数不多的观察实验，也就是说，我们获得的只是局部观察数据. 数理统计的任务就是研究怎样有效地收集、整理、分析所获得的有限资料，对所研究的问题尽可能地做出精确、可靠的结论.

在数理统计中，不是对研究对象的全体 (称为总体) 进行观察，而是抽取其中的部分 (称为样本) 进行观察并获得数据 (抽样)，通过这些数据对总体进行推断. 由于推断是基于抽样数据，因而由此获得的结论必然包含不确定性. 概率是对这种不确定性的度量.

不确定性有两类：

(1) 不确定性是由于我们对总体的真实状态无知所致.

(2) 不确定性由抽样资料的随机性引起.

下面我们以一例进行说明.

某种子公司 A 栽种了几类鲜花，收获了大量的花籽，并把每 25 粒花籽扎成一小包出售，一个零售商批发了若干包，并向顾客保证：在每包 25 粒花籽中至少有 22 粒将能发芽，否则可免费调换. 零售商面临如下两种类型的不确定性：

(1) 他无法把握种子公司出售的小包中可接受 (即至少有 22 粒花籽将发芽) 的比例，这是第一类不确定性.

(2) 由于种子公司出售的鲜花的货单上这类花籽共有 100 万包，而零售商只购买了 200 包，因此他又面临着另一类不确定性，即尽管他知道了 100 万包可接受的比例，但对他所购买的 200 包的可接受的比例仍旧没有“把握”. 即使 $P_{\rm A}$ 是 0.99，零售商购买的 200 包也有可能“碰巧”是从不可接受的 1 万包中选取的.

前一种不确定性是由于对总体的真实状态 (天然状态) 无知所引起的不确定性. 后一种不确定性则是由常常称为“随机性”的东西所引起的不确定性.

零售商能够根据实验的方法 (请公司进行发芽实验) 来改善他的处境. 根据实验他能做出天然状况 $P_{\mathrm{A}}$ 是多少的决策. 这就是抽取部分种子进行发芽实验，通过这部分种子中发芽数所占的比例 (频率) 来对 $P_{\mathrm{A}}$ 的真值进行推断. 虽然他不能精确和肯定地确定 $P_{\mathrm{A}}$，但可以期望获得一个 (在某种意义下) 比较好的推断. 这就涉及如下两个问题：

(1) 怎样设计实验，决定观察的数目.

(2) 怎样利用实验观察的结果做出一个“好”的推断等.

这都是数理统计所要研究的问题. 在已知 $P_{\mathrm{A}}$ 的条件下，第二种不确定性的程度已在概率论部分做过讨论.

在上面提到的两个问题中，第一个问题是关于怎样进行抽样，使抽得的样本更合理，并有更好的代表性，这是抽样方法和实验设计问题. 最简单易行的是进行随机抽样.

第二个问题是怎样由取得的样本推断总体，并研究这种推断具有的可靠性. 这是统计推断问题.

从研究对象的全体 (总体) 中选取一部分个体 (样本)，对这部分个体的某些数量指标进行观察测量，根据所获得的资料来推断该总体的这些数量指标的分布情况，即由部分推断全体. 这是一种归纳推理.

从局部观察对总体下结论有没有片面性呢? 结论是否可靠? 显然，这里不仅依赖于进行局部观察的“样本”是否具有总体的代表性，也依赖于从这些样本得到的数据加工、分析和论断的方法是否合理. 如果这一切都建立在可靠的科学基础上，则对总体下结论是可能的，也是可靠的. 因为这里存在着样品 (一个个体) 个性 (特殊性) 和总体共性 (普遍性) 之间的一种内在的、对立统一的辩证关系.

对每个经过合理程序选取的样品，我们也应看到它所具有的两重性：一方面，它具有特殊性，因为它毕竟是个别观察值，不能反映总体的全面性质，有片面性 (因而统计上往往不能用一次抽取的样品来下结论)；另一方面，也要看到“普遍性即存在于特殊之中”，即每个样品的情况又必然反映总体的一些普遍性. 当样品有一定数量时，总体的普遍性是可以得到比较真实的反映的. 在此基础上再加上科学的推断方法，对总体下的结论同样也是可靠的. 但此时还应记住毕竟是由“局部”推断“总体”而结论往往又是在某个可靠性水平之下得出的，因而仍可能犯错误.

### 5.1.1 总体

一个统计问题有它明确的研究对象，研究对象的全体称为总体（population)，总体中的每个单位元素称为个体（individual). 例如，要研究某批电视机的质量指标时，这批电视机的全体就是总体，其中每台电视机就是个体. 然而在统计研究中，人们关心总体仅仅是关心其每个个体的一项 (或几项) 数量指标和该数量指标在总体中的分布情况. 由于每个个体的出现是随机的，所以，相应的数量指标的出现也带有随机性，从而可以把这种数量指标看作一个随机变量，因此随机变量的分布就是该数量指标在总体中的分布. 这样，总体就可以用一个随机变量及其分布来描述. 例如，研究某批电视机的寿命时，关心的数量指标就是寿命，那么，此总体就可以用随机变量 $X$ 或其分布函数 $F(x)$ 表示. 类似地，在研究某地区中学生的营养状况时，若关心的数量指标是身高和体重，分别用 $X$ 和 $Y$ 表示身高和体重，此总体就可用二维随机变量 $(X,Y)$ 或其联合分布函数 $F(x,y)$ 来表示.

不难看出，统计中"总体"这个基本概念的要旨是：总体就是一个概率分布. 有了这个观点，概率论才大踏步地进入统计学领域.

当总体分布为指数分布时，称为指数分布总体；当总体为正态分布时，称为正态分布总体或简称正态总体；等等. 两个总体即使其所含个体的性质根本不同，只要有相同的概率分布，在统计学中就视为同类总体.

总体按其个体数目是有限或无限分为有限总体和无限总体.

### 5.1.2　样本

为了推断总体分布及各种特征，需要从该总体中按一定的规则抽取若干个个体进行观察和实验，以获得有关总体的信息. 这一抽取过程称为"抽样"（sampling），所抽取的部分称为样本（sample），样本中个体的数目称为样本容量或样本大小. 由于任一种抽样都具有随机性，所以容量为 $n$ 的样本可以由这 $n$ 个个体组成，也可以由另外 $n$ 个个体组成，因此，容量为 $n$ 的样本可以看作 $n$ 维随机变量 $(X_1,X_2,\cdots,X_n)$，但是，一旦取定一组样本，得到的是 $n$ 个具体数 $(x_1,x_2,\cdots,x_n)$，称为样本的一次观察值（或观测值），简称样本值. 需要说明一点，今后在符号上我们不严格区分样本和样本值，通常用大写符号表示样本，小写符号表示样本值，这样可以避免符号上的麻烦.

例如，用同一架天平称某重物 $n$ 次，得到一组 $n$ 个数据

$$X_1,X_2,\cdots,X_n, \tag{5.1}$$

就称它们是一个样本，其中 $n$ 称为样本容量. 每个容量为 $n$ 的样本都可称为 $n$ 维空间的一个点，样本所有可能的取值构成了 $n$ 维空间的一个子集，称为样本空间，记作 $\mathcal{X}$. 注意"数据"一词在这里是广义的. 它可以是实数值，例如 $X_i$ 表示称得某重物的重量；也可以是事物的属性，例如 $X_i$="正品"（或"废品"），等等，通常为了方便研究，也常将这些属性数量化，例如用"1"表示"废品"，用"0"表示"正品"，当然这不是本质问题. 有时数据也可以是一组向量，例如武器实验中给出一组弹着点的坐标

$$(X_1,Y_1),(X_2,Y_2),\cdots,(X_n,Y_n)$$

即为二维向量的一组样本，在多元统计分析中，将专门研究这种情形. 对于样本需要强调两点.

(1) 样本并非一堆杂乱无章、无规律可循的数据，它是受随机性影响的一组数据，因此，用概率论的话说，就是每个样本既可以视为一组数据，又可以视为一组随机变量，这就是所谓样本的二重性. 当通过一次具体的实验，得到一组观测值时，样本表现为一组数据；但这组数据的出现并非必然，它只能以一定的概率（或概率密度）出现，这就是说，当考察一种统计方法是否具有某种普遍意义下的效果时，又需要将其样本视为随机变量，而一

次具体实验得到的数据则可视为随机变量的一个实现值. 今后为行文方便，我们常交替使用上述两种观点来看待样本，而不是每次都声明此处样本是指随机变量还是其实现值，同时一律用式 (5.1) 来表示.

(2) 式 (5.1) 也不是任意一组随机变量，我们要求它是一组独立同分布的随机变量. 同分布就是要求样本具有代表性，独立就是要求样本中各数据的出现互不影响，也就是说，抽取样本时应该是在相同条件下独立重复地进行.

最常用的一种抽样方法叫作**简单随机抽样**（simple random sampling），它要求抽取的样本 $X_1, X_2, \cdots, X_n$ 满足下面两点：

(1) 代表性：$X_1, X_2, \cdots, X_n$ 中每一个与所考察的总体都有相同的分布；

(2) 独立性：$X_1, X_2, \cdots, X_n$ 是相互独立的随机变量.

由简单随机抽样得到的样本 $X_1, X_2, \cdots, X_n$ 称为简单随机样本. 假如总体的分布函数为 $F(x)$，则其简单随机样本的联合分布函数为 $F(x_1)F(x_2)\cdots F(x_n)$. 今后，当说到"$X_1, X_2, \cdots, X_n$ 是取自某总体的样本"时，若不特别说明，就指简单随机样本.

事实上，我们抽样后得到的数据都是具体的、确定的值. 如我们从某班大学生中抽取 10 人测量身高，得到 10 个数，它们是样本取到的值而不是样本. 我们只能观察到随机变量取的值而见不到随机变量，这在概念上一定要区分清楚.

**总体、样本、样本值的关系**：统计是由手中已有的数据——样本值，推断总体的情况——总体分布 $\sim F(x)$ 的性质，样本是联系二者的桥梁. 总体分布决定了样本取值的概率规律，也就是样本取到样本值的规律，因而可以由样本值推断总体.

### 5.1.3 统计量

**定义 5.1.1**（统计量） 若随机变量 $T(X_1, X_2, \cdots, X_n)$ 是随机样本 $(X_1, X_2, \cdots, X_n)$ 构成的函数，且不含任何未知参数，则称 $T$ 是一个统计量（statistic）.

例如，设 $X_1, X_2, \cdots, X_n$ 是从一总体中抽出的样本，该总体的分布为正态分布 $N(\mu, \sigma^2)$. 令 $T = X_1 - \mu$，若 $\mu$ 为已知的，则 $T$ 是统计量；若 $\mu$ 为未知的，则 $T$ 就不是统计量.

最常用的几个统计量是：

(1) 样本均值（sample mean）：它反映了总体均值的信息.

$$\overline{X} = \frac{1}{n}\sum_{i=1}^{n} X_i.$$

(2) 样本方差（sample variance）：它反映了总体方差的信息.

$$S_*^2 = \frac{1}{n}\sum_{i=1}^{n}(X_i - \overline{X})^2.$$

称 $S_*^2$ 为未修正样本方差，更常用的是另一种定义：

$$S^2 = \frac{1}{n-1}\sum_{i=1}^{n}(X_i - \overline{X})^2,$$

称 $S^2$ 为修正样本方差，因为 $S^2$ 比 $S_*^2$ 具有更好的统计性质，因此使用得比 $S_*^2$ 广泛.

(3) 样本 $k$ 阶原点矩（sample $k$-th moment）：

$$A_k = \frac{1}{n}\sum_{i=1}^{n} X_i^k, \ k = 1, 2, \cdots .$$

(4) 样本 $k$ 阶中心矩（sample $k$-th central moment）

$$B_k = \frac{1}{n}\sum_{i=1}^{n}(X_i - \overline{X})^k, \ k = 1, 2, \cdots .$$

### 5.1.4 经验分布函数

设 $X_1, X_2, \cdots, X_n$ 是总体 $F$ 的一个样本，把样本观察值从小到大排列为 $x_{(1)} \leqslant x_{(2)} \leqslant \cdots \leqslant x_{(n)}$(其中 $x_{(1)}, x_{(2)}, \cdots, x_{(n)}$ 为顺序统计量)，则称函数

$$F_n(x) = \begin{cases} 0, & x < x_{(1)} \\ \dfrac{k}{n}, & x_{(k)} \leqslant x < x_{(k+1)}, \quad k = 1, 2, \cdots, n-1 \\ 1, & x \geqslant x_{(n)} \end{cases}$$

为总体 $X$ 的经验分布函数. 对于一个样本值, 经验分布函数的观察值是很容易得到的，例如设总体 $F$ 的样本观察值为 $1, 2, 3$, 则经验分布函数 $F_3(x)$ 的观察值为

$$F_3(x) = \begin{cases} 0, & x < 1 \\ \dfrac{1}{3}, & 1 \leqslant x < 2 \\ \dfrac{2}{3}, & 2 \leqslant x < 3 \\ 1, & x \geqslant 3 \end{cases} .$$

经验分布函数是 $X_1, X_2, \cdots, X_n$ 的观察值中不大于 $x$ 的个数 $k$ 与样本量 $n$ 之间的比值，即 $F_n(x) = k/n$. 故 $0 \leqslant F_n(x) \leqslant 1$，并且是非递减、右连续的函数，即它具有分布函数的基本性质. 实际上它是一个以等概率取 $n$ 个值 $X_1, X_2, \cdots, X_n$ 的离散型随机变量的分布函数. 对不同的样本值，得到的经验分布函数不同，当样本容量较大时，经验分布函数是总体分布函数 $F(x)$ 的良好近似. 一般 $n$ 越大，近似得越好. 当 $n \to \infty$ 时，$F_n(x)$ 以概率 1 一致收敛于分布函数 $F(x)$，即

$$P\{\lim_{n\to\infty} \sup_{-\infty<x<+\infty} |F_n(x) - F(x)| = 0\} = 1.$$

这个定理告诉我们，当样本容量 $n$ 足够大时，对所有的 $x$，$F_n(x)$ 与 $F(x)$ 之差很小，这件事发生的概率为 1. 这就是我们可以由样本推断总体的基本理论依据.

### 5.1.5 几个常用分布

**定义 5.1.2**（$\chi^2$ 分布） 设 $X_1, X_2, \cdots, X_n$ 相互独立且都服从正态分布 $N(0,1)$，则称变量

$$\chi^2 = X_1^2 + X_2^2 + \cdots + X_n^2$$

服从自由度为 $n$ 的 $\chi^2$ 分布，记为 $\chi^2 \sim \chi^2(n)$.

$\chi^2$ 分布的概率密度函数的图形形状与自由度 $n$ 有关：自由度 $n$ 越小，图形就越偏右. 由 $\chi^2$ 分布的定义，不难得到：

(1) 设 $X_1, X_2, \cdots, X_n$ 为来自正态总体 $N(\mu, \sigma^2)$ 的样本，则

$$\chi^2 = \frac{\sum_{i=1}^{n}(X_i - \mu)^2}{\sigma^2} \sim \chi^2(n).$$

(2) $\chi^2$ 分布的可加性：设 $X_1 \sim \chi^2(n_1)$，$X_2 \sim \chi^2(n_2)$，且 $X_1, X_2$ 相互独立，则

$$X_1 + X_2 \sim \chi^2(n_1 + n_2).$$

(3) 自由度为 $n$ 的 $\chi^2$ 分布的期望和方差分别为

$$E(\chi^2) = n,\ \mathrm{Var}(\chi^2) = 2n.$$

(4) 应用中心极限定理可得，若 $X \sim \chi^2(n)$，则当 $n$ 充分大时，

$$\frac{X - n}{\sqrt{2n}} \xrightarrow{\mathrm{d}} N(0,1).$$

**定义 5.1.3**（$t$ 分布） 设 $X \sim N(0,1)$，$Y \sim \chi^2(n)$，且 $X$ 与 $Y$ 相互独立，则称变量

$$T = \frac{X}{\sqrt{\frac{Y}{n}}}$$

服从自由度为 $n$ 的 $t$ 分布，记为 $T \sim t(n)$.

(1) 自由度为 $n$ 的 $t$ 分布的期望和方差分别为 $E(T) = 0$，对 $n > 2$，$\mathrm{Var}(T) = n/(n-2)$，$t$ 分布的概率密度函数 $t(x;n)$ 关于 $x = 0$ 对称，这也反映了 $E(T) = 0$ 且

$$\lim_{|x|\to\infty} t(x;n) = 0.$$

(2) 当 $n$ 充分大时，其图形类似于标准正态分布概率密度函数的图形. 事实上，利用 $\Gamma$ 函数的性质可得

$$\lim_{n\to\infty} t(x;n) = \frac{1}{\sqrt{2\pi}}\mathrm{e}^{-\frac{x^2}{2}}.$$

当 $n$ 充分大时，$t$ 分布近似于 $N(0,1)$ 分布. 但对于较小的 $n$，$t$ 分布与 $N(0,1)$ 分布相差很大.

图 5.1 描绘了 $n=2,5$ 时 $t(n)$ 的概率密度曲线，作为比较, 还描绘了 $N(0,1)$ 的概率密度曲线. 利用伽马函数的斯特林 (Stirling) 公式可以证明：

$$t(x;n) \to \frac{1}{\sqrt{2\pi}}\mathrm{e}^{-\frac{x^2}{2}},\ n\to\infty.$$

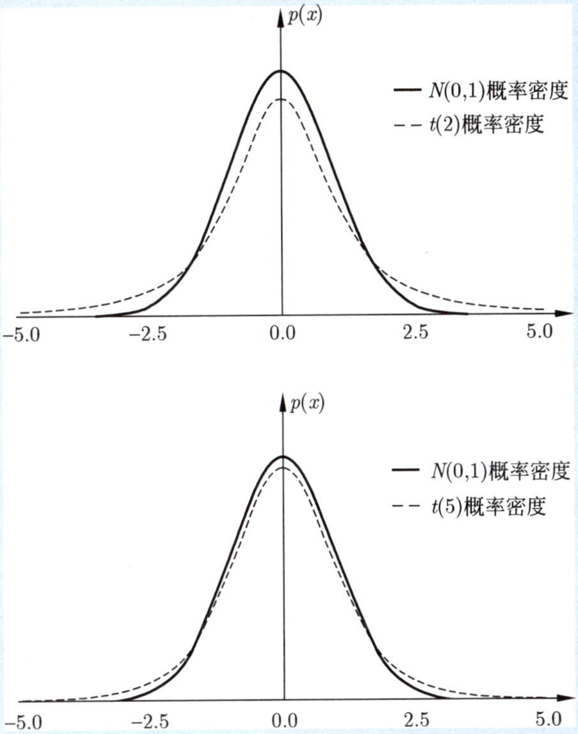

图 5.1 正态分布与 $t$ 分布概率密度曲线的比较

从图形我们也可看出，随着 $n$ 的增大，$t(n)$ 的概率密度曲线与 $N(0,1)$ 的概率密度曲线越来越接近，一般若 $n>30$, 就可认为它基本与 $N(0,1)$ 相差无几了.

**例 5.1.1** $T$ 服从 $t(r)$，试证明：(1) $E(T)=0$; (2) $\mathrm{Var}(T)=\dfrac{r}{r-2}, r>2$.

**解** 根据 $t$ 分布的定义，$T=\dfrac{Z}{\sqrt{U/r}}$，其中 $Z\sim N(0,1), U\sim\chi^2(r)$, $Z$ 与 $U$ 独立，则 $T\sim t(r)$.

(1)

$$\begin{aligned} E(T) &= E\Big(\frac{Z}{\sqrt{U/r}}\Big) = E\Big(Z\cdot\sqrt{r}\cdot\sqrt{\frac{1}{U}}\Big) = \sqrt{r}E(Z)E\left(\sqrt{\frac{1}{U}}\right) \\ &= \sqrt{r}\times 0\times E(\sqrt{\frac{1}{U}}) = 0. \end{aligned}$$

(2)

$$E(T^2)=E\left(\frac{Z}{\sqrt{U/r}}\right)^2=E\left(\frac{Z^2}{U/r}\right)$$
$$=rE(Z^2)E\left(\frac{1}{U}\right)=r\times 1\times E\left(\frac{1}{U}\right).$$

而

$$E\left(\frac{1}{U}\right)=\int_0^{+\infty}u^{-1}f_U(u)\mathrm{d}u\left(\text{其中}U\sim\chi^2(r),f_U(u)=\frac{u^{\frac{r}{2}-1}\mathrm{e}^{-\frac{u}{2}}}{\Gamma\left(\frac{r}{2}\right)2^{\frac{r}{2}}},u\geqslant 0\right)$$
$$=\int_0^{+\infty}u^{-1}\frac{u^{\frac{r}{2}-1}\mathrm{e}^{-\frac{u}{2}}}{\Gamma\left(\frac{r}{2}\right)2^{\frac{r}{2}}}\mathrm{d}u$$
$$=\frac{1}{\Gamma\left(\frac{r}{2}\right)2^{\frac{r}{2}}}\int_0^{+\infty}u^{\frac{r}{2}-1-1}\mathrm{e}^{-\frac{u}{2}}\mathrm{d}u$$
$$=\frac{2^{\frac{r}{2}-1}}{\Gamma\left(\frac{r}{2}\right)2^{\frac{r}{2}}}\int_0^{+\infty}\left(\frac{u}{2}\right)^{\frac{r}{2}-1-1}\mathrm{e}^{-\frac{u}{2}}\mathrm{d}\left(\frac{u}{2}\right)$$
$$=\frac{\Gamma\left(\frac{r}{2}-1\right)}{2\Gamma\left(\frac{r}{2}\right)}=\frac{\Gamma\left(\frac{r}{2}-1\right)}{2\left(\frac{r}{2}-1\right)\Gamma\left(\frac{r}{2}-1\right)}=\frac{1}{r-2},$$

所以

$$E(T^2)=rE\left(\frac{1}{U}\right)=\frac{r}{r-2},$$

$$\mathrm{Var}(T)=E(T^2)-(E(T))^2=\frac{r}{r-2}.$$

**定义 5.1.4**（$F$ 分布） 设 $X_1\sim\chi^2(n_1),X_2\sim\chi^2(n_2)$，且 $X_1,X_2$ 相互独立，则称统计量

$$F=\frac{X_1/n_1}{X_2/n_2}$$

服从自由度为 $n_1$ 及 $n_2$ 的 $F$ 分布，记作 $F\sim F(n_1,n_2)$，按此定义有

$$\frac{1}{F}=\frac{X_2/n_2}{X_1/n_1}\sim F(n_2,n_1).\tag{5.2}$$

这个性质在实际中非常有用，下面就会看到.

自由度为 $(n_1,n_2)$ 的 $F$ 分布的期望为：

$$E(F)=\frac{n_2}{n_2-2},\quad n_2>2.$$

它的期望值并不依赖于第一自由度 $n_1$.

图 5.2 描绘了几种 $F$ 分布的概率密度曲线.

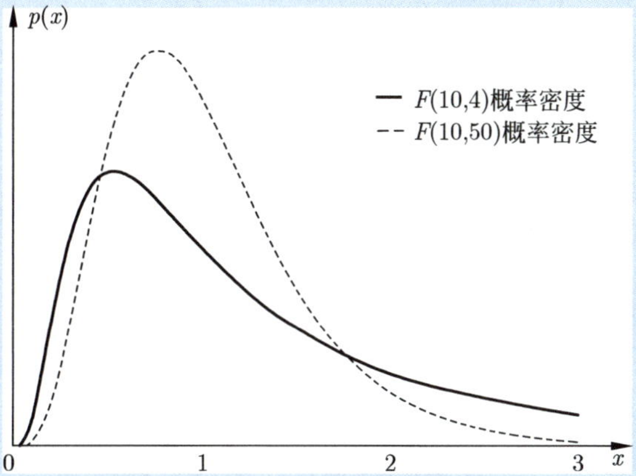


**图 5.2 $F$ 分布的概率密度曲线**

**例 5.1.2** $F$ 服从 $F(r_1,r_2)$，试证明:

(1) $E(F)=\dfrac{r_2}{r_2-2}$;

(2) $\mathrm{Var}(F)=\dfrac{2r_2^2(r_2+r_1-2)}{r_1(r_2-2)^2(r_2-4)}$.

**解** 根据 $F$ 分布的定义: $F=\dfrac{U_1/r_1}{U_2/r_2}$，其中 $U_1\sim\chi^2(r_1)$，$U_2\sim\chi^2(r_2)$, $U_1,U_2$ 独立.

(1)

$$E(F)=E\left(\frac{U_1/r_1}{U_2/r_2}\right)=E\left(\frac{r_2}{r_1}U_1\frac{1}{U_2}\right)=\frac{r_2}{r_1}E(U_1)E\left(\frac{1}{U_2}\right)$$
$$=\frac{r_2}{r_1}r_1\left(\frac{1}{r_2-2}\right)=\frac{r_2}{r_2-2}.$$

(2)

$$E(F^2)=E\left(\frac{U_1^2/r_1^2}{U_2^2/r_2^2}\right)=E\left(\frac{r_2^2}{r_1^2}U_1^2\frac{1}{U_2^2}\right)$$
$$=\frac{r_2^2}{r_1^2}E(U_1^2)E\left(\frac{1}{U_2^2}\right),$$

其中

$$E(U_1^2)=\mathrm{Var}(U_1)+(E(U_1))^2=2r_1+r_1^2,$$

$$E\left(\frac{1}{U_2^2}\right)=\int_0^{+\infty}u_2^{-2}f_{U_2}(u_2)\mathrm{d}u_2$$
$$=\int_0^{+\infty}u_2^{-2}\frac{u_2^{\frac{r_2}{2}-1}\mathrm{e}^{-\frac{u_2}{2}}}{\Gamma\left(\frac{r_2}{2}\right)2^{\frac{r_2}{2}}}\mathrm{d}u_2$$

$$= \frac{1}{\Gamma\left(\frac{r_2}{2}\right)2^{\frac{r_2}{2}}} \int_0^{+\infty} u_2^{\frac{r_2}{2}-2-1} \mathrm{e}^{-\frac{u_2}{2}} \mathrm{d}u_2$$

$$= \frac{2^{\frac{r_2}{2}-2}}{\Gamma\left(\frac{r_2}{2}\right)2^{\frac{r_2}{2}}} \int_0^{+\infty} \left(\frac{u_2}{2}\right)^{\frac{r_2}{2}-2-1} \mathrm{e}^{-\frac{u_2}{2}} \mathrm{d}\left(\frac{u_2}{2}\right)$$

$$= \frac{\Gamma\left(\frac{r_2}{2}-2\right)}{4\left(\frac{r_2}{2}-1\right)\left(\frac{r_2}{2}-2\right)\Gamma\left(\frac{r_2}{2}-2\right)} = \frac{1}{(r_2-2)(r_2-4)},$$

所以

$$\begin{aligned} E(F^2) &= \frac{r_2^2}{r_1^2} E(U_1^2) E\left(\frac{1}{U_2^2}\right) \\ &= \frac{r_2^2}{r_1^2}(2r_1 + r_1^2)\frac{1}{(r_2-2)(r_2-4)} \\ &= \frac{r_2^2(2+r_1)}{r_1(r_2-2)(r_2-4)}, \end{aligned}$$

故

$$\begin{aligned} \mathrm{Var}(F) &= E(F^2) - [E(F)]^2 \\ &= \frac{r_2^2(2+r_1)}{r_1(r_2-2)(r_2-4)} - \frac{r_2^2}{(r_2-2)^2} \\ &= \frac{2r_2^2(r_2+r_1-2)}{r_1(r_2-2)^2(r_2-4)}. \end{aligned}$$

**例 5.1.3** 试证明：$X_1, X_2 \overset{\text{i.i.d.}}{\sim} E(1)$, 则 $W = \dfrac{X_1}{X_2}$ 服从 $F$ 分布.

**解** 因为指数分布 $(\lambda = 1)$ 是伽马分布的特例 $(\alpha = 1, \lambda = 1)$，所以 $X_1 \sim E(1) \sim \mathrm{Ga}(1,1)$，故

$$2X_1 \sim \mathrm{Ga}\left(1, \frac{1}{2}\right) \sim \chi^2(2).$$

同理，$2X_2 \sim \chi^2(2)$，因此

$$W = \frac{X_1}{X_2} = \frac{2X_1/2}{2X_2/2} \sim F(2,2).$$

若 $X$ 有概率密度 $p(x)$，则分位数 $x_\alpha$ 表示 $x_\alpha$ 左侧的阴影面积（见图 5.3）为 $\alpha$.

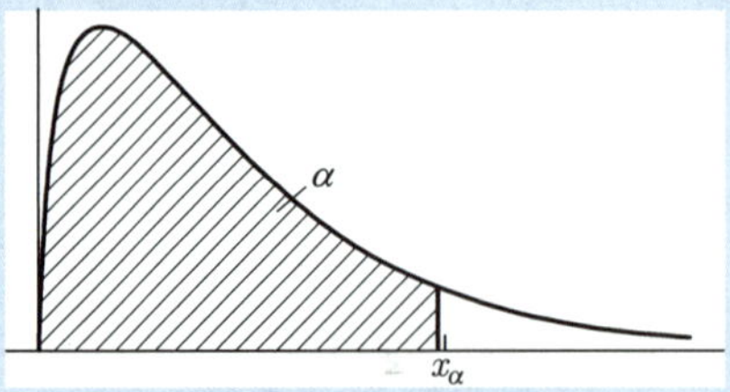


图 5.3 $\alpha$ 分位数

我们称 $F^{-1}(1/4)$ 为**第一四分位数**（first quartile），$F^{-1}(1/2)$ 为**中位数**（median），$F^{-1}(3/4)$ 为**第三四分位数**（third quartile）.

分位数在统计推断中很重要，因此我们简单介绍这几种分布的分位数. 几种常用分布 $N(0,1), \chi^2(n), t(n), F(n_1,n_2)$ 的分位数在书后附表中都可以查到. 其中 $N(0,1)$ 是分布函数表 $\Phi(x)$ 反过来查，而其他几个分布则是分别对给出的几个 $\alpha$ 的常用值，如 $\alpha=0.025, 0.05, 0.1, 0.9, 0.95, 0.975$ 等，列出相应的分位数. 图 5.4 给出了四种常用分布的分位数表示方法，其中 $N(0,1)$ 的 $\alpha$ 分位数通常记成 $z_\alpha$.

这里要注意到如下几个有用的事实.

(1) 若 $X\sim N(\mu,\sigma^2)$，要求 $X$ 的分位数 $x_\alpha$ 可化成求 $N(0,1)$ 的分位数：

$$\alpha=P(X<x_\alpha)=P\Big(\frac{X-\mu}{\sigma}<\frac{x_\alpha-\mu}{\sigma}\Big),$$

此时 $\dfrac{X-\mu}{\sigma}\sim N(0,1)$，故 $\dfrac{x_\alpha-\mu}{\sigma}=z_\alpha$，即 $x_\alpha=\sigma z_\alpha+\mu$.

(2) 对于 $T\sim t(n)$，由概率密度函数的对称性可得

$$P(T<-t_\alpha(n))=P(T>t_\alpha(n))=1-P(T\leqslant t_\alpha(n))=1-\alpha,$$

即 $-t_\alpha(n)=t_{1-\alpha}(n)$.

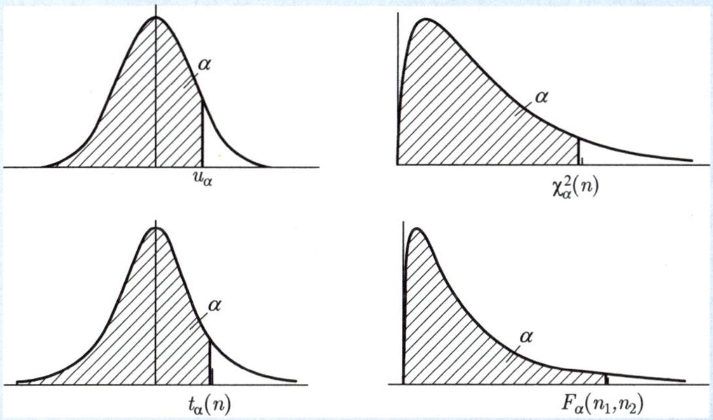

图 5.4　不同分布的 $\alpha$ 分位数

按此定义，可给出正态分布、$\chi^2$ 分布、$t$ 分布、$F$ 分布的 $\alpha$ 分位数的定义，这里不再赘述.

有关分位数可由附表中查到. 需要注意的是：

(1) 对于 $n>45$，$\chi^2$ 分布会近似正态分布，以下是一个近似公式：

$$\chi^2_\alpha(n)\approx\frac{1}{2}(z_\alpha+\sqrt{2n-1})^2,$$

其中 $z_\alpha$ 是标准正态分布的上 $\alpha$ 分位数.

(2) $t$ 分布表上分位数只可查到 $n=45$，对于 $n>45$，可以使用正态近似：$t_\alpha(n)\approx z_\alpha$.

(3) 由式 (5.2) 可推得，$F$ 分布的 $\alpha$ 分位数有如下性质：

$$F_{1-\alpha}(n_1,n_2)=\frac{1}{F_\alpha(n_2,n_1)},$$

对于 $F \sim F(n_1,n_2)$，$\frac{1}{F} \sim F(n_2,n_1)$.

$$\begin{aligned}P\left(F<\frac{1}{F_\alpha(n_2,n_1)}\right) &= P\left(\frac{1}{F}>F_\alpha(n_2,n_1)\right)\\ &=1-P\left(\frac{1}{F}\leqslant F_\alpha(n_2,n_1)\right)\\ &=1-\alpha,\end{aligned}$$

即 $F_{1-\alpha}(n_1,n_2)=\dfrac{1}{F_\alpha(n_2,n_1)}$.

上式可用来求 $F$ 分布表中未列出的一些 $\alpha$ 分位数.

## 5.1.6 抽样分布

统计量也是随机变量，因而就有一定的分布，这个分布叫作统计量的**抽样分布**（sampling distribution）. 抽样分布就是通常的随机变量函数的分布，只是强调了这一分布是由一个统计量产生的. 研究统计量的性质和评价统计推断的优良性，完全取决于其抽样分布的性质.

当总体 $X$ 的分布类型已知时，如果对任一自然数 $n$，都能导出统计量的分布的明显表达式，这种分布就称为**精确抽样分布**. 它对样本容量 $n$ 较小的统计推断问题 (小样本问题) 特别有用. 目前的精确抽样分布大多是在正态总体条件下得到的. 在大多数场合，抽样分布不易求出，或者求出来的精确分布过于复杂而难以应用，这时人们借助于极限工具，寻求在样本容量 $n$ 无限大时，统计量 $T(X_1,X_2,\cdots,X_n)$ 的极限分布. 假如这种极限分布能求出，那么 $n$ 较大时，可用此极限分布当作抽样分布的一种近似，这种分布称为**渐近分布**（asymptotic distribution)，它常在样本容量 $n$ 较大的统计推断问题 (大样本问题) 中使用.

### 1. 正态总体下的抽样分布

(1) 样本均值 $\overline{X}$ 的抽样分布.

假定 $X_1,X_2,\cdots,X_n$ 是从正态总体 $N(\mu,\sigma^2)$ 中抽出的样本，$\overline{X}$ 为样本均值. 由于 $X_1,X_2,\cdots,X_n$ 独立且与总体同分布，故它们有相同的期望 $\mu$ 和方差 $\sigma^2$. 所以

$$E(\overline{X})=\mu,\ \operatorname{Var}(\overline{X})=\sigma^2/n. \tag{5.3}$$

事实上，不论总体服从何种分布，假定 $X_1,X_2,\cdots,X_n$ 是从均值为 $\mu$、方差为 $\sigma^2$ 的总体中抽出的样本，式 (5.3) 均成立.

**定理 5.1.1** 设 $X_1,X_2,\cdots,X_n$ 为来自正态总体 $N(\mu,\sigma^2)$ 的样本，则有

$$\overline{X}\sim N(\mu,\sigma^2/n),$$

$$\frac{\overline{X}-\mu}{\sigma/\sqrt{n}}\sim N(0,1). \tag{5.4}$$

(2) 样本方差 $S^2$ 的抽样分布.

在总体为正态分布 $N(\mu,\sigma^2)$ 时，可以求得 $\dfrac{(n-1)S^2}{\sigma^2}$ 的分布的简单形式. 这个分布就是 $\chi^2$ 分布. 具体表述如下：

**定理 5.1.2** 设 $X_1,X_2,\cdots,X_n$ 为来自正态总体 $N(\mu,\sigma^2)$ 的样本. $\overline{X}$ 和 $S^2$ 分别为样本均值和样本方差，则

$$\frac{(n-1)S^2}{\sigma^2}\sim\chi^2(n-1) \tag{5.5}$$

且 $\overline{X}$ 与 $S^2$ 相互独立.

下面我们给出另外几个常用的抽样分布定理.

**定理 5.1.3** 设 $X\sim N(\mu,\sigma^2)$，$X_1,X_2,\cdots,X_n$ 是取自 $X$ 的样本，$\overline{X}$ 与 $S^2$ 分别为样本均值和样本方差，则

$$\frac{\overline{X}-\mu}{S/\sqrt{n}}\sim t(n-1). \tag{5.6}$$

**证**：由式 (5.4) 知 $\dfrac{\overline{X}-\mu}{\sigma/\sqrt{n}}\sim N(0,1)$，再由式 (5.6) 知 $\dfrac{(n-1)S^2}{\sigma^2}\sim\chi^2(n-1)$，且二者独立，由 $t$ 分布的定义知 $\dfrac{\overline{X}-\mu}{\sigma/\sqrt{n}}\Bigg/\sqrt{\dfrac{(n-1)S^2}{\sigma^2(n-1)}}\sim t(n-1)$，化简即得式 (5.6).

**定理 5.1.4** 设 $X_1,X_2,\cdots,X_n$ 是来自正态总体 $X\sim N(\mu_1,\sigma^2)$ 的一个样本，$Y_1,Y_2,\cdots,Y_m$ 是来自正态总体 $Y\sim N(\mu_2,\sigma^2)$ 的一个样本，且两样本独立，两个样本的均值分别记为 $\overline{X},\overline{Y}$，两个样本的方差分别记为 $S_x^2$，$S_y^2$，则

$$t=\frac{(\overline{X}-\overline{Y})-(\mu_1-\mu_2)}{\sqrt{\left(\dfrac{1}{n}+\dfrac{1}{m}\right)S_p^2}}\sim t(n+m-2), \tag{5.7}$$

其中

$$S_p^2=\frac{(n-1)S_x^2+(m-1)S_y^2}{n+m-2}.$$

特别地，当 $n=m=k$ 时，上式成为

$$\frac{(\overline{X}-\overline{Y})-(\mu_1-\mu_2)}{\sqrt{\dfrac{S_x^2+S_y^2}{k}}}\sim t(2k-2).$$

**证**：由定理知

$$\frac{(n-1)S_x^2}{\sigma^2}\sim\chi^2(n-1),\ \frac{(m-1)S_y^2}{\sigma^2}\sim\chi^2(m-1),$$

且两者独立，由 $\chi^2$ 分布的可加性知

$$\frac{(n-1)S_x^2}{\sigma^2}+\frac{(m-1)S_y^2}{\sigma^2}=\frac{(n+m-2)S_p^2}{\sigma^2}\sim\chi^2(n+m-2).$$

另外由两样本的独立性知

$$\overline{X}-\overline{Y}\sim N\left(\mu_1-\mu_2,\left(\frac{1}{n}+\frac{1}{m}\right)\sigma^2\right),$$

即

$$\frac{(\overline{X}-\overline{Y})-(\mu_1-\mu_2)}{\sigma\sqrt{\dfrac{1}{n}+\dfrac{1}{m}}}\sim N(0,1).$$

因为 $\overline{X}-\overline{Y}$ 与 $S_p^2$ 相互独立，故根据 $t$ 分布的定义知

$$\frac{\dfrac{(\overline{X}-\overline{Y})-(\mu_1-\mu_2)}{\sigma\sqrt{\dfrac{1}{n}+\dfrac{1}{m}}}}{\sqrt{\dfrac{(n+m-2)S_p^2}{\sigma^2}\Big/(n+m-2)}}=\frac{(\overline{X}-\overline{Y})-(\mu_1-\mu_2)}{\sqrt{\left(\dfrac{1}{n}+\dfrac{1}{m}\right)S_p^2}}\sim t(n+m-2),$$

即得式 (5.7).

**定理 5.1.5** 设 $X_1,X_2,\cdots,X_n$ 和 $Y_1,Y_2,\cdots,Y_m$ 是分别来自正态总体 $X\sim N(\mu_1,\sigma_1^2)$ 和 $Y\sim N(\mu_2,\sigma_2^2)$ 的两个独立样本，这两个样本的均值和方差分别记为 $\overline{X},\overline{Y}$ 和 $S_x^2$，$S_y^2$，则

$$F=\frac{S_x^2/\sigma_1^2}{S_y^2/\sigma_2^2}\sim F(n-1,m-1). \tag{5.8}$$

**证**：因为 $\dfrac{(n-1)S_x^2}{\sigma_1^2}\sim\chi^2(n-1)$，$\dfrac{(m-1)S_y^2}{\sigma_2^2}\sim\chi^2(m-1)$，由两样本的独立性知 $S_x^2$ 与 $S_y^2$ 独立，再由 $F$ 分布的定义知

$$\frac{\dfrac{(n-1)S_x^2}{\sigma_1^2}\Big/(n-1)}{\dfrac{(m-1)S_y^2}{\sigma_2^2}\Big/(m-1)}=\frac{S_x^2/\sigma_1^2}{S_y^2/\sigma_2^2}\sim F(n-1,m-1),$$

即得式 (5.8).

**例 5.1.4** 设 $X_1, X_2, \cdots, X_n \overset{\text{i.i.d.}}{\sim} N(3,100), n=25$，且两个统计量定义如下：$\overline{X}=\dfrac{\sum\limits_{i=1}^{25} X_i}{n}, S^2=\dfrac{\sum\limits_{i=1}^{25}(X_i-\overline{X})^2}{n-1}$，试求 $P(0<\overline{X}<6, 57.7<S^2<138.317)$.

**解** 因 $X_1, X_2, \cdots, X_{25} \overset{\text{i.i.d.}}{\sim} N(3,100)$，故

$$\overline{X} \sim N(3,4),\ W=\frac{(n-1)S^2}{\sigma^2}=\frac{24S^2}{100}=\frac{6}{25}S^2 \sim \chi^2(24);$$

且$\overline{X}$和 $S^2$(独立)，因此，

$$\begin{aligned}
&P(0<\overline{X}<6, 57.7<S^2<138.317)\\
&=P(0<\overline{X}<6)P(57.7<S^2<138.317)\\
&=P\left(\frac{0-3}{2}<\frac{\overline{X}-\mu_{\overline{X}}}{\sigma_{\overline{X}}}<\frac{6-3}{2}\right)P\left(\frac{6}{25}\times 57.7<\frac{6S^2}{25}<\frac{6\times 138.317}{25}\right)\\
&=P(-1.5<Z<1.5)P(13.848<W<33.196)\\
&=0.433\,2\times 2\times(0.9-0.05)=0.736\,44.
\end{aligned}$$

**例 5.1.5** 设 $X_1, X_2, \cdots, X_n \overset{\text{i.i.d.}}{\sim} N(\mu,\sigma^2)$，试求：

(1) $\overline{X}$ 的抽样分布.

(2) $S^2=\dfrac{\sum\limits_{i=1}^{n}(X_i-\overline{X})^2}{n-1}$ 的抽样分布.

**解** $X_1, X_2, \cdots, X_n \overset{\text{i.i.d.}}{\sim} N(\mu,\sigma^2)$，故

(1) $\overline{X} \sim N\left(\mu, \dfrac{\sigma^2}{n}\right)$.

(2) 因为 $\dfrac{(n-1)S^2}{\sigma^2} \sim \chi^2(n-1)=\text{Ga}\left(\dfrac{n-1}{2}, \dfrac{1}{2}\right)$，所以

$$S^2 \sim \text{Ga}\left(\frac{n-1}{2}, \frac{n-1}{2\sigma^2}\right).$$

2. 用随机模拟法求统计量的抽样分布

在一些实际应用场合，寻求统计量的精确抽样分布或其渐近分布并非易事. 在计算机已经获得广泛应用的今天，我们可以用随机模拟法来获得某些统计量的近似分布. 这种随机模拟法是基于下面的统计思想获得的.

设想有一个统计量 $T=T(X_1, X_2, \cdots, X_n)$，为了获得 $T$ 的分布函数，我们连续做一系列类似实验，每次都是从总体中抽取容量为 $n$ 的样本，然后计算其统计量的值. 设想这

种实验进行了很多次，比如进行了 $N$ 次，得到统计量 $T$ 的 $N$ 个观察值 $T_1, T_2, \cdots, T_N$. 根据这 $N$ 个观察值可作其经验分布函数. 由格列汶科定理，这种经验分布函数是统计量 $T$ (在样本容量 $n$ 趋向于无穷时) 的分布函数的一个很好的近似. 这种寻求统计量的方法基于反复地从总体中抽样，在很多场合下是不可行的. 假如这种反复抽样过程可由计算机来模拟，那么这种方法的可行性就大大提高. 如用模拟方法去求某个统计量的抽样分布或抽样分布的分位数.

## 5.2 点估计

参数估计问题是利用对总体的抽样得到的信息来估计总体的某些参数或者参数的某个函数. 例如，某地区若干年中每年发生暴雨的次数 $X$ 可以用泊松分布近似描述. 现在希望知道一个夏季发生 0 次、1 次、2 次或 3 次以上暴雨的概率，这就需要找出总体的概率分布，而对于泊松分布，只要知道期望值 $\lambda$，就可以完全确定其分布，但一般我们并不能确切知道 $\lambda$ 的具体数值. 这里自然提出要求估计总体分布中未知参数 $\lambda$ 的问题. 类似的问题在实际中经常遇到，如估计废品率、估计湖中鱼的数目、估计某地区成年男子的平均身高、估计一批显像管的平均寿命，等等.

在统计的范围里，估计的目的就是借由样本的某些特质来预测总体真正的统计量或参数，因为我们真正在意的是总体或总体的参数为何，实际的情形却是我们无法真正计算总体里的每个个体，所以藉由样本来达到目的，这个过程就是估计.

在参数估计问题中，我们总是假定总体具有已知的分布形式，未知的仅仅是一个或几个参数. 而总体的真实分布完全由这些参数决定，因此通过估计参数可以估计总体的真实分布.

设有一个统计总体，总体的分布函数 $F(x;\theta)$ 包含未知参数 $\theta$(未知参数可能不止一个)，如在正态总体中有 $\theta = (\mu, \sigma^2)$. 现从该总体抽样，得到样本 $X_1, X_2, \cdots, X_n$，要依据该样本对参数 $\theta$ 的值做出估计 (或估计 $\theta$ 的某个已知函数 $g(\theta)$). 这类统计问题称为参数估计.

参数估计有两种基本形式：

(1) 点估计（point estimation）：用样本构造一个统计量 $\hat{\theta} = \hat{\theta}(X_1, X_2, \cdots, X_n)$ 作为未知参数 $\theta$ 的估计. 常用的方法有矩估计法、极大似然估计法、贝叶斯估计法等.

(2) 区间估计（interval estimation）：以区间 $[\hat{\theta}_L, \hat{\theta}_U]$ 的形式给出未知参数 $\theta$ 的估计，我们在下节中讨论.

### 5.2.1 估计量优良性的准则

在介绍估计量优良性的准则前，我们必须指出：评价一个估计量的好坏，不能仅仅依据一次实验的结果，而必须通过多次实验结果来衡量，这是因为估计量是样本的函数，是随机变量. 由不同的观测结果，就会求得不同的参数估计值. 因此，一个好的估计应在多次实验中体现出优良性. 常用的几条标准如下.

1. 无偏性

估计量是随机变量，对不同的样本值会得到不同的估计值. 我们希望估计值在未知参数真值附近摆动，而它的期望值等于未知参数.

**定义 5.2.1** 设 $\hat{\theta}=\hat{\theta}(X_1,X_2,\cdots,X_n)$ 是未知参数 $\theta$ 的估计量，若 $E(\hat{\theta})=\theta$，则称 $\hat{\theta}$ 为 $\theta$ 的**无偏估计量**（unbiased estimator）.

若

$$\lim_{n\to\infty}(E(\hat{\theta}(X_1,X_2,\cdots,X_n))-\theta)\triangleq\lim_{n\to\infty}B_n(\theta)=0,$$

则称 $\hat{\theta}$ 是 $\theta$ 的**渐近无偏估计量**（asymptotically unbiased estimator），其中

$$B_n(\theta)=E(\hat{\theta})-\theta$$

称为估计量 $\hat{\theta}$ 的估计**偏差**（bias）.

**例 5.2.1** 设 $X_1,X_2,\cdots,X_n$ 是取自总体 $X$ 的一个样本，$E(X)=\mu,\mathrm{Var}(X)=\sigma^2$，验证：样本均值 $\overline{X}$ 是总体均值 $\mu$ 的无偏估计量，未修正的样本方差 $S_*^2$ 不是总体方差 $\sigma^2$ 的无偏估计量，但是为渐近无偏的.

**解**

$$E(\overline{X})=E\Big(\frac{X_1+X_2+\cdots+X_n}{n}\Big)=E(X)=\mu,$$

$$\begin{aligned}E(S_*^2)&=E\Big(\frac{1}{n}\sum_{i=1}^{n}(X_i-\overline{X})^2\Big)=E\Big(\frac{1}{n}\sum_{i=1}^{n}(X_i-\mu)^2-(\overline{X}-\mu)^2\Big)\\&=\frac{1}{n}\sum_{i=1}^{n}D(X_i)-D(\overline{X})=\frac{1}{n}\cdot n\sigma^2-\frac{\sigma^2}{n}\\&=\frac{n-1}{n}\sigma^2,\end{aligned}$$

但 $\lim\limits_{n\to\infty}\frac{n-1}{n}\sigma^2=\sigma^2$. 故样本均值 $\overline{X}$ 是总体均值 $\mu$ 的无偏估计量，未修正的样本方差 $S_*^2$ 不是总体方差 $\sigma^2$ 的无偏估计量，而是渐近无偏的.

在 $S_*^2$ 的基础上，我们适当加以修正得到修正的样本方差：

$$S^2=\frac{n}{n-1}S_*^2=\frac{1}{n-1}\sum_{i=1}^{n}(X_i-\overline{X})^2,$$

修正后的样本方差 $S^2$ 是总体方差 $\sigma^2$ 的无偏估计：

$$E\left(S^2\right)=\frac{n}{n-1}E(S_*^2)=\frac{n}{n-1}\times\frac{n-1}{n}\sigma^2=\sigma^2.$$

注：(1) 不管分布为何：① 样本均值是总体均值的无偏估计量；② 修正的样本方差是总体方差的无偏估计量.

(2) 当 $\hat{\theta}$ 是 $\theta$ 的无偏估计量时，若用 $g(\hat{\theta})$ 估计参数 $g(\theta)$，那么 $g(\hat{\theta})$ 通常不再是 $g(\theta)$ 的无偏估计量. 因此 $S$ 不是 $\sigma$ 的无偏估计量.

### 2. 有效性

一个参数往往有不止一个无偏估计量，从这些无偏估计量中要挑出最优的. 利用均方误差（mean-square error）：

$$
\begin{aligned}
\mathrm{MSE}(\hat{\theta}) &= E(\hat{\theta}-\theta)^2 \\
&= E\left(\hat{\theta}-E(\hat{\theta})+E(\hat{\theta})-\theta\right)^2 \\
&= E\left(\hat{\theta}-E(\hat{\theta})\right)^2+\left(E(\hat{\theta})-\theta\right)^2 \\
&= \mathrm{Var}(\hat{\theta})+\left(B(\hat{\theta})\right)^2
\end{aligned}
$$

来衡量估计量的有效性.

MSE 分两部分：一个是精确度 $\mathrm{Var}(\hat{\theta})$，另一个是准确度 $(B(\hat{\theta}))^2$. 例如一只表每天都快 3 分钟，那么这只表有精确度却没准确度. 因为表每天和真正时间差距都是 3 分钟，是没有变异的，故有精确度. 但遗憾的是这只表其实是不准的，所以没有准确度. 由于方差是随机变量取值与其期望值偏离程度的度量，所以无偏估计量以方差小者为好. 这就引进了有效性（efficiency）的概念.

**定义 5.2.2** 设 $\hat{\theta}_1=\hat{\theta}_1(X_1,X_2,\cdots,X_n)$ 与 $\hat{\theta}_2=\hat{\theta}_2(X_1,X_2,\cdots,X_n)$ 都是参数 $\theta$ 的无偏估计量，所以估计偏差 $B(\hat{\theta}_1)=B(\hat{\theta}_2)=0$，从而

$$\mathrm{MSE}(\hat{\theta}_1)=\mathrm{Var}(\hat{\theta}_1),\ \mathrm{MSE}(\hat{\theta}_2)=\mathrm{Var}(\hat{\theta}_2).$$

如果 $\mathrm{Var}(\hat{\theta}_1)\leqslant \mathrm{Var}(\hat{\theta}_2)$，$\theta\in\Theta$，则称 $\hat{\theta}_1$ 比 $\hat{\theta}_2$ 相对有效（relative efficient）.

### 3. 一致性

**定义 5.2.3** 设 $\hat{\theta}(X_1,X_2,\cdots,X_n)$ 为参数 $\theta$ 的估计量，若对于任意的 $\varepsilon>0$，当 $n\to\infty$ 时，有

$$\lim_{n\to\infty}P(|\hat{\theta}_n-\theta|<\varepsilon)=1,$$

即 $\hat{\theta}_n\xrightarrow{P}\theta$，则称 $\hat{\theta}_n$ 是 $\theta$ 的一致估计量（consistent estimator）.

例如，用样本均值 $\overline{X}$ 估计总体均值 $\mu$ 时有一致性. 一致性是对一个估计量最基本的要求，如果一个估计量没有一致性，那么不论样本取多大，我们也不可能把未知参数估计到预定的精度. 这种估计量显然是不可取的.

## 5.2.2　点估计方法

### 1. 矩估计法

矩估计法是利用样本矩估计总体矩来获得总体参数的方法. 大数定律告诉我们，当 $n$ 足够大的时候，

$$A_k = \frac{1}{n}\sum_{i=1}^{n} X_i^k \xrightarrow{P} E(X^k),$$

因此，可以用样本各阶矩 $A_k$ 估计总体各阶矩 $E(X^k)$. 按这种思想获得未知参数的估计方法称为矩估计法，所得的估计量称为**矩估计量**（moment estimator）.

例如：总体 $k$ 阶原点矩 $u_k = E(X^k)$ 存在，则用 $A_k$ 估计 $u_k$，得到

$$\hat{u}_k = A_k = \frac{1}{n}\sum_{i=1}^{n} X_i^k,$$

故总体均值的矩估计量是样本均值 $\overline{X}$.

**矩估计法的步骤：**

(1) 求出 $E(X^i) = u_i$，$i = 1, 2, \cdots, r$，并假设

$$u_i = g_i(\theta_1, \theta_2, \cdots, \theta_r), \quad i = 1, 2, \cdots, r. \tag{5.9}$$

(2) 解方程组 (5.9)，得

$$\theta_i = h_i(u_1, u_2, \cdots, u_r), \quad i = 1, 2, \cdots, r. \tag{5.10}$$

(如果可以求解的话.)

(3) 在式 (5.10) 中，用 $A_j$ 代替 $u_j$，$j = 1, 2, \cdots, r$，则得 $\theta_1, \theta_2, \cdots, \theta_r$ 的矩估计为：

$$\hat{\theta}_i = h_i(A_1, A_2, \cdots, A_r), \quad i = 1, 2, \cdots, r. \tag{5.11}$$

如果有样本观察值，则将它们代入式 (5.11)，得 $\theta_1, \theta_2, \cdots, \theta_r$ 的估计值.

对于 $n \geqslant 2$, 也可以为 $k$ 阶中心矩 $E[(X - E(X))^k]$, 此时用 $\frac{1}{n}\sum_{i=1}^{n}(X_i - \overline{X})^k$ 替换 $u_n$ 即可.

**例 5.2.2**　设 $X_1, X_2, \cdots, X_n$ 是来自伽马分布 $\mathrm{Ga}(\alpha, \lambda)$ 的一个样本，试求 $\alpha$，$\lambda$ 的矩估计量.

**解**　由于总体 $X \sim \mathrm{Ga}(\alpha, \lambda)$，有

$$u_1 = E(X) = \frac{\alpha}{\lambda},\ u_2 = \mathrm{Var}(X) = \frac{\alpha}{\lambda^2}.$$

从上述方程组可解得

$$\alpha = \frac{u_1^2}{u_2},\ \lambda = \frac{u_1}{u_2}.$$

用 $\overline{X}$ 与 $S_*^2$ 分别替换 $u_1$ 与 $u_2$，则得 $\alpha$ 与 $\lambda$ 的矩估计量为：

$$\hat{\alpha} = \frac{\overline{X}^2}{S_*^2},\ \hat{\lambda} = \frac{\overline{X}}{S_*^2}.$$

**例 5.2.3** 设 $X_1, X_2, \cdots, X_n \overset{\text{i.i.d.}}{\sim} \text{Ga}(\alpha, 1/5)$，求 $\alpha$ 的矩估计量.

**解** 因为 $X \sim \text{Ga}(\alpha, \lambda)$，所以 $E(X) = \alpha/\lambda = 5\alpha$，用 $\overline{X}$ 替代 $E(X)$, 得到 $\alpha$ 的矩估计量为 $\hat{\alpha} = \overline{X}/5$.

矩估计法的优点是简便易行，使用矩估计法时，并不需要事先知道总体的分布. 它的缺点是：在总体分布类型已知的场合，没有充分利用分布提供的已知信息. 一般场合下，**矩估计量不具有唯一性**. 如泊松分布参数的矩估计量既可以是样本均值，又可以是样本方差.

2. 极大似然估计法

极大似然估计法（maximum likelihood estimation）是用从同一总体中随机抽出的一个已知样本，倒推总体最有可能的未知参数. 虽然不同总体中含有不同的未知参数，但从含有不同未知参数的总体中可以抽取到相同的样本. 极大似然估计法的基本思想可以简述如下：对于总体中已经抽取到的样本而言，从 $A$ 总体得到此样本的概率为 $P_A$，从 $B$ 总体得到此样本的概率为 $P_B$，若 $P_A > P_B$，则猜测样本来自 $A$ 总体才是合理的.

简言之，极大似然估计法是在总体分布类型已知的情况下使用的一种参数估计方法. 下面我们对离散型总体和连续型总体这两种情况做进一步分析.

设 $X_1, X_2, \cdots, X_n$ 为来自总体 $X$ 的样本，$X$ 的分布形式已知，但参数 $\theta$ 未知，$\theta \in \Theta$.

（1）若 $X$ 为离散型随机变量，其分布律为 $P(X = x) = p(x;\theta)$，则样本 $(X_1, X_2, \cdots, X_n)$ 的联合分布律为 $P(X_1 = x_1, X_2 = x_2, \cdots, X_n = x_n) = \prod_{i=1}^{n} p(x_i;\theta)$, 它表示样本 $(X_1, X_2, \cdots, X_n)$ 在 $(x_1, x_2, \cdots, x_n)$ 取值的概率，即这个概率是 $\theta$ 的函数，大小由 $\theta$ 的取值决定，我们把它记作 $L(\theta)$, 并称

$$L(\theta) = L(\theta; x_1, x_2, \cdots, x_n) = \prod_{i=1}^{n} p(x_i;\theta),\ \theta \in \Theta$$

为参数 $\theta$ 的**似然函数**（likelihood function）.

抽样后，把抽样值 $(x_1, x_2, \cdots, x_n)$ 代入似然函数得到 $L(\theta)$，很直接的想法就是在 $\theta$ 取值的可能范围 $\Theta$ 内挑选使得似然函数 $L(\theta)$ 达到最大的参数值 $\hat{\theta}$ 作为 $\theta$ 的估计.

（2）若 $X$ 是连续型随机变量，其密度函数为 $f(x;\theta)$，则样本 $(X_1, X_2, \cdots, X_n)$ 的联合概率密度函数为 $\prod_{i=1}^{n} f(x_i;\theta)$. 设样本的观察值为 $(x_1, x_2, \cdots, x_n)$, 则随机点 $(X_1, X_2, \cdots, X_n)$ 落在点 $(x_1, x_2, \cdots, x_n)$ 的邻域内的概率近似为

$$\prod_{i=1}^{n} f(x_i;\theta)\mathrm{d}x_i.$$

其值随 $\theta$ 的取值而变化，但因子 $\prod_{i=1}^{n} \mathrm{d}x_i$ 不受 $\theta$ 的影响，故我们只挑选使得下述函数

$$L(\theta) = L(x_1, x_2, \cdots, x_n; \theta) = \prod_{i=1}^{n} f(x_i;\theta)$$

取最大值的参数值 $\hat{\theta}$ 作为 $\theta$ 的估计. 这里的 $L(\theta)$ 也称为**似然函数**.

总之，在有了实验结果即样本观察值 $(x_1,x_2,\cdots,x_n)$ 时，似然函数 $L(\theta)$ 反映了 $\theta$ 的各个不同值导出这个观察值结果的可能性，如果存在 $\hat{\theta}$, 使得

$$L(\hat{\theta})=\max_{\theta\in\Theta}L(\theta),$$

则称 $\hat{\theta}(x_1,x_2,\cdots,x_n)$ 为 $\theta$ 的**最大似然估计值**，称 $\hat{\theta}(X_1,X_2,\cdots,X_n)$ 为最大似然估计量.

最大似然估计的求解就归结为微分学中求最大值的问题了. 一般情况下，$L(\theta)$ 关于 $\theta$ 可导，这时 $\hat{\theta}$ 常可以由方程

$$\frac{\mathrm{d}L(\theta)}{\mathrm{d}\theta}=0 \tag{5.12}$$

来求解. 因为 $\ln L$ 是 $L$ 的增函数，所以 $\ln L$ 与 $L$ 具有同样的最大值点，式 (5.12) 常换成下面的方程：

$$\frac{\mathrm{d}\ln L(\theta)}{\mathrm{d}\theta}=0. \tag{5.13}$$

解式 (5.12) 或式 (5.13) 得到的 $\hat{\theta}$ 就是参数 $\theta$ 的**极大似然估计**（maximum likelihood estimation）, 简记为 MLE.

如果式 (5.13) 有唯一解，又能验证它是一个极大值点，则它必是所求的极大似然估计量. 有时，直接用式 (5.13) 行不通，必须回到原始的定义.

**例 5.2.4** 设 $X_1,X_2,\cdots,X_n$ 是取自参数为 $\lambda$ 的泊松分布的一个样本，求 $\lambda$ 的极大似然估计.

**解** 已知总体是泊松分布 $P(X=k)=\mathrm{e}^{-\lambda}\dfrac{\lambda^k}{k!},k=0,1,2,\cdots$，样本 $X_1,X_2,\cdots,X_n$ 的联合分布律为

$$p(X_1,X_2,\cdots,X_n)=\prod_{i=1}^{n}\mathrm{e}^{-\lambda}\frac{\lambda^{X_i}}{X_i!}=\mathrm{e}^{-n\lambda}\prod_{i=1}^{n}\frac{\lambda^{X_i}}{X_i!}.$$

似然函数为

$$L(\lambda)=\mathrm{e}^{-n\lambda}\lambda^{\sum\limits_{i=1}^{n}X_i}\left(\prod_{i=1}^{n}X_i!\right)^{-1}.$$

对 $L(\lambda)$ 取对数，有

$$\ln L(\lambda)=-n\lambda+\left(\sum_{i=1}^{n}X_i\right)\ln\lambda-\sum_{i=1}^{n}\ln(X_i!).$$

对 $\lambda$ 求导数，令导数为 0，就有

$$0=\frac{\mathrm{d}}{\mathrm{d}\lambda}\ln L(\lambda)=-n+\frac{1}{\lambda}\sum_{i=1}^{n}X_i,$$

得到 $\lambda$ 的估计量

$$\hat{\lambda}=\frac{1}{n}\sum_{i=1}^{n}X_i=\overline{X}.$$

若已知样本值，将样本值代入，便得参数 $\lambda$ 的估计值.

若总体 $X$ 的分布中含有多个未知参数 $\theta_1,\theta_2,\cdots,\theta_k$，似然函数 $L$ 就是这些参数的多元函数 $L(\theta_1,\theta_2,\cdots,\theta_k)$. 我们有方程组

$$\frac{\partial(\ln L)}{\partial\theta_i}=0,\quad i=1,2,\cdots,k.$$

由这个方程组解得的 $\hat{\theta}_1,\hat{\theta}_2,\cdots,\hat{\theta}_k$ 分别是参数 $\theta_1,\theta_2,\cdots,\theta_k$ 的极大似然估计量.

**例 5.2.5** 设 $X_1,X_2,\cdots,X_n$ 取自正态分布 $N(\mu,\sigma^2)$，其中 $\mu,\sigma^2$ 未知. 试求 $\mu,\sigma^2$ 的极大似然估计量.

**解** 因为 $X_i$ 独立同分布，因此其似然函数为

$$L(\mu,\sigma^2)=\prod_{i=1}^{n}\frac{1}{\sqrt{2\pi}\sigma}\mathrm{e}^{-\frac{(x_i-\mu)^2}{2\sigma^2}}=(2\pi\sigma^2)^{-\frac{n}{2}}\mathrm{e}^{-\frac{\sum\limits_{i=1}^{n}(x_i-\mu)^2}{2\sigma^2}}.$$

对 $L(\mu,\sigma^2)$ 取对数，得对数似然函数为

$$\ln L(\mu,\sigma^2)=-\frac{n}{2}\ln(2\pi\sigma^2)-\frac{\sum\limits_{i=1}^{n}(x_i-\mu)^2}{2\sigma^2},$$

分别对 $\mu,\sigma^2$ 求偏导

$$\frac{\partial\ln L(\mu,\sigma^2)}{\partial\mu}=\frac{1}{\sigma^2}\sum_{i=1}^{n}(x_i-\mu)=0,\tag{5.14}$$

$$\frac{\partial\ln L(\mu,\sigma^2)}{\partial\sigma^2}=-\frac{n}{2\sigma^2}+\frac{1}{2\sigma^4}\sum_{i=1}^{n}(x_i-\mu)^2=0.\tag{5.15}$$

由式 (5.14) 解得 $\hat{\mu}=\dfrac{1}{n}\sum\limits_{i=1}^{n}x_i=\bar{x}$.

代入式 (5.15) 得 $\hat{\sigma}^2=\dfrac{1}{n}\sum\limits_{i=1}^{n}(x_i-\bar{x})^2$.

经验证，$\left.\dfrac{\partial^2\ln L(\theta)}{\partial\theta^2}\right|_{\hat{\theta}}<0$, 其中 $\theta=(\mu,\sigma^2)$.

这表明 $\hat{\mu}=\dfrac{1}{n}\sum\limits_{i=1}^{n}x_i=\bar{x}$，$\hat{\sigma}^2=\dfrac{1}{n}\sum\limits_{i=1}^{n}(x_i-\bar{x})^2$ 可使似然函数达到最大.

综上，可得求极大似然估计量的一般步骤是：

(1) 由总体分布导出样本的联合分布律 (或联合概率密度函数);

(2) 把样本联合分布律 (或联合概率密度函数) 中的自变量看作已知常数，而把参数 $\theta$ 看作自变量，得到似然函数 $L(\theta)$;

(3) 求似然函数 $L(\theta)$ 的最大值点 (常常转化为求 $\ln L(\theta)$ 的最大值点);

(4) 在最大值点的表达式中，将样本值代入就得到参数的极大似然估计值.

注：(1) 一般，用极大似然估计法所得估计的性质比用矩估计法所得估计的性质要好，故通常多用极大似然估计法.

(2) 当 $X$ 的范围和参数 $\theta$ 有关时，则考虑用示性函数建立 $\theta$ 的范围.

**例 5.2.6** 设 $X_1, X_2, \cdots, X_n$ 是取自均匀分布 $U[0,\theta]$ 的一个样本，求 $\theta$ 的极大似然估计量.

**解** $X_i\ (i=1,2,\cdots,n)$ 的概率密度函数为

$$f(x)=\begin{cases}\dfrac{1}{\theta}, & 0\leqslant x\leqslant\theta,\\ 0, & \text{其他}\end{cases}.$$

故似然函数为 $L(\theta)=\theta^{-n}, 0\leqslant X_i\leqslant\theta, i=1,2,\cdots,n.$

对固定的 $X_1, X_2, \cdots, X_n$，此函数为 $\theta$ 的间断函数，故无法使用似然方程. 但此例不难用原始的定义去解决：为使 $L(\theta)$ 达到最大，$\theta$ 必须尽量小. 使似然函数达到最小的参数就在 $\hat{\theta}=\max(X_1, X_2, \cdots, X_n)$ 处：随着 $\hat{\theta}$ 越来越靠近 $\max(X_1, X_2, \cdots, X_n)$，$L(\theta)$ 值会变大，从而使 $L(\theta)$ 达到最大值，即 $\theta$ 的极大似然估计量为

$$\hat{\theta}=\max(X_1, X_2, \cdots, X_n).$$

**例 5.2.7** 设 $X_1, X_2, \cdots, X_n \overset{\text{i.i.d.}}{\sim} f(x)=\theta x^{\theta-1}, 0<x<1$, 且 $(x_1, x_2, \cdots, x_n)$ 为样本 $(X_1, X_2, \cdots, X_n)$ 的一次观察值，求 $\theta$ 的极大似然估计值.

**解** 计算步骤如下：

(1) 求似然函数：

$$L(\theta; x_1, x_2, \cdots, x_n)=\prod_{i=1}^{n}\left(\theta x_i^{\theta-1}\right)=\theta^n\left(\prod_{i=1}^{n}x_i^{\theta-1}\right).$$

(2) 求对数似然函数：

$$\ln L(\theta)=n\ln\theta+(\theta-1)\sum_{i=1}^{n}\ln x_i.$$

(3) 求对数似然函数的一阶导数：

$$\frac{\partial \ln L(\theta)}{\partial\theta}=\frac{n}{\theta}+\sum_{i=1}^{n}\ln x_i=0\Rightarrow\hat{\theta}=\frac{-n}{\displaystyle\sum_{i=1}^{n}\ln x_i}.$$

(4) 验证是否为极大值点：

$$\frac{\partial^2 \ln L(\theta)}{\partial^2\theta} = \frac{-n}{\theta^2} \Rightarrow (\ln L(\theta))''|_{\theta=\hat{\theta}} < 0.$$

所以，$\hat{\theta} = \dfrac{-n}{\sum\limits_{i=1}^{n} \ln x_i}$ 为 $\theta$ 的极大似然估计值.

**例 5.2.8** 设总体分布律为

$$p(x;\theta) = \begin{cases} C_4^x 0.3^x 0.7^{4-x}, & x=0,1,2,3,4,\theta=1 \\ \dfrac{C_3^x C_7^{4-x}}{C_{10}^4}, & x=0,1,2,3,4,\theta=2 \\ C_4^x 0.7^x 0.3^{4-x}, & x=0,1,2,3,4,\theta=3 \end{cases}.$$

若从该总体中随机抽取一样本 $X_1$，试求 $\theta$ 的极大似然估计量.

**解** 由总体的分布律，可以得到不同样本观察值下的似然函数 $L(\theta;x)$ 为：

| $X=x$ | 0 | 1 | 2 | 3 | 4 |
|---|---|---|---|---|---|
| $L(\theta=1,x)$ | 0.240 1 | 0.411 6 | 0.264 6 | 0.075 6 | 0.008 1 |
| $L(\theta=2,x)$ | 0.166 7 | 0.5 | 0.3 | 0.033 3 | 0 |
| $L(\theta=3,x)$ | 0.008 1 | 0.075 6 | 0.264 6 | 0.411 6 | 0.240 1 |
| $\max L(\theta,x)$ | $\theta=1$ | $\theta=2$ | $\theta=2$ | $\theta=3$ | $\theta=3$ |

所以，$\theta$ 的极大似然估计值为

$$\hat{\theta} = \begin{cases} 1, & x=0 \\ 2, & x=1,2 \\ 3, & x=3,4 \end{cases}.$$

**定理 5.2.1**（极大似然估计的不变性） 设 $\theta$ 的函数 $g=g(\theta)$ 是 $\Theta$ 上的实值函数，且有唯一的反函数. 如果 $\hat{\theta}$ 是 $\theta$ 的极大似然估计量，则 $g(\hat{\theta})$ 也是 $g(\theta)$ 的极大似然估计量.

**例 5.2.9** 设 $X_1,X_2,\cdots,X_n \overset{\text{i.i.d.}}{\sim} B(1,p)$，且样本观察值为 $(x_1,x_2,\cdots,x_n)$，求：

（1）$p$ 的极大似然估计量；

（2）$\theta=p(1-p)$ 的极大似然估计.

**解** （1）有关参数 $p$ 的似然函数为：

$$L(p) = \prod_{i=1}^{n}[p^{x_i}(1-p)^{1-x_i}] = p^{\sum\limits_{i=1}^{n} x_i}(1-p)^{n-\sum\limits_{i=1}^{n} x_i}.$$

故对数似然函数为 $\ln L(p)=\sum\limits_{i=1}^{n}x_i\ln p+\left(n-\sum\limits_{i=1}^{n}x_i\right)\ln(1-p)$，且对数函数的一阶导数为：

$$\frac{\partial\ln L(p)}{\partial p}=\frac{\sum\limits_{i=1}^{n}x_i}{p}-\frac{n-\sum\limits_{i=1}^{n}x_i}{1-p}=0\Rightarrow\hat{p}=\frac{\sum\limits_{i}x_i}{n},$$

而

$$(\ln L(p))''=\frac{-\sum\limits_{i=1}^{n}x_i}{p^2}-\frac{n-\sum\limits_{i=1}^{n}x_i}{(1-p)^2}=0\Rightarrow(\ln L(p))''|_{p=\hat{p}}<0.$$

因此，$\hat{p}=\dfrac{\sum\limits_{i=1}^{n}x_i}{n}$ 为 $p$ 的极大似然估计值.

（2）因为 MLE 具有不变性，所以 $\hat{\theta}=\hat{p}(1-\hat{p})$ 为 $\theta=p(1-p)$ 的极大似然估计.

## 5.3 区间估计

在上一节，我们讨论了参数的点估计. 当 $\hat{\theta}(X_1,X_2,\cdots,X_n)$ 是未知参数 $\theta$ 的一个估计量时，根据一个样本观察值 $(x_1,x_2,\cdots,x_n)$ 就得到 $\theta$ 的一个估计值 $\hat{\theta}(x_1,x_2,\cdots,x_n)$. 估计值虽然能给人们一个明确的数量概念，但似乎还很不够，因为它只是 $\theta$ 的一个近似值，与真正的 $\theta$ 有一个正的或负的偏差，使用起来把握不大. 譬如，在估计湖中鱼数的问题中，得到鱼数 $n$ 的估计值为 1 000 条，但实际上，$n$ 值可能大于 1 000 条，也可能小于 1 000 条. 我们不确定真正的 $n$ 与 1 000 相差多大. 若能给出一个区间，在此区间内我们有一定把握相信 $n$ 位于其中，并且它与估计量的偏差能够控制在一定范围内，这种区间估计就弥补了点估计的不足. 下面我们就来讨论区间估计.

### 5.3.1 区间估计的概念

设总体的分布函数为 $F(x;\theta)$，$\theta$ 是分布函数中的未知参数，$X_1,X_2,\cdots,X_n$ 是从该总体中抽取的样本.

所谓区间估计，就是以两个统计量 $\hat{\theta}_1(X_1,X_2,\cdots,X_n)$，$\hat{\theta}_2(X_1,X_2,\cdots,X_n)$ 为端点的区间 $[\hat{\theta}_1,\hat{\theta}_2]$，一旦有了样本，就把 $\theta$ 估计在上面的区间内. 这里有两个要求：

(1) 要求 $\theta$ 以很大的可能包含在区间 $[\hat{\theta}_1,\hat{\theta}_2]$ 内，也就是说，概率 $P(\hat{\theta}_1\leqslant\theta\leqslant\hat{\theta}_2)$ 要尽可能大.

(2) 估计的精度要尽可能高，比方说，要求区间的长度 $\hat{\theta}_2-\hat{\theta}_1$ 尽可能小，或有某种能体现该要求的其他准则.

例如，估计一个人的体重在某一区间内，例如在 [60，70](单位：千克) 内，我们要求该估计尽量可靠，即有很大的把握此人的体重在这个范围内. 同时，也要求这个区间不能太长，如果区间长了，虽然可靠度提高了，但精度也差了，这是一对矛盾. 一般是在保证可靠度的条件下，尽量提高精度. 下面正式给出置信区间的定义.

**定义 5.3.1** 设 $\theta$ 是一个要估计的参数，给定一个很小的正数 $\alpha>0$，若由样本 $X_1,X_2,\cdots,X_n$ 确定的两个统计量 $\hat{\theta}_1(X_1,X_2,\cdots,X_n),\hat{\theta}_2(X_1,X_2,\cdots,X_n)$ 满足

$$P\left(\hat{\theta}_1\leqslant\theta\leqslant\hat{\theta}_2\right)=1-\alpha,$$

则称区间 $\left[\hat{\theta}_1,\hat{\theta}_2\right]$ 是 $\theta$ 的**置信水平**（confidence level）为 $(1-\alpha)100\%$ 的**置信区间**（confidence interval），称 $\hat{\theta}_1,\hat{\theta}_2$ 分别为置信下限和置信上限.

下面通过一个例子说明如何求置信区间.

**例 5.3.1** 设 $X_1,X_2,\cdots,X_n$ 是取自正态总体 $N(\mu,\sigma^2)$ 的样本，$\sigma^2$ 已知，求参数 $\mu$ 的置信水平为 $1-\alpha$ 的置信区间.

**解** 先找 $\mu$ 的一个良好的点估计，可选样本均值 $\overline{X}$，它是 $\mu$ 的无偏估计量. 由总体为正态可知，

$$Z=\frac{\overline{X}-\mu}{\sigma/\sqrt{n}}\sim N(0,1),$$

$Z$ 的概率密度函数 $\phi(z)$ 不依赖于任何未知参数. 由标准正态分布的 $\alpha$ 上侧分位数的定义可知，

$$P\left\{\left|\frac{\overline{X}-\mu}{\sigma/\sqrt{n}}\right|\leqslant z_{\frac{\alpha}{2}}\right\}=1-\alpha,$$

$$P\left\{\overline{X}-\frac{\sigma}{\sqrt{n}}z_{\frac{\alpha}{2}}\leqslant u\leqslant\overline{X}+\frac{\sigma}{\sqrt{n}}z_{\frac{\alpha}{2}}\right\}=1-\alpha,$$

这样，我们就得到了 $\mu$ 的一个置信水平为 $1-\alpha$ 的置信区间：

$$\left[\overline{X}-\frac{\sigma}{\sqrt{n}}z_{\frac{\alpha}{2}},\overline{X}+\frac{\sigma}{\sqrt{n}}z_{\frac{\alpha}{2}}\right],$$

也可写为 $\overline{X}\pm\frac{\sigma}{\sqrt{n}}z_{\frac{\alpha}{2}}$，这里被估计的参数 $\mu$ 虽然未知，但它是一个常数，没有随机性，而区间则是随机的. 如果把这个区间估计反复使用许多次，则有时它包含 $\mu$，当次数充分多时，包含 $\mu$ 的频率接近于置信水平.

下面用一例子对此加以直观说明.

设某地区男性成年人的身高 $X$ (单位：米) 服从正态分布 $N(\mu,0.01)$. 平均数 $\mu$ 未知，标准差已知为 0.1 米. 现随机选取 4 人，测得身高为 $X_1,X_2,X_3,X_4$. 用前述方法可计算得 $\mu$ 的置信水平为 95% 的置信区间是 $[\overline{X}-0.098,\overline{X}+0.098]$，其中 $\overline{X}$ 为样本均值，我们说，这个随机区间 $[\overline{X}-0.098,\overline{X}+0.098]$ 包含参数值 $\mu$ 的概率是 0.95，也就是说，如果重复地从总体中抽取样本容量为 4 的样本，并对每个样本观察值 $(x_1,x_2,x_3,x_4)$ 计算区间 $[\overline{x}-0.098,\overline{x}+0.098]$，那么可以预期这些区间中将有 95% 包含真参数值 $\mu$.

需要指出的是，置信区间不是唯一的. 对同一个参数，我们可以构造许多置信区间. 在例 5.3.1 中，由随机变量 $Z$ 落在 $-1.96 \sim 1.96$ 的概率是 0.95，得到 $\mu$ 的置信水平为 95% 的置信区间是

$$\left[\overline{X}-1.96\frac{\sigma}{\sqrt{n}},\overline{X}+1.96\frac{\sigma}{\sqrt{n}}\right].$$

由于 $Z$ 落在 $-1.75 \sim 2.33$ 的概率也是 0.95，因此我们又得置信区间 $\left[\overline{X}-1.75\frac{\sigma}{\sqrt{n}},\overline{X}+2.33\frac{\sigma}{\sqrt{n}}\right]$. 这个区间比前一个置信区间要长一些. 类似地，我们可以得到若干个不同的置信区间. 通常总是希望置信区间尽可能短. 在概率密度函数为单峰且对称的情形中，关于原点对称的置信区间的长度最短. 在概率密度函数不对称的情形中，如 $\chi^2$ 分布、$F$ 分布，习惯上仍取对称的百分位点来计算未知参数的置信区间.

我们可以得到未知参数的任何置信水平小于 1 的置信区间，并且置信水平越高，相应的区间平均长度越长 (在同样的样本容量下). 在同样的置信水平下，样本容量越大，相应的区间平均长度越短.

## 5.3.2　求置信区间的步骤

我们归纳出求置信区间的步骤如下：

(1) 明确问题：是求什么参数的置信区间？置信水平 $1-\alpha$ 是多少？

(2) 寻找参数的一个良好的点估计 $T$.

(3) 寻找未知参数 $\theta$ 和估计量 $T$ 的一个函数 $S(T,\theta)$，且其分布已知.

(4) 对于给定的置信水平 $1-\alpha$，根据 $S(T,\theta)$ 的分布，确定常数 $a,b$，使得 $P(a \leqslant S(T,\theta) \leqslant b)=1-\alpha$.

(5) 对 $a \leqslant S(T,\theta) \leqslant b$ 做等价变形，得到如下形式：

$$P(\hat{\theta}_1(X_1,X_2,\cdots,X_n) \leqslant \theta \leqslant \hat{\theta}_2(X_1,X_2,\cdots,X_n))=1-\alpha,$$

则 $[\hat{\theta}_1,\hat{\theta}_2]$ 就是参数 $\theta$ 的置信水平为 $1-\alpha$ 的置信区间.

可见，确定区间估计很关键的是要寻找未知参数 $\theta$ 和估计量 $T$ 的一个函数 $S(T,\theta)$，且 $S(T,\theta)$ 的分布已知，不依赖于任何未知参数 (这样我们才能确定一个概率区间). 而这与总体分布有关，所以，总体分布的形式是否已知以及是怎样的类型至关重要. 下面我们主要讨论总体分布为正态分布的情形. 若样本容量很大，即使总体分布未知，也可以近似求参数的区间估计.

**例 5.3.2**　$X_1,X_2,\cdots,X_n \overset{\text{i.i.d.}}{\sim} U[0,\theta]$，试建立 $\theta$ 的 $(1-\alpha)100\%$ 置信区间.

**解**　我们可以采用 $\theta$ 的 MLE，即 $\hat{\theta}=X_{(n)}$ 作为 $\theta$ 的点估计量.

令 $Y=X_{(n)}$，则 $Y$ 的概率密度函数为：

$$f_Y(y)=n\left(\frac{y}{\theta}\right)^{n-1}\frac{1}{\theta}=\frac{ny^{n-1}}{\theta^n},\quad 0 \leqslant y \leqslant \theta.$$

令 $W=\dfrac{Y}{\theta}$，则 $W$ 的概率密度函数为:

$$f_W(w)=nw^{n-1},\quad 0\leqslant w\leqslant 1.$$

$W$ 的分布函数为:

$$F_W(w)=\int_{-\infty}^{w} nu^{n-1}I_{u\in[0,1]}\mathrm{d}u=\begin{cases}0, & w<0\\ w^n, & 0\leqslant w\leqslant 1\\ 1, & w>1\end{cases}.$$

令

$$F_W(a)=\frac{\alpha}{2}\Rightarrow a=\left(\frac{\alpha}{2}\right)^{\frac{1}{n}},\ F_W(b)=1-\frac{\alpha}{2}\Rightarrow b=\left(1-\frac{\alpha}{2}\right)^{\frac{1}{n}},$$

则

$$P(a\leqslant W\leqslant b)=P\left(\left(\frac{\alpha}{2}\right)^{\frac{1}{n}}\leqslant\frac{Y}{\theta}\leqslant\left(1-\frac{\alpha}{2}\right)^{\frac{1}{n}}\right)=1-\alpha$$

$$\Rightarrow P\left(\frac{Y}{\left(1-\frac{\alpha}{2}\right)^{\frac{1}{n}}}\leqslant\theta\leqslant\frac{Y}{\left(\frac{\alpha}{2}\right)^{\frac{1}{n}}}\right),$$

所以 $\left[\dfrac{X_{(n)}}{\left(1-\frac{\alpha}{2}\right)^{\frac{1}{n}}},\dfrac{X_{(n)}}{\left(\frac{\alpha}{2}\right)^{\frac{1}{n}}}\right]$ 为 $\theta$ 的 $(1-\alpha)100\%$ 置信区间.

### 5.3.3 单个正态总体或非正态总体均值 $\mu$ 的置信区间

只有在正态总体中，总体方差未知时，临界值用 $t$ 分布；其他状况的临界值都用 $Z$ 分布.

设 $X_1,X_2,\cdots,X_n$ 是取自正态总体 $N(\mu,\sigma^2)$ 的样本，$\sigma^2$ 未知，求参数 $\mu$ 的置信水平为 $1-\alpha$ 的置信区间.

$\mu$ 的点估计仍取为样本均值 $\overline{X}$. 由于 $\sigma^2$ 未知，考虑到样本方差 $S^2$ 是 $\sigma^2$ 的无偏估计量，取 $T=\dfrac{\overline{X}-\mu}{S/\sqrt{n}}\sim t(n-1)$, 对给定的置信水平 $1-\alpha$，查 $t$ 分布分位数表得 $t_{\frac{\alpha}{2}}(n-1)$，使

$$P\left(\left|\frac{\overline{X}-\mu}{S/\sqrt{n}}\right|\leqslant t_{\frac{\alpha}{2}}(n-1)\right)=1-\alpha,$$

即

$$P\left(\overline{X}-\frac{S}{\sqrt{n}}t_{\frac{\alpha}{2}}(n-1)\leqslant\mu\leqslant\overline{X}+\frac{S}{\sqrt{n}}t_{\frac{\alpha}{2}}(n-1)\right)=1-\alpha.$$

这样，我们就得到了 $\mu$ 的一个置信水平为 $1-\alpha$ 的置信区间:

$$\left[\overline{X}-\frac{S}{\sqrt{n}}t_{\frac{\alpha}{2}}(n-1),\overline{X}+\frac{S}{\sqrt{n}}t_{\frac{\alpha}{2}}(n-1)\right],$$

或 $\overline{X}\pm\frac{S}{\sqrt{n}}t_{\frac{\alpha}{2}}(n-1)$.

当总体分布未知，但样本容量 $n$ 很大时，由中心极限定理知，$\frac{\overline{X}-\mu}{\sigma/\sqrt{n}}$ 近似服从 $N(0,1)$，因此当总体方差 $\sigma^2$ 已知时，得到 $\mu$ 的一个置信水平为 $1-\alpha$ 的近似置信区间为

$$\left[\overline{X}-\frac{\sigma}{\sqrt{n}}z_{\frac{\alpha}{2}},\overline{X}+\frac{\sigma}{\sqrt{n}}z_{\frac{\alpha}{2}}\right],$$

但 $\sigma$ 一般也未知，只好用 $S$ 代替，这样就得到 $\mu$ 的一个置信水平为 $1-\alpha$ 的近似置信区间为

$$\left[\overline{X}-\frac{S}{\sqrt{n}}z_{\frac{\alpha}{2}}(n-1),\overline{X}+\frac{S}{\sqrt{n}}z_{\frac{\alpha}{2}}(n-1)\right].$$

这里经过了两层近似，区间估计的实际置信水平与 $1-\alpha$ 会略有差别. 所谓“近似置信区间”中“近似”的含义就在于此. 差别的大小与样本容量 $n$ 有关，$n$ 越大，差别越小，一般至少要求 $n\geqslant 30$.

上述内容可总结为表 5.1.

**表 5.1**

| 假设 | $N(\mu,\sigma^2)$，$\sigma^2$ 已知 | $N(\mu,\sigma^2)$，$\sigma^2$ 未知 | 非正态总体大样本 |
|---|---|---|---|
| 置信水平 | $(1-\alpha)100\%$ | $(1-\alpha)100\%$ | $(1-\alpha)100\%$ |
| 枢轴量的概率分布 | $Z=\frac{\overline{X}-\mu}{\sigma/\sqrt{n}}\sim N(0,1)$ | $T=\frac{\overline{X}-\mu}{S/\sqrt{n}}\sim t(n-1)$ | $Z=\frac{\overline{X}-\mu}{\sigma/\sqrt{n}}$ 或 $Z=\frac{\overline{X}-\mu}{S/\sqrt{n}}\dot{\sim}N(0,1)$ |
| 置信区间 | $\overline{X}\pm\frac{\sigma}{\sqrt{n}}z_{\frac{\alpha}{2}}$ | $\overline{X}\pm\frac{S}{\sqrt{n}}z_{\frac{\alpha}{2}}$ | $\overline{X}\pm\frac{\sigma}{\sqrt{n}}z_{\frac{\alpha}{2}}$ 或 $\overline{X}\pm\frac{S}{\sqrt{n}}z_{\frac{\alpha}{2}}$ |

**例 5.3.3** 从正态总体 $N(\mu,64)$ 中随机抽出样本容量为 10 的一个样本，得到数据如下：90, 78, 89, 92, 73, 50, 76, 85, 83, 82. 试求 $\mu$ 的 95% 置信区间.

**解** 由于总体服从正态分布，且总体方差 $\sigma^2=64$ 已知，故采用 $Z$ 分布分位数作为临界值，因此 $\mu$ 的 95% 置信区间为 $\overline{X}\pm z_{0.025}\frac{\sigma}{\sqrt{n}}$. 根据题意，$n=10$, $\overline{x}=79.8$，$z_{0.025}=1.96$ (查 $Z$ 分布表)，所以 $[74.84,84.76]$ 为 $\mu$ 的 95% 置信区间.

**例 5.3.4** 从一总体中随机抽出样本容量为 100 的一个样本，得其样本均值的观察值为 $\overline{x}=92.5$，样本方差的观察值为 $s^2=68$，试求该总体均值 $\mu$ 的 95% 置信区间.

**解** 由于总体并非正态总体，样本容量 $n=100$ 可以看作大样本情况，故利用极限定理：$\dfrac{\overline{X}-\mu}{S/\sqrt{n}}\dot{\sim}N(0,1)$. 因此，$\mu$ 的 95% 置信区间为 $\overline{X}\pm z_{0.025}\dfrac{S}{\sqrt{n}}$. 根据题意，$n=100$, $\overline{x}=92.5$, $s^2=68$, $z_{0.025}=1.96$ (查 $Z$ 分布表)，所以 $[90.88, 94.12]$ 为 $\mu$ 的 95% 置信区间.

### 5.3.4 单个正态总体方差 $\sigma^2$ 的置信区间

设 $X_1,X_2,\cdots,X_n$ 是取自正态总体 $N(\mu,\sigma^2)$ 的样本，$\mu$ 未知，求参数 $\sigma^2$ 的置信水平为 $1-\alpha$ 的置信区间.

$\sigma^2$ 的点估计取样本方差 $S^2$ 且 $\chi^2=\dfrac{(n-1)S^2}{\sigma^2}\sim\chi^2(n-1)$，对给定的置信水平 $1-\alpha$，查 $\chi^2$ 分布 $\alpha$ 分位数表可得 $\chi^2_{1-\frac{\alpha}{2}}(n-1),\chi^2_{\frac{\alpha}{2}}(n-1)$，使

$$P\left(\chi^2_{1-\frac{\alpha}{2}}(n-1)\leqslant\chi^2\leqslant\chi^2_{\frac{\alpha}{2}}(n-1)\right)=1-\alpha,$$

即

$$P\left(\frac{(n-1)S^2}{\chi^2_{\frac{\alpha}{2}}(n-1)}\leqslant\sigma^2\leqslant\frac{(n-1)S^2}{\chi^2_{1-\frac{\alpha}{2}}(n-1)}\right)=1-\alpha,$$

于是方差 $\sigma^2$ 的一个置信水平为 $1-\alpha$ 的置信区间为

$$\left[\frac{(n-1)S^2}{\chi^2_{\frac{\alpha}{2}}(n-1)},\frac{(n-1)S^2}{\chi^2_{\frac{1-\alpha}{2}}(n-1)}\right].$$

进一步，得到标准差 $\sigma$ 的一个置信水平为 $1-\alpha$ 的置信区间为

$$\left[\sqrt{\frac{(n-1)S^2}{\chi^2_{\frac{\alpha}{2}}(n-1)}},\sqrt{\frac{(n-1)S^2}{\chi^2_{\frac{1-\alpha}{2}}(n-1)}}\right].$$

### 5.3.5 两总体均值差 $\mu_1-\mu_2$ 的置信区间

设有两个独立正态总体 $X\sim N(\mu_1,\sigma_1^2),Y\sim N(\mu_2,\sigma_2^2)$. 现从 $X$ 中获得样本 $X_1,X_2,\cdots,X_n$，其样本均值为 $\overline{X}$，样本方差为 $S_X^2$；从 $Y$ 中获得样本 $Y_1,Y_2,\cdots,Y_m$，其样本均值为 $\overline{Y}$，样本方差为 $S_Y^2$. 求 $\mu_1-\mu_2$ 的置信区间 (置信水平为 $1-\alpha$). 由于方法与前面类似，这里我们只给出主要步骤和结果.

(1) 两总体均为正态，方差已知.

取 $\mu_1-\mu_2$ 的估计量为 $\overline{X}-\overline{Y}$，则

$$\overline{X}-\overline{Y}\sim N\left(\mu_1-\mu_2,\frac{\sigma_1^2}{n}+\frac{\sigma_2^2}{m}\right),$$

即

$$\frac{\overline{X}-\overline{Y}-(\mu_1-\mu_2)}{\sqrt{\dfrac{\sigma_1^2}{n}+\dfrac{\sigma_2^2}{m}}}\sim N(0,1).$$

对给定的置信水平 $1-\alpha$，查标准正态分布表 $z_{\frac{\alpha}{2}}$，使

$$P\left(\left|\frac{\overline{X}-\overline{Y}-(\mu_1-\mu_2)}{\sqrt{\dfrac{\sigma_1^2}{n}+\dfrac{\sigma_2^2}{m}}}\right|\leqslant z_{\frac{\alpha}{2}}\right)=1-\alpha,$$

于是得到 $\mu_1-\mu_2$ 的一个置信水平为 $1-\alpha$ 的置信区间为

$$\overline{X}-\overline{Y}\pm z_{\frac{\alpha}{2}}\sqrt{\frac{\sigma_1^2}{n}+\frac{\sigma_2^2}{m}}.$$

(2) 两总体均为正态，方差未知但相同.

由于 $\sigma_1^2=\sigma_2^2=\sigma^2$ 未知，可导出：

$$\frac{\overline{X}-\overline{Y}-(\mu_1-\mu_2)}{\sqrt{\left(\dfrac{1}{n}+\dfrac{1}{m}\right)S_p^2}}\sim t(n+m-2),$$

其中 $S_p^2=\dfrac{(n-1)S_X^2+(m-1)S_Y^2}{n+m-2}$，于是 $\mu_1-\mu_2$ 的置信水平为 $1-\alpha$ 的置信区间为

$$\overline{X}-\overline{Y}\pm t_{\frac{\alpha}{2}}(n+m-2)\sqrt{\left(\frac{1}{n}+\frac{1}{m}\right)S_p^2}.$$

(3) 两总体分布未知，但 $n,m$ 很大，此时可用 $\dfrac{S_X^2}{n}+\dfrac{S_Y^2}{m}$ 估计 $\dfrac{\sigma_1^2}{n}+\dfrac{\sigma_2^2}{m}$，由中心极限定理，近似地有

$$\frac{\overline{X}-\overline{Y}-(\mu_1-\mu_2)}{\sqrt{\dfrac{S_X^2}{n}+\dfrac{S_Y^2}{m}}}\xrightarrow{\mathrm{d}}N(0,1).$$

类似可得 $\mu_1-\mu_2$ 的一个置信水平为 $1-\alpha$ 的近似置信区间为

$$\overline{X}-\overline{Y}\pm z_{\frac{\alpha}{2}}\sqrt{\frac{S_X^2}{n}+\frac{S_Y^2}{m}}.$$

### 5.3.6　两正态总体方差比 $\sigma_1^2/\sigma_2^2$ 的置信区间

设有两个独立正态总体 $X\sim N(\mu_1,\sigma_1^2),Y\sim N(\mu_2,\sigma_2^2)$. 现从 $X$ 中获得样本 $X_1,X_2,\cdots,X_n$，其样本均值为 $\overline{X}$，样本方差为 $S_X^2$；从 $Y$ 中获得样本 $Y_1,Y_2,\cdots,Y_m$，其样本均值为 $\overline{Y}$，样本方差为 $S_Y^2$. 求 $\sigma_1^2/\sigma_2^2$ 的置信水平为 $1-\alpha$ 的置信区间.

假设 $\mu_1,\mu_2$ 皆未知，$\dfrac{S_X^2/\sigma_1^2}{S_Y^2/\sigma_2^2}\sim F(n-1,m-1)$，由此得

$$P\left(F_{1-\frac{\alpha}{2}}(n-1,m-1)\leqslant\frac{S_X^2/\sigma_1^2}{S_Y^2/\sigma_2^2}\leqslant F_{\frac{\alpha}{2}}(n-1,m-1)\right)=1-\alpha,$$

即

$$P\left(\frac{S_X^2}{S_Y^2F_{\frac{\alpha}{2}}(n-1,m-1)}\leqslant\frac{\sigma_1^2}{\sigma_2^2}\leqslant\frac{S_X^2}{S_Y^2F_{1-\frac{\alpha}{2}}(n-1,m-1)}\right)=1-\alpha,$$

于是得到 $\sigma_1^2/\sigma_2^2$ 的一个置信水平为 $1-\alpha$ 的置信区间为

$$\left[\frac{S_X^2}{S_Y^2F_{\frac{\alpha}{2}}(n-1,m-1)},\frac{S_X^2}{S_Y^2F_{1-\frac{\alpha}{2}}(n-1,m-1)}\right].$$

上述内容可总结为表 5.2.

**表 5.2**

| 假设 | $\mu_1,\mu_2$ 皆已知 | $\mu_1,\mu_2$ 皆未知 |
|---|---|---|
| 置信水平 | $(1-\alpha)100\%$ | $(1-\alpha)100\%$ |
| 枢轴量的概率分布 | $\dfrac{\sum\limits_{i=1}^{n}(X_i-\mu_1)^2/(\sigma_1^2n)}{\sum\limits_{i=1}^{m}(Y_i-\mu_2)^2/(\sigma_2^2m)}\sim F(n,m)$ | $\dfrac{S_X^2/\sigma_1^2}{S_Y^2/\sigma_2^2}\sim F(n-1,m-1)$ |
| 置信区间 | $\left[\dfrac{\sum\limits_{i=1}^{n}(X_i-\mu_1)^2/n}{\sum\limits_{i=1}^{m}(Y_i-\mu_2)^2F_{\frac{\alpha}{2}}(n,m)/m},\dfrac{\sum\limits_{i=1}^{n}(X_i-\mu_1)^2/n}{\sum\limits_{i=1}^{m}(Y_i-\mu_2)^2F_{1-\frac{\alpha}{2}}(n,m)/m}\right]$ | $\left[\dfrac{S_X^2}{S_Y^2F_{\frac{\alpha}{2}}(n-1,m-1)},\dfrac{S_X^2}{S_Y^2F_{1-\frac{\alpha}{2}}(n-1,m-1)}\right]$ |

**例 5.3.5** 某医学中心针对某安眠药的药效做一研究，分别随机抽取 20 位失眠患者，随机分派成两组（实验组与对照组），实验组给予该安眠药，对照组给予安慰剂（维生素胶囊，其外观与安眠药外观相同），得到所有患者的睡眠时间（单位：小时）如下.

| | | | | | | | | | | |
|---|---|---|---|---|---|---|---|---|---|---|
| 实验组 | 5 | 4.8 | 2.5 | 6.2 | 3.6 | 7.3 | 5.5 | 4.9 | 5.2 | 3.9 |
| 对照组 | 2 | 3.6 | 8 | 3.9 | 4 | 1.3 | 4.3 | 3.2 | 3.6 | 5.3 |

假设实验组与对照组患者服药后的睡眠时间均服从正态分布. 试求:

(1) 两组睡眠时间的总体方差比的 95% 置信区间.

(2) 若已知两个总体方差相等, 两组平均睡眠时间差的 95% 置信区间.

**解** (1) 令实验组患者服药后的睡眠时间 $X \sim N(\mu_1, \sigma_1^2)$, 对照组患者服药后的睡眠时间 $Y \sim N(\mu_2, \sigma_2^2)$, 两个总体的均值均未知, 因此, $\dfrac{\sigma_1^2}{\sigma_2^2}$ 的置信水平为 95% 的置信区间为:

$$\left[\frac{S_X^2}{S_Y^2 F_{0.025}(n_1-1, n_2-1)}, \frac{S_X^2}{S_Y^2 F_{0.975}(n_1-1, n_2-1)}\right].$$

根据题意, $n_1 = 10, \bar{x} = 4.89, s_X = 1.349; n_2 = 10, \overline{y} = 3.92, s_Y = 1.825; F_{0.025}(9,9) = 4.026$, $F_{0.975}(9,9) = F_{0.025}^{-1}(9,9) = 4.026^{-1} = 0.248\ 4$.

所以, 根据样本观察值得 $[0.135\ 7, 2.199\ 6]$ 为 $\dfrac{\sigma_1^2}{\sigma_2^2}$ 的置信水平为 95% 的置信区间.

(2) 两独立正态总体、方差皆未知但方差相等, 因此 $\mu_1 - \mu_2$ 的 95% 置信区间为:

$$\left[(\overline{X} - \overline{Y}) \pm t_{\frac{\alpha}{2}}(18)\sqrt{S_p^2\left(\frac{1}{n_1} + \frac{1}{n_2}\right)}\right],$$

其中, $S_p^2 = \dfrac{(n_1-1)S_X^2 + (n_2-1)S_Y^2}{n_1 + n_2 - 2}$.

根据 (1) 中数据, $s_p^2 = \dfrac{9 \times 1.349^2 + 9 \times 1.825^2}{18} = 2.57$, 查表得 $t_{0.025}(18) = 2.101$. 计算出 $[-0.538, 0.97]$ 为 $\mu_1 - \mu_2$ 的 95% 置信区间.

**例 5.3.6** 从会员中随机抽取 200 位男性、150 位女性, 记录他们在某节日的消费金额, 数据 (单位: 千元) 整理如下.

| | | | |
|---|---|---|---|
| 男性 | $n = 200$ | $\bar{x} = 52$ | $s_X^2 = 100$ |
| 女性 | $m = 150$ | $\bar{y} = 65$ | $s_Y^2 = 120$ |

试求男女平均消费差别的置信水平为 90% 的置信区间.

**解** 本题为不明确的两总体的均值差的置信区间问题、由于两个样本容量 $n = 200, m = 150$ 皆为大样本, 因此 $\mu_1 - \mu_2$ 的 90% 近似置信区间为:

$$(\overline{X} - \overline{Y}) \pm z_{0.05}\sqrt{\frac{S_X^2}{n} + \frac{S_Y^2}{m}}.$$

代入题目中的数据, 计算得 $[-14.876, -11.124]$ 为 $\mu_1 - \mu_2$ 的置信水平为 90% 的近似置信区间.

### 5.3.7 总体比例 $p$ 的区间估计

设事件 $A$ 在一次实验中发生的概率为 $p$，进行 $n$ 次独立重复实验，记 $X$ 为 $A$ 发生的次数，则 $X\sim B(n,p)$，我们来讨论当 $n$ 很大 (至少 $\geqslant 30$) 时，如何求 $p$ 的近似区间估计. $E(\overline{X})=p,\mathrm{Var}(\overline{X})=p(1-p)/n$，因而只要 $n$ 足够大，由中心极限定理，就有

$$\frac{\overline{X}-p}{\sqrt{p(1-p)/n}}\xrightarrow{\mathrm{d}}N(0,1).$$

对于给定的置信水平 $1-\alpha$, 由

$$P\left(\left|\frac{\overline{X}-p}{\sqrt{p(1-p)/n}}\right|<z_{\alpha/2}\right)\approx 1-\alpha,$$

解不等式可得存在 $p_1,p_2$，使得

$$P(p_1\leqslant p\leqslant p_2)\approx 1-\alpha.$$

显然，$[p_1,p_2]$ 为我们所求的一个置信水平近似为 $1-\alpha$ 的置信区间. 然而在实际问题中我们采取下面更简单的方法：因为

$$\hat{p}=\overline{X}=\frac{1}{n}\sum_{i=1}^{n}X_i\xrightarrow{\mathrm{p}}p,$$

且

$$\frac{\overline{X}-p}{\sqrt{p(1-p)/n}}\xrightarrow{\mathrm{d}}N(0,1),$$

根据 Slutsky 定理可得

$$\frac{\overline{X}-p}{\sqrt{\overline{X}(1-\overline{X})/n}}\xrightarrow{\mathrm{d}}N(0,1),$$

因此当样本容量 $n$ 足够大时，

$$P\left(\left|\frac{\overline{X}-p}{\sqrt{\overline{X}(1-\overline{X})/n}}\right|\leqslant z_{\frac{\alpha}{2}}\right)\approx 1-\alpha,$$

故得 $p$ 的置信水平为 $1-\alpha$ 的近似置信区间：$\left[\overline{X}-z_{\frac{\alpha}{2}}\sqrt{\overline{X}(1-\overline{X})/n},\overline{X}+z_{\frac{\alpha}{2}}\sqrt{\overline{X}(1-\overline{X})/n}\right]$.

上述内容可总结为表 5.3.

表 5.3

| 假设 | 样本数够大 |
|---|---|
| 置信水平 | $(1-\alpha)100\%$ |
| 枢轴量的概率分布 | $\dfrac{\hat{p}-p}{\sqrt{\hat{p}(1-\hat{p})/n}}\longrightarrow N(0,1)$ |
| 置信区间 | $\hat{p}\pm\sqrt{\hat{p}(1-\hat{p})/n}z_{\frac{\alpha}{2}}$ |

### 5.3.8　单尾置信区间

上述置信区间中置信限都是双尾的，但对于有些实际问题，人们关心的只是参数在一个方向的界限. 例如对于设备、组件的使用寿命来说，平均寿命过长没什么问题，过短就有问题了. 这时，可将置信上限取为 $+\infty$，而只着眼于置信下限，这样求得的置信区间叫作单尾置信区间.

**定义 5.3.2**　设 $\theta$ 是一个待估参数，给定一个很小的正数 $\alpha>0$，若样本 $X_1,X_2,\cdots,X_n$ 确定的统计量 $\hat{\theta}_1=\hat{\theta}_1(X_1,X_2,\cdots,X_n)$ 满足

$$P(\theta\geqslant\hat{\theta}_1)=1-\alpha,$$

则称区间 $(\hat{\theta}_1,+\infty)$ 是 $\theta$ 的置信水平为 $1-\alpha$ 的**单尾置信区间**，称 $\hat{\theta}_1$ 为**单尾置信下限**.

又若统计量 $\hat{\theta}_2=\hat{\theta}_2(X_1,X_2,\cdots,X_n)$ 满足

$$P(\theta\leqslant\hat{\theta}_2)=1-\alpha,$$

则称区间 $(-\infty,\hat{\theta}_2)$ 是 $\theta$ 的置信水平为 $1-\alpha$ 的**单尾置信区间**，称 $\hat{\theta}_2$ 为**单尾置信上限**.

求单尾置信区间的方法与双尾类似，所不同的是这里寻找的大概率区间是单尾的，请看下面的例子.

**例 5.3.7**　从一批灯泡中随机抽取 5 只进行寿命实验，测得寿命 (单位：小时) 如下：1 050，1 100，1 120，1 250，1 280. 设灯泡寿命服从正态分布. 求灯泡寿命均值 $\mu$ 的置信水平为 0.95 的单尾置信下限.

**解**　$\mu$ 的点估计取为样本均值 $\overline{X}$，由于方差 $\sigma^2$ 未知，考虑枢轴量：

$$\frac{\overline{X}-\mu}{S/\sqrt{n}}\sim t(n-1),$$

对给定的置信水平 $1-\alpha$，查 $t$ 分布分位数表得 $t_\alpha(n-1)$，使

$$P\left(\frac{\overline{X}-\mu}{S/\sqrt{n}}\leqslant t_\alpha(n-1)\right)=1-\alpha,$$

即

$$P\left(\mu\geqslant\overline{X}-t_\alpha(n-1)\frac{S}{\sqrt{n}}\right)=1-\alpha,$$

于是得到 $\mu$ 的置信水平为 $1-\alpha$ 的单尾置信区间为

$$\left[\overline{X}-t_\alpha(n-1)\frac{S}{\sqrt{n}},+\infty\right),$$

$\mu$ 的置信水平为 $1-\alpha$ 的单尾置信下限为 $\overline{X}-t_{\alpha}(n-1)\dfrac{S}{\sqrt{n}}$. 本例中，$1-\alpha=0.95$，$t_{\alpha}(n-1)=t_{0.05}(4)=2.131\ 8$，$\bar{x}=1.160$, $s^2=9\ 950$，代入得单尾置信下限是 1 065.

区间估计的思想可以推广到同时估计几个参数. 例如，正态分布的两个参数可以用一个平面区域来估计，这个平面区域由 $\mu$ 和 $\sigma^2$ 的所有可能值组成. 95% 的置信区间是由样本构造的这样的区域：如果重复抽样 $m$ 次，并对每次样本的观察值计算这个区域，当 $m$ 很大时，平均来说，这样的区域有 95% 个将包括真正的参数点 $(\mu,\sigma^2)$.

区间估计是一种很重要的统计推断形式，我们这里介绍的基本上是著名现代统计学家奈曼 (J.Neyman) 所引进的置信区间. 费歇尔的信念区间以及贝叶斯的置信区间等的区间估计的意义有所不同，这里没有介绍，有兴趣的读者可以查看有关文献.

## 5.4 与本章相关的 Python 操作

从前面的内容中我们已经知道，$1-\alpha$ 置信区间的含义是在 $m$ 次抽样中，预估有 $(1-\alpha)\times m$ 次抽样的置信区间包含真实参数. 我们可以通过模拟来验证这一结论. 假设总体服从均值为 0、方差为 1 的正态分布，但是我们并不知道真实的均值和方差，此时均值的 $1-\alpha$ 置信区间为 $\left[\overline{X}-t_{\alpha/2}(n-1)S/\sqrt{n},\overline{X}+t_{\alpha/2}(n-1)S/\sqrt{n}\right]$，其中 $n$ 表示每次抽取的样本容量，$S$ 表示样本标准差. 抽样 40 次，每次抽取的样本容量为 10，画出每次抽样的置信区间. 可以发现，绝大多数抽样的置信区间都包含真实参数，但仍然存在少数不包含真实参数的情况. Python 代码如下：

```
from scipy.stats import norm
from scipy.stats import t
import numpy as np
import matplotlib.pyplot as plt
import pylab as pl
from matplotlib import collections as mc

# 设置参数
times=40
n=10

# 生成数据
samples=[]
for i in range(times):
    samples.append(norm.rvs(loc=0,scale=1,size=n))
x_bar=list(map(lambda sample: np.mean(sample),samples))  # 样本均值
s=list(map(lambda sample: np.std(sample),samples))  # 样本标准差
t_quantile=t.ppf(0.025,n-1)  # t分位数
x_low=x_bar+t_quantile*np.array(s)/np.sqrt(n)  # 置信区间下限
x_high=x_bar-t_quantile*np.array(s)/np.sqrt(n)  # 置信区间上限
```

```
segment=[[(i+1,x_low[i]),(i+1,x_high[i])] for i in range(times)]  # 生成线段

# 画图
plt.rc("font",family='Kaiti SC')  # 设置字体
lc=mc.LineCollection(segment,linewidths=2,color='gray',
                     label=r'$\bar{x}\pm t_{\alpha/2,n-1}s/\sqrt{n}$')
fig,ax=pl.subplots()
fig.dpi=600
ax.add_collection(lc)

ax.plot(range(1,times+1),np.zeros(times),
        color='black',linestyle='--',label=r'$\mu=0$')

ax.legend(loc='best',frameon=True)
plt.show()       # 见图5.5
```

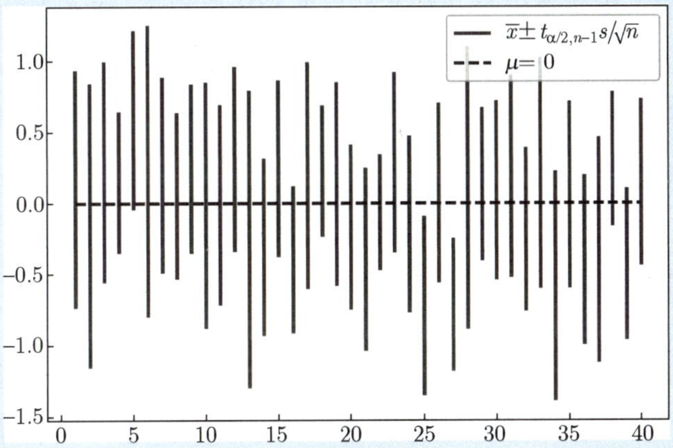


图 5.5

## 本章小结

参数估计是统计学中的一个重要概念，它用于通过样本数据来推断总体参数的值. 通过参数估计，我们可以得到对总体参数的最佳猜测，并且可以对这个估计结果的准确性进行评估. 本章我们介绍了两种最常见的参数估计方法——点估计和区间估计.

点估计是通过样本数据计算得到一个单一的数值作为总体参数的估计值. 常见的点估计方法包括极大似然估计和矩估计. 极大似然估计是基于样本数据的观察结果，寻找使得观察结果出现的概率最大的那个参数值作为真正参数的估计. 矩估计则是通过样本矩代替总体矩来求出参数的估计.

区间估计是对总体参数的估计给出一个范围，称为置信区间. 置信区间是根据样本数据计算得到的一个区间，使得参数落在这个区间内的概率达到预先设定的置信水平. 本章我们估计置信区间的方法是求得枢轴量的精确分布或渐近分布，再通过分布计算区间. 枢

轴量的精确分布有时不易求出或不是常见的分布形式，不方便后续区间的计算；而它的渐近分布要求满足大样本前提，且需要较强的理论基础. 一种可行的替代方法是 Bootstrap（由 Bradley Efron 于 1979 年提出）. Bootstrap 方法的核心思想是基于样本数据生成大量的自助样本（Bootstrap 样本），每个自助样本与原始样本大小相同，但是可以包含重复的观测值. 通过从原始样本中有放回地抽取观测值形成自助样本，我们可以通过这些自助样本来近似地模拟总体分布.

以均值为例，使用 Bootstrap 方法估计 95% 置信区间的步骤如下：

(1) 从原始样本中有放回地抽取一个与原始样本大小相同的自助样本，形成 Bootstrap 样本；

(2) 在每个 Bootstrap 样本上计算样本均值；

(3) 重复步骤 (1) 和步骤 (2) 多次（通常是 1 000 次或更多），生成多个 Bootstrap 样本和对应的统计量；

(4) 以这些 Bootstrap 统计量的 0.025 分位数和 0.975 分位数作为置信区间的边界.

进行参数估计时，需要考虑一些重要的概念和注意事项. 首先是样本容量，样本容量越大，通常得到的估计结果越准确. 其次是样本的代表性，即样本是否能够很好地反映总体的特征. 另外，还需要注意参数的假设条件和估计方法的合理性.

## 习 题 五

5.1　解释总体分布、样本分布、抽样分布.

5.2　一总体中共有 5 只球：2 只 1 号球，2 只 2 号球，1 只 3 号球.

(1) 利用抽后放回方式，随机抽出两只球，得到 $X_1, X_2$ 号，试求 $\overline{X}_1 = \dfrac{X_1 + X_2}{2}$ 的抽样分布、$E(\overline{X}_1)$ 与 $\mathrm{Var}(\overline{X}_1)$.

(2) 利用抽后不放回方式，抽出两只球，得到 $X_1, X_2$ 号，试求 $\overline{X}_2 = \dfrac{X_1 + X_2}{2}$ 的抽样分布、$E(\overline{X}_2)$ 与 $\mathrm{Var}(\overline{X}_2)$.

(3) 试比较 $E(\overline{X}_1)$ 与 $E(\overline{X}_2)$ 及 $\mathrm{Var}(\overline{X}_1)$ 与 $\mathrm{Var}(\overline{X}_2)$.

5.3　设 $X_1, X_2, X_3, X_4, X_5 \overset{\text{i.i.d.}}{\sim} P(3)$，试求 $\overline{X}$ 的抽样分布.

5.4　设 $X_1, X_2, \cdots, X_n \overset{\text{i.i.d.}}{\sim} b(1, 0.4)$, 试求 $\dfrac{\sum\limits_{i=1}^{n} X_i}{n}$ 的抽样分布.

5.5　设 $X_1, X_2, \cdots, X_{25} \overset{\text{i.i.d.}}{\sim} N(50, 100)$，令

$$\overline{X} = \frac{\sum X_i}{25},\ S^2 = \frac{\sum (X_i - \overline{X})}{24},$$

求：

(1) $W_1 = \dfrac{\overline{X} - 50}{2}$ 的概率分布；

(2) $W_2 = \dfrac{5(\overline{X}-50)}{S}$ 的概率分布；

(3) $W_3 = \displaystyle\sum_{i=1}^{10} \frac{(X_{2i}-X_{2i-1})^2}{200}$ 的概率分布；

(4) $W_4 = \dfrac{\displaystyle\sum_{i=1}^{10} X_i - 500}{\sqrt{\displaystyle\sum_{j=11}^{20}(X_i-50)^2}}$ 的概率分布；

(5) $W_5 = \dfrac{\displaystyle\sum_{i=1}^{10}(X_i-50)^2}{\displaystyle\sum_{j=11}^{20}(X_i-50)^2}$ 的概率分布.

5.6　临界值查表练习. 临界值的符号意义如下:

(a) $z_a$ 表示 $P(Z \geqslant z_a) = a$, $Z$ 服从 $N(0,1)$;

(b) $\chi_a^2(r)$ 表示 $P(W \geqslant \chi_a^2(r)) = a$, $W$ 服从 $\chi^2(r)$;

(c) $t_a(r)$ 表示 $P(T \geqslant t_a(r)) = a$, $T$ 服从 $t(r)$;

(d) $F_a(r_1,r_2)$ 表示 $P(F \geqslant F_a(r_1,r_2)) = a$, $F$ 服从 $F(r_1,r_2)$.

(1) $z_{0.05}$;　(2) $z_{0.025}$;　(3) $P(Z \leqslant -1.34)$;

(4) $P(Z > -0.78)$;　(5) $P(Z \leqslant -0.98)$;　(6) $\chi^2_{0.025}(12)$;

(7) $\chi^2_{0.95}(18)$;　(8) $t_{0.05}(25)$;　(9) $t_{0.025}(16)$;

(10) $t_{0.9}(12)$;　(11) $F_{0.025}(10,8)$;　(12) $F_{0.95}(8,6)$.

5.7　设 $X_1,X_2,X_3,X_4 \overset{\text{i.i.d.}}{\sim} N(10,9), Y_1,Y_2,Y_3,Y_4 \overset{\text{i.i.d.}}{\sim} N(3,4)$，试求 $P(\overline{X} > 3\overline{Y})$.

5.8　设 $X_1,X_2,\cdots,X_5 \overset{\text{i.i.d.}}{\sim} N(0,\sigma^2)$，试求解下述问题:

(1) 找到一常数 $c$，使得 $\dfrac{c(X_1-X_2)}{\sqrt{X_3^2+X_4^2+X_5^2}}$ 的概率分布为 $t$ 分布；

(2) 问题 (1) 中的 $t$ 分布，自由度为何？

5.9　$t$ 分布当自由度为 $\infty$ 时，会近似什么分布？

5.10　$F$ 分布当分子自由度 $r_1$ 为 1 且分母自由度 $r_2$ 为 $\infty$ 时，与何种分布有关？

5.11　$F$ 分布当分子自由度 $r_1$ 为 1 时，与何种分布有关？

5.12　利用 $F$ 分布临界值表找出下列临界值:

(1) $z_{0.05}$;　(2) $\chi^2_{0.05}(20)$;　(3) $t_{0.025}(15)$;　(4) $F_{0.05}(7,10)$.

5.13　证明: $F \sim F(r_1,r_2)$，则 $Y = \dfrac{r_2}{r_2+r_1F}$ 为贝塔分布.

5.14　设 $X_1,X_2,\cdots,X_n \overset{\text{i.i.d.}}{\sim} f(x) = \dfrac{1}{2}\mathrm{e}^{-|x-\theta|}, -\infty<x<+\infty$. 求 $\theta$ 的极大似然估计量.

5.15　设 $X_1,X_2,\cdots,X_n \overset{\text{i.i.d.}}{\sim} E(\theta)$，求 $P(X \leqslant 2)$ 的极大似然估计量.

5.16　设 $X_1, X_2, \cdots, X_n \overset{\text{i.i.d.}}{\sim} \text{Ga}(\theta_1, \theta_2)$，求 $(\theta_1, \theta_2)$ 的极大似然估计量.

5.17　若总体分布为超几何分布 $h(N,k,n)$，已知 $k=20, n=7, N$ 未知，从该总体中随机抽出一个样本得 $x_1=3$，试求 $N$ 的极大似然估计值.

5.18　设 $X_1, X_2, \cdots, X_n \overset{\text{i.i.d.}}{\sim} U(0,\theta)$，求 $\theta$ 的矩估计量.

5.19　$X_1, X_2, X_3, \cdots, X_n \overset{\text{i.i.d.}}{\sim} f(x,\theta) = \dfrac{2x}{\theta^2}, 0 < x \leqslant \theta$.

(1) 若 $\hat{\theta}$ 为 $\theta$ 的极大似然估计量，$\hat{\theta}$ 等于多少？

(2) $\hat{\theta}$ 是不是 $\theta$ 的无偏估计量？

(3) 若 $\tilde{\theta}$ 是 $\theta$ 的矩估计量，$\tilde{\theta}$ 等于多少？

(4) $\tilde{\theta}$ 是不是 $\theta$ 的无偏估计量？

5.20　设 $X_1, X_2, \cdots, X_n \overset{\text{i.i.d.}}{\sim} P(\lambda)$，令 $\overline{X} = \dfrac{\sum\limits_{i=1}^{n} X_i}{n}, S^2 = \dfrac{\sum\limits_{i=1}^{n}(X_i - \overline{X})^2}{n-1}$，则

(1) $\overline{X}$ 是否为 $\lambda$ 的无偏估计量？

(2) $S^2$ 是否为 $\lambda$ 的无偏估计量？

5.21　设 $X_1, X_2, \cdots, X_n \overset{\text{i.i.d.}}{\sim} U(0,\theta)$，令 $\hat{\theta}_1 = n\min(X_i), \hat{\theta}_2 = \max(X_i), \hat{\theta}_3 = 2\overline{X}$.

(1) $\hat{\theta}_1, \hat{\theta}_2, \hat{\theta}_3$ 何者为 $\theta$ 的无偏估计量？

(2) $\hat{\theta}_1, \hat{\theta}_2, \hat{\theta}_3$ 在 MSE 准则下，何者估计 $\theta$ 较有效？

5.22　从正态总体中随机抽出 12 个样本，得到数据如下：68, 78, 62, 73, 66, 85, 90, 92, 73, 83, 76, 58. 试求：

(1) $\mu$ 的 95% 置信区间；

(2) $\sigma^2$ 的 95% 置信区间.

5.23　随机抽样后，计算得到 $\mu$ 的 95% 置信区间为 $[62.5, 89.6]$，则

(1) $P(62.5 \leqslant \mu \leqslant 89.6)$ 等于多少？

(2) 如何解释此置信区间的结果？

5.24　某社团全部社员有 5 000 位，每年的社员大会参会比例为 $p$，利用电话先行随机抽查 100 位，询问是否今年会参加，结果有 64 位决定参加，其余决定不参加，试问 $p$ 的 90% 置信区间为何？

5.25　有两个独立总体，第 1 个总体为正态总体 $N(\mu_1, 64)$，第 2 个总体为正态总体 $N(\mu_2, 25)$，其中 $\mu_1, \mu_2$ 皆未知，分别从中随机抽出样本，数据整理如下.

| 总体 | 样本数 | 样本均值 | 样本方差 |
|---|---|---|---|
| 1 | $n_1 = 25$ | $\bar{x}_1 = 60$ | $s_1^2 = 100$ |
| 2 | $n_2 = 10$ | $\bar{x}_2 = 55$ | $s_2^2 = 60$ |

试求：

(1) $\mu_1 - \mu_2$ 的 90% 置信区间.

(2) $\mu_1$ 与 $\mu_2$ 有可能相等吗？

5.26 某一连锁企业针对南、北两区相同规模的加盟店进行抽样，南区随机抽出 8 家，北区随机抽出 12 家，得到去年的业绩（单位：百万元）如下.

| | | | | | | | | | | | | |
|---|---|---|---|---|---|---|---|---|---|---|---|---|
| 南区 | 40 | 22 | 5.8 | 0.3 | 5.2 | 9.8 | 7 | 8.3 | | | | |
| 北区 | 11 | 9.8 | 8.9 | 9.2 | 8.1 | 7.8 | 6.8 | 7.2 | 6.3 | 8.5 | 7.9 | 8 |

假设南、北两区加盟店去年的业绩的总体服从正态分布. 试求:

(1) 两总体方差比的 95% 置信区间;

(2) 两总体平均业绩差的 95% 置信区间.

5.27 $X_1, X_2, \cdots, X_n \overset{\text{i.i.d.}}{\sim} N(\mu_x, \sigma^2), Y_1, Y_2, \cdots, Y_m \overset{\text{i.i.d.}}{\sim} N(\mu_y, \sigma^2)$，彼此独立，且 $\overline{X} = \dfrac{\sum\limits_{i=1}^{n} X_i}{n}, \overline{Y} = \dfrac{\sum\limits_{i=1}^{m} Y_i}{m}, S_X^2 = \dfrac{\sum\limits_{i=1}^{n}(X_i - \overline{X})^2}{n-1}, S_Y^2 = \dfrac{\sum\limits_{i=1}^{m}(Y_i - \overline{Y})^2}{m-1}$，试求:

(1) $\sigma^2$ 的点估计量;

(2) $\sigma^2$ 的 $(1-\alpha)100\%$ 置信区间;

(3) $2\mu_X - \mu_Y$ 的 $(1-\alpha)100\%$ 置信区间.

5.28 为分析两位射击队队员的训练效果，分别请两位队员各射击 500 次，A 队员命中 400 次，B 队员命中 380 次，试求两位队员命中率差异的 95% 置信区间.

5.29 $X_1, X_2, \cdots, X_n \overset{\text{i.i.d.}}{\sim} E(\theta)$，试建立 $\theta$ 的 $(1-\alpha)100\%$ 置信区间.

5.30 $X_1, X_2, \cdots, X_n \overset{\text{i.i.d.}}{\sim} \text{Be}(\theta, 1)$，试建立 $\theta$ 的 $(1-\alpha)100\%$ 置信区间.

# 第 6 章 假设检验

## 学习要点

1. 理解原假设、备择假设、拒绝域、显著性水平、两类错误等概念
2. 掌握假设检验的基本思想和一般步骤
3. 掌握 $Z$ 检验、$t$ 检验、$\chi^2$ 检验和 $F$ 检验
4. 掌握正态总体参数的假设检验
5. 掌握拟合优度的卡方检验
6. 掌握正态性检验

本章我们将在简单随机样本的基础上，讨论另一类不同于参数估计的重要的统计推断问题——根据样本信息检验某个关于总体的假设是否成立. 这类问题称为假设检验.

例如，有一批产品，规定次品率不超过 2%，经过抽样检查，如何判断这批产品是否合格？某生产工艺改革了，对工艺改革前后的产品进行抽样检查，如何分析抽样结果，以判断工艺改革是否提高了产品质量？前面经常说“假设总体服从某分布”，如何根据给定的一组样本值来判断这个假设是否成立？等等.

对于工艺改革问题，我们可以假设工艺改革后产品质量有所提高. 但是由于随机因素的影响，工艺改革后不一定每件产品都比老工艺生产的产品质量好，抽样检查的结果很可能有好有坏. 即使抽样检查的结果给出工艺改革后每件产品 (抽取到的) 都比老工艺生产的产品质量好，也不能完全排除这是出自偶然. 以上讨论说明我们不能通过简单的比较来下结论，而需要有一套科学的方法，这套科学的方法就是假设检验. 一般来说，我们将假设检验问题分为以下两类：

(1) 对参数的假设检验. 假设总体的分布形式已知，检验总体分布中一些未知参数的假设是否成立.

(2) 对分布的假设检验. 总体服从何种理论分布并不知道，要求我们直接对总体的分布形式做假设检验. 例如，是否为正态分布，是否为泊松分布，等等.

## 6.1 假设检验的基本思想和方法

先根据统计调查的目的对总体提出一个统计假设 (称为原假设，也叫零假设 (null hypothesis))，然后根据抽样结果来检验这个假设是否可信、是否成立，从而做出决策：拒绝还是不拒绝这个假设.

例如，工业生产中常用这种方法来监督一条生产线的工作情况. 先假设生产线的工作是正常的，然后每隔一段时间抽查几件产品的质量指标，如果没有发现反常情况，就不拒绝原假设，即认为生产是正常的；如果发现产品的质量有大的变动，超过了允许的限度，则拒绝原假设，即认为生产不正常而需要停机检修.

又如，进出口贸易中常用这种方法来检查一批商品的质量是否合格，如我们向国外出口一批罐头，有一个质量标准. 可以提出一个假设，即罐头是合格的，然后从每箱中抽查一只，通过这些样品的质量可以判定原假设是否可信，如果拒绝了原假设，则将其返回，不允许出口. 那么，如何进行假设检验呢？

简单地说，就是分析差异，也就是对统计调查中出现的差异进行定量分析，以确定其性质. 我们来看一个例子.

**例 6.1.1** 一台自动车床加工零件的直径 (单位：cm) 服从正态分布 $N(\mu, 0.6^2)$，车床正常工作下的直径均值为 $\mu = 5$cm. 今从一天的零件中抽查 50 个，分别测量直径，算得 $\overline{x} = 4.8$cm. 问该天车床生产是否正常？

**解** 该天生产的所有零件组成一个正态总体 $X$，我们想知道 $E(X)=\mu$ 是否等于 5，如果 $\mu=5$，说明生产正常；否则，说明生产不正常. 我们根据问题提出一个统计假设：该天生产正常. 将原假设记为 $H_0$，即 $H_0:\mu=5$，则备择假设 (alternative hypothesis) 为 $H_1:\mu\neq5$.

这里有一个问题：为什么不把 $\mu\neq5$ 作为原假设，而把 $\mu=5$ 作为原假设呢？要注意抽样检查是生产正常时采用的方法，所以可以相信一般情况下，$\mu=5$ 是成立的，在这个前提下，我们把 $\mu=5$ 作为原假设. 在实际问题中，往往把不肯轻易拒绝的命题作为原假设. 怎样判定 $H_0$ 是否成立呢？由于 $\mu$ 是正态分布的期望值，它的估计量是样本均值 $\overline{X}$. 现在样本均值的观察值为 $\overline{x}=4.8$，正常生产下总体均值 $\mu=5$，其间的差异 $\overline{x}-\mu=-0.2$.

问题的关键是对这个差异进行分析.

(1) 差异可能是由随机因素引起的，称为“抽样误差”或“随机误差”，这种误差是偶然的、非本质的因素引起的随机波动.

(2) 差异不是由随机因素引起的，它反映事物的本质差别 (反映该天生产的总体与正常生产的总体之间的不同)，这叫作“系统误差”.

那么，这个抽样结果究竟是偶然性在起作用，还是该天生产不正常造成的？这里需要给出一个量的界限，即给出一个数 $\delta$，如果 $|\overline{X}-\mu|<\delta$，则认为是随机性引起的差异，或者用统计学术语，即差异不够显著；如果 $|\overline{X}-\mu|>\delta$，则认为不是随机性引起的差异，或者说差异显著.

要给出上述量的界限，需要用到概率论的知识. 这里使用的是概率论中的一个基本原理：小概率事件在一次实验中基本上不会发生. 具体地说，有某假设 $H_0$ 需要检验，我们先假设 $H_0$ 是正确的，在此假定下，某事件 $A$ 出现的概率很小，比如 $P(A)=0.05$，进行一次实验，如果 $A$ 出现了，就是说在一次实验中就出现了小概率事件 $A$，考虑到“小概率事件在一次实验中基本上不会发生”，而现在 $A$ 居然发生了，就使人怀疑作为小概率事件 $A$ 的前提假设 $H_0$ 的正确性. 反之，如果小概率事件 $A$ 不出现，就没有理由拒绝 $H_0$. 这里所使用的推理方法，可以称为带概率性质的反证法，不妨叫作概率反证法，它不同于一般的反证法.

一般的反证法要求在原假设下导出的结论是绝对成立的；如果事实与之矛盾，则完全绝对地推翻原假设. 而概率反证法的逻辑是：假设原假设成立，如果小概率事件在一次实验中居然发生了，我们就以很大的把握拒绝原假设. 在假设检验中，我们称这个小概率 $\alpha$ 为显著性水平. $\alpha$ 的选取要根据实际情况而定. 在应用中，通常取 $\alpha$=0.01，0.05，0.1.

下面，结合例 6.1.1，对假设检验的基本步骤做详细介绍.

(1) 提出原假设 $H_0$ 及备择假设 $H_1$. 原假设 $H_0:\mu=5$；备择假设 $H_1:\mu\neq5$.

(2) 选取统计量 $Z=\dfrac{\overline{X}-\mu}{\sigma/\sqrt{n}}$ (检验统计量)，在 $H_0$ 成立下 $Z_0=\dfrac{\overline{X}-5}{\sigma/\sqrt{n}}\sim N(0,1)$.

(3) 由给定的显著性水平 $\alpha$=0.05，查正态分布表得临界值 $z_{\frac{\alpha}{2}}=z_{0.025}=1.96$，使得

$$P\{|Z_0|>1.96\}=0.05,$$

于是得拒绝域 (rejection region) $C=\{(x_1,x_2,\cdots,x_n):|Z_0|>1.96\}$.

(4) 由样本算出 $Z_0$ 的实际观测值 $z_0=-2.36$，因 $|z_0|=2.36>1.96$，落入拒绝域，故拒绝原假设，即认为该天生产不正常，需检修.

上面做出的拒绝原假设的判断的可靠程度为 $1-\alpha=0.95$.

再看一个例子.

**例 6.1.2** 在正常生产情况下，印花棉布布幅的宽度服从正态分布 $N(14, 0.004\,8^2)$，某日选取该种棉布 5 匹，测得布幅宽度为 1.32，1.55，1.36，1.40，1.44，问该日印花棉布布幅宽度的标准偏差是否正常？(取 $\alpha=0.05$)

**解** 依题意，本例中原假设为 $H_0:\sigma=0.004\,8$，备择假设为 $H_1:\sigma\neq 0.004\,8$. 由题给数据，可得样本均值观测值 $\overline{x}$=1.414，样本方差观测值 $s^2=0.007\ 78$. 取统计量 $\chi^2=(n-1)S^2/\sigma^2$，在 $H_0$ 成立的条件下：

$$\chi_0^2=\frac{(n-1)S^2}{0.004\,8^2}\sim\chi^2(n-1),$$

查表得 $\chi^2_{\frac{\alpha}{2}}(4)=11.143, \chi^2_{1-\frac{\alpha}{2}}(4)=0.484$, 那么

$$P\left\{\chi_0^2<\chi^2_{1-\frac{\alpha}{2}}(n-1)\text{或}\chi_0^2>\chi^2_{\frac{\alpha}{2}}\right\}=\alpha,$$

$\chi_0^2$ 的实际观测值 $\chi_0^2=1\ 350.69$，落入拒绝域，故拒绝原假设，即认为该日生产的棉布布幅宽度的标准偏差不正常.

综上，可知**假设检验的基本步骤**是：

(1) 提出原假设 $H_0$ 及备择假设 $H_1$；

(2) 选取一个适当的统计量 $T$，在 $H_0$ 成立的条件下求出相应统计量 $T_0$ 的分布 (或近似分布)；

(3) 根据给定的显著性水平 $\alpha$，求出拒绝域 $C$；

(4) 算出统计量 $T_0$ 的实测值，将实测值与拒绝域对照，若实测值落入拒绝域，则拒绝原假设 $H_0$；否则，就认为差异不显著而不能拒绝原假设.

## 6.2 两类错误及其概率

因为假设检验利用了“小概率事件在一次实验中不会发生”这一基本原理，所以当小概率事件真实发生时，检验的结果就是错误的. 这种“错误”可以分为以下两类，分别是**I 类错误**和 **II 类错误**.

**定义 6.2.1** 错误的类别：

(1) **I 类错误** (type I error)：原假设 $H_0$为真，但由于样本的随机性，拒绝了原假设.

(2) **II 类错误** (type II error): 原假设 $H_0$为假, 但由于样本的随机性, 没有拒绝原假设.

定义相对应的犯错误的概率和检验的势函数.

**定义 6.2.2** 犯错误的概率:

(1) $\alpha$: 犯 I 类错误的概率, 它便是前面提及的显著性水平 $\alpha$.

(2) $\beta$: 犯 II 类错误的概率.

**定义 6.2.3** 设检验问题

$$H_0:\theta\in\Theta_0,\ H_1:\theta\in\Theta_1$$

的拒绝域为 $C$, 则样本 $X=(X_1,X_2,\cdots,X_n)$ 落入拒绝域 $C$ 的概率称为该检验的**势函数** (power), 记为

$$g(\theta)=P_\theta(X\in C)=\begin{cases}1-\beta, & \theta\in\Theta_1\\ \alpha, & \theta\in\Theta_0\end{cases}.$$

我们希望犯两类错误的概率都很小, 最好全为 0, 但样本容量给定后, 犯这两类错误的概率就不能同时被控制. 我们举一个掷硬币的例子. 假设一枚硬币是均匀的, 即投掷时正反面出现的概率相等. 记录器显示 100 次投掷结果为 55 个正面和 45 个反面. R 博士认为这个假设应该被拒绝, 因为正面数比反面数多 10 个, 这表明硬币是有偏的. 而 A 博士则认为应接受这个假设, 因为一枚均匀的硬币也可以产生这个结果. A 博士指出, 如果决策为拒绝硬币是均匀的假设, 那么许多均匀硬币会被错误地认为是不均匀的. 年轻的 R 博士认为 A 博士的决策过于轻信, 即使一枚硬币是不均匀的, 最后做出的决策也有可能是接受硬币是均匀的假设.

因上述两位博士的出发点不同, 故得到了不同的结论. R 博士的检验方法会导致拒绝许多均匀的硬币, 犯 I 类错误的概率高, 但是该检验方法基本不会导致不均匀的硬币被接受为均匀的, 因此犯 II 类错误的概率低. 而 A 博士的检验方法则会导致接受许多不均匀的硬币, 犯 I 类错误的概率低, 相对应地, 该检验犯 II 类错误的概率高. 这两种检验方法都是合理的, 但它们的结果是不同的.

在实际使用时, 通常我们只能控制犯 I 类错误的概率, 即根据实际情况, 通过控制显著性水平 $\alpha$ 的大小来控制犯 I 类错误的可能性. 若我们宁可"以假为真"而不愿"以真为假", 则应把 $\alpha$ 取得很小, 如 $\alpha=0.05$ 甚至 0.001, 反之, 则应把 $\alpha$ 取得大些. 例如, 某药品含有毒性, 必须严格控制不得超过规定的指标. 如果原假设为产品不合格 (毒性超过某一标准), 则应把 $\alpha$ 取得很小, 这样才能保证用药的安全, 当然难免会把一些合格品当成废品处理了. 在另一些情况下正好相反, 例如检查袋装食品的重量, 就没有必要那样严格. 如果原假设为产品不合格 (重量低于某标准), 可以把 $\alpha$ 取得稍大些. 不管在什么情况下, 为了保证 II 类错误不致太大, 样本容量都不应太小.

下面我们看几个相关的例题.

**例 6.2.1** 设 $X_1, X_2, \cdots, X_{10} \stackrel{\text{i.i.d.}}{\sim} B(p)$，若 $H_0: p=0.3$, $H_1: p=0.6$，令 $Y=\sum\limits_{i=1}^{10} X_i$，上述假设的拒绝域为 $C=\{(x_1,x_2,\cdots,x_{10}): Y \geqslant 8\}$，试求:

(1) $\alpha$ 风险;

(2) $\beta$ 风险;

(3) 检验效能 $1-\beta$;

(4) 显著性水平.

**解** (1) 当 $H_0$ 成立，即 $p=0.3$ 时，$Y \sim b(10, 0.3)$，因此

$$\begin{aligned}
\alpha\text{风险} &= P(\text{I 类错误}) = P(C|H_0) \\
&= P(Y \geqslant 8) \\
&= \sum_{y=8}^{10} C_{10}^y 0.3^y 0.7^{10-y} \\
&= C_{10}^8 \times 0.3^8 \times 0.7^2 + C_{10}^9 \times 0.3^9 \times 0.7 + C_{10}^{10} \times 0.3^{10} \\
&= 0.001\,59.
\end{aligned}$$

(2) 当 $H_1$ 成立，即 $p=0.6$ 时，$Y \sim b(10, 0.6)$，因此

$$\begin{aligned}
\beta\text{风险} &= P(\text{II 类错误}) = P(\overline{C}|H_1) \\
&= P(Y < 8) \\
&= \sum_{y=0}^{7} C_{10}^y 0.6^y 0.4^{10-y} \\
&= 1 - \sum_{y=8}^{10} C_{10}^y 0.6^y 0.4^{10-y} \\
&= 1 - C_{10}^8 \times 0.6^8 \times 0.4^2 - C_{10}^9 \times 0.6^9 \times 0.4 - C_{10}^{10} \times 0.6^{10} \\
&= 0.832\,7.
\end{aligned}$$

(3) 检验效能 $1-\beta = 1-0.832\,7 = 0.167\,3$.

(4) 由于 $H_0: p=0.3$ 为简单假设，因此本题的显著性水平为 $\alpha$ 风险 $=0.001\,59$.

**例 6.2.2** 设 $X_1, X_2, \cdots, X_{25} \stackrel{\text{i.i.d.}}{\sim} N(\mu, 100)$，若

$$H_0: \mu=50, \quad H_1: \mu=60,$$

令 $\overline{X}=\dfrac{1}{25}\sum\limits_{i=1}^{25} X_i$，上述假设检验的拒绝域为 $C=\{(x_1,x_2,\cdots,x_{25}): \overline{X}>65\}$，试求:

(1) $\alpha$ 风险;

(2) $\beta$ 风险;

(3) 检验效能 $1-\beta$;

(4) 显著性水平.

解 (1) 当 $H_0$ 成立，即 $\mu=50$ 时，$\overline{X}\sim N(50,100/25)$，因此

$$\begin{aligned}\alpha\text{风险}&=P(\text{I 类错误})=P(C|H_0)\\&=P\left(\overline{X}>65\right)\\&=P\left(\frac{\overline{X}-50}{2}>\frac{65-50}{2}\right)\\&=1-\Phi(7.5)=3.186\times10^{-14}.\end{aligned}$$

(2) 当 $H_1$ 成立，即 $\mu=60$ 时，$\overline{X}\sim N(60,100/25)$，因此

$$\begin{aligned}\beta\text{风险}&=P\ (\text{II 类错误})=P(\overline{C}|H_1)\\&=P(\overline{X}\leqslant65)\\&=P\left(\frac{\overline{X}-60}{2}\leqslant\frac{65-60}{2}\right)\\&=\Phi(2.5)\\&=0.993\ 8.\end{aligned}$$

(3) 检验效能 $1-\beta=1-0.993\ 8=0.006\ 2$.

(4) 显著性水平 $\alpha=3.186\times10^{-14}$.

**例 6.2.3** 设 $X_1,X_2,\cdots,X_{16}\overset{\text{i.i.d.}}{\sim}N(\mu,64)$，若 $H_0:\mu\leqslant50$，$H_1:\mu>50$，令 $\overline{X}=\dfrac{1}{16}\sum\limits_{i=1}^{16}X_i$，上述假设检验的拒绝域为 $C=\{\overline{X}>55\}$，试求：

(1) 势函数;

(2) 在原假设条件下的显著性水平;

(3) 当 $\mu=52$ 时的 $\beta$ 风险.

解 (1) 已知 $\overline{X}\sim N(\mu,4)$，势函数为

$$\begin{aligned}g(\mu)&=P(C)=P(\overline{X}>55)\\&=P\left(\frac{\overline{X}-\mu}{2}>\frac{55-\mu}{2}\right)\\&=1-\Phi\left(\frac{55-\mu}{2}\right).\end{aligned}$$

(2) 显著性水平为 $\max\limits_{\mu\in H_0}\left[1-\Phi\left(\dfrac{55-\mu}{2}\right)\right]$.

由于 $\dfrac{55-\mu}{2}$ 为 $\mu$ 的递减函数, $\mu$ 越大，$\dfrac{55-\mu}{2}$ 越小，而 $1-\Phi\left(\dfrac{55-\mu}{2}\right)$ 就是 $\mu$ 的递增函数. 因此，在 $H_0:\mu\leqslant50$ 的条件下，当 $\mu=50$ 时，$1-\Phi\left(\dfrac{55-\mu}{2}\right)$ 就会达到极大. 故本题将 $\mu=50$ 代入，可以得到显著性水平 $1-\Phi\left(\dfrac{55-\mu}{2}\right)=0.006\ 2$.

(3) $\beta_{\mu=52}=P_{\mu=52}(\overline{X}\leqslant 55)=P\left(\dfrac{\overline{X}-\mu}{2}\leqslant\dfrac{55-52}{2}\right)=\Phi(1.5)=0.933\ 2.$

**例 6.2.4** 设 $X_1,X_2,\cdots,X_{25}\overset{\text{i.i.d.}}{\sim}N(\mu,64)$，若 $H_0:\mu=5$，$H_1:\mu=7$，令 $\overline{X}=\dfrac{1}{25}\sum\limits_{i=1}^{25}X_i$.

(1) 当显著性水平为 0.05，求拒绝域和 $\beta$ 风险;

(2) 若样本数不变，希望将 $\beta$ 风险降至 0.1，则 $\alpha$ 风险会增至多少?

(3) 若希望 $\alpha$ 风险与 $\beta$ 风险皆为 0.05，则样本数又应增至多少?

**解** 条件: $X_1,X_2,\cdots,X_{25}\overset{\text{i.i.d.}}{\sim}N(\mu,64)\Rightarrow\overline{X}\sim N\left(\mu,\dfrac{64}{25}\right)$.

对于假设检验问题: $H_0:\mu=5$, $H_1:\mu=7$.

(1) $\dfrac{\overline{X}-\mu}{\sigma/\sqrt{n}}=\dfrac{\overline{X}-\mu}{8/\sqrt{25}}\sim N(0,1)$.

当 $H_0$ 成立时，$\dfrac{\overline{X}-5}{8/\sqrt{25}}\sim N(0,1)$，因此拒绝域为 $C=\left\{\dfrac{\overline{X}-5}{8/\sqrt{25}}>1.645\right\}=\{\overline{X}>7.632\}$;

$$\begin{aligned}\beta&=P\left(\overline{C}|H_1\right)=P(\overline{X}\leqslant 7.632)\\&=P\left(\frac{\overline{X}-\mu_1}{\sigma/\sqrt{n}}\leqslant\frac{7.632-7}{8/\sqrt{25}}\right)=\Phi(0.395)=0.653\ 6.\end{aligned}$$

(2) 令 $C^*=\{\overline{X}>k^*\}$ 为新的 $\alpha$ 风险所对应的拒绝域，那么当 $H_1$ 成立时，$\overline{X}\sim N(7,64/25)$,

$$\begin{aligned}\beta&=P\left(\overline{X}\leqslant k^*|H_1\right)\\&=P\left(\frac{\overline{X}-7}{8/5}\leqslant\frac{k^*-7}{8/5}\right)=\Phi\left(\frac{k^*-7}{8/5}\right)=0.1.\end{aligned}$$

而通过正态分布表，$\Phi(-1.282)=0.1\Rightarrow\dfrac{k^*-7}{8/5}=-1.282\Rightarrow k^*=4.95$. 所以，$C^*=\{\overline{X}>4.95\}$，因此，当 $H_0$ 成立，即 $\mu=5$ 时, $\overline{X}\sim N(5,64/25)$, 这时 $\alpha$ 风险为:

$$\begin{aligned}\alpha&=P(\overline{X}>4.95)\\&=P\left(\frac{\overline{X}-5}{8/\sqrt{25}}>\frac{4.95-5}{8/5}\right)=1-\Phi(0.03)=0.488.\end{aligned}$$

(3) 令 $C'=\{\overline{X}>k'\}$，且 $n$ 未知，则

$$\begin{cases}\alpha=P\left(\overline{X}>k'|H_0\right)=0.05\\\beta=P\left(\overline{X}\leqslant k'|H_1\right)=0.05\end{cases}$$

$$\Rightarrow\begin{cases}P\left(\dfrac{\overline{X}-5}{8/\sqrt{n}}>\dfrac{k'-5}{8/\sqrt{n}}\right)=1-\Phi\left(\dfrac{k'-5}{8/\sqrt{n}}\right)=0.05\\[2ex]P\left(\dfrac{\overline{X}-7}{8/\sqrt{n}}\leqslant\dfrac{k'-7}{8/\sqrt{n}}\right)=\Phi\left(\dfrac{k'-7}{8/\sqrt{n}}\right)=0.05\end{cases}$$

$$\Rightarrow \begin{cases} \dfrac{k'-5}{8/\sqrt{n}} = 1.645 \\ \dfrac{k'-7}{8/\sqrt{n}} = -1.645 \end{cases}$$

$$\Rightarrow \begin{cases} k' = 5 + 1.645 \times \dfrac{8}{\sqrt{n}} \\ k' = 7 - 1.645 \times \dfrac{8}{\sqrt{n}} \end{cases},$$

解得 $n = (8 \times 1.645)^2 = 173.185\,6$, 因此 $n$ 应为 174.

**例 6.2.5** 设 $X_1, X_2, \cdots, X_n \overset{\text{i.i.d.}}{\sim} N(\mu, 100)$，对于假设检验问题 $H_0: \mu \leqslant 100$, $H_1: \mu > 100$:

(1) 若 $n = 25$，拒绝域为 $C = \{\overline{X} > 104\}$，求检验的势函数;

(2) 若 $n = 50$，拒绝域为 $C = \{\overline{X} > 104\}$，求检验的势函数.

**解** 已知 $X_1, X_2, \cdots, X_n \overset{\text{i.i.d.}}{\sim} N(\mu, 100) \Rightarrow \overline{X} \sim N\left(\mu, \dfrac{100}{n}\right)$. 上述假设检验的拒绝域为 $C = \{\overline{X} > 104\}$.

(1) 当 $n = 25$ 时, 检验的势函数为

$$g(\mu) = P(\overline{X} > 104) = P\Big(\frac{\overline{X}-\mu}{\sigma/\sqrt{n}} > \frac{104-\mu}{10/\sqrt{25}}\Big)$$
$$= 1 - \Phi\Big(\frac{104-\mu}{2}\Big).$$

(2) 当 $n = 50$ 时, 检验的势函数为

$$g(\mu) = P(\overline{X} > 104) = P\Big(\frac{\overline{X}-\mu}{\sigma/\sqrt{n}} > \frac{104-\mu}{10/\sqrt{50}}\Big) = 1 - \Phi\Big(\frac{104-\mu}{10/\sqrt{50}}\Big).$$

## 6.3 假设检验与区间估计的关系

假设检验与区间估计是两种最重要的统计推断形式，这两者初看好像完全不同，其实两者之间有一定的联系. 然而，其结果在解释上也有差别. 下面用一个例子做简要说明.

### 1. 利用区间估计可建立假设检验，反之亦然

设总体 $X \sim N(\mu, \sigma^2)$，$\sigma^2$ 已知，若求 $\mu$ 的区间估计，应选择随机变量

$$Z = \frac{\overline{X}-\mu}{\sigma/\sqrt{n}} \sim N(0,1),$$

按置信水平 $1-\alpha$ 确定一个大概率事件

$$P\left(\left|\frac{\overline{X}-\mu}{\sigma/\sqrt{n}}\right| \leqslant z_{\frac{\alpha}{2}}\right)=1-\alpha,$$

由此得到 $\mu$ 的置信水平为 $1-\alpha$ 的区间估计为

$$\left[\overline{X}-\frac{\sigma}{\sqrt{n}}z_{\frac{\alpha}{2}}, \overline{X}+\frac{\sigma}{\sqrt{n}}z_{\frac{\alpha}{2}}\right].$$

如果是检验假设

$$H_0: \mu=\mu_0,\ H_1: \mu \neq \mu_0,$$

选取的统计量是

$$Z_0=\frac{\overline{X}-\mu_0}{\sigma/\sqrt{n}} \sim N(0,1),$$

对给定的显著性水平 $\alpha$，得到小概率事件

$$P\left(\left|\frac{\overline{X}-\mu_0}{\sigma/\sqrt{n}}\right| > z_{\frac{\alpha}{2}}\right)=\alpha,$$

由观测值 $\left|\frac{\overline{x}-\mu_0}{\sigma/\sqrt{n}}\right| > z_{\frac{\alpha}{2}}$ 是否成立，决定是否拒绝原假设.

拒绝域为

$$Z_0=\left|\frac{\overline{X}-\mu_0}{\sigma/\sqrt{n}}\right| > z_{\frac{\alpha}{2}},$$

接受域 (acception region) 为

$$Z_0=\left|\frac{\overline{X}-\mu_0}{\sigma/\sqrt{n}}\right| \leqslant z_{\frac{\alpha}{2}}.$$

再把 $\mu_0$ 改为 $\mu$，那么结果正是 $\mu$ 的区间估计，置信水平为 $1-\alpha$.

2. 假设检验和区间估计的结果在解释上可以有差别

仍以上面的例子来说明. 有了样本之后，我们同时检验假设 $H_0: \mu=\mu_0$（显著性水平为 $\alpha$）和对 $\mu$ 做区间估计（置信水平为 $1-\alpha$）. 假设 $\mu_0=0$，对不同的样本值，以下几种情况都可能出现：

(1) 接受 $H_0$，区间估计为 $[-0.001, 0.001]$.

(2) 接受 $H_0$，区间估计为 $[-100, 150]$.

(3) 拒绝 $H_0$，区间估计为 $[100, 200]$.

(4) 拒绝 $H_0$，区间估计为 $[0.001, 0.002]$.

情况 (1)，按假设检验，应接受 $\mu=0$；按区间估计，$\mu$ 可能取到的最大值和最小值都很接近 0，这两者解释一致.

情况 (2)，按假设检验，应接受 $\mu=0$；按区间估计，该区间包含 0，即 0 是 $\mu$ 的可能值，在这一点上与假设检验的结论一致. 但细看该区间，最大可以到 150，最小可以到 $-100$，这中间哪个值都有可能. 因此，从区间估计角度看，实在没有多大把握认为 $\mu$ 能在 0 附近，这就与假设检验的结论不大协调了.

情况 (3)，按假设检验，应拒绝 $\mu=0$；按区间估计，区间中不包含 0，即 0 不看作 $\mu$ 的可能值，而且区间的最小值为 100，与 0 相去甚远. 故认为 $\mu\neq 0$ 的理由很充分 (区间估计的结论加强了假设检验的结论).

情况 (4)，按假设检验，应拒绝 $\mu=0$；按区间估计，区间中不包含 0，从这个角度看两者一致. 可是细看该区间，就发现它在 0 的附近，因此实质上可以认为 $\mu$ 就是 0，这样，区间估计的结论 (在实质上) 就与假设检验不同了.

由此例也可以看到，统计结论一定要注意其实质含义，若只停留在表面上，就有可能误入歧途.

**例 6.3.1** 从正态总体 $N(\mu,64)$ 中随机抽出 10 个样本，得到数据如下：90, 78, 89, 92, 73, 50, 76, 85, 83, 82. 在显著性水平 $\alpha=0.05$ 下，欲检验 $\mu$ 是否为 80.

(1) 利用显著性检验法检验该原假设.

(2) 利用区间检验法检验该原假设.

**解** 条件：$X_1,X_2,\cdots,X_{10}\overset{\text{i.i.d.}}{\sim}N(\mu,64),n=10,\overline{x}=79.8,s=12.163\,7$.

(1) 显著性检验法.

$$H_0:\mu=80,\ H_1:\mu\neq 80,$$

$$\alpha=0.05,$$

$$Z_0=\frac{\overline{X}-80}{\sigma/\sqrt{10}},$$

$$C=\left\{|Z_0|>z_{0.05/2}=1.96\right\},$$

$$z_0=\frac{79.8-80}{8/\sqrt{10}}=-0.079.$$

因为 $z_0\notin C$，因此不能拒绝 $H_0$.

结论：在 5% 的显著性水平下，$\mu$ 并没有显著不等于 80.

(2) 区间检验法.

先求 $\mu$ 的 95% 置信区间，公式为 $\overline{X}\pm z_{0.025}\dfrac{\sigma}{\sqrt{n}}$. 则 $\left[79.8\pm 1.96\times\dfrac{8}{\sqrt{10}}\right]=[74.84,84.76]$ 为 $\mu$ 的 95% 置信区间. 由于该区间包含 80，因此结论与 (1) 的结论相同.

## 6.4 双边检验与单边检验

在例 6.1.1 中，我们给出的原假设是 $H_0: \mu = \mu_0$，备择假设是 $H_0: \mu \neq \mu_0$，这类检验的拒绝域分别在两侧，拒绝域为 $(-\infty, -1.96) \cup (1.96, +\infty)$，我们称这类假设检验为**双边假设检验**. 有时还会提出下述形式的假设：

$$H_0: \mu \geqslant \mu_0,\ H_1: \mu < \mu_0,$$

我们称这类假设检验为**单边假设检验**.

> **例 6.4.1** 某织物的强力指标的平均数 $\mu_0 = 21\text{kg}$. 改进工艺后生产一批织物，今抽取 30 件，测得 $\overline{x} = 21.55\text{kg}$. 假设强力指标服从正态分布，且已知 $\sigma = 1.2\text{kg}$. 问在显著性水平 $\alpha = 0.01$ 下，新生产的织物是否比过去的织物的强力高？

**解** 取 $H_0: \mu \leqslant 21$，即假设强力没有提高；备择假设是 $H_1: \mu > 21$. 由题意，织物的强力指标 $X \sim N(\mu, \sigma^2)$，其中已知 $\sigma = 1.2$，于是

$$Z = \frac{\overline{X} - \mu}{\sigma/\sqrt{n}} \sim N(0, 1),$$

但是，$\mu$ 是未知的 (即使假设 $H_0$ 成立，$\mu$ 也仍是未知的，与例6.1.1相比，注意单边假设检验与双边假设检验的区别). $\dfrac{\overline{X} - \mu}{\sigma/\sqrt{n}}$ 不是统计量，无法把样本值代入计算. 现在假设 $H_0$ 成立，即 $\mu \leqslant 21$，于是

$$\frac{\overline{X} - \mu}{\sigma/\sqrt{n}} \geqslant \frac{\overline{X} - 21}{\sigma/\sqrt{n}}.$$

令

$$A = \left\{\frac{\overline{X} - 21}{\sigma/\sqrt{n}} > z_\alpha\right\},$$

$$B = \left\{\frac{\overline{X} - \mu}{\sigma/\sqrt{n}} > z_\alpha\right\},$$

由于 $A$ 是 $B$ 的子事件，故有

$$P\left\{\frac{\overline{X} - 21}{\sigma/\sqrt{n}} > z_\alpha\right\} \leqslant P\left\{\frac{\overline{X} - \mu}{\sigma/\sqrt{n}} > z_\alpha\right\},$$

而实际上

$$P\left\{\frac{\overline{X} - \mu}{\sigma/\sqrt{n}} > z_\alpha\right\} = \alpha,$$

因此，我们得到

$$P\left\{\frac{\overline{X}-21}{\sigma/\sqrt{n}}>z_\alpha\right\}\leqslant\alpha,$$

即当 $\alpha$ 很小时，$\left\{\frac{\overline{X}-21}{\sigma/\sqrt{n}}>z_\alpha\right\}$ 是小概率事件. 所以我们取拒绝域

$$C=\left\{\frac{\overline{X}-21}{\sigma/\sqrt{n}}>z_\alpha\right\}.$$

对给定的显著性水平 $\alpha=0.01$，查标准正态分布函数表，得 $z_{0.01}=2.33$. 代入样本值计算得

$$\frac{\overline{x}-21}{\sigma/\sqrt{n}}=\frac{21.55-21}{1.2/\sqrt{30}}=2.51>2.33.$$

观察值落入拒绝域，从而拒绝原假设 $H_0:\mu\leqslant 21$，认为 $\mu>21$.

由上面的推导过程可以看到，在这里犯 I 类错误的概率不会大于 $\alpha=0.01$. 在此例的推导中我们注意到，检验假设

$$H_0:\mu\leqslant\mu_0,\ H_1:\mu>\mu_0$$

与检验假设

$$H_0:\mu=\mu_0,\ H_1:\mu>\mu_0$$

所选用的统计量及分布是相同的，对给定的显著性水平，拒绝域也是相同的，从而检验的结论也是相同的.

对一个实际问题，原假设通常都可以有两种提法，即原假设和备择假设可以互换. 应该如何提原假设呢？前面的例子中我们已经提到，在实际问题中，往往把不肯轻易拒绝的命题作为原假设 $H_0$. 考虑刚才的例子，改进工艺的目的是提高织物的强力，我们希望得到的结论当然是“强力有所提高”，即“$\mu>21$”. 但原工艺并不能轻易拒绝 (拒绝要有很有力的证据)，所以提的原假设是 $H_0:\mu\leqslant 21$，结果拒绝了 $H_0$，得到我们所希望的结论，这个结论是错误的概率不超过 $\alpha$. 如果我们取原假设 $H_0:\mu>21$，结论是不能拒绝 $H_0$. 这时结论错误的概率为犯 II 类错误的概率 $\beta$，而 $\beta$ 是不易控制的，我们也难以知道它的大小. 所以在进行单边假设检验时，最好把我们希望得到的结论的反面作为原假设 $H_0$.

## 6.5 检验的 $p$ 值

假设检验的可能结论只有两个：拒绝或不拒绝原假设. 做出这一结论或另一结论的根据有多强，往往不易清楚地显示出来，例如，检查部门想判定甲、乙两厂的质量谁优谁劣，于是委托统计学家进行一个检验 $H_0$:“甲不优于乙”. 当被告知该假设不应被拒绝时，只知道做出的结论是“甲不优于乙”，但对做出这一结论的根据有多强，不可能有一个数量的概念. 这是假设检验这种统计推断形式的一个缺点. 在 6.4 节中，我们曾将假设检验和区间估计做对比，并指出，一般来说，用假设检验做出的结论不如区间估计那么精细. 这一点的

缘由就在于检验这种形式固有的粗糙性. 但是，对这一情况可以做一些补救，方法是引进本节要介绍的 $p$ 值 (p-value).

我们用一个简单的假设检验问题来说明. 在正态总体 $N(\mu,1)$ 中抽样得 $X_1,X_2,\cdots,X_n$，其中 $n=16$，要检验假设

$$H_0:\mu=0,\ H_1:\mu\neq 0.$$

取显著性水平 $\alpha=0.05$. 检验统计量为

$$Z_0=\frac{\overline{X}-0}{\sigma/\sqrt{n}}\sim N(0,1),$$

拒绝域为

$$C=\{|Z_0|\geqslant 1.96\}.$$

上述例子中拒绝域的类型为 $|Z_0|\geqslant k$，其中 $Z_0$ 是检验统计量. 对一组具体样本 $X_1,X_2,\cdots,X_n$，算出统计量 $Z_0$ 的观测值为 $z_0$，则称这组样本的 $p$ 值是 $p=P(Z_0$ 使 $H_0$ 被拒绝 $|H_0)$. 可见，上述例子中的 $p$ 值就是 $p=P(|Z_0|>|z_0||H_0)$. 同样，若拒绝域为 $Z_0>k$，则 $p=P(Z>z_0|H_0)$；如果拒绝域为 $Z_0<k$，则 $p=P(Z<z_0|H_0)$.

假设由两个不同样本算得的 $p$ 值分别为 0.054 8 和 0.631 2，前一情况离显著性水平 0.05 很近，原假设 $\mu=0$ 虽仍不能被拒绝，但很值得怀疑. 后一情况表明样本均值大于 0.12 的可能性在 $\mu=0$ 假设下为 0.631 2，这一可能性很大，不值得怀疑. 在实践及各种统计软件中，人们并不事先指定显著性水平的值，而是很方便地利用上面定义的 $p$ 值，对于任意大于 $p$ 值的显著性水平，人们可以拒绝原假设，但不能在任何小于它的显著性水平下拒绝原假设，$p$ 值是使人们可以拒绝原假设的最小显著性水平.

下面我们从 $p$ 值的角度回答上述抛硬币例子中提出的问题.

**例 6.5.1** 掷硬币 100 次，出现正面 55 次、反面 45 次，是接受还是拒绝硬币均匀的假设呢?

**解** 设 $n$ 次掷硬币中出现正面的次数为 $X$，每次投掷出现正面的概率为 $p$. 取原假设 $H_0:p=0.5$；备择假设是 $H_1:p\neq 0.5$. 可见，在 $H_0$ 成立下，$X\sim b(n\ 0.5)$，$\overline{X}$ 是 $p$ 的极大似然估计. 由于 $n=100$ 较大，近似地有

$$Z_0=\frac{\overline{X}-0.5}{\sqrt{0.5(1-0.5)/n}}\sim N(0,1).$$

对给定的显著性水平 $\alpha$，查标准正态分布表得临界值 $z_{\frac{\alpha}{2}}$，使

$$P\left\{|Z_0|\geqslant z_{\frac{\alpha}{2}}\right\}=\alpha,$$

于是得拒绝域为 $|Z_0|\geqslant z_{\frac{\alpha}{2}}$. 我们来计算检验的 $p$ 值，先算出统计量 $Z_0$ 的实际观测值

$$z_0=\frac{0.55-0.5}{\sqrt{0.5(1-0.5)/n}}=1,$$

检验的 $p$ 值是: $p = P(|Z_0| \geqslant 1) = 1 - P(|Z_0| < 1) = 2 - 2\Phi(1) = 2 - 2 \times 0.841\ 3 = 0.317\ 4$. 它是人们可以拒绝原假设的最小显著性水平. 若给定显著性水平小于 0.317 4，$Z$ 的实测值就不落入拒绝域，此时不能拒绝原假设.

那么，掷硬币 100 次，出现正面 90 次，反面 10 次，是拒绝还是不拒绝硬币均匀的假设呢？用类似的方法可以算出 $Z$ 的实测值为 8，检验的 $p$ 值是 0，因此，在任何显著性水平下，都拒绝原假设.

接下来给出一些相关例题.

**例 6.5.2** 对于方差已知的正态总体的均值，做如下检验 $H_0 : \mu \leqslant 100$，$H_1 : \mu > 100$ 时，抽样后:

(1) 如果得到 $Z_0$ 的观测值为 $z_0 = 1.99$，则 $p$ 值为多少？当显著性水平为 0.05 时，结论为拒绝原假设 $H_0$ 吗？当显著性水平为 0.01 时，结论为拒绝原假设 $H_0$ 吗？

(2) 如果得到 $Z_0$ 的观测值为 $z_0 = -1.93$，则 $p$ 值为多少？

**解** (1) 由于此检验为右侧检验，故 $p = P(Z_0 > z_0) = P(Z_0 > 1.99) = 1 - \Phi(1.99) = 0.023\ 3$.

当 $\alpha = 0.05$ 时，$p < \alpha$，所以结论为拒绝 $H_0$.

当 $\alpha = 0.01$ 时，$p > \alpha$，此时结论改为不拒绝 $H_0$.

(2) $p = P(Z_0 > z_0) = P(Z_0 > -1.93) = 1 - \Phi_0(-1.93) = \Phi_0(1.93) = 0.973\ 2$.

心得:

当检验为左侧检验时，$p = P(Z < z_0)$;

当检验为右侧检验时，$p = P(Z > z_0)$.

当检验为双边检验时:

若 $z_0$ 为正，$p$值 $= p(Z > Z_0) \times 2$;

若 $z_0$ 为负，$p$值 $= p(Z < Z_0) \times 2$.

## 6.6 正态总体均值和方差的假设检验

在了解假设检验的基本思想、原理和方法步骤的基础上，可以做一些练习，进一步熟悉和掌握正态总体均值和方差的假设检验方法. 一般来说，按照所用的统计量，检验分为:

(1) $Z$ 检验: 用正态分布统计量;

(2) $t$ 检验: 用 $t$ 分布统计量;

(3) $\chi^2$ 检验: 用 $\chi^2$ 分布统计量;

(4) $F$ 检验: 用 $F$ 分布统计量.

按照原假设或备择假设的提法，检验又分为：

(1) 双边检验，它的拒绝域取在两侧；

(2) 单边检验，它的拒绝域取在左侧或右侧.

例如，若假设是

$$H_0: \mu \leqslant \mu_0,\ H_1: \mu > \mu_0,$$

则拒绝域取在右侧 (**右侧检验**). 若假设是

$$H_0: \mu \geqslant \mu_0,\ H_1: \mu < \mu_0,$$

则拒绝域取在左侧 (**左侧检验**).

## 6.6.1　单个正态总体均值 $\mu$ 的假设检验

假设样本 $X_1, X_2, \cdots, X_n \overset{\text{i.i.d.}}{\sim} N(\mu, \sigma^2)$，样本均值为 $\overline{X}$，样本方差为 $S^2$. 现考虑单个正态总体均值 $\mu$ 的检验，列表如表 6.1 所示.

表 6.1

| 检验问题 | $H_0: \mu = \mu_0,\ H_1: \mu \neq \mu_0$ | $H_0: \mu \leqslant \mu_0,\ H_1: \mu > \mu_0$ | $H_0: \mu \geqslant \mu_0,\ H_1: \mu < \mu_0$ |
|---|---|---|---|
| 显著性水平 | $\alpha$ | | |
| 检验统计量 | (1) $\sigma^2$ 已知时，$Z_0 = \sqrt{n}(\overline{X} - u_0)/\sigma$<br>(2) $\sigma^2$ 未知时，$T_0 = \sqrt{n}(\overline{X} - \mu_0)/S$ | | |
| 拒绝域 | (1) $C = \{\lvert Z_0\rvert > z_{\alpha/2}\}$<br>(2) $C = \{\lvert T_0\rvert > t_{\alpha/2}(n-1)\}$ | (1) $C = \{Z_0 > z_\alpha\}$<br>(2) $C = \{T_0 > t_\alpha(n-1)\}$ | (1) $C = \{Z_0 < -z_\alpha\}$<br>(2) $C = \{T_0 < -t_\alpha(n-1)\}$ |

## 6.6.2　单个正态总体方差 $\sigma^2$ 的假设检验

假设样本 $X_1, X_2, \cdots, X_n \overset{\text{i.i.d.}}{\sim} N(\mu, \sigma^2)$，样本均值为 $\overline{X}$，样本方差为 $S^2$. 现考虑单个正态总体方差 $\sigma^2$ 的检验，列表如表 6.2 所示.

表 6.2

| 检验问题 | $H_0: \sigma^2 = \sigma_0^2,\ H_1: \sigma^2 \neq \sigma_0^2$ | $H_0: \sigma^2 \leqslant \sigma_0^2,\ H_1: \sigma^2 > \sigma_0^2$ | $H_0: \sigma^2 \geqslant \sigma_0^2,\ H_1: \sigma^2 < \sigma_0^2$ |
|---|---|---|---|
| 显著性水平 | $\alpha$ | | |
| 检验统计量 | (1) $\mu$ 已知时，$\chi_0^2 = \sum\limits_{i=1}^{n}(X_i - \mu)^2/\sigma_0^2 = nS^2/\sigma_0^2$<br>(2) $\mu$ 未知时，$\chi_0^2 = \sum\limits_{i=1}^{n}\left(X_i - \overline{X}\right)^2/\sigma_0^2 = (n-1)S^2/\sigma_0^2$ | | |
| 拒绝域 | (1) $C = \left\{\begin{array}{c}\chi_0^2 > \chi_{\alpha/2}^2(n) \\ 或 \\ \chi_0^2 < \chi_{1-\alpha/2}^2(n)\end{array}\right.$<br>(2) $C = \left\{\begin{array}{c}\chi_0^2 > \chi_{\alpha/2}^2(n-1) \\ 或 \\ \chi_0^2 < \chi_{1-\alpha/2}^2(n-1)\end{array}\right.$ | (1) $C = \{\chi_0^2 > \chi_\alpha^2(n)\}$<br>(2) $C = \{\chi_0^2 > \chi_\alpha^2(n-1)\}$ | (1) $C = \{\chi_0^2 < \chi_{1-\alpha}^2(n)\}$<br>(2) $C = \{\chi_0^2 < \chi_{1-\alpha}^2(n-1)\}$ |

### 6.6.3 两独立正态总体方差比的假设检验

假设 $X \sim N(\mu_X, \sigma_X^2) \overset{\text{i.i.d.}}{\sim} X_1, X_2, \cdots, X_m$，$Y \sim N(\mu_Y, \sigma_Y^2) \overset{\text{i.i.d.}}{\sim} Y_1, Y_2, \cdots, Y_n$. 现考虑两独立正态总体方差比的检验，列表如表 6.3 所示.

表 6.3

| 检验问题 | $H_0: \sigma_X^2 = \sigma_Y^2$，$H_1: \sigma_X^2 \neq \sigma_Y^2$ | $H_0: \sigma_X^2 \leqslant \sigma_Y^2$，$H_1: \sigma_X^2 > \sigma_Y^2$ | $H_0: \sigma_X^2 \geqslant \sigma_Y^2$，$H_1: \sigma_X^2 < \sigma_Y^2$ |
|---|---|---|---|
| 显著性水平 | $\alpha$ | | |
| 检验统计量 | (1) $\mu_X, \mu_Y$ 已知时，$F_0 = S_X^2/S_Y^2$，其中$S_X^2 = \sum_{i=1}^{m}(X_i - \mu_X)^2/m$，$S_Y^2 = \sum_{i=1}^{n}(Y_i - \mu_Y)^2/n$<br>(2) $\mu_X, \mu_Y$ 未知时，$F_0 = S_X^2/S_Y^2$，其中$S_X^2 = \sum_{i=1}^{m}(X_i - \overline{X})^2/(m-1)$，$S_Y^2 = \sum_{i=1}^{n}(Y_i - \overline{Y})^2/(n-1)$ | | |
| 拒绝域 | (1) $C = \left\{\begin{array}{c} F_0 > F_{\alpha/2}(m,n) \\ \text{或} \\ F_0 < F_{1-\alpha/2}(m,n) \end{array}\right.$<br>(2) $C = \left\{\begin{array}{c} F_0 > F_{\alpha/2}(m-1,n-1) \\ \text{或} \\ F_0 < F_{1-\alpha/2}(m-1,n-1) \end{array}\right.$ | (1) $C = \{F_0 > F_\alpha(m,n)\}$<br>(2) $C = \{F_0 > F_\alpha(m-1,n-1)\}$ | (1) $C = \{F_0 < F_{1-\alpha}(m,n)\}$<br>(2) $C = \{F_0 < F_{1-\alpha}(m-1,n-1)\}$ |

### 6.6.4 两独立正态总体均值差的假设检验

假设 $X \sim N(\mu_X, \sigma_X^2) \overset{\text{i.i.d.}}{\sim} X_1, X_2, \cdots, X_n$，$Y \sim N(\mu_Y, \sigma_Y^2) \overset{\text{i.i.d.}}{\sim} Y_1, Y_2, \cdots, Y_m$，$X$ 的样本方差为 $S_X^2$，$Y$ 的样本方差为 $S_Y^2$. 现考虑两独立正态总体均值差的检验，列表如表 6.4 所示.

表 6.4

| 检验问题 | $H_0: \mu_X = \mu_Y$，$H_1: \mu_X \neq \mu_Y$ | $H_0: \mu_X \leqslant \mu_Y$，$H_1: \mu_X > \mu_Y$ | $H_0: \mu_X \geqslant \mu_Y$，$H_1: \mu_X < \mu_Y$ |
|---|---|---|---|
| 显著性水平 | $\alpha$ | | |
| 检验统计量 | (1) $\sigma_X^2, \sigma_Y^2$ 已知 ($n$ 和 $m$ 不论大小) 时，<br>$Z_0 = \dfrac{\overline{X} - \overline{Y}}{\sqrt{\sigma_X^2/n + \sigma_Y^2/m}}$<br>(2) $\sigma_X^2, \sigma_Y^2$ 未知 ($n, m \geqslant 30$) 时，<br>$Z_0 = \dfrac{\overline{X} - \overline{Y}}{\sqrt{S_X^2/n + S_Y^2/m}}$<br>(3) $\sigma_X^2, \sigma_Y^2$ 未知 ($\sigma_X^2 = \sigma_Y^2$ 且 $n < 30, m < 30$) 时，<br>$T_0 = (\overline{X} - \overline{Y})\Big/\left(S_p \times \sqrt{\dfrac{1}{n} + \dfrac{1}{m}}\right)$，其中 $S_p^2 = \dfrac{(n-1)S_X^2 + (m-1)S_Y^2}{n+m}$ | | |
| 拒绝域 | (1)(2) $C = \{\lvert Z_0\rvert > z_{\alpha/2}\}$<br>(3) $C = \{\lvert T_0\rvert > t_{\alpha/2}(n+m-2)\}$ | (1)(2) $C = \{Z_0 > z_\alpha\}$<br>(3) $C = \{T_0 > t_\alpha(n+m-2)\}$ | (1)(2) $C = \{Z_0 < z_{1-\alpha}\}$<br>(3) $C = \{T_0 < t_{1-\alpha}(n+m-2)\}$ |

下面我们来看一些例子.

**例 6.6.1**　设甲、乙两煤矿出煤的含灰率 $X \sim N(\mu_1, 75), Y \sim N(\mu_2, 26)$, 为检验两煤矿的煤含灰率有无显著差异，从两矿中各取样若干份，分析结果为:

甲矿：24.3，20.8，23.7，21.3，17.4

乙矿：18.2，16.9，20.2，16.7

试在显著性水平 $\alpha = 0.05$ 下，检验“含灰率无差异”这个假设.

**解**　要检验假设

$$H_0: \mu_1 = \mu_2,\ H_1: \mu_1 \neq \mu_2,$$

取检验统计量

$$Z_0 = \frac{\overline{X} - \overline{Y}}{\sqrt{\sigma_1^2/n + \sigma_2^2/m}} \sim N(0,1),$$

拒绝域为

$$|Z_0| > z_{\frac{\alpha}{2}} = z_{0.025} = 1.96.$$

已知 $n = 5, m = 4, \sigma_1^2 = 75, \sigma_2^2 = 26$，由样本算得 $\overline{x} = 21.5, \overline{y} = 18$，代入检验统计量得 $z_0 = 0.755$. 因 $|z_0| = 0.755 < 1.96$，故不拒绝 $H_0$，即在 0.05 的显著性水平下，认为甲矿含灰率与乙矿含灰率无显著差异.

**例 6.6.2**　为比较两台自动机床的精度，分别取容量为 10 和 8 的两个样本，测量某个指针的尺寸，得到下列结果:

车床甲：1.08，1.10，1.12，1.14，1.15，1.25，1.36，1.38，1.40，1.42

车床乙：1.11，1.12，1.18，1.22，1.33，1.35，1.36，1.38

在显著性水平 $\alpha = 0.1$ 下，问这两台机床是否有同样的精度？

**解**　这两台自动机床的方差分别为 $\sigma_1^2$ 和 $\sigma_2^2$，本题要求在 $\alpha = 0.1$ 下检验假设

$$H_0: \sigma_X^2 = \sigma_Y^2,\ H_1: \sigma_X^2 \neq \sigma_Y^2.$$

取检验统计量

$$F_0 = \frac{S_X^2}{S_Y^2} \sim F(9,7),$$

其中 $S_X^2, S_Y^2$ 分别为两样本的样本方差. 拒绝域为 $F_0 \leqslant F_{1-\frac{\alpha}{2}}(9,7)$ 或 $F_0 \geqslant F_{\frac{\alpha}{2}}(9,7)$. 通过计算和查表可知:

$$f_0 = \frac{s_X^2}{s_Y^2} = 1.51,$$

$$F_{1-\frac{\alpha}{2}}(9,7) = F_{0.95}(9,7) = 0.304,$$

$$F_{\frac{\alpha}{2}}(9,7) = F_{0.05}(9,7) = 3.68,$$

故不能拒绝原假设.

**例 6.6.3** 有两个独立的正态总体 $N(\mu_1,64)$ 和 $N(\mu_2,25)$，其中 $\mu_1,\mu_2$ 皆未知，分别从中随机抽出两个独立样本，数据整理如下：

| 总体 | 样本数 | 样本均值 | 样本方差 |
|---|---|---|---|
| 1 | $n_1=25$ | $\overline{x}_1=60$ | $S_1^2=100$ |
| 2 | $n_2=10$ | $\overline{x}_2=55$ | $S_2^2=60$ |

在显著性水平 $\alpha=0.05$ 下，试检验 $\mu_1$ 是否大于 $\mu_2$，并求 $p$ 值.

**解** 为检验单边假设 $H_0:\mu_1\leqslant\mu_2$，$H_1:\mu_1>\mu_2$，在显著性水平 $\alpha=0.05$ 下，考察统计量

$$Z_0=\frac{\overline{X}_1-\overline{X}_2}{\sqrt{\sigma_1^2/n_1+\sigma_2^2/n_2}};$$

于是得到拒绝域：

$$C=\{Z_0>z_{0.05}=1.645\}.$$

$Z_0$ 的实际观测值为：

$$z_0=\frac{60-55}{\sqrt{64/25+25/10}}=2.22.$$

因为 $z_0\in C$，所以拒绝 $H_0$.

$$p=P(Z_0>2.22)=0.013\ 2.$$

**例 6.6.4** 有两个独立正态总体 $N(\mu_X,\sigma_X^2),N(\mu_Y,\sigma_Y^2)$，随机从这两个正态总体中抽取两个独立样本，样本数据如下：

| 总体 | 样本数 | 样本方差 |
|---|---|---|
| $N(\mu_X,\sigma_X^2)$ | $n_X=11$ | $S_X^2=50$ |
| $N(\mu_Y,\sigma_Y^2)$ | $n_Y=13$ | $S_Y^2=70$ |

在显著性水平 0.05 下，试检验假设问题 $H_0:3\sigma_X^2=2\sigma_Y^2$，$H_1:3\sigma_X^2\neq2\sigma_Y^2$.

**解** 为检验此假设 $H_0:3\sigma_X^2=2\sigma_Y^2$，$H_1:3\sigma_X^2\neq2\sigma_Y^2$，在给定的显著性水平 $\alpha=0.05$ 下，考察统计量

$$F_0=\frac{S_X^2/S_Y^2}{2/3}.$$

于是得到拒绝域为

$$C=\{F_0>F_{0.025}(10,12)=3.37 \text{ 或 } F_0<F_{0.975}(10,12)=F_{0.025}^{-1}(12,10)=0.276\ 2\}.$$

由题目知 $S_X^2=50, S_Y^2=70, f_0=\dfrac{50/70}{2/3}=1.071$；因为 $f_0\notin C$，所以不拒绝 $H_0$.

结论：在 5% 的显著性水平下，$3\sigma_X^2$ 并没有显著不等于 $2\sigma_Y^2$.

**例 6.6.5** 某工厂生产线分日夜两班进行生产，该厂厂长欲比较日夜两班的生产量，随机抽取 10 天，记录同一天日夜两班的生产量（单位：千件）.

| 日期 | 1 | 2 | 3 | 4 | 5 | 6 | 7 | 8 | 9 | 10 |
|---|---|---|---|---|---|---|---|---|---|---|
| 日班 | 5 | 8 | 7 | 10 | 6 | 8 | 9 | 6 | 5 | 2 |
| 夜班 | 6 | 7 | 8 | 8 | 5 | 6 | 8 | 7 | 5 | 4 |

显著性水平为 0.05.

(1) 需要建立什么前提条件再进行假设检验？

(2) 利用显著检验法检验日夜两班的平均生产量是否有差异.

(3) 利用区间检验法检验 (2) 的问题.

(4) 利用 $p$ 值检验法检验 (2) 的问题.

**解** (1) 此题为成对抽样的平均数比较的问题，因此假设 $X$ 为日班的生产量，$Y$ 为夜班的生产量，且假设 $D_i=X_i-Y_i\sim N(\mu_D,\sigma_D^2)$.

| $X_i$ | 5 | 8 | 7 | 10 | 6 | 8 | 9 | 6 | 5 | 2 |
|---|---|---|---|---|---|---|---|---|---|---|
| $Y_i$ | 6 | 7 | 8 | 8 | 5 | 6 | 8 | 7 | 5 | 4 |
| $d_i=X_i-Y_i$ | −1 | 1 | −1 | 2 | 1 | 2 | 1 | −1 | 0 | −2 |

(2) 为比较日夜两班的生产量有无差别，即要检验 $H_0:\mu_D=0$，$H_1:\mu_D\neq 0$. 在显著性水平 $\alpha=0.05$ 下，考察统计量 $T_0=\dfrac{\overline{D}}{S_D/\sqrt{n}}$，其中 $d_i=X_i-Y_i, \overline{D}=\dfrac{1}{n}\sum_{i=1}^n d_i, S_D^2=\dfrac{1}{n-1}\sum_{i=1}^n(D_i-\overline{D})^2$，所以，拒绝域为

$$C=\left\{|T_0|>t_{\frac{\alpha}{2}}(n-1)=t_{0.025}(9)=2.262\right\}.$$

根据上面的实际数据计算得下面的观测值：$\overline{d}=0.2, s_D^2=1.956, n=10$. 因此，统计量 $T_0$ 的观测值为：$t_0=\dfrac{0.2}{\sqrt{1.956}/\sqrt{10}}=0.452$.

因为 $t_0\notin C$，所以不拒绝 $H_0$.

结论：在 5% 的显著性水平下，$\mu_D$ 并没有显著不等于 0. 因此，日夜两班的平均生产量差异并不大.

(3) $\mu_D$ 的 95% 置信区间的公式为 $\overline{D} \pm t_{\frac{\alpha}{2}}(n-1)\frac{S_D}{\sqrt{n}}$，则根据实际数据计算 $\left[0.2 \pm 2.262 \times \frac{\sqrt{1.956}}{\sqrt{10}}\right] = [-0.8, 1.2]$ 为 $\mu_D$ 的 95% 置信区间.

由于该区间包含 0，表示在 95% 置信水平下 (即显著性水平为 5%) $\mu_D$ 有可能为 0，故在双边检验 ($H_0: \mu_D = 0$, $H_1: \mu_D \neq 0$) 中，结论为不拒绝 $H_0$ (与 (2) 的结论相同).

(4) $p = P(T_0 > 0.452) \times 2$，其中 $T_0 \sim t(9)$. 查 $t$ 临界值表得 $P(T_0 > 0.543) = 0.3$，因此，$p > 0.6$，即 $\alpha < p$，根据 $p$ 值判定不能拒绝 $H_0$.

**例 6.6.6** 从会员中随机抽取 250 位学生会员、300 位上班族会员，记录他们的消费额度，数据（单位：千元）如下：

学生会员：$n = 250$, $\overline{x} = 55$, $s_X^2 = 80$

上班族会员：$m = 300$, $\overline{y} = 68$, $s_Y^2 = 120$

在显著性水平为 0.025 时，试检验学生会员的平均消费额度是否低于上班族会员.

**解** 设学生会员的消费额度 $X \sim N(\mu_1, \sigma_X^2)$，上班族会员的消费额度 $Y \sim N(\mu_2, \sigma_Y^2)$，根据题目我们进行如下假设检验：

$$H_0: \mu_1 \geqslant \mu_2,\ H_1: \mu_1 < \mu_2.$$

在显著性水平 $\alpha = 0.025$ 下考察统计量

$$Z_0 = \frac{\overline{X} - \overline{Y}}{\sqrt{S_X^2/n + S_Y^2/m}}.$$

上述检验的拒绝域为：$C = \{Z_0 < -z_\alpha\} = \{Z_0 < -1.96\}$.

统计量 $Z_0$ 的观测值为

$$z_0 = \frac{55 - 68}{\sqrt{80/250 + 120/300}} = -15.32.$$

由于 $z_0 \in C$，因此拒绝 $H_0$.

结论：在 0.025 的显著性水平下，$\mu_1$ 显著低于 $\mu_2$.

## 6.7 $\chi^2$ 检验

在上一节中，我们已经了解了假设检验的基本思想，并讨论了当分布形式已知时，分布中未知参数的假设检验问题. 然而，可能遇到这样的情形：我们甚至没有把握肯定总体分布的一般形式. 请看下面的例子.

从 1500 年到 1931 年的 432 年中，每年爆发战争的次数可以看作一个随机变量，据统计，这 432 年中爆发的战争次数的具体资料如下.

| 战争次数 $X$ | 0 | 1 | 2 | 3 | 4 |
|---|---|---|---|---|---|
| 发生 $X$ 次战争的年数 | 22 | 31 | 244 | 81 | 54 |

在概率论中，我们对泊松分布产生的一般条件已有所了解，容易想到，每年爆发战争的次数可以用一个泊松随机变量来近似描述. 也就是说，我们可以假设每年爆发的战争次数近似服从泊松分布. 现在的问题是：上面的资料是否能证实 $X$ 具有泊松分布的假定是正确的?

为研究某个种子的发芽情况，进行了 1 000 次实验，每次种下 4 粒该种子，得到发芽情况的记录如下.

| 发芽粒数 | 0 | 1 | 2 | 3 | 4 |
|---|---|---|---|---|---|
| 次数 | 3 | 4 | 73 | 330 | 590 |

我们能验证该种子每次发芽粒数服从二项分布吗?

类似上述例子的问题在实际应用中经常出现. 解决这类问题的工具是英国统计学家 K. 皮尔逊在 1900 年发表的一篇文章中引进的 $\chi^2$ 检验法，它是一种非参数检验.

**定理 6.7.1** 卡方总体拟合优度检验.

统计假设:

$H_0$：该问题中的总体服从具有参数值的某一总体分布，

$H_1$：该问题中的总体不服从具有参数值的某一总体分布.

检验统计量:

$$\chi^2=\begin{cases}\displaystyle\sum_{i=1}^{k}\frac{(O_i-E_i)^2}{E_i}=\sum_{i=1}^{k}\frac{O_i^2}{E_i}-n, & k>2\\ \displaystyle\sum_{i=1}^{k}\frac{\left(|O_i-E_i|-\dfrac{1}{2}\right)^2}{E_i}, & k=2\end{cases},$$

其中 $E_i=np_i$ 为理论次数，$O_i$ 为观察次数.

$\chi^2$ 检验法是在总体 $X$ 的分布未知时，根据它的样本容量为 $n$ 的一个样本 $X_1,X_2,\cdots,X_n$ 的观测值来检验关于总体分布的假设的一种方法. 原假设 $H_0$：总体 $X$ 的分布函数为 $F(x)$.

(1) 若总体 $X$ 为离散型，则原假设 $H_0$ 相当于：总体 $X$ 的概率分布律为 $P(X=x_i)=p_i, i=1,2,\cdots$.

(2) 若总体 $X$ 为连续型，则原假设 $H_0$ 相当于：总体 $X$ 的概率密度函数为 $f(x)$.

分布拟合的 $\chi^2$ 检验法的基本思想和步骤如下：

(1) 将总体 $X$ 的取值范围分成 $k$ 个互不重叠的小区间，记作 $A_1,A_2,\cdots,A_k$.

(2) 把落入第 $i$ 个小区间 $A_i$ 的样本值的个数记作 $f_i$，称为实测频数. 所有实测频数的和 $f_1+f_2+\cdots+f_k$ 等于样本容量 $n$.

(3) 根据所假设的理论分布，可以算出总体 $X$ 的值落入每个 $A_i$ 的概率 $p_i$，于是 $np_i$ 就是落入 $A_i$ 的样本值的理论频数.

显然，各个实测频数 $f_i$ 与理论频数 $np_i$ 之间的差代表经验分布与理论分布之间的差异. 皮尔逊引进如下统计量表示经验分布与理论分布之间的差异：

$$\chi^2=\sum_{i=1}^{k}\frac{(f_i-np_i)^2}{np_i},$$

其中 $f_i$ 是随机变量，而在理论分布已给定的情况下，$np_i$ 是常量.

统计量 $\chi^2$ 的实际分布是很复杂的，好在我们可以得到它的一个渐近分布. 皮尔逊证明了如下定理：

若原假设中的理论分布 $F(x)$ 已经完全给定，那么当 $n\to\infty$ 时，统计量

$$\chi^2=\sum_{i=1}^{k}\frac{(f_i-np_i)^2}{np_i}$$

渐近服从自由度为 $(k-1)$ 的 $\chi^2$ 分布.

如果理论分布 $F(x)$ 中有 $r$ 个未知参数需用相应的估计量来代替，那么，当 $n\to\infty$ 时，统计量 $\chi^2$ 渐近服从自由度为 $(k-r-1)$ 的 $\chi^2$ 分布.

根据这个定理，对于给定的显著性水平 $\alpha$，查 $\chi^2$ 分布分位数表可得临界值 $\chi^2_\alpha$，使得

$$P\left\{\chi^2>\chi^2_\alpha(k-r-1)\right\}=\alpha,$$

即 $\{\chi^2>\chi^2_\alpha(k-r-1)\}$ 为小概率事件.

如果根据所给样本 $(X_1,X_2,\cdots,X_n)$ 的观测值 $(x_1,x_2,\cdots,x_n)$ 算得 $\chi^2$ 的值大于 $\chi^2_\alpha(k-r-1)$，则拒绝原假设 $H_0$；否则认为差异不够显著而不拒绝原假设.

皮尔逊定理是在 $n$ 无限增大时推导出来的，因而在使用时要注意 $n$ 要足够大以及 $np_i$ 不能太小这两个条件. 根据计算，要求 $n$ 不小于 50，以及每个 $np_i$ 都不小于 5. 否则应适当合并区间，使 $np_i$ 满足这个要求.

### 6.7.1 应用实例

下面我们结合实例说明 $\chi^2$ 检验法的具体应用.

在某交叉路口记录每 15 秒内通过的汽车数量，共观察了 25 分钟，得 100 个记录，经整理，得如下数据.

| 通过的汽车数量 | 0 | 1 | 2 | 3 | 4 | 5 | 6 | 7 | 8 | 9 | 10 | 11 |
|---|---|---|---|---|---|---|---|---|---|---|---|---|
| 频数 | 15 | 15 | 17 | 2 | 6 | 1 | 1 | 9 | 8 | 3 | 22 | 1 |

在 $\alpha$=0.05 的显著性水平下检验如下假设：通过该交叉路口的汽车数量服从泊松分布 $P(\lambda)$.

在本例中，要检验总体是否服从泊松分布. 服从泊松分布的随机变量可取所有的非负整数，尽管它可取可数个值，但取大量值的概率是非常小的，因而可以忽略不计. 另外，在对该随机变量进行实际观察时也只能观察到有限个不同值，譬如在本例中，只观察

到 0，1，⋯，11 等 12 个值. 这相当于把总体分成 12 类，每一类出现的概率分别为：

$$p_i = \frac{\lambda^i \mathrm{e}^{-\lambda}}{i!}, \quad i = 0, 1, \cdots, 10,$$

$$p_{11} = \sum_{i=11}^{\infty} \frac{\lambda^i \mathrm{e}^{-\lambda}}{i!},$$

从而把所要检验的原假设记为：

$$H_0 : P(A_i) = p_i, \quad i = 0, 1, 2, \cdots, 11,$$

其中 $A_i$ 表示 15 秒钟内通过交叉路口的汽车为 $i$ 辆，$i = 0, 1, \cdots, 10$，$A_{11}$ 表示 15 秒内通过交叉路口的汽车超过 10 辆.

这里还遇到另一个麻烦，即总体分布中含有未知参数 $\lambda$，当然，这个 $\lambda$ 可以用其极大似然估计值 $\overline{x} = 5.5$ 代替，从而有

$$\hat{p}_i = \frac{5.5^i \mathrm{e}^{-5.5}}{i!}, \quad i = 0, 1, \cdots, 10,$$

$$\hat{p}_{11} = \sum_{i=11}^{\infty} \frac{5.5^i \mathrm{e}^{-5.5}}{i!}.$$

另外，由于我们要采用检验统计量的近似分布来确定拒绝域，因而要求各 $n_i$ 不能过少，通常要求 $n_i \geqslant 5$，当某些频数小于 5 时，通常的做法是将邻近若干组合并. 在本例中，$n\hat{p}_0 = 1 < 5$，因而可将 $i = 0$ 与 $i = 1$ 的两组合并，同样，由于 $i \geqslant 8$ 时各组频数 $n\hat{p}_i$ 亦小于 5，因而也将它们合并，从而这里组数 $r = 8$，未知参数个数 $k = 1$，在 $\alpha$=0.05 时，

$$\chi^2_{0.05}(8 - 1 - 1) = \chi^2_{0.05}(6) = 12.592,$$

拒绝域为

$$C = \{\chi^2 \geqslant 12.592\}.$$

由于实际计算得到 $\chi^2_0 = 5.789\,7 < 12.592$，故在 $\alpha = 0.05$ 的显著性水平下，可不拒绝 $H_0$，即认为 15 秒钟内通过交叉路口的汽车数量服从参数 $\lambda = 5.5$ 的泊松分布.

在此，我们以遗传学上的一项伟大发现为例，说明统计方法在研究自然界和人类社会的规律性方面起着积极主动的作用. 奥地利生物学家孟德尔 (Mendel) 1865 年发表了一篇文章，文中提出了关于基因的学说，从而奠定了现代遗传学的基础. 我们介绍一下他这项伟大发现的过程. 孟德尔用豌豆做实验，其果实有黄、绿两种颜色. 孟德尔分别培养了一个黄色的纯系和一个绿色的纯系，其子代所结的豌豆分别全部是黄色的和绿色的. 然后他将这两个纯系进行杂交，发现这种黄-绿杂交品种所结的豌豆全部是黄色的，与黄色纯系无不同. 但将这种杂交体再进行一次自身杂交而产生第二代时，发现某些第二代杂交种子呈黄色，某些呈绿色，其数目的比例大致为 3∶1.

孟德尔把他的实验重复了多次，每次都得到类似的结果. 这个表面上的规律性启发了孟德尔去发展一种理论，以解释这个现象. 他假定存在一种称为基因的实体控制了豌豆的颜色. 该实体有两种状态 y(黄) 和 g(绿)，共组成四种配合：yy，yg，gy，gg (称为基因型).

前三种配合使豌豆呈黄色，而第四种配合使豌豆呈绿色 (在遗传学上称 y 为显性的，称 g 为隐性的). 根据这个学说，孟德尔给他的实验结果以圆满的解释：黄色纯系和绿色纯系的基因型分别是 yy 和 gg. 杂交第一代种子的基因型只有一种可能性，即 yg，而根据 y 为显性的假设，具有这种基因型的豌豆呈黄色，在外观上与 yy 无异，但若对 yg 再进行自身杂交，则呈现四种可能性——yy，yg，gy，gg，前三种是黄色而后一种是绿色. 这解释了杂交第二代豌豆中黄绿的比近似为 3:1 的观察结果. 孟德尔理论的伟大意义不在于它给这个特殊的观察结果提供了理论解释，而在于用这个经过发展的理论可以解释生物体的很多遗传现象，从而形成了遗传学中的基因学派，到 21 世纪 50 年代，基因的存在已经在分子的水平上获得了证实.

在孟德尔提出这个理论之前，人们曾经用统计方法对这个理论推出的结论进行过检验. 检验的结果都证实了这个理论与观察结果相符. 这本身就是统计方法在自然科学上的一项重要应用. 下面给出孟德尔所做的另一项豌豆实验的结果.

孟德尔按颜色和形状把豌豆分为四类：黄而圆，绿而圆，黄而皱，绿而皱. 孟德尔根据遗传学的理论指出，这四类豌豆个数的比为 9:3:3:1. 他对 $n=556$ 个豌豆的观察结果如下.

| 黄而圆 | 绿而圆 | 黄而皱 | 绿而皱 |
|---|---|---|---|
| 315 | 108 | 101 | 32 |

问此观察结果是否与理论相符? 这就是如下的统计检验问题：检验孟德尔的 9:3:3:1 理论

$$H_0: p_1=\frac{9}{16},\ p_2=p_3=\frac{3}{16},\ p_4=\frac{1}{16}.$$

对上述问题，请读者自行练习.

下面我们再来看几个例题.

**例 6.7.1** 若从多项分布中抽出 300 个随机样本，得到的数据经整理如下所示.

| 类别 | I | II | III | IV | V |
|---|---|---|---|---|---|
| 次数 | 70 | 50 | 65 | 75 | 40 |

在显著性水平 $\alpha=0.05$ 下，试检验此多项分布的各项比率是否相等.

**解** 我们需要对下面的假设检验做出判断:

$$H_0: \text{此多项分布的各项比例均相等},$$

$$H_1: \text{此多项分布的各项比例并不完全相等}.$$

对于显著性水平 $\alpha=0.05$，考察统计量

$$W_0=\sum_{i=1}^{5}\frac{(O_i-E_i)^2}{E_i}=\sum_{i=1}^{5}\frac{O_i^2}{E_i}-n.$$

检验的拒绝域为：$C=\{W_0>\chi^2_{0.05}(4)=9.488\}$.

根据下面表格中的数据，计算统计量 $W_0$ 的观测值：

$$w_0=\frac{70^2+50^2+65^2+75^2+40^2}{60}-300=14.166\ 7.$$

| 类别 | I | II | III | IV | V |
|---|---|---|---|---|---|
| 观察次数 $(O_i)$ | 70 | 50 | 65 | 75 | 40 |
| 期望次数 $(E_i)$ | 60 | 60 | 60 | 60 | 60 |

因为 $w_0\in C$, 所以拒绝 $H_0$，即如果显著性水平给定为 0.05，由观察的数据判断，此多项分布的各项比例显著不相等.

**例 6.7.2** 掷铜板 200 次，得 120 次正面、80 次反面，假设显著性水平为 0.05，试检验这枚铜板是否均匀.

**解** 我们检验下面的假设：

$H_0$：这枚铜板是均匀的，

$H_1$：这枚铜板不是均匀的.

在给定的显著性水平 $\alpha=0.05$ 下考察检验统计量：

$$W_0=\sum_{i=1}^{2}\frac{\left(|O_i-E_i|-\dfrac{1}{2}\right)^2}{E_i}\quad(\text{考虑连续性校正}).$$

拒绝域为：$C=\{W_0>\chi^2_{0.05}(1)=3.841\ 6\}$.

由下面表格中的数据计算检验统计量 $W_0$ 的观测值：

$$w_0=\frac{(|120-100|-0.5)^2}{100}+\frac{(|80-100|-0.5)^2}{100}=7.605.$$

| | 正面 | 反面 |
|---|---|---|
| $O_i$ | 120 | 80 |
| $(H_0)P_i$ | 0.5 | 0.5 |
| $(H_0)E_i$ | 100 | 100 |

由于 $w_0\in C$，所以拒绝 $H_0$.

结论：显著性水平给定为 0.05 时，由数据判断这枚铜板显著不均匀.

**例 6.7.3** 我们利用计算机产生 50 个 0 ~ 9 的随机数，结果如下：7, 0, 6, 8, 2, 9, 9, 5, 0, 5, 8, 9, 4, 3, 7, 6, 6, 2, 9, 0, 3, 3, 9, 0, 3, 5, 6, 1, 4, 8, 9, 7, 6, 1, 5, 4, 3, 5, 1, 0, 1, 9, 4, 2, 7, 7, 7, 8, 4, 3. 如果给定显著性水平为 0.05，试检验 0 ~ 9 出现的概率是否一致.

**解** 我们检验下面的假设：

$$H_0: 0 \sim 9\text{出现的概率是一致的},$$
$$H_1: 0 \sim 9\text{出现的概率并不完全一致}.$$

在给定的显著性水平 $\alpha = 0.05$ 下考察检验统计量：

$$W_0 = \sum_{i=1}^{10} \frac{(O_i - E_i)^2}{E_i} = \sum_{i=1}^{10} \frac{O_i^2}{E_i} - n.$$

拒绝域为：$C = \{W_0 > \chi^2_{0.05}(9) = 16.919\}$.

由下面表格中的数据计算检验统计量 $W_0$ 的观测值：

$$w_0 = \frac{5^2 + 4^2 + 3^2 + 6^2 + 5^2 + 5^2 + 5^2 + 6^2 + 4^2 + 7^2}{5} - 50 = 2.4.$$

| 随机数 | 0 | 1 | 2 | 3 | 4 | 5 | 6 | 7 | 8 | 9 |
|---|---|---|---|---|---|---|---|---|---|---|
| $O_i$ | 5 | 4 | 3 | 6 | 5 | 5 | 5 | 6 | 4 | 7 |
| $(H_0)P_i$ | 0.1 | 0.1 | 0.1 | 0.1 | 0.1 | 0.1 | 0.1 | 0.1 | 0.1 | 0.1 |
| $(H_0)E_i$ | 5 | 5 | 5 | 5 | 5 | 5 | 5 | 5 | 5 | 5 |

因为 $w_0 \notin C$, 所以不拒绝 $H_0$.

结论：在 0.05 的显著性水平下，0 ~ 9 出现的概率并没有显著差异.

**例 6.7.4** 记录 500 支同品牌日光灯灯管的寿命，经整理后得到下面的数据.

| 灯管寿命 (小时) | [0,200) | [200,400) | [400,600) | [600,800) | $[800,+\infty)$ |
|---|---|---|---|---|---|
| 灯管数 | 50 | 100 | 200 | 120 | 30 |

在 0.05 的显著性水平下，试检验此品牌灯管的寿命是否服从指数分布.

**解** 我们需要检验下面的假设：

$$H_0: \text{此品牌灯管的寿命服从指数分布},$$
$$H_1: \text{此品牌灯管的寿命不服从指数分布}.$$

在给定的显著性水平 $\alpha = 0.05$ 下考察检验统计量：

$$W_0=\sum_{i=1}^{5}\frac{(O_i-E_i)^2}{E_i}=\sum_{i=1}^{5}\frac{O_i^2}{E_i}-n.$$

拒绝域为: $C=\{W_0>\chi^2_{0.05}(3)=7.815\}$.

由于指数分布的参数 $\theta$ 未知，因此用 $\overline{x}$ 作为 $\theta$ 的估计值:

$$\overline{x}=\frac{100\times 50+300\times 100+500\times 200+700\times 120+900\times 30}{50+100+200+120+30}=492,$$

其中，设定 100, 300, 500, 700, 900 为组中点.

$$P(0\leqslant X<200)=\int_0^{200}\frac{1}{492}\mathrm{e}^{-\frac{x}{492}}\mathrm{d}x=1-\mathrm{e}^{-\frac{200}{492}}=0.334,$$

$$P(200\leqslant X<400)=\int_{200}^{400}\frac{1}{492}\mathrm{e}^{-\frac{x}{492}}\mathrm{d}x=\mathrm{e}^{-\frac{200}{492}}-\mathrm{e}^{-\frac{400}{492}}=0.222,$$

$$P(400\leqslant X<600)=\int_{400}^{600}\frac{1}{492}\mathrm{e}^{-\frac{x}{492}}\mathrm{d}x=\mathrm{e}^{-\frac{400}{492}}-\mathrm{e}^{-\frac{600}{492}}=0.148,$$

$$P(600\leqslant X<800)=\int_{600}^{800}\frac{1}{492}\mathrm{e}^{-\frac{x}{492}}\mathrm{d}x=\mathrm{e}^{-\frac{600}{492}}-\mathrm{e}^{-\frac{800}{492}}=0.099,$$

$$P(800\leqslant X<+\infty)=0.197.$$

由下面表格中的数据计算出检验统计量 $W_0$ 的观测值:

$$w_0=\frac{50^2}{167}+\frac{100^2}{111}+\frac{200^2}{74}+\frac{120^2}{49.5}+\frac{30^2}{98.5}-500=445.65.$$

| $X$ | $[0,200)$ | $[200,400)$ | $[400,600)$ | $[600,800)$ | $[800,+\infty)$ |
|---|---|---|---|---|---|
| $O_i$ | 50 | 100 | 200 | 120 | 30 |
| $(H_0)P_i$ | 0.334 | 0.222 | 0.148 | 0.099 | 0.197 |
| $(H_0)E_i$ | 167 | 111 | 74 | 49.5 | 98.5 |

因为 $w_0\in C$, 所以拒绝 $H_0$.

结论: 在 0.05 的显著性水平下，此品牌灯管的寿命显著不服从指数分布.

**例 6.7.5** 某人连续不断地掷一颗骰子，用 $X$ 表示首次出现 5 或者 6 所需的实验次数，重复此实验 100 次，整理后得到如下数据.

| $X=x$ | 1 | 2 | 3 | 4 | 5 | 6 | $\geqslant 7$ |
|---|---|---|---|---|---|---|---|
| 次数 | 10 | 40 | 30 | 10 | 5 | 3 | 2 |

在显著性水平为 0.05 时，试检验 $X$ 是否服从几何分布.

**解** 我们需要对下面的假设做出检验:

$$H_0:\ X\text{服从几何分布},$$
$$H_1:\ X\text{不服从几何分布}.$$

在给定的显著性水平 $\alpha=0.05$ 下考察检验统计量:

$$W_0=\sum_{i=1}^{6}\frac{(O_i-E_i)^2}{E_i}=\sum_{i=1}^{6}\frac{O_i^2}{E_i}-n.$$

拒绝域为: $C=\{W_0>\chi^2_{0.05}(4)=9.488\}$.

因为几何分布的参数 $p$ 未知, 故用 $\dfrac{1}{\overline{X}}$ 来估计 $p$, 通过数据计算:

$$\overline{x}=\frac{1\times10+2\times40+3\times30+4\times10+5\times5+6\times3+7\times2}{10+40+30+10+5+3+2}=2.77,$$

$$\hat{p}=\frac{1}{\overline{X}}=\frac{1}{2.77}=0.361,$$

$$p_1=\hat{p}=0.361,$$

$$p_2=\hat{p}\hat{q}=0.361\times0.639=0.231,$$

$$p_3=\hat{p}\hat{q}^2=0.361\times0.639^2=0.147\ 4,$$

$$p_4=\hat{p}\hat{q}^3=0.361\times0.639^3=0.094\ 2,$$

$$p_5=\hat{p}\hat{q}^4=0.361\times0.639^4=0.06,$$

$$p_6=\hat{p}\hat{q}^5=0.361\times0.639^5=0.038\ 5,$$

$$p_{\geqslant7}=0.067\ 9.$$

因此, $E_6=p_6\times100=0.038\ 5\times100=3.85<5$, 故将其和最后一组结果合并. 由下面表格中的数据计算检验统计量 $W_0$ 的观测值:

$$w_0=\frac{10^2}{36.1}+\frac{40^2}{23.1}+\frac{30^2}{14.74}+\frac{10^2}{9.42}+\frac{5^2}{6}+\frac{5^2}{10.64}-100=50.22.$$

| $X=x$ | 1 | 2 | 3 | 4 | 5 | $\geqslant6$ |
|---|---|---|---|---|---|---|
| $O_i$ | 10 | 40 | 30 | 10 | 5 | 5 |
| $(H_0)P_i$ | 0.361 | 0.231 | 0.147 4 | 0.094 2 | 0.06 | 0.106 4 |
| $(H_0)E_i$ | 36.1 | 23.1 | 14.74 | 9.42 | 6 | 10.64 |

因为 $w_0\in C$, 所以拒绝 $H_0$.
结论: 在 0.05 的显著性水平下, $X$ 显著不服从几何分布.

## 6.7.2 其他 $\chi^2$ 检验

除了卡方拟合优度检验之外，还有如下两种常见的 $\chi^2$ 检验，它们分别是卡方列联表独立性检验和卡方列联表齐一性检验.

**定理 6.7.2** 卡方列联表独立性检验.

统计假设:

$H_0$: $X$ 变量与 $Y$ 变量之间独立无关,

$H_1$: $X$ 变量与 $Y$ 变量之间相关.

检验统计量:

$$\chi_0^2 = \sum_{i=1}^{r}\sum_{j=1}^{q}\frac{(O_{ij}-E_{ij})^2}{E_{ij}} = \sum_{i=1}^{r}\sum_{j=1}^{q}\frac{O_{ij}^2}{E_{ij}} - n,$$

其中 $O_{ij}$ 表示所观察样本属于第 $i$ 行第 $j$ 列两分类的个数，理论次数$E_{ij} = \dfrac{C_iR_j}{n}$，$C_i$ 和 $R_j$ 分别是属于第 $i$ 行和第 $j$ 列的分类的个数.

可以证明（略），当原假设 $H_0$ 成立时，检验统计量 $\chi_0^2$ 渐近服从 $\chi^2((r-1)(q-1))$. 相应地，拒绝域为 $C = \{\chi_0^2 > \chi_\alpha^2((r-1)(q-1))\}$.

**例 6.7.6** 问卷调查中，利用交叉分析得下述列联表 (单位：数).

| 职业 | 喜爱的品牌 | | | |
|---|---|---|---|---|
| | $B_1$ | $B_2$ | $B_3$ | $B_4$ |
| $A_1$ | 28 | 4[illegible] | 62 | 38 |
| $A_2$ | 25 | 15 | 18 | 22 |
| $A_3$ | 32 | 45 | 23 | 50 |

在显著性水平为 0.05 时，试检验职业差别是否与喜爱的品牌有关.

**解** 我们需要检验下面的假设:

$H_0$：职业差别与喜爱的品牌无关,

$H_1$：职业差别与喜爱的品牌有关.

在给定的显著性水平 $\alpha = 0.05$ 下考察检验统计量:

$$\chi_0^2 = \sum_{i=1}^{3}\sum_{j=1}^{4}\frac{(O_{ij}-E_{ij})^2}{E_{ij}} = \sum_{i=1}^{3}\sum_{j=1}^{4}\frac{O_{ij}^2}{E_{ij}} - n.$$

拒绝域为 $C = \{\chi_0^2 > \chi_{0.05}^2((3-1)(4-1)) = \chi_{0.05}^2(6) = 12.592\}$.

| 职业 | 喜爱的品牌 | | | | |
|---|---|---|---|---|---|
| | $B_1$ | $B_2$ | $B_3$ | $B_4$ | $O_{ij}/E_{ij}$ |
| $A_1$ | 28/36.125 | 42/43.35 | 62/43.775 | 38/46.75 | 170 |
| $A_2$ | 25/17 | 15/20.4 | 18/20.6 | 22/22 | 80 |
| $A_3$ | 32/31.875 | 45/38.25 | 23/38.625 | 50/41.25 | 150 |
| | 85 | 102 | 103 | 110 | $n=400$ |

$$\chi_0^2=\frac{28^2}{36.125}+\frac{42^2}{43.35}+\frac{62^2}{43.775}+\cdots+\frac{50^2}{41.25}-400=25.99.$$

因为 $\chi_0^2\in C$, 所以拒绝 $H_0$.

结论：在 0.05 的显著性水平下，职业差别与喜爱的品牌显著相关.

**例 6.7.7** 列联表执行卡方独立性检验时，其中有一格的期望次数 $(E_{ij})$ 低于 5，是否需要并项处理？

**解** 不用并项，除非整行或整列皆低于 5 才要并项.

**例 6.7.8** 列联表执行卡方独立性检验时，若卡方值为 25，总次数 $n=200$，试求：(1) $\phi$ 相关；(2) 列联相关；(3) 对于 (1)(2)，其值表示什么.

**解** (1) $\phi$ 相关 $=\sqrt{\dfrac{\chi_0^2}{n}}=\sqrt{\dfrac{25}{200}}=0.353\ 6.$

(2) 列联相关 $=\sqrt{\dfrac{\chi_0^2}{\chi_0^2+n}}=\sqrt{\dfrac{25}{25+200}}=0.333\ 3.$

(3) $\phi$ 相关与列联相关表示列联表中行与列两变项的相关程度.

**定理 6.7.3** 两独立总体比例的 $Z$ 检验与卡方 $2\times 2$ 列联表齐一性检验.

统计假设：

$$H_0: p_1=p_2,\ H_1: p_1\neq p_2.$$

检验统计量 ($Z$ 检验)

$$Z=\frac{\hat{p}_1-\hat{p}_2}{\sqrt{\hat{p}(1-\hat{p})\left(\dfrac{1}{n_1}+\dfrac{1}{n_2}\right)}},$$

其中，$n_1,n_2$ 分别是来自两个独立总体的样本容量；$\hat{p}_1,\hat{p}_2$ 分别是两个独立样本观测值的比例；$\hat{p}$ 是两个样本合并后的比例值.

检验统计量 (卡方检验) 为

$$\chi^2 = \sum_i \sum_j \frac{(O_{ij} - E_{ij})^2}{E_{ij}},$$

其中 $\chi^2 = Z^2$.

**例 6.7.9**　列联表齐一性检验与独立性检验有何差异?

**解**　齐一性检验与独立性检验的对比如表 6.5 所示.

表 6.5

| | 独立性检验 | 齐一性检验 |
|---|---|---|
| 总体 | 一个总体 | 多个总体 |
| 问题 | 两种分割有无相关 | 总体间的百分比是否一致 |
| 抽样方式 | 一次抽取 | 各总体抽取 |
| 分析方法 | 卡方检验 | 卡方检验 |

**例 6.7.10**　在某商品促销会场，随机抽访 200 位顾客，访问其进入会场前后对该商品的印象，结果如下所示.

| 进入会场前 | 进入会场后 | |
|---|---|---|
| | 印象好 | 印象不好 |
| 印象好 | 50 | 40 |
| 印象不好 | 60 | 60 |

在显著性水平为 0.05 时，试检验进入会场前后对该商品的印象好的比例是否有所改变.

**解**　我们要检验下面的假设:

$$H_0:\ 进入会场前后对商品的印象没有改变,$$
$$H_1:\ 进入会场前后对商品的印象有改变.$$

在显著性水平 $\alpha = 0.05$ 下考察统计量

$$W_0 = \frac{(B-C)^2}{B+C},$$

其中，$B$ 表示进入会场前印象不好而进入会场后印象变好的人数，$C$ 表示进入会场前印象好而进入会场后印象变不好的人数.

拒绝域为: $C = \{W_0 > \chi^2_{0.05}(1) = 3.841\ 5\}$.

$$B = 60,\ C = 40,\ W_0 = \frac{(60-40)^2}{40+60} = 4.$$

因为 $W_0 \in C$, 所以拒绝 $H_0$.

结论：在 0.05 的显著性水平下，进入会场前后对该商品的印象好的比例有显著改变.

## 6.8 正态分布检验

正态分布是最常用的分布，掌握判断总体分布是否为正态分布的方法是非常重要的. 接下来我们介绍几种常用的正态分布检验方法：Q-Q 图、K-S 检验以及 S-W 检验. Q-Q 图通过图像直观检查总体分布是否为正态分布，K-S 检验和 S-W 检验通过严格计算给出拒绝域判断.

### 6.8.1 Q-Q 图

Q-Q 图 (Q-Q plot) 的核心思想是通过比较样本经验分布函数与正态分布函数的差异来检验总体分布是否为正态分布. Q-Q 图（见图6.1）的横轴是标准正态分布的 $q$ 分位数，纵轴是样本经验分布函数的 $q$ 分位数. 图中每个点表示一对分位数，斜线表示 $y = kx + b$，当总体分布为正态分布时，样本点应该均匀分布在 $y = kx + b$ 周围，如果不满足，则有较大把握判断样本不属于正态分布. 图6.1中上方两图给出了总体满足正态分布时的 Q-Q 图，图6.1中下方两图给出了不满足正态分布时的 Q-Q 图.

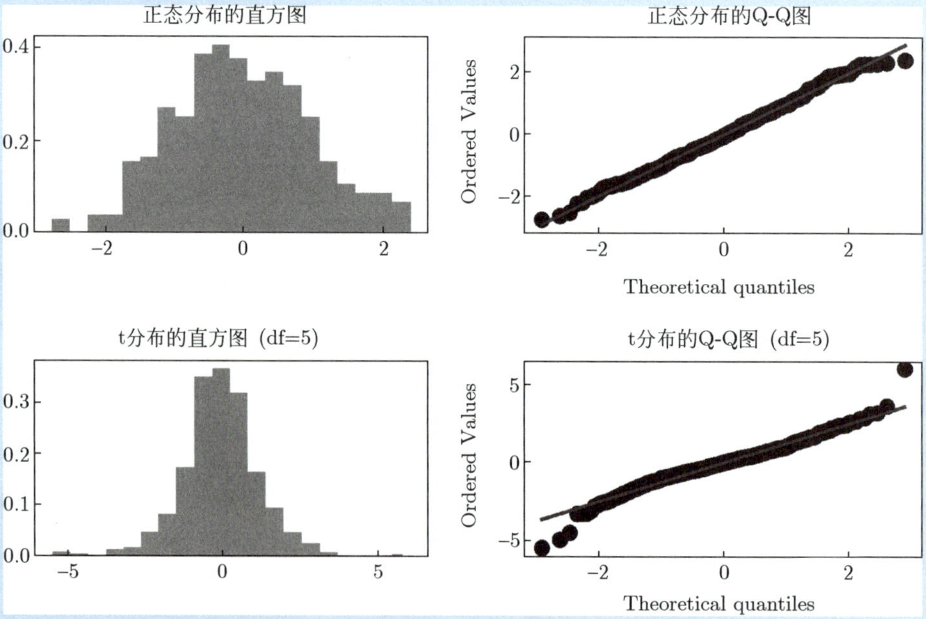


图 6.1 Q-Q 图

### 6.8.2 K-S 检验

Q-Q 图只能主观判断总体分布是否属于正态分布，一种更严谨的方法是利用假设检验的思想构造统计量进行判定，K-S 检验 (Kolmogorov-Smirnov test) 正是这样一种方法. 它的直观想法是通过计算样本经验累积分布函数与正态分布的累积分布函数的差距来判断是否属于正态分布. 设 $x_1, x_2, \cdots, x_n$ 是来自一个总体的样本的观察值，这一“差距”的严格数学定义如下：

$$D_n = \sup_{x \in \{x_1, x_2, \cdots, x_n\}} |F_n(x) - \Phi((x - \bar{x})/s)|,$$

其中 $F_n(x)$ 是根据样本观察值 $(x_1, x_2, \cdots, x_n)$ 计算出来的经验累积分布函数, $\overline{x}, s$ 分别是样本均值和样本标准差的观察值，$\Phi_0(x)$ 表示标准正态累积分布函数，$\sup_x$ 表示两者差值的上确界.

由格里汶科定理可知，当总体分布为标准正态分布时 $D_n \to 0$. 进一步地，我们有 $\sqrt{n}D_n$ 依分布收敛到柯尔莫哥洛夫分布（一个不依赖参数的分布），因此可以构造如下拒绝域：

$$\{\sqrt{n}D_n \geqslant c_{1-\alpha}\},$$

其中 $c_{1-\alpha}$ 为柯尔莫哥洛夫分布的 $1-\alpha$ 分位数，具体的数值可以通过查表获得. 该检验一般通过统计软件实现，我们将在后续小节中给出具体的代码实现.

### 6.8.3　S-W 检验

当样本量较小（$8 \leqslant n < 50$）时，一种更有效的方法是 S-W 检验 (Shapiro-Wilk test). 设 $X_1, X_2, \cdots, X_n$ 是来自一个总体的独立抽样，$X_{(1)} \leqslant X_{(2)} \leqslant \cdots \leqslant X_{(n)}$ 为其对应的次序统计量，S-W 枢轴量的定义如下：

$$W_n = \frac{\sum\limits_{i=1}^{n}(a_i - \overline{a})(X_{(i)} - \overline{x})}{\sum\limits_{i=1}^{n}(a_i - \overline{a})^2 \sum\limits_{i=1}^{n}(X_{(i)} - \overline{x})^2},$$

其中系数 $a_1, a_2, \cdots, a_n$ 表示正态分布次序统计量的均值. 系数与样本量有关，可通过查表获得. S-W 枢轴量相当于计算 $\boldsymbol{X} = (X_{(1)}, X_{(2)}, \cdots, X_{(n)})$ 与 $\boldsymbol{a} = (a_1, a_2, \cdots, a_n)$ 的相关系数. 当数值接近 1 时，两者呈线性关系，样本的次序统计量与正态分布的次序统计量的均值接近，故可以用来做正态性检验. 该检验的拒绝域为

$$\{W_n \leqslant W_{1-\alpha}\},$$

其中 $W_{1-\alpha}$ 为 $W$ 分布的 $1-\alpha$ 分位数，具体数值可以通过查表获得. 该检验一般通过统计软件实现，我们将在后续小节中给出具体的代码实现.

## 6.9　与本章相关的 Python 操作

### 6.9.1　$Z$ 检验

$Z$ 检验一般用于大样本检验，或是当总体方差已知时检验正态分布的均值. 假设

样本 $x_1, x_2, \cdots, x_n$ 服从方差已知的正态分布 $N(\mu, \sigma^2)$，那么当均值为 0 时，枢轴量 $\sqrt{n}(\bar{x}-\mu)/\sigma \sim N(0,1)$. 检验 $\mu$ 是否为 0 的代码如下：

```
from scipy.stats import norm
import numpy as np

# 生成数据
x0=norm.rvs(loc=0,scale=1,size=100)
x4=norm.rvs(loc=4,scale=1,size=100)

# 计算枢轴量
xbar0=np.mean(x0)
xbar4=np.mean(x4)

# 计算 p 值
p0=(2*(1-norm.cdf(np.abs(xbar0),loc=0,scale=1)))
p4=(2*(1-norm.cdf(np.abs(xbar4),loc=0,scale=1)))

# 输出结果
print('Ztest_result_for_mean0(statistic={},pvalue={})'.format(xbar0,p0))
print('Ztest_result_for_mean4(statistic={},pvalue={})'.format(xbar4,p4))
```

```
Ztest_result_for_mean0(statistic=-0.08155200034841012,pvalue=0.9350029722584696)
Ztest_result_for_mean4(statistic=3.867577737265094,pvalue=0.00010992179273250358)
```

其中 x0 服从均值为 0、方差为 1 的正态分布，应该满足原假设，而 x4 服从均值为 4、方差为 1 的正态分布，应该拒绝原假设. $Z$ 检验的 $p$ 值表明，它成功地做出了正确的判断.

代码中我们计算的是双边假设检验的 $p$ 值，对于单边假设检验，我们需要条件 $p$ 值的计算方法. 当备择假设是 $\mu > 0$ 时，$p$ 值的计算方法为 1 − norm.cdf(np.abs(xbar0), loc=0, scale=1). 当备择假设是 $\mu < 0$ 时，$p$ 值的计算方法为 norm.cdf(np.abs(xbar0), loc=0, scale=1).

## 6.9.2 $t$ 检验

$t$ 检验一般用于当总体方差未知时检验正态分布的均值. 假设样本 $x_1, x_2, \cdots, x_n$ 服从方差未知的正态分布 $N(\mu, \sigma^2)$，那么当均值为 0 时，枢轴量 $\sqrt{n}\bar{x}/s \sim t(n-1)$，其中 $s$ 表示样本标准差. 下面我们直接使用内置函数计算 $p$ 值.

```
from scipy.stats import norm
from scipy.stats import ttest_1samp

# 生成数据
```

```
x0=norm.rvs(loc=0,scale=1, size=100)
x4=norm.rvs(loc=4,scale=1, size=100)

# t检验
ttest_1samp(x0,popmean=0,alternative="two-sided"),ttest_1samp(x4,popmean=0,
        alternative="two-sided")
```

```
(Ttest_1sampResult(statistic=-1.3923094430883967,pvalue=0.16694827206708668),
 Ttest_1sampResult(statistic=37.517407869849954,pvalue=2.4612514272020373e-60))
```

其中 x0 服从均值为 0 的 $t$ 分布，应该满足原假设，而 x4 服从均值为 4 的 $t$ 分布，应该拒绝原假设. $t$ 检验的 $p$ 值表明，它成功地做出了正确的判断.

代码中的 alternative="two-sided" 表明使用的是双边 $t$ 检验，当 alternative="greater" 时，使用的是单边 $t$ 检验，即检验 $\mu$ 是否大于 0；当 alternative="less" 时，使用的是单边 $t$ 检验，即检验 $\mu$ 是否小于 0.

### 6.9.3　*F* 检验

$F$ 检验一般用于检验两个正态分布的方差是否相等. 假设样本 $x_1,x_2,\cdots,x_m$ 服从方差为 $\sigma_1^2$ 的正态分布 $N(\mu,\sigma_1^2)$，样本 $y_1,y_2,\cdots,y_n$ 服从方差为 $\sigma_2^2$ 的正态分布 $N(\mu,\sigma_2^2)$，那么当 $\sigma_1^2=\sigma_2^2$ 时枢轴量 $s_x^2/s_y^2 \sim F(m-1,n-1)$. 检验 $\sigma_1^2$ 是否等于 $\sigma_2^2$ 的代码如下：

```
from scipy.stats import norm
from scipy.stats import f
import numpy as np

# 生成数据
x0=norm.rvs(loc=0,scale=1,size=100)
x4=norm.rvs(loc=4,scale=1,size=100)

# 计算枢轴量
F=np.var(x0,ddof=1)/np.var(x4,ddof=1)

# 计算p值
p=2*np.minimum((1-f.cdf(F,dfn=99,dfd=99)),f.cdf(F,dfn=99,dfd=99))

# 输出结果
print('Ftest_result_for_mean0(statistic={},pvalue={})'.format(F,p))
```

```
Ftest_result_for_mean0(statistic=0.7887116340186351,pvalue=0.23940666061972687)
```

### 6.9.4　卡方检验

卡方检验可以实现分布的拟合优度检验，假设 $x$ 是观测到的各个类别中包含的个体数目，$p$ 是各个类别中包含个体的理论概率，那么检验各个类别的占比是否满足理论概率的代码如下：

```
from scipy.stats import chisquare
import numpy as np

# 生成数据
x=np.array([315,108,101,32])
p=np.array([9/16,3/16,3/16,1/16])*np.sum(x)  # p相加需要和x相加一样
chisquare(x,f_exp=p)
```

```
Power_divergenceResult(statistic=0.4700239808153477,pvalue=0.925425895103616)
```

### 6.9.5 K-S 检验

K-S 检验可以用于检验样本是否符合某一指定分布. 假设 $x_1, x_2, \cdots, x_n$ 服从某一分布，那么检验数据是否来自正态分布的代码如下：

```
from scipy.stats import ks_1samp
from scipy.stats import norm
from scipy.stats import binom
import numpy as np

# 生成数据x
xnorm=norm.rvs(loc=0,scale=1,size=1000)
xbinom=binom.rvs(n=10,p=0.5,size=1000)

# 计算p值
ks_1samp((xnorm-np.mean(xnorm))/np.std(xnorm),norm.cdf),
          ks_1samp((xbinom-np.mean(xbinom))/np.std(xbinom),norm.cdf)
```

```
(KstestResult(statistic=0.017166699220751036, pvalue=0.9248001002369416),
 KstestResult(statistic=0.1200249048323665, pvalue=5.196202023196128e-13))
```

### 6.9.6 S-W 检验

S-W 检验可以用于检验样本是否符合某一指定分布. 假设 $x_1, x_2, \cdots, x_n$ 服从某一分布，那么检验数据是否来自正态分布的代码如下：

```
from scipy.stats import shapiro
from scipy.stats import norm
from scipy.stats import binom
```

```
# 生成数据x
xnorm=norm.rvs(loc=0,scale=1,size=1000)
xbinom=binom.rvs(n=10,p=0.5,size=1000)

shapiro(xnorm),shapiro(xbinom)
```

```
(ShapiroResult(statistic=0.9981018304824829,pvalue=0.3279213011264801),
 ShapiroResult(statistic=0.9649345278739929,pvalue=8.757325410896442e-15))
```

### 6.9.7　Q-Q 图

Q-Q 图的代码如下，可以看出，正态分布的 Q-Q 图是一条直线，而 $t$ 分布的 Q-Q 图是一条曲线.

```
import matplotlib.pyplot as plt
import numpy as np
from scipy.stats import norm, t, probplot

# 生成数据
np.random.seed(0)
norm_data=norm.rvs(size=400)
t_data=t.rvs(df=5,size=400)

# 画图
plt.rc("font",family='Kaiti SC')  # 设置字体
fig,((ax1,ax2),(ax3,ax4))=plt.subplots(2,2)
fig.dpi=600

ax1.hist(norm_data,bins=20,density=True,alpha=0.5,color='gray')
ax1.set_title("正态分布的直方图")

probplot(norm_data,plot=ax2)
ax2.set_title("正态分布的Q-Q图")

ax3.hist(t_data,bins=20,density=True,alpha=0.5,color='gray')
ax3.set_title("t分布的直方图(df=5)")

probplot(t_data,plot=ax4)
ax4.set_title("t分布的Q-Q图(df=5)")

plt.tight_layout()
plt.show() # 见图6.1
```

## 本章小结

假设检验是统计学中用于评估关于总体参数或总体分布的假设的方法. 它通过收集样本数据并进行统计推断，帮助我们做出关于总体的推断和决策. 假设检验包括两个互补的假设：零假设（$H_0$）和备择假设（$H_1$）. 零假设是对总体参数或总体分布的某种特征的假设，通常表示无差异、无效果或无关联等. 备择假设则是对零假设的反面假设，通常表示存在差异、效果或关联等.

本章中我们介绍了许多常见的假设检验方法，接下来通过正态分布来简单回顾一下这些方法. 假设样本来自正态分布：当方差已知时，正态分布的均值的检验为 $Z$ 检验；当方差未知时，正态分布的均值的检验为 $t$ 检验；单一正态分布的方差的检验为 $\chi^2$ 检验；两独立总体的方差比的检验为 $F$ 检验.

与区间估计相似，假设检验也可以使用 Bootstrap 方法来实现一般的非参数假设检验. 接下来以下述假设检验问题为例，使用 Bootstrap 方法估计显著性水平为 0.95 的拒绝域：

$$H_0 : \mu = \mu_0,\ H_1 : \mu \neq \mu_0.$$

(1) 从原始样本中有放回地抽取一个与原始样本大小相同的自助样本，形成 Bootstrap 样本.

(2) 对每个 Bootstrap 样本计算样本均值.

(3) 重复步骤 (1) 和步骤 (2) 多次（通常是 1 000 次或更多），生成多个 Bootstrap 样本和对应的统计量.

(4) 利用这些 Bootstrap 统计量的 0.025 分位数和 0.975 分位数作为拒绝域的边界.

## 习 题 六

6.1 设 $X_1, X_2, \cdots, X_{10} \overset{\text{i.i.d.}}{\sim} B(p)$，若 $H_0 : p = 0.1$，$H_1\ p = 0.9$，令 $Y = \sum\limits_{i=1}^{10} X_i$.

(1) 拒绝域 $C_1 = \{Y \geqslant 9\}$，试求 $\alpha$ 与 $\beta$ 风险.

(2) 拒绝域 $C_2 = \{Y \geqslant 8\}$，试求 $\alpha$ 与 $\beta$ 风险.

(3) 显著性水平为 $10^{-8}$，则应选取 $C_1$ 还是 $C_2$ 为拒绝域？

(4) 显著性水平为 $10^{-6}$，则应选取 $C_1$ 还是 $C_2$ 为拒绝域？

6.2 设 $X_1, X_2, \cdots, X_{100} \overset{\text{i.i.d.}}{\sim} B(p)$，若 $H_0 : p \geqslant 0.08$，$H_1 : p < 0.08$，令 $Y = \sum\limits_{i=1}^{100} X_i$，拒绝域 $C = \{Y \leqslant 6\}$，试求：

(1) 此检验的显著性水平为多少？

(2) 当 $p = 0.04$ 时，$\beta$ 风险为何？

6.3 (1) $\alpha$ 风险变大，$\beta$ 风险一定变小吗？

(2) $\alpha$ 风险变小，检验效能 $(1-\beta)$ 就变大吗？

(3) $\alpha$ 风险就是显著性水平吗?

(4) $\alpha$ 风险与 $\beta$ 风险不可能同时降低吗?

6.4 当检验 $H_0: p \geqslant 0.5$, $H_1: p < 0.5$ 时，抽样后:

(1) 得到 $Z$ 的观测值为 $Z_0 = -1.69$，$p$ 值为多少? 当显著性水平为 0.05 时，结论为拒绝 $H_0$ 还是不拒绝 $H_0$? 当显著性水平为 0.01 时，结论为拒绝 $H_0$ 还是不拒绝 $H_0$?

(2) 得到 $Z$ 的观测值为 $Z_0 = -1.73$ 时，$p$ 值为多少?

6.5 从正态总体 $N(\mu, \sigma^2)$ 中随机抽出 12 个样本，得其数据如下: 68, 78, 62, 73, 66, 85, 90, 92, 73, 83, 76, 58. 在显著性水平为 $\alpha = 0.05$ 时，检验:

(1) $\sigma^2$ 是否超过 100? $p$ 值为多少?

(2) $\mu$ 是否低于 80? $p$ 值为多少?

6.6 从一总体中随机抽出 100 个样本，得其样本平均数 $\overline{X} = 102.5$，样本方差 $S^2 = 68$，在显著性水平为 $\alpha = 0.05$ 时:

(1) 试检验总体平均数是否为 100.

(2) $p$ 值为多少?

6.7 某工厂想检定其不良率是否低于 5%，随机抽出 100 件成品，品管部门质检发现有 3 件不良品，在显著性水平 $\alpha = 0.05$ 时，试检验该厂的猜想 $p$ 值.

6.8 某医学中心针对某安眠药的药效做一研究，随机抽取 20 位失眠患者，并随机分成两组（实验组与对照组），实验组给予该安眠药，对照组给予安慰剂（胶囊中为维生素），得到其睡眠时间（单位: 小时）如下.

实验组: 5, 4.8, 2.5, 6.2, 3.6, 7.3, 5.5, 4.9, 5.2, 3.9

对照组: 2, 3.6, 8, 3.9, 4, 1.3, 4.3, 3.2, 3.6, 5.3

假设实验组与对照组患者服药后的睡眠时间均服从正态总体. 在显著性水平为 0.05 时，试检验:

(1) 两组睡眠时间的总体方差是否相等.

(2) 该安眠药是否有效.

6.9 有两独立正态总体 $N(\mu_x, \sigma_x^2)$和$N(\mu_y, \sigma_y^2)$，且 $\sigma_x^2 = \sigma_y^2$，但 $\sigma_x^2, \sigma_y^2$ 未知，已知样本数据如下.

| 总体 | 样本数 | 样本均值 | 样本方差 |
|---|---|---|---|
| $N(\mu_x, \sigma_x^2)$ | $n_x = 20$ | $\bar{x} = 150$ | $s_x^2 = 120$ |
| $N(\mu_y, \sigma_y^2)$ | $n_y = 18$ | $\overline{y} = 250$ | $s_y^2 = 200$ |

在显著性水平为 0.05 时，试检验 $H_0: 3\mu_x = 2\mu_y$, $H_1: 3\mu_x \neq 2\mu_y$.

6.10 某一连锁企业针对东西两地区相同规模的加盟店进行抽样. 从东区随机抽出 8 家，从西区随机抽出 10 家，得到去年整年度的业绩（单位: 百万元）如下:

东区: 40, 22, 5.8, 0.3, 5.2, 9.8, 7, 8.3

西区: 11, 9.8, 8.9, 9.2, 8.1, 7.8, 6.8, 7.2, 6.3, 8.5

假设东西区加盟店去年整年度业绩的总体服从正态分布，在显著性水平为 0.05 时，检验：

(1) 两地区业绩是否存在显著差异.

(2) 东区的业绩是否比西区的业绩好.

6.11　有一机构提出减肥计划，宣称 3 个月能够减重 15 千克. 消基会提出一实验：随机抽出 100 个需要减肥的人，先记录每个人减肥前体重，进行此减肥计划 3 个月后，再记录每个人减肥后体重. 资料如下：

减肥前：$\overline{X}=98.5, S_X^2=120$.

减肥后：$\overline{Y}=80.8, S_Y^2=90$.

减肥前后的样本协方差为 $S_{XY}=\dfrac{\sum\limits_{i=1}^{100}(X_i-\overline{X})(Y_i-\overline{Y})}{n-1}=50$.

在显著性水平为 0.05 时，试检验此机构是否对效果有所夸大.

6.12　设有某二项分布总体 $b(n=5,p=\theta)$，$f(x:\theta)$ 为其 p.m.f.，若 $H_0:\theta=0.5$，$H_1:\theta=0.75$，随机抽出一样本 $X_1$，试求 $\alpha=0.187\,5$ 时的最佳拒绝域.

6.13　$X_1,X_2,\cdots,X_n \overset{\text{i.i.d.}}{\sim} N(\mu=\theta_1,\sigma^2=\theta_2), H_0:\theta_1=0$，$H_1:\theta_1\neq 0$，试建立显著性水平 $\alpha=0.05$ 下的似然比检验.

6.14　总体中若有 6 个小族群，其人数比例为 1:2:3:4:5:6. 现利用概率抽样方法抽出 100 个样本，得到的资料经整理如下所示.

| 族群 | I | II | III | IV | V | VI |
|---|---|---|---|---|---|---|
| 人数 | 5 | 12 | 18 | 15 | 20 | 30 |

在显著性水平 $\alpha=0.05$ 下，试检验此组样本的结构与总体族群比率的结构是否一致.

6.15　根据教育部的报告，大学生“打工”与“不打工”的人数比率为 1:3. 某大学自行抽出 500 人的随机样本，整理出如下数据.

| | 打工 | 不打工 |
|---|---|---|
| 人数 | 150 | 350 |

在显著性水平 $\alpha=0.05$ 下，试检验此校的学生“打工”与“不打工”的比率是否与教育部的报告相同.

(1) 利用 $Z$ 检验法.

(2) 利用卡方拟合优度检验.

(3) 两种方法的结果是否一样?

6.16　孟德尔遗传理论叙述某一类别的豌豆具有以下几种外形：黄而圆、黄而皱、绿而圆、绿而皱. 而其数目应依照 9:3:3:1 的比例. 假定 160 个这类豌豆的各外形经栽种实验的数目分别为 85，35，25 和 15. 在显著性水平为 0.05 下，试检验这些数据是否符合遗传模式.

6.17　掷一颗骰子 240 次后，得到的资料经整理如下所示.

| 点数 | 1 | 2 | 3 | 4 | 5 | 6 |
|---|---|---|---|---|---|---|
| 次数 | 45 | 38 | 35 | 50 | 42 | 30 |

显著性水平为 0.05 时，试检验此颗骰子是否公正.

6.18　某百货公司欲了解其平常时段每分钟客户人数是否服从泊松分布，随机抽出 1 000 分钟记录每分钟客户人数，经整理得下列数据.

| 人数/分 | 0 | 1 | 2 | 3 | 4 | 5 | 6 | 7 | 8 | 9 |
|---|---|---|---|---|---|---|---|---|---|---|
| 次数 | 50 | 200 | 250 | 150 | 100 | 90 | 80 | 60 | 18 | 2 |

在显著性水平为 0.05 的条件下，检验样本是否服从泊松分布.

6.19　从一总体中随机抽出 800 个样本，得到的数据经整理后如下所示.

| $X$ | $(-\infty,-20)$ | $[-20,-10)$ | $[-10,0)$ | $[0,10)$ | $[10,20)$ | $[20,+\infty)$ |
|---|---|---|---|---|---|---|
| 次数 | 35 | 120 | 210 | 240 | 150 | 45 |

在显著性水平为 0.05 时，试检验 $X$ 是否服从正态分布 $N(0,\sigma^2)$.

6.20　欲了解阅报习惯是否与受教育程度有关，随机访问 535 人，得到下面的数据.

| 受教育程度 | 报纸 | | |
|---|---|---|---|
| | A | B | C |
| I | 35 | 40 | 58 |
| II | 48 | 72 | 32 |
| III | 40 | 38 | 72 |
| IV | 50 | 30 | 20 |

在显著性水平为 0.05 的条件下，试检验阅报习惯是否与受教育程度有关.

6.21　我们从北、中、南、东四地区分别随机抽出 400 人、300 人、200 人、100 人（共 1 000 人）的样本，发现各地区使用不同手机系统的人数如下所示.

| 地区 | 人数 | | | |
|---|---|---|---|---|
| | A | B | C | D |
| 北 | 108 | 152 | 86 | 54 |
| 中 | 78 | 132 | 54 | 36 |
| 南 | 63 | 92 | 30 | 15 |
| 东 | 30 | 42 | 15 | 13 |

在显著性水平为 5% 的条件下，试检验北、中、南、东四地区使用不同手机系统的比例分布是否完全相同.

6.22 甲、乙两校分别随机抽出 300 位、200 位同学，其戴眼镜（含隐形眼镜）的人数如下所示.

| 学校 | 戴眼镜 | |
|---|---|---|
| | 是 | 否 |
| 甲 | 200 | 100 |
| 乙 | 120 | 80 |

在显著性水平为 0.05 的条件下，甲、乙两校戴眼镜的比例是否相同？

(1) 利用 $Z$ 检验.

(2) 利用 $\chi^2$ 检验.

(3) 比较 (1)(2) 的差异.

6.23 (1) 有 300 位同学同时到 A、B 两校复试，结果如下所示.

| A 校 | B 校 | |
|---|---|---|
| | 录取 | 不录取 |
| 录取 | 30 | 40 |
| 不录取 | 25 | 205 |

在显著性水平为 0.05 的条件下，试检验两校的录取率是否一样.

(2) 从 A 校抽出 150 位同学，有 60 位复试录取，从 B 校抽出 200 位同学，有 80 位复试录取，结果如下所示.

| 校别 | 复试 | |
|---|---|---|
| | 录取 | 不录取 |
| A 校 | 50 | 100 |
| B 校 | 10 | 130 |

在显著性水平为 0.05 的条件下，试检验两校的录取率是否一样.

(3) 试比较 (1)(2) 的差异.

6.24 有 100 位同学同时报考 A、B 两种证照考试，考试结果如下所示.

| A | B | |
|---|---|---|
| | 通过 | 不通过 |
| 通过 | 30 | 10 |
| 不通过 | 40 | 20 |

在显著性水平为 0.05 的条件下，试用 $Z$ 检验，检验 A、B 两种证照的通过率是否相同.

第 7 章

# 贝叶斯统计

## 学 习 要 点

1. 掌握贝叶斯统计的基本概念：先验、后验、共轭先验、贝叶斯点估计、贝叶斯区间估计、MCMC 算法
2. 掌握如何利用先验计算后验；当后验难以计算时，学会使用 MCMC 算法模拟后验
3. 掌握贝叶斯公式
4. 了解贝叶斯方法与前面所学的区别和联系

在本书的前几章，我们对经典统计学派的统计推断理论做了介绍，接下来我们要介绍另一个统计学派——贝叶斯学派（Bayesian）解决统计推断问题的思想和方法. 同样，贝叶斯学派的目标也是基于已有的数据并在合适的假设下给出参数合理的描述，但是贝叶斯学派进行统计推断的根本思想和方法都和经典统计学派有明显的差异. 例如，相较于经典统计学派将参数视为确定的常数，贝叶斯学派认为参数是随机变量；贝叶斯学派会考虑先验信息；等等. 本章将介绍贝叶斯的点估计和区间估计，以及 MCMC 方法.

## 7.1 贝叶斯估计简介

### 7.1.1 先验分布

在实际生活中，对很多问题我们都有一定的先验知识. 例如，想知道 7 月份的平均气温，我们会认为平均气温很可能在 30°C 左右，并做出判断：平均气温在 25°C ~ 35°C 的概率为 0.9，而低于 0°C 或者高于 60°C 的概率很小，类似地做出判断：这件事情发生的可能性很小，概率为 0. 事实上这些例子中提到的“很可能”“可能性很小”源于我们在经验的基础上给出的先验分布，而给出的概率 0.9 和 0 就是先验分布的一个数值刻画，即我们认为温度 $T$ (单位：°C) 满足 $P(25 \leqslant T < 35) = 0.9$，$P(\{T < 0\} \cup \{T \geqslant 60\}) = 0$.

以上对温度的认识是一种额外的信息，在之前的统计推断中，我们经常接触以下两种信息：

（1）总体信息：总体所属的分布族形式带来的信息. 例如，我们知道总体是正态分布，就可以说总体的各阶矩存在且密度函数关于期望对称，也有很多成熟的统计方法可以采用. 但是为了确定总体分布需要大量的观察.

（2）样本信息：从总体中抽取的样本带来的信息. 我们需要利用样本对总体的分布进行推断.

经典统计学基于以上两种信息进行统计推断，但上例举出的信息不属于总体信息，因为这并不是大量观察实验得到的对总体分布的假定，即如果上述问题是根据样本估计参数 $T$，那么上例关于 $T$ 的信息完全没有刻画总体是什么形状，只是刻画了总体中的参数更可能在什么区间. 显然，上例中的信息也不属于样本信息. 但上例是从生活经验中得到的，直观地加入它会使统计推断更加精确.

因此，在贝叶斯统计中，一种新的信息被加入进来.

（3）先验（prior）信息：抽样之前有关统计问题的一些信息. 一般来讲，先验信息源于经验和历史资料.

贝叶斯统计基于以上三种信息进行统计推断，在贝叶斯理论体系中参数被视为随机变量，可以用一个概率分布来描述，这个概率分布综合考虑了先验信息，称为先验分布. 对于待估参数 $\theta$，我们记 $\pi(\theta)$ 为其先验分布（prior distribution），它可以是任意形式的概率分布函数，例如正态分布、均匀分布等. 以之前的温度为例，想要估计的参数为 $T$, 那么我们可以选择先验分布 $T \sim U[25, 35]$ 或者 $T \sim N(30, 5^2)$ 等. 当然也可以选择 $T \sim U(-10, 0)$,

这仍然是一个随机变量的分布，但与实际情况不符. 事实上对于实际问题，选取一个合理的先验分布可以得到更好的估计效果.

假设模型参数为 $\theta$，经典统计学一般记总体 $X$ 的分布为 $p_\theta(x)$, 代表参数为 $\theta$ 时总体的概率分布，其中的 $\theta$ 是某个值而不是随机变量. 而在贝叶斯体系下一般记总体的分布为 $p(x|\theta)$，代表在给定 $\theta$ 的条件下总体的概率分布，其中“|”是条件概率中的符号，即在 $\theta$ 的条件下，表示 $\theta$ 的随机变量性质.

给定参数的先验分布 $\pi(\theta)$ 以及总体分布 $p(x|\theta)$，我们可以写出参数和总体的联合分布 $p(x,\theta)=\pi(\theta)p(x|\theta)$，由此可以给出在给定总体 $x$ 的条件下参数 $\theta$ 的条件分布：

$$\pi(\theta|x)=\frac{\pi(\theta)p(x|\theta)}{\int_\Theta \pi(\theta)p(x|\theta)\mathrm{d}\theta},$$

我们称其为参数的后验分布（posterior distribution)，后验分布可以看作综合了先验信息和总体信息得到的分布函数.

**例 7.1.1** 设总体 $X_1,X_2,\cdots,X_n$ 独立同服从均值为 $\theta$、方差为 $\sigma^2$ 的正态分布，其中 $\theta$ 为参数，其先验分布 $\pi(\theta)$ 是均值为 $\mu_0$、方差为 $\sigma_0^2$ 的正态分布，$\sigma^2$ 为常数. 求 $\theta$ 的后验分布.

**解** 由条件可知，$(\theta,X_1,\cdots,X_n)$ 的联合概率密度为

$$\begin{aligned}p(\theta,x_1,\cdots,x_n)&=(2\pi\sigma^2)^{-n/2}\exp\left(-\frac{\sum\limits_{i=1}^n(x_i-\theta)^2}{2\sigma^2}\right)(2\pi\sigma_0^2)^{-1/2}\exp\left(-\frac{(\theta-\mu_0)^2}{2\sigma_0^2}\right)\\&=(2\pi\sigma^2)^{-n/2}(2\pi\sigma_0^2)^{-1/2}\exp\left(-\frac{\sum\limits_{i=1}^n x_i^2-2\sum\limits_{i=1}^n x_i\theta+n\theta^2}{2\sigma^2}-\frac{\theta^2-2\mu_0\theta+\mu_0^2}{2\sigma_0^2}\right),\end{aligned}$$

则有 $\pi(\theta|x)\propto\dfrac{p(\theta,x_1,\cdots,x_n)}{\int_R p(\theta,x_1,\cdots,x_n)\mathrm{d}\theta}$，将与 $\theta$ 无关的项看作常数项并提出（应注意积分项与 $\theta$ 无关)，有

$$\pi(\theta|x)\propto\exp\left(-(1/2)\left[(n/\sigma^2+1/\sigma_0^2)\theta^2-2\left(\sum_{i=1}^n x_i/\sigma^2+\mu_0/\sigma_0^2\right)\theta\right]\right).$$

注意到任意均值为 $\mu^*$、方差为 $\sigma^{*2}$ 的随机变量的概率密度函数为

$$p^*(x)=(2\pi\sigma^{*2})^{-1/2}\exp\left(-\frac{(x-\mu^*)^2}{2\sigma^{*2}}\right)\propto\exp\left(-(1/2)\left(\frac{x^2}{\sigma^{*2}}-2\frac{\mu^*x}{\sigma^{*2}}\right)\right),$$

对应地，$\pi(\theta|x)$ 是均值为 $\dfrac{\sum\limits_{i=1}^n x_i/\sigma^2+\mu_0/\sigma_0^2}{n/\sigma^2+1/\sigma_0^2}$、方差为 $\dfrac{1}{n/\sigma^2+1/\sigma_0^2}$ 的正态概率密度函数.

例 7.1.1 中后验分布的均值可以理解为先验分布的均值 $\mu$ 和样本均值 $\sum_{i=1}^{n} x_i/n$ 的加权和，而后验分布的方差随着样本量的增加不断下降. 这意味着随着样本量的增加，我们更有把握认为参数聚集在某点附近，而这一点就是上述先验分布的均值和样本均值的加权和. 在样本量的不断增加下这个和趋向于样本均值，这与我们的经验一致.

另外，在例 7.1.1 中，我们并没有直接求出分布函数的形式，而是找到了分布函数的核，通过分布函数的核得到参数的后验分布. 在此我们介绍一个很重要的简化后验分布的方法.

在给定样本分布 $p(x|\theta)$ 和先验分布 $\pi(\theta)$ 后，利用贝叶斯公式可以得到：

$$\pi(\theta|x) = \frac{p(x|\theta)\pi(\theta)}{\int_{\Theta} p(x,\theta)\mathrm{d}\theta},$$

其中 $g(x) = \int_{\Theta} p(x,\theta)\mathrm{d}\theta$ 为样本的边际分布，其与 $\theta$ 参数无关，在计算中仅起到正则化因子的作用. 因此可以得到

$$\pi(\theta|x) \propto p(x|\theta)\pi(\theta).$$

上式省略了 $g(x)$ 的计算. 注意到 $p(x|\theta)\pi(\theta)$ 虽然不是概率密度函数，但是只需要乘上一个与 $\theta$ 无关的正则项即可，我们称 $p(x|\theta)\pi(\theta)$ 为核. 另外，如果上式右端中仍然有与参数 $\theta$ 无关的项，可进一步约去. 核对应的分布可以由核完全决定，因此很多时候我们只需要知道核的形式，对于熟悉的分布族就可以较快地算出参数族中的参数.

**例 7.1.2** 设 $x_1, x_2, \cdots, x_n$ 为来自两点分布 $b(1,\theta)$ 的一个样本的观测值. 其中成功率 $\theta$ 的先验分布为 $\mathrm{Be}(\alpha,\beta)$, 求参数 $\theta$ 的后验分布.

**解**

$$p(x_1, x_2, \cdots, x_n|\theta) = \prod_{i=1}^{n} p(x_i|\theta) = \frac{n!}{t!(n-t)!}\theta^t(1-\theta)^{n-t},$$

$$\pi(\theta) = \frac{1}{B(\alpha,\beta)}\theta^{\alpha-1}(1-\theta)^{\beta-1},\ \theta \in (0,1),$$

其中 $t = \sum_{i=1}^{n} x_i$. 因此有

$$\begin{aligned} p(\theta|x_1, x_2, \cdots, x_n) &\propto p(x_1, x_2, \cdots, x_n|\theta)\pi(\theta) \\ &= \frac{n!}{t!(n-t)!}\theta^t(1-\theta)^{n-t}\frac{1}{B(\alpha,\beta)}\theta^{\alpha-1}(1-\theta)^{\beta-1} \\ &\propto \theta^{t+\alpha-1}(1-\theta)^{n-t+\beta-1}. \end{aligned}$$

熟悉贝塔分布之后可以看出，后验分布的核对应 $\mathrm{Be}(\alpha+t, \beta+n-t)$ 的核，由此可以

得到后验分布. 并且从上述流程可以看出，我们不需要计算样本边际密度，从而简化了计算过程.

观察例 7.1.1 和例 7.1.2，例 7.1.1 中后验分布的形式完全由 $\overline{X}=\sum_{i=1}^{n}X_i$ 和先验分布决定，例 7.1.2 中后验分布的形式完全由 $T=\sum_{i=1}^{n}X_i$ 和先验分布决定. 也就是说，样本对后验分布的影响完全体现在对应的统计量上. 也可以理解为，样本为后验分布提供的信息可以完全由对应的统计量提供的信息确定. 在经典统计学里有一个类似的概念——充分统计量可以描述这类现象.

事实上，充分统计量的定义与贝叶斯统计相容. 在贝叶斯统计中，判断统计量为充分统计量的充分必要条件是：若 $\theta$ 的后验分布可以表示为参数 $\theta$ 和统计量 $T(x)$ 的函数，即

$$\pi(\theta|x)=\pi(\theta|T(x)),$$

则 $T(x)$ 为参数 $\theta$ 的充分统计量.

在贝叶斯统计中，先验分布的选取是很重要的. 先验分布的选取一般有两个原则：一是要基于先验信息；二是要便于数学处理. 在实际的处理中，可以先选取合适的先验分布族，使得这一族分布作为先验分布时后验分布的数学处理比较方便，再根据先验信息来选取先验分布的参数.

共轭先验分布是一种比较常用的确定先验分布的方法. 从例 7.1.1 可以看出，如果我们选取正态分布 $N(\mu_0,\sigma_0^2)$ 作为正态分布总体 $N(\mu,\sigma^2)(\sigma^2$ 已知) 均值的先验分布，得到的后验分布也是正态分布. 这是一类有趣的现象，即先验分布族和后验分布族源于同一个分布族，只是参数发生了变化. 对于以上这种情况，我们称正态分布族为 $\mu$ 共轭先验分布族. 共轭先验分布的定义如下.

**定义 7.1.1**（共轭先验分布） 设 $\mathcal{P}$ 为某个分布族，总体分布为 $p(x|\theta)$，参数为 $\theta$，对于任意来自分布族 $\mathcal{P}$ 的先验分布 $\pi(\theta)$，后验分布 $\pi(\theta|X)$ 也来自分布族 $\mathcal{P}$，称 $\mathcal{P}$ 为共轭先验分布 (族)（conjugate prior distribution）.

应注意到，共轭先验分布的定义与总体分布和未知参数有关，也就意味着如果总体分布族以及参数在总体分布中的位置不同，共轭先验分布也会有所不同，例如，在例 7.1.1 中总体分布满足 $X|\theta\sim N(\theta,\sigma^2)$, 此时参数 $\theta$ 在均值的位置，正态分布族为参数 $\theta$ 的共轭先验分布，而若参数 $\theta$ 在方差的位置，即 $X|\theta\sim N(\mu,\theta)$，其中 $\mu$ 为常数，那么显然其共轭先验分布不会是正态分布.

**例 7.1.3** 证明：对于总体分布族 $p(x|\theta)$ 为 $N(\mu,\theta)$ 的密度函数，其中 $\mu$ 为常数，$\theta$ 为参数，倒伽马分布为共轭先验分布，其中倒伽马分布 $\mathrm{IG}(\alpha,\lambda)$ 的概率密度函数为

$$p(x|\alpha,\lambda)=\frac{\lambda^\alpha}{\Gamma(\alpha)}\left(\frac{1}{x}\right)^{\alpha+1}\mathrm{e}^{-\lambda/x}.$$

**证明：**

$$\pi(\theta|x_1,\cdots,x_n)\propto p(x_1,\cdots,x_n|\theta)\pi(\theta)$$

$$=\frac{\lambda^\alpha}{\Gamma(\alpha)}\left(\frac{1}{\theta}\right)^{\alpha+1}\mathrm{e}^{-\lambda/\theta}(2\pi\theta)^{-n/2}\exp\left(-\frac{\sum\limits_{i=1}^n(x_i-\mu)^2}{2\theta}\right),$$

即

$$\pi(\theta|x_1,\cdots,x_n)\propto\left(\frac{1}{\theta}\right)^{\alpha+1+n/2}\exp\left(-\left(\lambda+\frac{\sum\limits_{i=1}^n(x_i-\mu)^2}{2}\right)\frac{1}{\theta}\right).$$

事实上，其对应形状参数为 $\alpha+n/2$、尺度参数为 $\lambda+\frac{\sum\limits_{i=1}^n(x_i-\mu)^2}{2}$ 的倒伽马分布的概率密度函数，由此倒伽马分布为共轭先验分布.

除了例 7.1.3，我们给出以下几个比较常见的共轭先验分布族.

（1）总体分布为正态分布 $N(\mu,\sigma^2)$，其中 $\mu$ 为参数、$\sigma^2$ 为常数时常以正态分布 $N(\mu_0,\sigma_0^2)$ 作为其共轭先验分布，$\mu$ 为常数、$\sigma^2$ 为参数时常以倒伽马分布 $\mathrm{IG}(\alpha_0,\lambda_0)$ 作为共轭先验分布，而 $(\mu,\sigma^2)$ 作为参数时常选取正态-倒伽马分布，即 $\sigma^2\sim\mathrm{IG}(\alpha_0,\lambda_0)$ 且 $\mu|\sigma^2\sim N(\mu_0,\sigma_0^2)$.

（2）总体分布为二项分布 $B(n,p)$、$p$ 为参数时共轭先验分布一般选取贝塔分布 $\mathrm{Be}(\alpha_0,\beta_0)$.

（3）总体分布为泊松分布 $P(\lambda)$、$\lambda$ 为参数时共轭先验分布一般选取伽马分布 $\mathrm{Ga}(\alpha_0,\lambda_0)$.

（4）总体分布为指数分布 $E(\lambda)$、$\lambda$ 为参数时共轭先验分布一般选取伽马分布 $\mathrm{Ga}(\alpha_0,\lambda_0)$.

先验分布中会含有未知参数，假设利用历史信息可以得到参数 $\theta$ 的观测值 $\theta_1,\theta_2,\cdots,\theta_n$，通过矩估计方法可以求解先验分布中的未知参数.

## 7.1.2 贝叶斯估计

为了估计总体分布中的参数 $\theta$，假设我们有来自总体的样本 $X_1,X_2,\cdots,X_n$，并利用先验信息选择了先验分布 $\pi(\theta)$，就可以利用贝叶斯公式得到后验分布 $\pi(\theta|x)$. 后验分布可以理解为结合样本信息后我们对参数位于什么位置更有把握，因此可以通过后验分布的一些特征得到参数的估计.

**定义 7.1.2**（贝叶斯点估计） 给定后验分布 $\pi(\theta|x)$，以后验分布密度函数达到最大值的点作为参数 $\theta$ 的点估计称为**最大后验估计**（maximum posterior estimator），记为 $\hat{\theta}_{MD}$.

以后验分布的中位数作为参数 $\theta$ 的点估计称为**后验中位数估计**（posterior median estimator），记为 $\hat{\theta}_{Me}$.

以后验分布的均值作为参数 $\theta$ 的点估计称为**后验均值估计**（posterior mean estimator），记为 $\hat{\theta}_E$.

**例 7.1.4**　考虑质量检验问题，设产品的不合格率为 $p$，从中抽取 $n$ 个样品，其中不合格的产品数 $X \sim B(n,p)$. 我们希望估计参数 $p$，选取先验分布为贝塔分布 $\mathrm{Be}(\alpha,\beta)$，求解 $p$ 的最大后验估计和后验期望估计.

**解**　$\theta$ 的后验分布 $\pi(p|x) \propto p^{x+\alpha-1}(1-p)^{n-x+\beta-1}$，由例 7.1.2，其后验分布为 $\mathrm{Be}(x+\alpha, n-x+\beta)$. 因此可以给出后验概率密度

$$\pi(p|x) = \frac{\Gamma(\alpha+\beta+n)}{\Gamma(x+\alpha)\Gamma(n-x+\beta)} p^{x+\alpha-1}(1-p)^{n-x+\beta-1},$$

易于得到最大后验估计和后验期望估计分别为

$$\hat{p}_{MD} = \frac{\alpha+x-1}{\alpha+\beta+n-2},$$

$$\hat{p}_E = \frac{\alpha+x}{\alpha+\beta+n}.$$

应注意到，若 $\alpha=\beta=1$，先验分布即 (0,1) 上的均匀分布，此时

$$\hat{p}_{MD} = \frac{x}{n},$$

$$\hat{p}_E = \frac{x+1}{n+2}.$$

在 $\alpha=\beta=1$ 时后验期望估计 $\hat{p}_E$ 比最大后验估计 $\hat{p}_{MD}$ 合理，考虑 $x=0$ 的情况，样本量较小时和较大时给人们的印象是不同的. 样本量较小时，我们可能认为是抽样误差；样本量较大时，我们会认为产品质量更可信. 考虑 $x=n$ 的情况，类似地，样本量较小时可能只是抽样误差，但样本量较大时，我们就会确信这批产品几乎全是次品. 而后验期望估计 $\hat{p}_E$ 恰好体现了它是如何随着 $n$ 变化的.

**例 7.1.5**　设 $X_1, X_2, \cdots, X_n$ 来自均匀分布 $U(0,\theta)$. 设 $\theta$ 的先验分布为帕累托分布，其中帕累托分布的密度函数如下：

$$\pi(\theta) = \frac{\alpha\theta_0^\alpha}{\theta^{\alpha+1}}, \ \theta \geqslant \theta_0,$$

其中 $0<\alpha<1$ 和 $\theta_0>0$ 已知，给出 $\theta$ 的后验均值.

**解**　样本 $X$ 和 $\theta$ 的联合分布为：

$$f(X_i,\theta) = \frac{\alpha\theta_0^\alpha}{\theta^{\alpha+n+1}}, \ 0<X_i<\theta, \ i=1,2,\cdots,n, 0<\theta_0<\theta.$$

令 $\theta_1=\max(\theta_0,X_1,\cdots,X_n)$，样本的边际分布为

$$g(X)=\int_{\theta_1}^{+\infty}\frac{\alpha\theta_0^\alpha}{\theta^{\alpha+n+1}}\mathrm{d}\theta=\frac{\alpha\theta_0^\alpha}{(\alpha+n)\theta_1^{\alpha+n}},$$

由此，$\pi(\theta|x)=\dfrac{(\alpha+n)\theta_1^{(\alpha+n)}}{\theta^{\alpha+n+1}},\theta>\theta_1$ 为帕累托分布，则

$$\hat{\theta}_E=\frac{\alpha+n}{\alpha+n+1}\max(\theta_0,X_1,\cdots,X_n).$$

在实际应用中一般使用最多的也是后验期望估计，给出估计量后我们需要衡量估计效果. 对此有以下定义.

**定义 7.1.3**（后验均方差） 给定参数 $\theta$ 的后验分布为 $\pi(\theta|x)$ 以及估计 $\hat{\theta}$，称 $(\hat{\theta}-\theta)^2$ 的后验期望

$$\mathrm{MSE}(\hat{\theta}|x)=E^{\theta|x}(\theta-\hat{\theta})^2$$

为后验均方差，其中 $E^{\theta|x}$ 代表后验分布下的期望，并且称 $\mathrm{MSE}(\hat{\theta}|x)^{1/2}$ 为后验标准误.

在实际应用中，预先给出先验分布 $\pi(\theta)$ 后，后验均方差 $\mathrm{MSE}(\hat{\theta}|x)$ 利用样本即可计算. 而经典统计学中的均方差 $\mathrm{MSE}_\theta(\hat{\theta})$ 与参数相关，要选取合适的参数估计才能估算.

**例 7.1.6** 设总体 $X_1,X_2,\cdots,X_n$ 独立同服从均值为 $\theta$、方差为 $\sigma^2$ 的正态分布，其中 $\theta$ 为参数，其先验分布 $\pi(\theta)$ 是均值为 $\mu_0$、方差为 $\sigma_0^2$ 的正态分布，$\sigma^2$ 为常数. 求 $\theta$ 的三种后验估计以及它们的后验均方差.

**解** 利用例 7.1.1 中的结论，参数 $\theta$ 的后验分布为 $N\left(\dfrac{\sum\limits_{i=1}^n x_i/\sigma^2+\mu_0/\sigma_0^2}{n/\sigma^2+1/\sigma_0^2},\dfrac{1}{n/\sigma^2+1/\sigma_0^2}\right)$.

由正态分布的对称性，其中位数与均值为同一个点，另外易于证明正态分布的密度函数在其均值对应点处取得最大值，因此对于此问题三种后验估计取值相同，都是

$$\frac{\sum\limits_{i=1}^n x_i/\sigma^2+\mu_0/\sigma_0^2}{n/\sigma^2+1/\sigma_0^2},$$

以下记 $\hat{\theta}=\dfrac{\sum\limits_{i=1}^n x_i/\sigma^2+\mu_0/\sigma_0^2}{n/\sigma^2+1/\sigma_0^2}$.

$\mathrm{MSE}(\hat{\theta})=E^{\theta|x}(\theta-\hat{\theta})^2$，其中 $\theta|x\sim N\left(\hat{\theta},\dfrac{1}{n/\sigma^2+1/\sigma_0^2}\right)$，因此

$$\mathrm{MSE}(\hat{\theta}) = E^{\theta|x}(\theta - \hat{\theta})^2 = \frac{1}{n/\sigma^2 + 1/\sigma_0^2}.$$

当 $n$ 充分大时我们可以观察到估计量 $\theta$ 与经典统计的均值 $\frac{1}{n}\sum_{i=1}^{n} x_i$ 估计很接近，后验均方差也与经典统计的均方差 $\sigma^2/n$ 接近.

### 7.1.3　区间估计

考虑区间估计问题，由于贝叶斯学派将参数看作随机变量，它的区间估计与经典统计学派有一定区别.

在给出参数的后验分布后，对于任意区间 $[a, b]$，我们都可以求参数落在这个区间里的概率. 那么给定 $\alpha$，区间估计问题就是找到一个合适的 $a$，$b$，使得 $P(a \leqslant \theta \leqslant b|x) \geqslant 1-\alpha$. 这样得到的区间就是参数 $\theta$ 的贝叶斯可信区间.

**定义 7.1.4**（可信区间）　给定参数 $\theta$ 的后验分布为 $\pi(\theta|x)$. 对于给定的样本 $x$ 和概率 $0<\alpha<1$，若存在统计量 $\hat{\theta}_L = \hat{\theta}_L(x)$ 与 $\hat{\theta}_U = \hat{\theta}_U(x)$，使得

$$P(\hat{\theta}_L \leqslant \theta \leqslant \hat{\theta}_U|x) \geqslant 1-\alpha,$$

则称区间 $[\hat{\theta}_L, \hat{\theta}_U]$ 是参数 $\theta$ 的可信水平为 $1-\alpha$ 的贝叶斯可信区间，或简称参数 $\theta$ 的 $1-\alpha$ 的可信区间. 满足

$$P(\theta \geqslant \hat{\theta}_L) \geqslant 1-\alpha$$

的 $\hat{\theta}_L$ 称为 $\theta$ 的 $1-\alpha$ 的（单侧）可信下限；满足

$$P(\theta \leqslant \hat{\theta}_U) \geqslant 1-\alpha$$

的 $\hat{\theta}_U$ 称为 $\theta$ 的 $1-\alpha$ 的（单侧）可信上限.

由以上定义，对于给定的可信水平 $1-\alpha$，我们可以任意选取 $a, b$ 来构造一个可信区间，甚至直接取整个实数轴作为可信区间，但是可信区间的构造应该使其可以解决实际问题. 一种很自然的想法是，既然后验分布已经给出，那么对于后验密度存在的情况，实数轴上一点处的后验密度越大，就说明参数落在该点的可能性越大，我们希望做的是把参数更可能落的区域划入可信区间，并且我们希望这个可信区间尽可能小，因此有以下定义.

**定义 7.1.5**（最大后验密度可信区间）　给定后验密度函数 $\pi(\theta|x)$，对于给定的概率 $1-\alpha$ $(0<\alpha<1)$，若存在子集 $B$ 满足：

(1) 对于任意的 $\theta_1 \in B, \theta_2 \in B^c$，有 $\pi(\theta_1|x) \geqslant \pi(\theta_2|x)$，

(2) $P(\theta \in B|x) = 1-\alpha$，

则称 $B$ 为可信水平为 $1-\alpha$ 的最大后验密度可信集，若 $B$ 为一个区间，则称 $B$ 为最大后验密度可信区间.

这个定义主要应用于后验密度函数，在 $\theta$ 离散的情况下最大后验可信密度集很难得到. 另外需要指出的是，当后验分布是多峰的时，得到的可信集很有可能是一系列不相交的区间. 很多统计学家建议放弃最大后验密度准则，选择等尾置信区间. 同时应当指出的是，出现多峰分布的情况很多时候是因为先验信息和样本信息发生了冲突.

当后验密度存在时，对于单峰后验分布，最大后验密度可信集是一个区间，对于单峰对称分布，最大后验密度可信区间可以通过求解后验分布的 $\alpha/2$ 和 $1-\alpha/2$ 分位数来获得可信区间. 当后验分布单峰不对称时，可以通过计算机进行求解，思路如下：

(1) 对于给定的 $p$，求解 $\pi(\theta|x)=p$，得到 $\theta_1(p)\leqslant\theta_2(p)$ 为两个根.

(2) 计算 $P(\theta\in[\theta_1(p),\theta_2(p)]|x)$，如果其近似等于 $1-\alpha$，则认为 $[\theta_1(p),\theta_2(p)]$ 为所求的可信区间，否则：

若 $P(\theta\in[\theta_1(p),\theta_2(p)]|x)>1-\alpha$，增大 $k$，再次重复 (1)(2).

若 $P(\theta\in[\theta_1(p),\theta_2(p)]|x)<1-\alpha$，减小 $k$，再次重复 (1)(2).

**例 7.1.7** 设总体 $X_1,X_2,\cdots,X_n$ 独立同服从均值为 $\theta$、方差为 $\sigma^2$ 的正态分布，其中 $\theta$ 为参数，其先验分布 $\pi(\theta)$ 的均值为 $\mu_0$，记 $\mu_1=\dfrac{\sum\limits_{i=1}^n x_i/\sigma^2+\mu_0/\sigma_0^2}{n/\sigma^2+1/\sigma_0^2}$，$\sigma_1^2=\dfrac{1}{n/\sigma^2+1/\sigma_0^2}$，例 7.1.1 已经给出 $\theta$ 的后验分布为 $N(\mu_1,\sigma_1^2)$，其为对称单峰分布，由此易于给出其可信区间为 $(\mu_1-\sigma_1 Z_{1-\alpha/2},\mu_1+\sigma_1 Z_{1-\alpha/2})$.

如果采取传统统计学的方法可以得到置信区间为 $\left(\overline{X}-\dfrac{1}{\sqrt{n}}\sigma Z_{1-\alpha/2},\overline{X}+\dfrac{1}{\sqrt{n}}\sigma Z_{1-\alpha/2}\right)$. 我们应注意到 $\sigma_1<\sigma$. 这也意味着可信区间的长度小于置信区间的长度. 对此，我们可以认为先验信息的加入导致了区间长度缩短，其中 $Z_{1-\alpha/2}$ 为标准正态分布的 $1-\alpha/2$ 分位数.

由可信区间的定义和上例可以看出可信区间和经典统计学的置信区间的部分区别.

首先，在贝叶斯方法下，对于一个可信水平为 0.9 的可信区间，我们可以认为参数落到可信区间的概率为 0.9，而在经典统计学中不能这么说，经典统计学认为参数为常数，那么参数要么在这个区间，要么不在这个区间，不能说参数在这个区间的概率为 0.9. 置信水平为 0.9 的含义是进行 100 次实验，约有 90 次实验中置信区间可以覆盖参数真值. 而对于一两次实验是没有意义的. 事实上，很多工作者是将置信区间当作可信区间来理解和使用.

其次，求置信区间需要构造分布与参数无关的枢轴量，这具有一定的技术性，而求可信区间只需要利用后验分布，无需其他分布即可完成. 两种方法相比后者更加简单.

## 7.2 马尔可夫链-蒙特卡罗方法

在实际中，后验分布往往是复杂、非标准形式的分布，因此我们必须寻求一种行之有效的数值计算方法来帮助我们模拟后验分布并计算所需统计量. 马尔可夫链-蒙特卡罗（Markov chain Monte Carlo，MCMC）方法就是这样一种贝叶斯计算方法. 接下来我们详细介绍这一方法.

### 7.2.1 基本思路

MCMC 方法的基本思路是构建一个马尔可夫链，使其平稳分布就是目标分布，并基于此马尔可夫链进行随机游走，产生样本序列，之后使用这些样本进行各种统计推断. 例如，若我们得到了 $\xi \sim p(x)$ 的样本序列 $\xi_1, \xi_2, \cdots, \xi_n$，那么 $f(\xi)$ 均值的近似值可估计为

$$\hat{E}(f(\xi)) = \frac{1}{n}\sum_{i=1}^{n} f(\xi_i).$$

利用前面的知识我们知道，当 $\xi_1, \xi_2, \cdots, \xi_n$ 独立时，由大数定律有

$$\hat{E}(f(\xi)) \xrightarrow{\text{P}} E(f(\xi)), \quad n \to \infty.$$

虽然由马尔可夫链产生的样本 $\xi_1, \xi_2, \cdots, \xi_n$ 并不独立，但是由遍历性原理可知，上述收敛仍然是成立的.

为了更加详细地说明 MCMC 方法，我们先介绍一下马尔可夫链.

**定义 7.2.1**（马尔可夫链） 考虑一个随机变量序列 $\{\xi_0, \xi_1, \cdots, \xi_t, \cdots\}$，这里 $\xi_t$ 表示时刻 $t$ 的随机变量. 假设在时刻 0 的随机变量 $\xi_0$ 遵循概率分布 $p_0(x)$，称为初始状态分布. 在任意时刻 $t \geqslant 0$，序列中下一刻 $t+1$ 处的 $\xi_{t+1}$ 由转移概率函数（又称转移核）$p(x, x') = p(\xi_{t+1} = x' | \xi_t = x)$ 产生，而不依赖于过去的随机变量，这一性质称为马尔可夫性. 具有马尔可夫性的随机变量序列 $\{\xi_0, \xi_1, \cdots, \xi_t, \cdots\}$ 称为马尔可夫链（Markov chain）.

一个问题是在给定转移核 $p(x, x')$ 后，初始随机变量 $\xi_0$ 取值对后续 $\xi_t$ 是否有影响. 换句话说，不同的 $\xi_0$ 取值对 $\xi_t$ 的分布是否有影响？考虑从 $N(0.5\xi_t, 1)$（$t = 0, 1, \cdots$）抽取 $\xi_{t+1}$，对不同的初始值 $\xi_0$，我们得到了不同的马尔可夫链的实现（见图7.1). 但当 $t$ 充分大后，$\xi_t$ 的分布已经与最初的取值无关了. 这表明，不管初始值如何，经过足够长的时间，$\xi_t$ 的分布收敛到同一个分布，也就是所谓的平稳分布.

如果这一平稳分布与目标分布函数相同，我们就可以用收敛后的随机变量序列刻画目标分布函数. 例如，随机变量序列在 $m$ 次迭代之后达到了平稳分布，在估计 $E(f(\xi))$ 时，用 $m$ 次迭代后的结果，即

$$\hat{E}(f(\xi)) = \frac{1}{n-m}\sum_{i=m}^{n} f(\xi_i).$$

由遍历性原理可知，上述估计 $\hat{E}(\xi) \xrightarrow{\text{P}} E(\xi)$, $n \to \infty$.

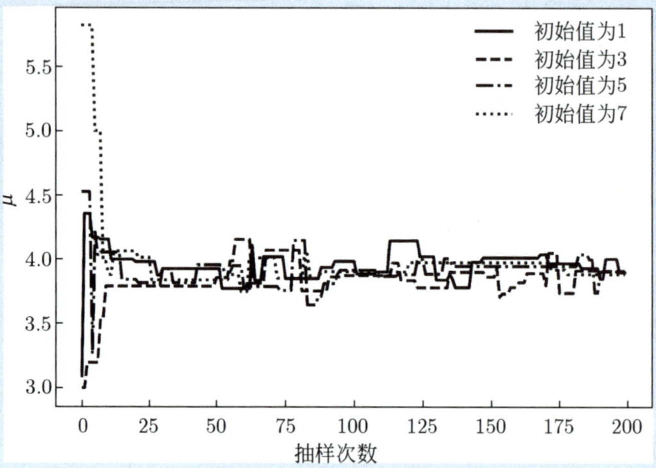


**图 7.1 马尔可夫链的实现**

由上述过程可知，我们的核心是构造一个合适的转移核 $p(x,x')$，使得其平稳分布为我们感兴趣的概率密度函数 $\pi(x)$，目前常见的构造方法有 Metropolis-Hastings 算法和 Gibbs 抽样方法. 在介绍常见的转移概率函数构造方法之前，我们先归纳一下 MCMC 方法如下的三个步骤：

(1) 选择一个合适的转移核 $p(x,x')$，使得平稳分布为我们感兴趣的分布；

(2) 从任意一点 $x_0$ 出发，利用转移概率函数抽样获得序列 $\{x_0,x_1,\cdots,x_t,\cdots\}$；

(3) 对一个合适的 $m$ 和足够大的 $n$，任一函数 $f(\xi)$ 的期望估计如下：

$$\hat{E}(f(\xi))=\frac{1}{n-m}\sum_{i=m}^{n}f(x_i).$$

## 7.2.2 Metropolis-Hastings 算法

假设要抽样的概率分布为 $p(x)$ . Metropolis-Hastings 算法（简称 M-H 算法）采用的转移核为

$$p\left(x,x'\right)=q\left(x,x'\right)\alpha\left(x,x'\right),$$

其中 $q\left(x,x'\right)$ 和 $\alpha\left(x,x'\right)$ 分别称为建议分布和接受分布. 建议分布 $q\left(x,x'\right)$ 是另一个马尔可夫链的转移核, 并且 $q\left(x,x'\right)$ 的概率值恒不为 0 , 一般来说它是一个容易抽样的分布. 接受分布 $\alpha\left(x,x'\right)$ 为

$$\alpha\left(x,x'\right)=\min\left\{1,\frac{p\left(x'\right)q\left(x',x\right)}{p(x)q\left(x,x'\right)}\right\}.$$

这时, 转移核 $p\left(x,x'\right)$ 可以写成

$$p\left(x,x'\right)=\begin{cases}q\left(x,x'\right), & p\left(x'\right)q\left(x',x\right)\geqslant p(x)q\left(x,x'\right)\\ q\left(x',x\right)\dfrac{p\left(x'\right)}{p(x)}, & p\left(x'\right)q\left(x',x\right)<p(x)q\left(x,x'\right)\end{cases}.$$

由上述转移核 $p(x,x')$ 构造的马尔可夫链的一次随机游走由以下方式产生. 如果在时刻 $(t-1)$ 处于状态 $x$，即 $\xi_{t-1}=x$, 则先按建议分布 $q(x,x')$ 抽样产生一个候选状态 $x'$，然后以概率 $\alpha(x,x')$ 接受 $x'$，决定时刻 $t$ 转移到状态 $x'$, 而以概率 $1-\alpha(x,x')$ 拒绝 $x'$, 决定时刻 $t$ 仍停留在状态 $x$. 由上述过程可以很好地理解建议分布与接受分布两个名称的由来，通过建议分布产生一种候选状态，再通过接受分布来判断是否接受建议分布产生的新状态. 可以证明，转移核为 $p(x,x')$ 的马尔可夫链满足遍历定理，其平稳分布就是 $p(x)$，即要抽样的目标分布.

接下来我们描述如何利用 Metropolis-Hastings 算法简化后验分布的计算. 此时我们的目标分布 $p(x)$ 是后验分布 $p(\theta|\boldsymbol{x})$，若不使用 MCMC 方法，由贝叶斯公式可知它的计算公式如下：

$$p(\theta|\boldsymbol{x})=\frac{p(\boldsymbol{x}|\theta)\pi(\theta)}{\displaystyle\int p(\boldsymbol{x}|\theta)\pi(\theta)\mathrm{d}\boldsymbol{x}},$$

其中 $p(\boldsymbol{x}|\theta)$ 表示联合条件分布，$\pi(\theta)$ 表示先验分布. 上式中分母部分的积分计算复杂，有时没有显式表达式. 但是利用 MCMC 方法，在构造转移核时，我们只需要人为选定的建议分布 $q(x,x')$ 和

$$\frac{p(\theta'|\boldsymbol{x})}{p(\theta|\boldsymbol{x})}=\frac{p(\boldsymbol{x}|\theta')\pi(\theta')}{p(\boldsymbol{x}|\theta)\pi(\theta)},$$

从而巧妙地避免了积分运算，因此这一方法可以用来求解非常一般的后验分布.

建议分布 $q(x,x')$ 有多种可能的形式, 这里介绍两种常用形式. 第一种形式假设建议分布是对称的, 即对任意的 $x$ 和 $x'$ 有

$$q(x,x')=q(x',x),$$

这样的建议分布称为 Metropolis 选择, 也是 Metropolis-Hastings 算法最初采用的建议分布. 这时, 接受分布 $\alpha(x,x')$ 简化为

$$\alpha(x,x')=\min\left\{1,\frac{p(x')}{p(x)}\right\}.$$

Metropolis 选择的一个特例是 $q(x,x')$ 是均值为 $x$、协方差矩阵为常数矩阵的多元正态分布. Metropolis 选择的特点是当 $x'$ 与 $x$ 接近时, $q(x,x')$ 的概率值高, 否则 $q(x,x')$ 的概率值低. 状态转移在附近点的可能性更大.

第二种形式称为独立抽样. 假设 $q(x,x')$ 与当前状态 $x$ 无关, 即 $q(x,x')=q(x')$. 建议分布的计算按照 $q(x')$ 独立抽样进行. 此时, 接受分布 $\alpha(x,x')$ 可以写成

$$\alpha(x,x')=\min\left\{1,\frac{w(x')}{w(x)}\right\},$$

其中 $w(x')=p(x')/q(x'), w(x)=p(x)/q(x)$. 独立抽样实现简单, 但可能收敛速度慢, 通常选择接近目标分布 $p(x)$ 的分布作为建议分布 $q(x)$.

### 7.2.3 Gibbs 抽样

Gibbs 抽样主要用于多元变量联合分布的抽样和估计. 其基本做法是, 从联合概率分布推导出条件概率分布, 再依次对条件概率分布进行抽样, 得到样本序列. 可以证明这样的抽样过程满足遍历定理, 平稳分布就是目标的联合分布. 假设多元变量的联合概率分布为 $p(x)=p\left(x_1,x_2,\cdots,x_k\right)$. Gibbs 抽样从一个初始样本 $x^{(0)}=\left(x_1^{(0)},x_2^{(0)},\cdots,x_k^{(0)}\right)^{\mathrm{T}}$ 出发, 不断迭代, 每次迭代得到联合分布的一个样本 $x^{(i)}=\left(x_1^{(i)},x_2^{(i)},\cdots,x_k^{(i)}\right)^{\mathrm{T}}$，最终得到样本序列 $\left\{x^{(0)},x^{(1)},\cdots,x^{(n)}\right\}$. 在每次迭代中, 依次对 $k$ 个随机变量中的一个变量进行随机抽样.

具体过程如下：在第 $i$ 步, 首先对第一个变量按照以下条件概率分布随机抽样

$$p\left(x_1\mid x_2^{(i-1)},\cdots,x_k^{(i-1)}\right),$$

得到 $x_1^{(i)}$, 之后依次对第 $j$ 个变量按照以下条件概率分布随机抽样

$$p\left(x_j\mid x_1^{(i)},\cdots,x_{j-1}^{(i)},x_{j+1}^{(i-1)},\cdots,x_k^{(i-1)}\right),\quad j=2,\cdots,k-1,$$

得到 $x_j^{(i)}$, 如此直到获得整体样本 $x^{(i)}=\left(x_1^{(i)},x_2^{(i)},\cdots,x_k^{(i)}\right)^{\mathrm{T}}$.

## 7.3 与本章相关的 Python 操作

### 7.3.1 不同先验的比较

假设我们想调查某大学学生的平均身高，学生的身高 $x_1,x_2,\cdots,x_n$ 服从正态分布 $N(\mu,60)$. 则似然函数为

$$L(\mu)=\frac{1}{(120\pi)^{n/2}}\exp\left\{-\frac{\sum\limits_{i=1}^{n}(x_i-\mu)^2}{120}\right\}.$$

接下来我们展示两种不同的先验，第一种为离散先验，第二种为连续先验.

(1) 离散先验.

一种简单的确定先验的方法是写下 $\mu$ 的可能取值，这些可能取值可以是历史调查数据. 在这个例子中，我们假设 $\mu$ 的可能取值为 $160,165,170,175,180$，且各个取值的权重均为 0.2，调查的学生数为 100，则对应的后验分布的图像可以通过下述代码画出.

```
import numpy as np
import matplotlib.pyplot as plt
from scipy.stats import norm

# 设置参数
```

```
p=np.ones(5)*0.2
prior=np.array([160,165,170,175,180])
n=100

# 生成数据
x=norm.rvs(loc=170,scale=60,size=n)

# 计算似然函数
L=np.zeros(5)
for i in range(len(prior)):
    L[i]=np.product(norm.pdf(x,loc=prior[i],scale=60))

# 计算后验概率
post=(L*p)/np.sum(L*p)

# 画图, 见图7.2
plt.rc("font",family='Kaiti SC')  # 设置字体
fig,ax=plt.subplots(1,1)  # 设置画布
fig.dpi=600
ax.scatter(prior,post,color='black')
```

```
<matplotlib.collections.PathCollection at 0x17e9247c0>
```

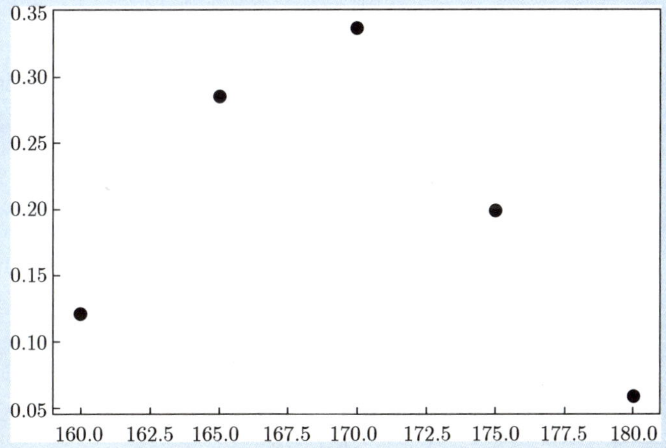


图 7.2

(2) 连续先验.

另一种确定先验的方法是假设 $\mu$ 服从某个连续分布，这样我们就可以通过积分来计算后验分布. 在这个例子中，我们假设 $\mu$ 服从均值为 $a$、方差为 $b^2$ 的正态分布，调查的学生数为 100. 那么后验分布 $p(\mu|\cdot)$ 服从正态分布 $N(A,B)$，其中 $A=\dfrac{1}{n/60+1/b^2}\left(\dfrac{a}{b^2}+\dfrac{n\bar{x}}{60}\right)$，$b=\dfrac{1}{n/60+1/b^2}$. 后验分布的图像可以通过下述代码画出.

```
import numpy as np
import matplotlib.pyplot as plt
from scipy.stats import norm

# 设置参数
a=np.array([160,170])
b=np.array([20,30])

# 计算后验分布参数
xbar=np.mean(x)
A=1/(n/60+1/b**2)*(a/b**2+n/60*xbar)
B=1/(n/60+1/b**2)

# 画图
xline=np.linspace(100,250,100)     # 设置x
linestyles=['-','--','-.',':']     # 设置线条样式
plt.rc("font",family='Kaiti SC')   # 设置字体
fig,ax=plt.subplots(1,1)  # 设置画布
fig.dpi=600

for i in range(2):
  for j in range(2):
    post=norm.pdf(xline,loc=A[i],scale=B[j])

    ax.plot(xline,post,'black',
            linestyle=linestyles.pop(),lw=1,
            label='a='+str(a[i])+' b='+str(b[j]))   # norm.pdf可以计算x处的
                                                      概率密度函数值

ax.legend(loc='best',frameon=False)  # 设置坐标轴标签
plt.show()  # 见图7.3
```

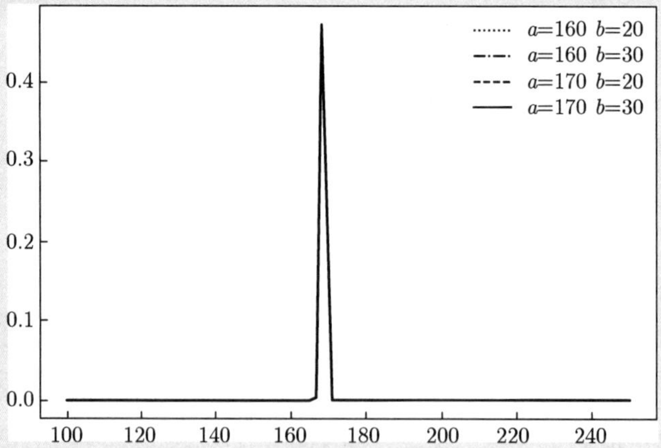


图 7.3

此例中，不同的 $a$，$b$ 对后验的影响不大.

### 7.3.2 MCMC 算法

设 $p(x|\mu)$ 服从正态分布 $N(4,1)$，$x_1,x_2,\cdots,x_{100}$ 是服从该分布的样本. 此时假设我们想利用后验密度函数来估计 $\mu$，通过之前的知识我们认为 $\pi(\mu)$ 服从对数正态分布 $\mathrm{LN}(0,1)$. 此时的后验没有显式表达式，我们通过 M-H 算法来模拟后验分布. 此处我们选择对称建议分布 $q(\mu,\mu')\sim N(\mu,1)$，那么接受分布就可以简化为

$$\alpha(\mu,\mu')=\min\left\{1,\frac{\pi(\mu')\prod\limits_{i=1}^{100}p(x_i|\mu')}{\pi(\mu)\prod\limits_{i=1}^{100}p(x_i|\mu)}\right\}.$$

对于不同的初始值，MCMC 的轨道如图 7.4 所示. 可以看出，初始值的不同不会影响平稳分布，经过一段时间后，轨道在真值 4 周围波动. 具体 Python 代码如下：

```
from scipy.stats import norm
from scipy.stats import lognorm
from scipy.stats import uniform
import numpy as np
import matplotlib.pyplot as plt

## 对称的M-H算法，输入
## N_samples  : 抽样次数
## pai(x)     : 先验
## p(x,mu)    : 密度函数
## q_sampler  : 给定x，从q中抽样的函数
## x0         : 初始值
def MH_sym(N_samples,pai,p,q_sampler,mu0,x):
    Mu=[]
    mu=mu0
    for i in range(N_samples):
        mum=q_sampler(mu)
       alpha=min(1,pai(mum) * np.prod(p(x,mum)) / (pai(mu) * np.prod(p(x,mu))))
        if uniform.rvs() <= alpha:
            Mu.append(mum)
            mu=mum
        else:
            Mu.append(mu)
    return Mu

# 生成数据
x=norm.rvs(loc=4,scale=1,size=100)

# 设置参数
```

```
N_samples=200
pai=lambda mu:lognorm.pdf(mu,loc=0,scale=1,s=1)
p=lambda x,mu:norm.pdf(x,loc=mu,scale=1)
q_sampler=lambda mu: norm.rvs(loc=mu,scale=1)
start_point=[1,3,5,7]

# 画图
plt.rc("font",family='Kaiti SC')  # 设置字体
fig,ax=plt.subplots(1,1)  # 设置画布
fig.dpi=600
linestyles=['-','--','-.',':']    # 设置线条样式

for i in range(4):
    MH=MH_sym(N_samples,pai,p,q_sampler,start_point[i],x)  # 调用M-H算法

    ax.plot(MH,label='初始值为'+str(start_point[i]),
            linestyle=linestyles[i],color='black')

    ax.legend(loc='best',frameon=True)
    plt.xlabel('抽样次数')
    plt.ylabel(r'$\mu$')
plt.show()   # 见图7.4
```

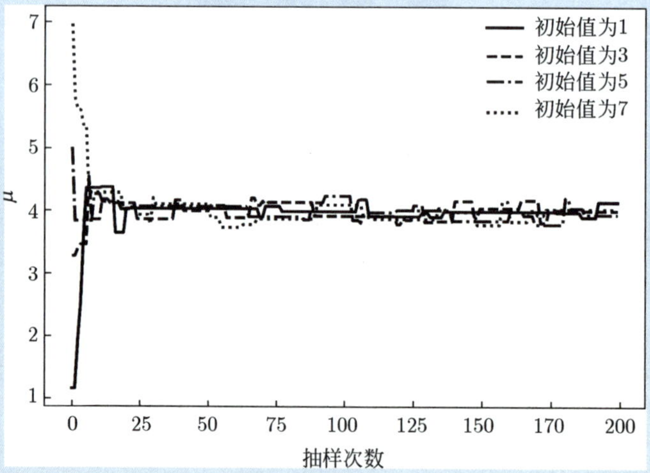


图 7.4

## 本章小结

贝叶斯统计是一种区别于经典统计学派的统计推断方法，其核心思想是基于贝叶斯定理，将主观先验知识与观察数据相结合，得出参数的后验分布，并进行推断和决策. 本章主要介绍了贝叶斯估计以及 MCMC 方法.

贝叶斯点估计是基于参数的后验分布得到一个合适的数值作为总体参数的估计值，常见的贝叶斯点估计方法有最大后验估计、后验期望估计、后验中位数估计. 这些估计思路与经典学派的极大似然估计和矩估计等估计方法有相似之处. 贝叶斯区间估计是利用后验分布对总体参数的估计给出一个参数范围. 它和经典学派的置信区间有相似之处，但它们的意义完全不同. 更一般的贝叶斯点估计和区间估计以及假设检验需要引入统计决策 (decision theory) 相关理论. 例如，我们有样本并希望估计参数真值，那么我们估计得越不精确，对实际应用的损失就越大. 因此我们希望这个损失函数的后验期望最小, 从而求出最好的估计. 关于决策函数的相关内容可以参考相关文献.

计算后验分布通常涉及高维积分或求和问题，这在实践中可能是具有挑战性的. 特别是当数据维度较大时，获得精确的后验分布可能是困难的. 因此，马尔可夫链-蒙特卡罗（MCMC）等近似推断方法在贝叶斯统计中起着重要作用.

## 习 题 七

7.1 设 $\theta$ 为一批产品的不合格率，其可能为 0.1 或 0.2:

$$\pi(0.1) = 0.7, \quad \pi(0.2) = 0.3.$$

假如从这批产品中随机取出 8 个进行检查, 发现有 2 个不合格品, 求 $\theta$ 的后验分布.

7.2 设一卷磁带上的缺陷数服从泊松分布 $P(\lambda)$, 其中 $\lambda$ 可取 1.0 或 1.5, 又设 $\lambda$ 的先验分布为

$$\pi(1.0) = 0.4, \quad \pi(1.5) = 0.6.$$

若一卷磁带发现 3 个缺陷, 求 $\theta$ 的后验分布.

7.3 设 $x_1, x_2, \cdots, x_n$ 是来自密度函数 $p(x \mid \theta)$ 的一个样本, $\pi(\theta)$ 为 $\theta$ 的先验分布, 证明: 按下述方法可以求得 $\theta$ 的后验分布.

(1) 给定 $x_1$，求得 $\pi(\theta \mid x_1) \propto p(x_1 \mid \theta)\pi(\theta)$.

(2) 把 $\pi(\theta|x_1)$ 当作下一步的先验分布, 给定 $x_2$，求得 $\pi(\theta|x_1,x_2) \propto p(x_2|\theta)\pi(\theta|x_1)$.

(3) 按此方法重复，把 $\pi(\theta|x_1,x_2,\cdots,x_{n-1})$ 当作下一步的先验分布，给定 $x_n$, 求得 $\pi(\theta \mid x) \propto p(x_n \mid \theta)\pi(\theta \mid x_1,x_2,\cdots,x_{n-1})$.

7.4 设随机变量 $X$ 服从均匀分布 $U\left(\theta-\dfrac{1}{2},\theta+\dfrac{1}{2}\right)$, 其中 $\theta$ 的先验分布为 $U(10,20)$, 给定 $X$ 的 6 个观察值:

$$11.0, 11.5, 11.7, 11.1, 11.4, 11.6.$$

求 $\theta$ 的后验分布.

7.5 设随机变量 $X$ 的密度函数为

$$p(x \mid \theta) = 2x/\theta^2, \quad 0 < x < \theta < 1.$$

分别求下列情形下的后验分布:

(1) $\theta \sim U(0,1)$;

(2) $\theta \sim \pi(\theta) = 2\theta, \quad 0 < \theta < 1$.

7.6 从一批产品中抽检 100 个, 发现 3 个不合格品. 假定该产品的不合格率 $\theta$ 的先验分布为贝塔分布 $\mathrm{Be}(2, 200)$, 求 $\theta$ 的后验分布.

7.7 设随机变量 $X$ 服从几何分布: $P(X = x \mid \theta) = \theta(1-\theta)^{x-1}, x = 1, 2, \cdots$.

(1) 若 $\theta$ 的先验分布为 $(0, 1)$ 上的均匀分布 $U(0, 1)$, 求 $\theta$ 的后验分布;

(2) 若 $\theta$ 的先验分布为贝塔分布 $\mathrm{Be}(\alpha, \beta)$, 求 $\theta$ 的后验分布.

7.8 设 $\theta$ 是一批产品的不合格率, 从该批产品中随机地逐个抽取, 检测其是否为不合格品, 直到发现有 3 个不合格品就停止抽样, 发现此时共抽取了 8 个产品.

(1) 令 $\theta$ 的先验分布为区间 $(0, 1)$ 上的均匀分布, 求 $\theta$ 的后验分布;

(2) 设 $\theta$ 的先验分布为贝塔分布, 其均值和方差分别为 1/5 和 1/100, 求 $\theta$ 的后验分布.

7.9 设 $\boldsymbol{X} = (X_1, X_2, \cdots, X_n)$ 是从负二项分布 $\mathrm{Nb}(r, \theta)$ 中抽取的随机样本, $\theta$ 的先验分布是贝塔分布 $\mathrm{Be}(\alpha, \beta)$, 其中 $\alpha$ 和 $\beta$ 已知. 证明: 给定 $\boldsymbol{x}$ 的条件下, $\theta$ 的后验分布为 $\mathrm{Be}\left(\alpha + rn, \sum\limits_{i=1}^{n} x_i - nr + \beta\right)$.

7.10 设一盘 1 200 米长的磁带上的缺陷数服从泊松分布 $P(\lambda)$, 对 5 盘磁带做检查, 分别发现 2, 2, 6, 0, 3 个缺陷. 设 $\lambda$ 的先验分布为伽马分布 $\Gamma(3, 1)$, 求 $\lambda$ 的后验分布.

7.11 设 $\theta$ 表示每 100 米长磁带上缺陷数的平均数, 检查 1 200 米长的这类磁带, 发现 4 个缺陷. 令 $\theta$ 的先验分布为伽马分布, 均值和方差分别为 1 和 3 , 求 $\theta$ 的后验分布.

7.12 对正态总体 $N(\theta, 1)$ 进行三次观测, 获得样本的具体观测值为 2.2, 4.1, 3.5. 若 $\theta$ 的先验分布为正态分布 $N(3, 1)$, 求 $\theta$ 的可信水平为 0.95 的可信区间.

7.13 接到船运来的一大批零件, 从中抽检 5 件, 看有多少次品, 假设零件中的次品数 $X$ 服从二项分布 $B(5, \theta)$. 从以往各批的情况中已知 $\theta$ 的先验分布为贝塔分布 $\mathrm{Be}(1, 9)$, 若观测值 $x = 0$, 求 $\theta$ 的 95% HPD 可信区间.

7.14 设 $X_1, X_2, \cdots, X_n$ 是从正态分布 $N(0, \sigma^2)$ 中抽取的随机样本, 若 $\sigma^2$ 的先验分布是倒伽马分布 $\mathrm{IG}(\alpha, \lambda)$, 求 $\sigma^2$ 的 0.90 的可信上限.

7.15 设 $X_1, X_2, \cdots, X_n$ 是从均匀分布 $U(0, \theta)$ 中抽取的随机样本, 令 $\theta$ 的先验分布是帕累托分布 $\pi(\theta) = \dfrac{\alpha\theta_0^\alpha}{\theta^{\alpha+1}}$, $\theta \geqslant \theta_0$, 求 $\theta$ 的 $1 - \alpha$ 的可信上限.

# 附录一 Python简单入门

## Python 语言简介

Python 是一种高级编程语言，语法简洁易懂，具有良好的可读性. 它可以用于各种领域的开发，如科学计算、数据分析、人工智能、Web 开发等. 它还有大量的第三方库可以使用，进一步丰富了它的功能. Python 的开源特性和活跃的社区也使得它非常受欢迎. 它的简单易学、可扩展性和高效率等特点，使得 Python 在数据科学中有着广泛的应用. 它的主要功能如下：

- 数据清洗和整理：Python 拥有大量的库，可以帮助数据科学家处理不规范的数据.
- 数据分析：Python 可以使用 numpy、Pandas 等库进行多维数据分析.
- 可视化：Python 有大量的可视化库，如 matplotlib、Seaborn 等，可以帮助数据科学家可视化数据.
- 机器学习：Python 有大量的机器学习库，如 Scikit-learn、Tensorflow 等，可以帮助数据科学家建立模型.
- 深度学习：Python 也是深度学习领域中使用最广泛的语言，拥有大量的深度学习库，如 PyTorch、Tensorflow 等.

## Python 的安装

Python 的各种库高度依赖 Python 的版本，因此我们通常需要几个不同的 Python 版本. 这里我们使用 Anaconda 来安装 Python，它可以非常方便地安装和管理多个 Python 版本.

我们首先从 https://www.anaconda.com/distribution/（Anaconda 官网）下载对应的安装包，安装完成后在命令行中输入 “conda --version” 来检查是否安装成功，成功安装后会显示 Anaconda 的版本号. 接下来可以使用 “conda create -n py38 python=3.8” 创建一个 Python 3.8 的环境，其中 “py38” 表示环境名称，“python=3.8” 表示 Python 版本. 创建完成后可以使用 “conda activate py38” 激活这个 conda 环境，再输入 “python” 正式进入编程界面. 当我们想退出时，先使用 “quit()” 退出编程界面，再使用 “conda deactivate” 退出 conda 环境.

激活 conda 环境后我们可以通过 “conda install” 来安装 Python 的各种库，如 “conda install numpy” 来安装 numpy 库；当 “conda install” 失败时，还可以使用 “pip install” 来安装，如 “pip install numpy”. 我们也可以使用 “conda list” 来查看当前环境中安装的所有库. 这里我们使用到的主要有 numpy、matplotlib、scipy 这三个包，它们的安装命令为 “conda install numpy matplotlib scipy”. 其中 numpy 是一种高效的多维数组计算库，用来

进行各种和矩阵相关的计算；matplotlib 是数据可视化库，用来画图；scipy 中包含 stats 模块，用来进行各种统计分析.

## Python 基础

### 1. Python 的数据类型

我们主要介绍 Python 中的数值型、字符型、布尔变量型.

- 数值型：一种可以表示数字的数据类型，包括整型（int）和浮点型（float）. 数值型可以用来执行算术运算，如加、减、乘、除等.
- 字符型：一种可以表示文本的数据类型，常称为字符串（string）. 字符型可以用来存储文本，如名字、地址、电子邮件等.
- 布尔变量型：一种可以表示真假的数据类型，只有两个值——真（True）和假（False）. 布尔变量型可以用来执行逻辑运算，如与（and）、或（or）、非（not）等.

它们的赋值代码如下：

```
a=3  # 数值型变量
b='hello'  # 字符串
c=True  # 布尔型变量True/False表示真假

# 换行打印 a,b,c
print('a:',a)
print('b:',b)
print('c:',c)
```

```
a: 3
b: hello
c: True
```

### 2. Python 的数据结构

我们主要介绍的数据结构有列表（list）和 numpy 数组（array）.

- 列表是一种可以存储多个数据的数据结构，列表中的每个数据称为元素. 列表中的元素可以是任意数据类型，如数值型、字符型、布尔变量型等. 列表中的元素可以通过索引来访问，索引从 0 开始，如 `[1,2,3][0]` 表示其第一个元素 `1`. 列表中的元素也可以通过索引来修改，如 `[1,2,3][0]=4`，是将列表中的第一个元素修改为 `4`.
- numpy 数组是一种可以存储多个数据的数据结构，numpy 数组中的每个数据称为元素. numpy 数组中的元素必须是数值型，且必须是同一种数据类型，如整型或浮点型. numpy 矩阵中的元素可以通过索引来访问，索引从 0 开始，如 numpy 数组 `[[1,2,3],[4,5,6]][0,0]` 表示其第一行第一列元素为 `1`. numpy 数组中的元素也可以通过索引来修改，如 `[[1,2,3],[4,5,6]][0,0]=7`，是将 numpy 数组中的第一行第一列元素修改为 `7`.

列表的创建代码如下：

```
lst=[[1,2],[3,4]]  # 二元列表
print('lst:',lst)  # 输出列表
```

```
lst: [[1, 2], [3, 4]]
```

numpy 数组的常用创建代码如下.

```
import numpy as np  # 导入numpy库

nd1=np.array([[1,2],[3,4]])  # 由二维列表创建二维数组

# 等间距数组
nd2=np.arange(1,10,2)     # 从1到10, 步长为2
nd3=np.linspace(1,10,5)  # 从1到10, 等间距分成5份

# 随机数组
nd4=np.random.rand(5)     # 5个随机数

print('nd1:',nd1)
print('nd2:',nd2)
print('nd3:',nd3)
print('nd4:',nd4)
```

```
nd1: [[1 2]
 [3 4]]
nd2: [1 3 5 7 9]
nd3: [ 1.    3.25  5.5   7.75 10.  ]
nd4: [0.39016315 0.58247839 0.67763993 0.76846719 0.17796658]
```

### 3. numpy 中一些常用的函数

对于一组数据，我们在对其进行统计分析时，经常需要计算它的均值、方差等常见量. 在 Python 中，我们可以使用 numpy 模块中的 mean()，var() 等函数来计算这些量. 例如，对于一组数据 x，我们可以使用 np.mean(x) 计算它的均值，使用 np.var(x) 计算它的方差. 表 A.1 中是一些常见的函数.

表 A.1

| 函数 | 功能 |
|---|---|
| np.mean(x) | 计算均值 |
| np.var(x) | 计算方差 |
| np.std(x) | 计算标准差 |
| np.median(x) | 计算中位数 |
| np.percentile(x,p) | 计算百分位数 |
| np.quantile(x,q) | 计算分位数 |
| np.min(x) | 计算最小值 |
| np.max(x) | 计算最大值 |
| np.argmin(x) | 计算最小值的索引 |
| np.argmax(x) | 计算最大值的索引 |
| np.sum(x) | 计算和 |
| np.prod(x) | 计算积 |
| np.cumsum(x) | 计算累加和 |

### 4. Python 概率密度相关函数介绍

与概率密度相关的函数主要有概率密度函数、累积分布函数、分位数函数、随机数的生成以及随机变量的数字特征（包括均值、方差、偏度、峰度）. Python 中 scipy.stats 模块中包含了这些函数. 我们以正态分布为例，norm.pdf(x, loc, scale) 代表均值为 loc、标准差为 scale 的正态分布在 x 点的概率密度函数. 我们将常见的函数列在表 A.2 中.

表 A.2

| 函数 | 说明 |
| --- | --- |
| `norm.pdf(x,loc,scale)` | 概率密度函数 |
| `norm.cdf(x,loc,scale)` | 累积分布函数 |
| `norm.ppf(x,loc,scale)` | 分位数函数 |
| `norm.rvs(size,loc,scale)` | 随机数的生成 |
| `norm.stats(x,loc,moments='mvsk')` | 随机变量的数字特征（包括均值、方差、偏度、峰度） |

对于其他分布，例如二项分布，只需将 norm 改为 binom，将 loc 和 scale 改为二项分布对应的 p 参数即可.

### 5. 画图操作

Python 中的画图主要通过 matplotlib 库来实现. matplotlib 库中的画图函数主要有 plot，scatter，bar，hist，pie，imshow 等. 其中 plot 函数用来画折线图，scatter 函数用来画散点图，bar 函数用来画柱状图，hist 函数用来画直方图，pie 函数用来画饼图，imshow 函数用来画图像. matplotlib 库画图的逻辑是先创建一个画布，然后在画布上画图. 画布的创建用 plt.figure()，画图用 plt.plot()，plt.scatter() 等. 画图完成后，需要使用 plt.show() 来显示画布. 对于有多个子图的画布，需要使用 plt.subplots() 来创建子图，代码格式为 “plt.subplots(行数, 列数)”. 也可以用 plt.GridSpec() 来更加精细地控制子图的大小和位置. 下面我们给出一个简单的例子来展示画图的基本操作.

```
import numpy as np
import matplotlib.pyplot as plt

# 画图
plt.rc("font",family='Kaiti SC')  # 设置字体
fig=plt.figure(dpi=600)  # 设置画布

x=np.linspace(-5,5,100)  # 设置x轴范围

plt.plot(x,x)  # 画线

plt.show()  # 显示图像, 见图A.1
```

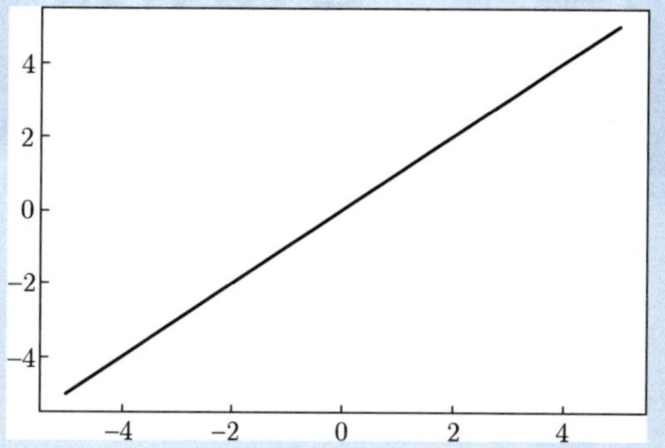


图 A.1

# 附录二　常用分布表

## 附表1　标准正态分布表

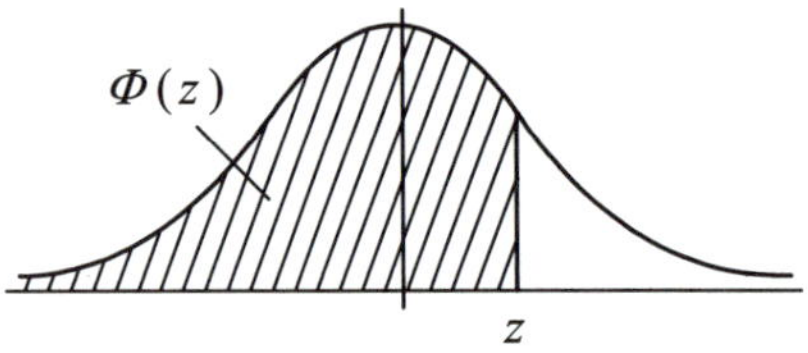


$$\Phi(z)=\int_{-\infty}^{z}\frac{1}{\sqrt{2\pi}}\mathrm{e}^{-u^2/2}\mathrm{d}u=P\{Z\le z\}$$

| $z$ | 0 | 1 | 2 | 3 | 4 | 5 | 6 | 7 | 8 | 9 |
|---|---|---|---|---|---|---|---|---|---|---|
| 0.0 | 0.5000 | 0.5040 | 0.5080 | 0.5120 | 0.5160 | 0.5199 | 0.5239 | 0.5279 | 0.5319 | 0.5359 |
| 0.1 | 0.5398 | 0.5438 | 0.5478 | 0.5517 | 0.5557 | 0.5596 | 0.5636 | 0.5675 | 0.5714 | 0.5753 |
| 0.2 | 0.5793 | 0.5832 | 0.5871 | 0.5910 | 0.5948 | 0.5987 | 0.6026 | 0.6064 | 0.6103 | 0.6141 |
| 0.3 | 0.6179 | 0.6217 | 0.6255 | 0.6293 | 0.6331 | 0.6368 | 0.6406 | 0.6443 | 0.6480 | 0.6517 |
| 0.4 | 0.6554 | 0.6591 | 0.6628 | 0.6664 | 0.6700 | 0.6736 | 0.6772 | 0.6808 | 0.6844 | 0.6879 |
| 0.5 | 0.6915 | 0.6950 | 0.6985 | 0.7019 | 0.7054 | 0.7088 | 0.7123 | 0.7157 | 0.7190 | 0.7224 |
| 0.6 | 0.7257 | 0.7291 | 0.7324 | 0.7357 | 0.7389 | 0.7422 | 0.7454 | 0.7486 | 0.7517 | 0.7549 |
| 0.7 | 0.7580 | 0.7611 | 0.7642 | 0.7673 | 0.7704 | 0.7734 | 0.7764 | 0.7794 | 0.7823 | 0.7852 |
| 0.8 | 0.7881 | 0.7910 | 0.7939 | 0.7967 | 0.7995 | 0.8023 | 0.8051 | 0.8078 | 0.8106 | 0.8133 |
| 0.9 | 0.8159 | 0.8186 | 0.8212 | 0.8238 | 0.8264 | 0.8289 | 0.8315 | 0.8340 | 0.8365 | 0.8389 |
| 1.0 | 0.8413 | 0.8438 | 0.8461 | 0.8485 | 0.8508 | 0.8531 | 0.8554 | 0.8577 | 0.8599 | 0.8621 |
| 1.1 | 0.8643 | 0.8665 | 0.8686 | 0.8708 | 0.8729 | 0.8749 | 0.8770 | 0.8790 | 0.8810 | 0.8830 |
| 1.2 | 0.8849 | 0.8869 | 0.8888 | 0.8907 | 0.8925 | 0.8944 | 0.8962 | 0.8980 | 0.8997 | 0.9015 |
| 1.3 | 0.9032 | 0.9049 | 0.9066 | 0.9082 | 0.9099 | 0.9115 | 0.9131 | 0.9147 | 0.9162 | 0.9177 |
| 1.4 | 0.9192 | 0.9207 | 0.9222 | 0.9236 | 0.9251 | 0.9265 | 0.9279 | 0.9292 | 0.9306 | 0.9319 |
| 1.5 | 0.9332 | 0.9345 | 0.9357 | 0.9370 | 0.9382 | 0.9394 | 0.9406 | 0.9418 | 0.9429 | 0.9441 |
| 1.6 | 0.9452 | 0.9463 | 0.9474 | 0.9484 | 0.9495 | 0.9505 | 0.9515 | 0.9525 | 0.9535 | 0.9545 |
| 1.7 | 0.9554 | 0.9564 | 0.9573 | 0.9582 | 0.9591 | 0.9599 | 0.9608 | 0.9616 | 0.9625 | 0.9633 |
| 1.8 | 0.9641 | 0.9649 | 0.9656 | 0.9664 | 0.9671 | 0.9678 | 0.9686 | 0.9693 | 0.9699 | 0.9706 |
| 1.9 | 0.9713 | 0.9719 | 0.9726 | 0.9732 | 0.9738 | 0.9744 | 0.9750 | 0.9756 | 0.9761 | 0.9767 |
| 2.0 | 0.9772 | 0.9778 | 0.9783 | 0.9788 | 0.9793 | 0.9798 | 0.9803 | 0.9808 | 0.9812 | 0.9817 |
| 2.1 | 0.9821 | 0.9826 | 0.9830 | 0.9834 | 0.9838 | 0.9842 | 0.9846 | 0.9850 | 0.9854 | 0.9857 |
| 2.2 | 0.9861 | 0.9864 | 0.9868 | 0.9871 | 0.9875 | 0.9878 | 0.9881 | 0.9884 | 0.9887 | 0.9890 |
| 2.3 | 0.9893 | 0.9896 | 0.9898 | 0.9901 | 0.9904 | 0.9906 | 0.9909 | 0.9911 | 0.9913 | 0.9916 |
| 2.4 | 0.9918 | 0.9920 | 0.9922 | 0.9925 | 0.9927 | 0.9929 | 0.9931 | 0.9932 | 0.9934 | 0.9936 |
| 2.5 | 0.9938 | 0.9940 | 0.9941 | 0.9943 | 0.9945 | 0.9946 | 0.9948 | 0.9949 | 0.9951 | 0.9952 |
| 2.6 | 0.9953 | 0.9955 | 0.9956 | 0.9957 | 0.9959 | 0.9960 | 0.9961 | 0.9962 | 0.9963 | 0.9964 |
| 2.7 | 0.9965 | 0.9966 | 0.9967 | 0.9968 | 0.9969 | 0.9970 | 0.9971 | 0.9972 | 0.9973 | 0.9974 |
| 2.8 | 0.9974 | 0.9975 | 0.9976 | 0.9977 | 0.9977 | 0.9878 | 0.9979 | 0.9979 | 0.9980 | 0.9981 |
| 2.9 | 0.9981 | 0.9982 | 0.9982 | 0.9983 | 0.9984 | 0.9984 | 0.9985 | 0.9985 | 0.9986 | 0.9986 |
| 3.0 | 0.9987 | 0.9990 | 0.9993 | 0.9995 | 0.9997 | 0.9998 | 0.9998 | 0.9999 | 0.9999 | 1.0000 |

**注**：表中末行系函数值 $\Phi(3.0), \Phi(3.1), \cdots, \Phi(3.9)$.

# 附表2　$t$ 分布表

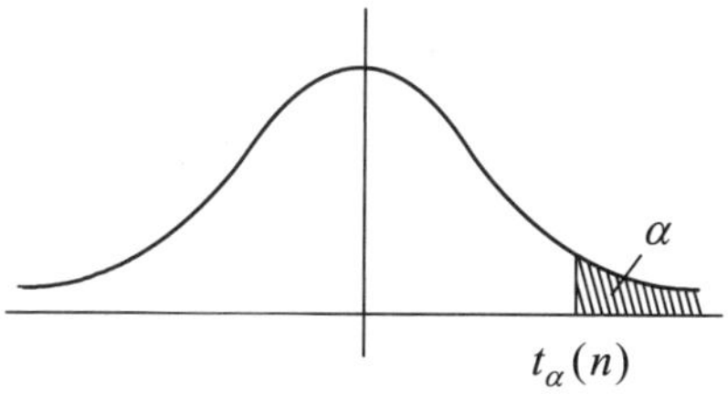


$P\{t(n)>t_\alpha(n)\}=\alpha$

| $n$ \ $\alpha$ | 0.25 | 0.10 | 0.05 | 0.025 | 0.01 | 0.005 |
|---|---|---|---|---|---|---|
| 1 | 1.0000 | 3.0777 | 6.3138 | 12.7062 | 31.8205 | 63.6567 |
| 2 | 0.8165 | 1.8856 | 2.9200 | 4.3027 | 6.9646 | 9.9248 |
| 3 | 0.7649 | 1.6377 | 2.3534 | 3.1824 | 4.5407 | 5.8409 |
| 4 | 0.7407 | 1.5332 | 2.1318 | 2.7764 | 3.7469 | 4.6041 |
| 5 | 0.7267 | 1.4759 | 2.0150 | 2.5706 | 3.3649 | 4.0321 |
| 6 | 0.7176 | 1.4398 | 1.9432 | 2.4469 | 3.1427 | 3.7074 |
| 7 | 0.7111 | 1.4149 | 1.8946 | 2.3646 | 2.9980 | 3.4995 |
| 8 | 0.7064 | 1.3968 | 1.8595 | 2.3060 | 2.8965 | 3.3554 |
| 9 | 0.7027 | 1.3830 | 1.8331 | 2.2622 | 2.8214 | 3.2498 |
| 10 | 0.6998 | 1.3722 | 1.8125 | 2.2281 | 2.7638 | 3.1693 |
| 11 | 0.6974 | 1.3634 | 1.7959 | 2.2010 | 2.7181 | 3.1058 |
| 12 | 0.6955 | 1.3562 | 1.7823 | 2.1788 | 2.6810 | 3.0545 |
| 13 | 0.6938 | 1.3502 | 1.7709 | 2.1604 | 2.6503 | 3.0123 |
| 14 | 0.6924 | 1.3450 | 1.7613 | 2.1448 | 2.6245 | 2.9768 |
| 15 | 0.6912 | 1.3406 | 1.7531 | 2.1314 | 2.6025 | 2.9467 |
| 16 | 0.6901 | 1.3368 | 1.7459 | 2.1199 | 2.5835 | 2.9208 |
| 17 | 0.6892 | 1.3334 | 1.7396 | 2.1098 | 2.5669 | 2.8982 |
| 18 | 0.6884 | 1.3304 | 1.7341 | 2.1009 | 2.5524 | 2.8784 |
| 19 | 0.6876 | 1.3277 | 1.7291 | 2.0930 | 2.5395 | 2.8609 |
| 20 | 0.6870 | 1.3253 | 1.7247 | 2.0860 | 2.5280 | 2.8453 |
| 21 | 0.6864 | 1.3232 | 1.7207 | 2.0796 | 2.5176 | 2.8314 |
| 22 | 0.6858 | 1.3212 | 1.7171 | 2.0739 | 2.5083 | 2.8188 |
| 23 | 0.6853 | 1.3195 | 1.7139 | 2.0687 | 2.4999 | 2.8073 |
| 24 | 0.6848 | 1.3178 | 1.7109 | 2.0639 | 2.4922 | 2.7969 |
| 25 | 0.6844 | 1.3163 | 1.7081 | 2.0595 | 2.4851 | 2.7874 |
| 26 | 0.6840 | 1.3150 | 1.7056 | 2.0555 | 2.4786 | 2.7787 |
| 27 | 0.6837 | 1.3137 | 1.7033 | 2.0518 | 2.4727 | 2.7707 |
| 28 | 0.6834 | 1.3125 | 1.7011 | 2.0484 | 2.4671 | 2.7633 |
| 29 | 0.6830 | 1.3114 | 1.6991 | 2.0452 | 2.4620 | 2.7564 |
| 30 | 0.6828 | 1.3104 | 1.6973 | 2.0423 | 2.4573 | 2.7500 |
| 31 | 0.6825 | 1.3095 | 1.6955 | 2.0395 | 2.4528 | 2.7440 |

续表

| $n$ \ $\alpha$ | 0.25 | 0.10 | 0.05 | 0.025 | 0.01 | 0.005 |
|---|---|---|---|---|---|---|
| 32 | 0.6822 | 1.3086 | 1.6939 | 2.0369 | 2.4487 | 2.7385 |
| 33 | 0.6820 | 1.3077 | 1.6924 | 2.0345 | 2.4448 | 2.7333 |
| 34 | 0.6818 | 1.3070 | 1.6909 | 2.0322 | 2.4411 | 2.7284 |
| 35 | 0.6816 | 1.3062 | 1.6896 | 2.0301 | 2.4377 | 2.7238 |
| 36 | 0.6814 | 1.3055 | 1.6883 | 2.0281 | 2.4345 | 2.7195 |
| 37 | 0.6812 | 1.3049 | 1.6871 | 2.0262 | 2.4314 | 2.7154 |
| 38 | 0.6810 | 1.3042 | 1.6860 | 2.0244 | 2.4286 | 2.7116 |
| 39 | 0.6808 | 1.3036 | 1.6849 | 2.0227 | 2.4258 | 2.7079 |
| 40 | 0.6807 | 1.3031 | 1.6839 | 2.0211 | 2.4233 | 2.7045 |
| 41 | 0.6805 | 1.3025 | 1.6829 | 2.0195 | 2.4208 | 2.7012 |
| 42 | 0.6804 | 1.3020 | 1.6820 | 2.0181 | 2.4185 | 2.6981 |
| 43 | 0.6802 | 1.3016 | 1.6811 | 2.0167 | 2.4163 | 2.6951 |
| 44 | 0.6801 | 1.3011 | 1.6802 | 2.0154 | 2.4141 | 2.6923 |
| 45 | 0.6800 | 1.3006 | 1.6794 | 2.0141 | 2.4121 | 2.6896 |

# 附表3　$\chi^2$ 分布表

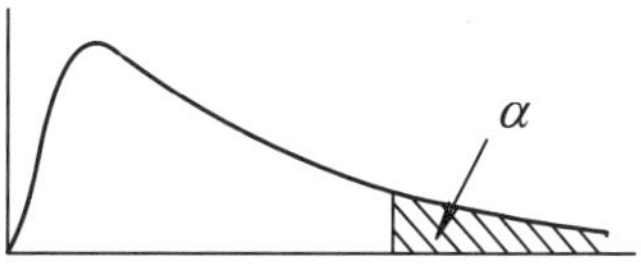


$P\{\chi^2(n) > \chi_\alpha^2(n)\} = \alpha$

| $n$ \ $\alpha$ | 0.995 | 0.99 | 0.975 | 0.95 | 0.90 | 0.75 |
|---|---|---|---|---|---|---|
| 1 | — | — | 0.001 | 0.004 | 0.016 | 0.102 |
| 2 | 0.010 | 0.020 | 0.051 | 0.103 | 0.211 | 0.575 |
| 3 | 0.072 | 0.115 | 0.216 | 0.352 | 0.584 | 1.213 |
| 4 | 0.207 | 0.297 | 0.484 | 0.711 | 1.064 | 1.923 |
| 5 | 0.412 | 0.554 | 0.831 | 1.145 | 1.610 | 2.675 |
| 6 | 0.676 | 0.872 | 1.237 | 1.635 | 2.204 | 3.455 |
| 7 | 0.989 | 1.239 | 1.690 | 2.167 | 2.833 | 4.255 |
| 8 | 1.344 | 1.646 | 2.180 | 2.733 | 3.490 | 5.071 |
| 9 | 1.735 | 2.088 | 2.700 | 3.325 | 4.168 | 5.899 |
| 10 | 2.156 | 2.558 | 3.247 | 3.940 | 4.865 | 6.737 |
| 11 | 2.603 | 3.053 | 3.816 | 4.575 | 5.578 | 7.584 |
| 12 | 3.074 | 3.571 | 4.404 | 5.226 | 6.304 | 8.438 |
| 13 | 3.565 | 4.107 | 5.009 | 5.892 | 7.042 | 9.299 |
| 14 | 4.075 | 4.660 | 5.629 | 6.571 | 7.790 | 10.165 |
| 15 | 4.601 | 5.229 | 6.262 | 7.261 | 8.547 | 11.037 |
| 16 | 5.142 | 5.812 | 6.908 | 7.962 | 9.312 | 11.912 |
| 17 | 5.697 | 6.408 | 7.564 | 8.672 | 10.085 | 12.792 |
| 18 | 6.265 | 7.015 | 8.231 | 9.390 | 10.865 | 13.675 |
| 19 | 6.844 | 7.633 | 8.907 | 10.117 | 11.651 | 14.562 |
| 20 | 7.434 | 8.260 | 9.591 | 10.851 | 12.443 | 15.452 |
| 21 | 8.034 | 8.897 | 10.283 | 11.591 | 13.240 | 16.344 |
| 22 | 8.643 | 9.542 | 10.982 | 12.338 | 14.042 | 17.240 |
| 23 | 9.260 | 10.196 | 11.689 | 13.091 | 14.848 | 18.137 |
| 24 | 9.886 | 10.856 | 12.401 | 13.848 | 15.659 | 19.037 |
| 25 | 10.520 | 11.524 | 13.120 | 14.611 | 16.473 | 19.939 |
| 26 | 11.160 | 12.198 | 13.844 | 15.379 | 17.292 | 20.843 |
| 27 | 11.808 | 12.879 | 14.573 | 16.151 | 18.114 | 21.749 |
| 28 | 12.461 | 13.565 | 15.308 | 16.928 | 18.939 | 22.657 |
| 29 | 13.121 | 14.257 | 16.047 | 17.708 | 19.768 | 23.567 |
| 30 | 13.787 | 14.953 | 16.791 | 18.493 | 20.599 | 24.478 |
| 31 | 14.458 | 15.655 | 17.539 | 19.281 | 21.434 | 25.390 |
| 32 | 15.134 | 16.362 | 18.291 | 20.072 | 22.271 | 26.304 |
| 33 | 15.815 | 17.074 | 19.047 | 20.867 | 23.110 | 27.219 |
| 34 | 16.501 | 17.789 | 19.806 | 21.664 | 23.952 | 28.136 |
| 35 | 17.192 | 18.509 | 20.569 | 22.465 | 24.797 | 29.054 |

续表

| n \ α | 0.995 | 0.99 | 0.975 | 0.95 | 0.90 | 0.75 |
|---|---|---|---|---|---|---|
| 36 | 17.887 | 19.233 | 21.336 | 23.269 | 25.643 | 29.973 |
| 37 | 18.586 | 19.960 | 22.106 | 24.075 | 26.492 | 30.893 |
| 38 | 19.289 | 20.691 | 22.878 | 24.884 | 27.343 | 31.815 |
| 39 | 19.996 | 21.426 | 23.654 | 25.695 | 28.196 | 32.737 |
| 40 | 20.707 | 22.164 | 24.433 | 26.509 | 29.051 | 33.660 |
| 41 | 21.421 | 22.906 | 25.215 | 27.326 | 29.907 | 34.585 |
| 42 | 22.138 | 23.650 | 25.999 | 28.144 | 30.765 | 35.510 |
| 43 | 22.859 | 24.398 | 26.785 | 28.965 | 31.625 | 36.436 |
| 44 | 23.584 | 25.148 | 27.575 | 29.787 | 32.487 | 37.363 |
| 45 | 24.311 | 25.901 | 28.366 | 30.612 | 33.350 | 38.291 |

| n \ α | 0.25 | 0.10 | 0.05 | 0.025 | 0.01 | 0.005 |
|---|---|---|---|---|---|---|
| 1 | 1.323 | 2.706 | 3.841 | 5.024 | 6.635 | 7.879 |
| 2 | 2.773 | 4.605 | 5.991 | 7.378 | 9.210 | 10.597 |
| 3 | 4.108 | 6.251 | 7.815 | 9.348 | 11.345 | 12.838 |
| 4 | 5.385 | 7.779 | 9.488 | 11.143 | 13.277 | 14.860 |
| 5 | 6.626 | 9.236 | 11.071 | 12.833 | 15.086 | 16.750 |
| 6 | 7.841 | 10.645 | 12.592 | 14.449 | 16.812 | 18.548 |
| 7 | 9.037 | 12.017 | 14.067 | 16.013 | 18.475 | 20.278 |
| 8 | 10.219 | 13.362 | 15.507 | 17.535 | 20.090 | 21.955 |
| 9 | 11.389 | 14.684 | 16.919 | 19.023 | 21.666 | 23.589 |
| 10 | 12.549 | 15.987 | 18.307 | 20.483 | 23.209 | 25.188 |
| 11 | 13.701 | 17.275 | 19.675 | 21.920 | 24.725 | 26.757 |
| 12 | 14.845 | 18.549 | 21.026 | 23.337 | 26.217 | 28.300 |
| 13 | 15.984 | 19.812 | 22.362 | 24.736 | 27.688 | 29.819 |
| 14 | 17.117 | 21.064 | 23.685 | 26.119 | 29.141 | 31.319 |
| 15 | 18.245 | 22.307 | 24.996 | 27.488 | 30.578 | 32.801 |
| 16 | 19.369 | 23.542 | 26.296 | 28.845 | 32.000 | 34.267 |
| 17 | 20.489 | 24.769 | 27.587 | 30.191 | 33.409 | 35.718 |
| 18 | 21.605 | 25.989 | 28.869 | 31.526 | 34.805 | 37.156 |
| 19 | 22.718 | 27.204 | 30.144 | 32.852 | 36.191 | 38.582 |
| 20 | 23.828 | 28.412 | 31.410 | 34.170 | 37.566 | 39.997 |
| 21 | 24.935 | 29.615 | 32.671 | 35.479 | 38.932 | 41.401 |
| 22 | 26.039 | 30.813 | 33.924 | 36.781 | 40.289 | 42.796 |
| 23 | 27.141 | 32.007 | 35.172 | 38.076 | 41.638 | 44.181 |
| 24 | 28.241 | 33.196 | 36.415 | 39.364 | 42.980 | 45.559 |
| 25 | 29.339 | 34.382 | 37.652 | 40.646 | 44.314 | 46.928 |
| 26 | 30.435 | 35.563 | 38.885 | 41.923 | 45.642 | 48.290 |
| 27 | 31.528 | 36.741 | 40.113 | 43.194 | 46.963 | 49.645 |
| 28 | 32.620 | 37.916 | 41.337 | 44.461 | 48.278 | 50.993 |
| 29 | 33.711 | 39.087 | 42.557 | 45.722 | 49.588 | 52.336 |
| 30 | 34.800 | 40.256 | 43.773 | 46.979 | 50.892 | 53.672 |

续表

| n \ α | 0.25 | 0.10 | 0.05 | 0.025 | 0.01 | 0.005 |
|---|---|---|---|---|---|---|
| 31 | 35.887 | 41.422 | 44.985 | 48.232 | 52.191 | 55.003 |
| 32 | 36.973 | 42.585 | 46.194 | 49.480 | 53.486 | 56.328 |
| 33 | 38.058 | 43.745 | 47.400 | 50.725 | 54.776 | 57.648 |
| 34 | 39.141 | 44.903 | 48.602 | 51.966 | 56.061 | 58.964 |
| 35 | 40.223 | 46.059 | 49.802 | 53.203 | 57.342 | 60.275 |
| 36 | 41.304 | 47.212 | 50.998 | 54.437 | 58.619 | 61.581 |
| 37 | 42.383 | 48.363 | 52.192 | 55.668 | 59.892 | 62.883 |
| 38 | 43.462 | 49.513 | 53.384 | 56.896 | 61.162 | 64.181 |
| 39 | 44.539 | 50.660 | 54.572 | 58.120 | 62.428 | 65.476 |
| 40 | 45.616 | 51.805 | 55.758 | 59.342 | 63.691 | 66.766 |
| 41 | 46.692 | 52.949 | 56.942 | 60.561 | 64.950 | 68.053 |
| 42 | 47.766 | 54.090 | 58.124 | 61.777 | 66.206 | 69.336 |
| 43 | 48.840 | 55.230 | 59.304 | 62.990 | 67.459 | 70.616 |
| 44 | 49.913 | 56.369 | 60.481 | 64.201 | 68.710 | 71.893 |
| 45 | 50.985 | 57.505 | 61.656 | 65.410 | 69.957 | 73.166 |

# 附表4 *F* 分布表

$$P\{F(n_1,n_2)>F_\alpha(n_1,n_2)\}=\alpha$$

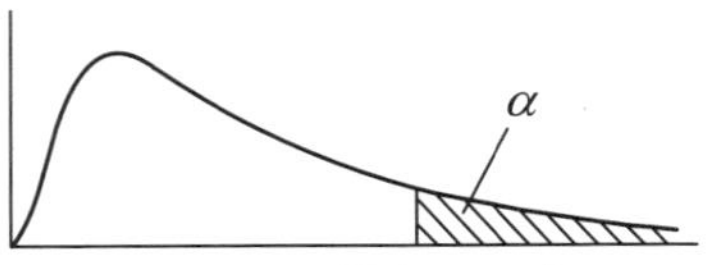


$\alpha=0.10$

| $n_2$ \ $n_1$ | 1 | 2 | 3 | 4 | 5 | 6 | 7 | 8 | 9 | 10 | 12 | 15 | 20 | 24 | 30 | 40 | 60 | 120 | ∞ |
|---|---|---|---|---|---|---|---|---|---|---|---|---|---|---|---|---|---|---|---|
| 1 | 39.86 | 49.50 | 53.59 | 55.83 | 57.24 | 58.20 | 58.91 | 59.44 | 59.86 | 60.19 | 60.71 | 61.22 | 61.74 | 62.00 | 62.26 | 62.53 | 62.79 | 63.06 | 63.33 |
| 2 | 8.53 | 9.00 | 9.16 | 9.24 | 9.29 | 9.33 | 9.35 | 9.37 | 9.38 | 9.39 | 9.41 | 9.42 | 9.44 | 9.45 | 9.46 | 9.47 | 9.47 | 9.48 | 9.49 |
| 3 | 5.54 | 5.46 | 5.39 | 5.34 | 5.31 | 5.28 | 5.27 | 5.25 | 5.24 | 5.23 | 5.22 | 5.20 | 5.18 | 5.18 | 5.17 | 5.16 | 5.15 | 5.14 | 5.13 |
| 4 | 4.54 | 4.32 | 4.19 | 4.11 | 4.05 | 4.01 | 3.98 | 3.95 | 3.94 | 3.92 | 3.90 | 3.87 | 3.84 | 3.83 | 3.82 | 3.80 | 3.79 | 3.78 | 3.76 |
| 5 | 4.06 | 3.78 | 3.62 | 3.52 | 3.45 | 3.40 | 3.37 | 3.34 | 3.32 | 3.30 | 3.27 | 3.24 | 3.21 | 3.19 | 3.17 | 3.16 | 3.14 | 3.12 | 3.10 |
| 6 | 3.78 | 3.46 | 3.29 | 3.18 | 3.11 | 3.05 | 3.01 | 2.98 | 2.96 | 2.94 | 2.90 | 2.87 | 2.84 | 2.82 | 2.80 | 2.78 | 2.76 | 2.74 | 2.72 |
| 7 | 3.59 | 3.26 | 3.07 | 2.96 | 2.88 | 2.83 | 2.78 | 2.75 | 2.72 | 2.70 | 2.67 | 2.63 | 2.59 | 2.58 | 2.56 | 2.54 | 2.51 | 2.49 | 2.47 |
| 8 | 3.46 | 3.11 | 2.92 | 2.81 | 2.73 | 2.67 | 2.62 | 2.59 | 2.56 | 2.54 | 2.50 | 2.46 | 2.42 | 2.40 | 2.38 | 2.36 | 2.34 | 2.32 | 2.29 |
| 9 | 3.36 | 3.01 | 2.81 | 2.69 | 2.61 | 2.55 | 2.51 | 2.47 | 2.44 | 2.42 | 2.38 | 2.34 | 2.30 | 2.28 | 2.25 | 2.23 | 2.21 | 2.18 | 2.16 |
| 10 | 3.29 | 2.92 | 2.73 | 2.61 | 2.52 | 2.46 | 2.41 | 2.38 | 2.35 | 2.32 | 2.28 | 2.24 | 2.20 | 2.18 | 2.16 | 2.13 | 2.11 | 2.08 | 2.06 |
| 11 | 3.23 | 2.86 | 2.66 | 2.54 | 2.45 | 2.39 | 2.34 | 2.30 | 2.27 | 2.25 | 2.21 | 2.17 | 2.12 | 2.10 | 2.08 | 2.05 | 2.03 | 2.00 | 1.97 |
| 12 | 3.18 | 2.81 | 2.61 | 2.48 | 2.39 | 2.33 | 2.28 | 2.24 | 2.21 | 2.19 | 2.15 | 2.10 | 2.06 | 2.04 | 2.01 | 1.99 | 1.96 | 1.93 | 1.90 |
| 13 | 3.14 | 2.76 | 2.56 | 2.43 | 2.35 | 2.28 | 2.23 | 2.20 | 2.16 | 2.14 | 2.10 | 2.05 | 2.01 | 1.98 | 1.96 | 1.93 | 1.90 | 1.88 | 1.85 |
| 14 | 3.10 | 2.73 | 2.52 | 2.39 | 2.31 | 2.24 | 2.19 | 2.15 | 2.12 | 2.10 | 2.05 | 2.01 | 1.96 | 1.94 | 1.91 | 1.89 | 1.86 | 1.83 | 1.80 |
| 15 | 3.07 | 2.70 | 2.49 | 2.36 | 2.27 | 2.21 | 2.16 | 2.12 | 2.09 | 2.06 | 2.02 | 1.97 | 1.92 | 1.90 | 1.87 | 1.85 | 1.82 | 1.79 | 1.76 |
| 16 | 3.05 | 2.67 | 2.46 | 2.33 | 2.24 | 2.18 | 2.13 | 2.09 | 2.06 | 2.03 | 1.99 | 1.94 | 1.89 | 1.87 | 1.84 | 1.81 | 1.78 | 1.75 | 1.72 |
| 17 | 3.03 | 2.64 | 2.44 | 2.31 | 2.22 | 2.15 | 2.10 | 2.06 | 2.03 | 2.00 | 1.96 | 1.91 | 1.86 | 1.84 | 1.81 | 1.78 | 1.75 | 1.72 | 1.69 |
| 18 | 3.01 | 2.62 | 2.42 | 2.29 | 2.20 | 2.13 | 2.08 | 2.04 | 2.00 | 1.98 | 1.93 | 1.89 | 1.84 | 1.81 | 1.78 | 1.75 | 1.72 | 1.69 | 1.66 |
| 19 | 2.99 | 2.61 | 2.40 | 2.27 | 2.18 | 2.11 | 2.06 | 2.02 | 1.98 | 1.96 | 1.91 | 1.86 | 1.81 | 1.79 | 1.76 | 1.73 | 1.70 | 1.67 | 1.63 |
| 20 | 2.97 | 2.59 | 2.38 | 2.25 | 2.16 | 2.09 | 2.04 | 2.00 | 1.96 | 1.94 | 1.89 | 1.84 | 1.79 | 1.77 | 1.74 | 1.71 | 1.68 | 1.64 | 1.61 |
| 21 | 2.96 | 2.57 | 2.36 | 2.23 | 2.14 | 2.08 | 2.02 | 1.98 | 1.95 | 1.92 | 1.87 | 1.83 | 1.78 | 1.75 | 1.72 | 1.69 | 1.66 | 1.62 | 1.59 |
| 22 | 2.95 | 2.56 | 2.35 | 2.22 | 2.13 | 2.06 | 2.01 | 1.97 | 1.93 | 1.90 | 1.86 | 1.81 | 1.76 | 1.73 | 1.70 | 1.67 | 1.64 | 1.60 | 1.57 |
| 23 | 2.94 | 2.55 | 2.34 | 2.21 | 2.11 | 2.05 | 1.99 | 1.95 | 1.92 | 1.89 | 1.84 | 1.80 | 1.74 | 1.72 | 1.69 | 1.66 | 1.62 | 1.59 | 1.55 |

续表

$\alpha=0.10$

| $n_2$ \ $n_1$ | 1 | 2 | 3 | 4 | 5 | 6 | 7 | 8 | 9 | 10 | 12 | 15 | 20 | 24 | 30 | 40 | 60 | 120 | ∞ |
|---|---|---|---|---|---|---|---|---|---|---|---|---|---|---|---|---|---|---|---|
| 24 | 2.93 | 2.54 | 2.33 | 2.19 | 2.10 | 2.04 | 1.98 | 1.94 | 1.91 | 1.88 | 1.83 | 1.78 | 1.73 | 1.70 | 1.67 | 1.64 | 1.61 | 1.57 | 1.53 |
| 25 | 2.92 | 2.53 | 2.32 | 2.18 | 2.09 | 2.02 | 1.97 | 1.93 | 1.89 | 1.87 | 1.82 | 1.77 | 1.72 | 1.69 | 1.66 | 1.63 | 1.59 | 1.56 | 1.52 |
| 26 | 2.91 | 2.52 | 2.31 | 2.17 | 2.08 | 2.01 | 1.96 | 1.92 | 1.88 | 1.86 | 1.81 | 1.76 | 1.71 | 1.68 | 1.65 | 1.61 | 1.58 | 1.54 | 1.50 |
| 27 | 2.90 | 2.51 | 2.30 | 2.17 | 2.07 | 2.00 | 1.95 | 1.91 | 1.87 | 1.85 | 1.80 | 1.75 | 1.70 | 1.67 | 1.64 | 1.60 | 1.57 | 1.53 | 1.49 |
| 28 | 2.89 | 2.50 | 2.29 | 2.16 | 2.06 | 2.00 | 1.94 | 1.90 | 1.87 | 1.84 | 1.79 | 1.74 | 1.69 | 1.66 | 1.63 | 1.59 | 1.56 | 1.52 | 1.48 |
| 29 | 2.89 | 2.50 | 2.28 | 2.15 | 2.06 | 1.99 | 1.93 | 1.89 | 1.86 | 1.83 | 1.78 | 1.73 | 1.68 | 1.65 | 1.62 | 1.58 | 1.55 | 1.51 | 1.47 |
| 30 | 2.88 | 2.49 | 2.28 | 2.14 | 2.05 | 1.98 | 1.93 | 1.88 | 1.85 | 1.82 | 1.77 | 1.72 | 1.67 | 1.64 | 1.61 | 1.57 | 1.54 | 1.50 | 1.46 |
| 40 | 2.84 | 2.44 | 2.23 | 2.09 | 2.00 | 1.93 | 1.87 | 1.83 | 1.79 | 1.76 | 1.71 | 1.66 | 1.61 | 1.57 | 1.54 | 1.51 | 1.47 | 1.42 | 1.38 |
| 60 | 2.79 | 2.39 | 2.18 | 2.04 | 1.95 | 1.87 | 1.82 | 1.77 | 1.74 | 1.71 | 1.66 | 1.60 | 1.54 | 1.51 | 1.48 | 1.44 | 1.40 | 1.35 | 1.29 |
| 120 | 2.75 | 2.35 | 2.13 | 1.99 | 1.90 | 1.82 | 1.77 | 1.72 | 1.68 | 1.65 | 1.60 | 1.55 | 1.48 | 1.45 | 1.41 | 1.37 | 1.32 | 1.26 | 1.19 |
| ∞ | 2.71 | 2.30 | 2.08 | 1.94 | 1.85 | 1.77 | 1.72 | 1.67 | 1.63 | 1.60 | 1.55 | 1.49 | 1.42 | 1.38 | 1.34 | 1.30 | 1.24 | 1.17 | 1.00 |

$\alpha=0.05$

| $n_2$ \ $n_1$ | 1 | 2 | 3 | 4 | 5 | 6 | 7 | 8 | 9 | 10 | 12 | 15 | 20 | 24 | 30 | 40 | 60 | 120 | ∞ |
|---|---|---|---|---|---|---|---|---|---|---|---|---|---|---|---|---|---|---|---|
| 1 | 161.4 | 199.5 | 215.7 | 224.6 | 230.2 | 234.0 | 236.8 | 238.9 | 240.5 | 241.9 | 243.9 | 245.9 | 248.0 | 249.1 | 250.1 | 251.1 | 252.2 | 253.3 | 254.3 |
| 2 | 18.51 | 19.00 | 19.16 | 19.25 | 19.30 | 19.33 | 19.35 | 19.37 | 19.38 | 19.40 | 19.41 | 19.43 | 19.45 | 19.45 | 19.46 | 19.47 | 19.48 | 19.49 | 19.50 |
| 3 | 10.13 | 9.55 | 9.28 | 9.12 | 9.01 | 8.94 | 8.89 | 8.85 | 8.81 | 8.79 | 8.74 | 8.70 | 8.66 | 8.64 | 8.62 | 8.59 | 8.57 | 8.55 | 8.53 |
| 4 | 7.71 | 6.94 | 6.59 | 6.39 | 6.26 | 6.16 | 6.09 | 6.04 | 6.00 | 5.96 | 5.91 | 5.86 | 5.80 | 5.77 | 5.75 | 5.72 | 5.69 | 5.66 | 5.63 |
| 5 | 6.61 | 5.79 | 5.41 | 5.19 | 5.05 | 4.95 | 4.88 | 4.82 | 4.77 | 4.74 | 4.68 | 4.62 | 4.56 | 4.53 | 4.50 | 4.46 | 4.43 | 4.40 | 4.36 |
| 6 | 5.99 | 5.14 | 4.76 | 4.53 | 4.39 | 4.28 | 4.21 | 4.15 | 4.10 | 4.06 | 4.00 | 3.94 | 3.87 | 3.84 | 3.81 | 3.77 | 3.74 | 3.70 | 3.67 |
| 7 | 5.59 | 4.74 | 4.35 | 4.12 | 3.97 | 3.87 | 3.79 | 3.73 | 3.68 | 3.64 | 3.57 | 3.51 | 3.44 | 3.41 | 3.38 | 3.34 | 3.30 | 3.27 | 3.23 |
| 8 | 5.32 | 4.46 | 4.07 | 3.84 | 3.69 | 3.58 | 3.50 | 3.44 | 3.39 | 3.35 | 3.28 | 3.22 | 3.15 | 3.12 | 3.08 | 3.04 | 3.01 | 2.97 | 2.93 |
| 9 | 5.12 | 4.26 | 3.86 | 3.63 | 3.48 | 3.37 | 3.29 | 3.23 | 3.18 | 3.14 | 3.07 | 3.01 | 2.94 | 2.90 | 2.86 | 2.83 | 2.79 | 2.75 | 2.71 |
| 10 | 4.96 | 4.10 | 3.71 | 3.48 | 3.33 | 3.22 | 3.14 | 3.07 | 3.02 | 2.98 | 2.91 | 2.85 | 2.77 | 2.74 | 2.70 | 2.66 | 2.62 | 2.58 | 2.54 |
| 11 | 4.84 | 3.98 | 3.59 | 3.36 | 3.20 | 3.09 | 3.01 | 2.95 | 2.90 | 2.85 | 2.79 | 2.72 | 2.65 | 2.61 | 2.57 | 2.53 | 2.49 | 2.45 | 2.40 |
| 12 | 4.75 | 3.89 | 3.49 | 3.26 | 3.11 | 3.00 | 2.91 | 2.85 | 2.80 | 2.75 | 2.69 | 2.62 | 2.54 | 2.51 | 2.47 | 2.43 | 2.38 | 2.34 | 2.30 |
| 13 | 4.67 | 3.81 | 3.41 | 3.18 | 3.03 | 2.92 | 2.83 | 2.77 | 2.71 | 2.67 | 2.60 | 2.53 | 2.46 | 2.42 | 2.38 | 2.34 | 2.30 | 2.25 | 2.21 |
| 14 | 4.60 | 3.74 | 3.34 | 3.11 | 2.96 | 2.85 | 2.76 | 2.70 | 2.65 | 2.60 | 2.53 | 2.46 | 2.39 | 2.35 | 2.31 | 2.27 | 2.22 | 2.18 | 2.13 |
| 15 | 4.54 | 3.68 | 3.29 | 3.06 | 2.90 | 2.79 | 2.71 | 2.64 | 2.59 | 2.54 | 2.48 | 2.40 | 2.33 | 2.29 | 2.25 | 2.20 | 2.16 | 2.11 | 2.07 |

续表

$\alpha=0.05$

| $n_2$ \ $n_1$ | 1 | 2 | 3 | 4 | 5 | 6 | 7 | 8 | 9 | 10 | 12 | 15 | 20 | 24 | 30 | 40 | 60 | 120 | ∞ |
|---|---|---|---|---|---|---|---|---|---|---|---|---|---|---|---|---|---|---|---|
| 16 | 4.49 | 3.63 | 3.24 | 3.01 | 2.85 | 2.74 | 2.66 | 2.59 | 2.54 | 2.49 | 2.42 | 2.35 | 2.28 | 2.24 | 2.19 | 2.15 | 2.11 | 2.06 | 2.01 |
| 17 | 4.45 | 3.59 | 3.20 | 2.96 | 2.81 | 2.70 | 2.61 | 2.55 | 2.49 | 2.45 | 2.38 | 2.31 | 2.23 | 2.19 | 2.15 | 2.10 | 2.06 | 2.01 | 1.96 |
| 18 | 4.41 | 3.55 | 3.16 | 2.93 | 2.77 | 2.66 | 2.58 | 2.51 | 2.46 | 2.41 | 2.34 | 2.27 | 2.19 | 2.15 | 2.11 | 2.06 | 2.02 | 1.97 | 1.92 |
| 19 | 4.38 | 3.52 | 3.13 | 2.90 | 2.74 | 2.63 | 2.54 | 2.48 | 2.42 | 2.38 | 2.31 | 2.23 | 2.16 | 2.11 | 2.07 | 2.03 | 1.98 | 1.93 | 1.88 |
| 20 | 4.35 | 3.49 | 3.10 | 2.87 | 2.71 | 2.60 | 2.51 | 2.45 | 2.39 | 2.35 | 2.28 | 2.20 | 2.12 | 2.08 | 2.04 | 1.99 | 1.95 | 1.90 | 1.84 |
| 21 | 4.32 | 3.47 | 3.07 | 2.84 | 2.68 | 2.57 | 2.49 | 2.42 | 2.37 | 2.32 | 2.25 | 2.18 | 2.10 | 2.05 | 2.01 | 1.96 | 1.92 | 1.87 | 1.81 |
| 22 | 4.30 | 3.44 | 3.05 | 2.82 | 2.66 | 2.55 | 2.46 | 2.40 | 2.34 | 2.30 | 2.23 | 2.15 | 2.07 | 2.03 | 1.98 | 1.94 | 1.89 | 1.84 | 1.78 |
| 23 | 4.28 | 3.42 | 3.03 | 2.80 | 2.64 | 2.53 | 2.44 | 2.37 | 2.32 | 2.27 | 2.20 | 2.13 | 2.05 | 2.01 | 1.96 | 1.91 | 1.86 | 1.81 | 1.76 |
| 24 | 4.26 | 3.40 | 3.01 | 2.78 | 2.62 | 2.51 | 2.42 | 2.36 | 2.30 | 2.25 | 2.18 | 2.11 | 2.03 | 1.98 | 1.94 | 1.89 | 1.84 | 1.79 | 1.73 |
| 25 | 4.24 | 3.39 | 2.99 | 2.76 | 2.60 | 2.49 | 2.40 | 2.34 | 2.28 | 2.24 | 2.16 | 2.09 | 2.01 | 1.96 | 1.92 | 1.87 | 1.82 | 1.77 | 1.71 |
| 26 | 4.23 | 3.37 | 2.98 | 2.74 | 2.59 | 2.47 | 2.39 | 2.32 | 2.27 | 2.22 | 2.15 | 2.07 | 1.99 | 1.95 | 1.90 | 1.85 | 1.80 | 1.75 | 1.69 |
| 27 | 4.21 | 3.35 | 2.96 | 2.73 | 2.57 | 2.46 | 2.37 | 2.31 | 2.25 | 2.20 | 2.13 | 2.06 | 1.97 | 1.93 | 1.88 | 1.84 | 1.79 | 1.73 | 1.67 |
| 28 | 4.20 | 3.34 | 2.95 | 2.71 | 2.56 | 2.45 | 2.36 | 2.29 | 2.24 | 2.19 | 2.12 | 2.04 | 1.96 | 1.91 | 1.87 | 1.82 | 1.77 | 1.71 | 1.65 |
| 29 | 4.18 | 3.33 | 2.93 | 2.70 | 2.55 | 2.43 | 2.35 | 2.28 | 2.22 | 2.18 | 2.10 | 2.03 | 1.94 | 1.90 | 1.85 | 1.81 | 1.75 | 1.70 | 1.64 |
| 30 | 4.17 | 3.32 | 2.92 | 2.69 | 2.53 | 2.42 | 2.33 | 2.27 | 2.21 | 2.16 | 2.09 | 2.01 | 1.93 | 1.89 | 1.84 | 1.79 | 1.74 | 1.68 | 1.62 |
| 40 | 4.08 | 3.23 | 2.84 | 2.61 | 2.45 | 2.34 | 2.25 | 2.18 | 2.12 | 2.08 | 2.00 | 1.92 | 1.84 | 1.79 | 1.74 | 1.69 | 1.64 | 1.58 | 1.51 |
| 60 | 4.00 | 3.15 | 2.76 | 2.53 | 2.37 | 2.25 | 2.17 | 2.10 | 2.04 | 1.99 | 1.92 | 1.84 | 1.75 | 1.70 | 1.65 | 1.59 | 1.53 | 1.47 | 1.39 |
| 120 | 3.92 | 3.07 | 2.68 | 2.45 | 2.29 | 2.18 | 2.09 | 2.02 | 1.96 | 1.91 | 1.83 | 1.75 | 1.66 | 1.61 | 1.55 | 1.50 | 1.43 | 1.35 | 1.25 |
| ∞ | 3.84 | 3.00 | 2.60 | 2.37 | 2.21 | 2.10 | 2.01 | 1.94 | 1.88 | 1.83 | 1.75 | 1.67 | 1.57 | 1.52 | 1.46 | 1.39 | 1.32 | 1.22 | 1.00 |

$\alpha=0.025$

| $n_2$ \ $n_1$ | 1 | 2 | 3 | 4 | 5 | 6 | 7 | 8 | 9 | 10 | 12 | 15 | 20 | 24 | 30 | 40 | 60 | 120 | ∞ |
|---|---|---|---|---|---|---|---|---|---|---|---|---|---|---|---|---|---|---|---|
| 1 | 647.8 | 799.5 | 864.2 | 899.6 | 921.8 | 937.1 | 948.2 | 956.7 | 963.3 | 968.6 | 976.7 | 984.9 | 993.1 | 997.2 | 1001 | 1006 | 1010 | 1014 | 1018 |
| 2 | 38.51 | 39.00 | 39.17 | 39.25 | 39.30 | 39.33 | 39.36 | 39.37 | 39.39 | 39.40 | 39.41 | 39.43 | 39.45 | 39.46 | 39.46 | 39.47 | 39.48 | 39.49 | 39.50 |
| 3 | 17.44 | 16.04 | 15.44 | 15.10 | 14.88 | 14.73 | 14.62 | 14.54 | 14.47 | 14.42 | 14.34 | 14.25 | 14.17 | 14.12 | 14.08 | 14.04 | 13.99 | 13.95 | 13.90 |
| 4 | 12.22 | 10.65 | 9.98 | 9.60 | 9.36 | 9.20 | 9.07 | 8.98 | 8.90 | 8.84 | 8.75 | 8.66 | 8.56 | 8.51 | 8.46 | 8.41 | 8.36 | 8.31 | 8.26 |
| 5 | 10.01 | 8.43 | 7.76 | 7.39 | 7.15 | 6.98 | 6.85 | 6.76 | 6.68 | 6.62 | 6.52 | 6.43 | 6.33 | 6.28 | 6.23 | 6.18 | 6.12 | 6.07 | 6.02 |
| 6 | 8.81 | 7.26 | 6.60 | 6.23 | 5.99 | 5.82 | 5.70 | 5.60 | 5.52 | 5.46 | 5.37 | 5.27 | 5.17 | 5.12 | 5.07 | 5.01 | 4.96 | 4.90 | 4.85 |
| 7 | 8.07 | 6.54 | 5.89 | 5.52 | 5.29 | 5.12 | 4.99 | 4.90 | 4.82 | 4.76 | 4.67 | 4.57 | 4.47 | 4.41 | 4.36 | 4.31 | 4.25 | 4.20 | 4.14 |
| 8 | 7.57 | 6.06 | 5.42 | 5.05 | 4.82 | 4.65 | 4.53 | 4.43 | 4.36 | 4.30 | 4.20 | 4.10 | 4.00 | 3.95 | 3.89 | 3.84 | 3.78 | 3.73 | 3.67 |
| 9 | 7.21 | 5.71 | 5.08 | 4.72 | 4.48 | 4.32 | 4.20 | 4.10 | 4.03 | 3.96 | 3.87 | 3.77 | 3.67 | 3.61 | 3.56 | 3.51 | 3.45 | 3.39 | 3.33 |

续表

$\alpha = 0.025$

| $n_2$ \ $n_1$ | 1 | 2 | 3 | 4 | 5 | 6 | 7 | 8 | 9 | 10 | 12 | 15 | 20 | 24 | 30 | 40 | 60 | 120 | ∞ |
|---|---|---|---|---|---|---|---|---|---|---|---|---|---|---|---|---|---|---|---|
| 10 | 6.94 | 5.46 | 4.83 | 4.47 | 4.24 | 4.07 | 3.95 | 3.85 | 3.78 | 3.72 | 3.62 | 3.52 | 3.42 | 3.37 | 3.31 | 3.26 | 3.20 | 3.14 | 3.08 |
| 11 | 6.72 | 5.26 | 4.63 | 4.28 | 4.04 | 3.88 | 3.76 | 3.66 | 3.59 | 3.53 | 3.43 | 3.33 | 3.23 | 3.17 | 3.12 | 3.06 | 3.00 | 2.94 | 2.88 |
| 12 | 6.55 | 5.10 | 4.47 | 4.12 | 3.89 | 3.73 | 3.61 | 3.51 | 3.44 | 3.37 | 3.28 | 3.18 | 3.07 | 3.02 | 2.96 | 2.91 | 2.85 | 2.79 | 2.72 |
| 13 | 6.41 | 4.97 | 4.35 | 4.00 | 3.77 | 3.60 | 3.48 | 3.39 | 3.31 | 3.25 | 3.15 | 3.05 | 2.95 | 2.89 | 2.84 | 2.78 | 2.72 | 2.66 | 2.60 |
| 14 | 6.30 | 4.86 | 4.24 | 3.89 | 3.66 | 3.50 | 3.38 | 3.29 | 3.21 | 3.15 | 3.05 | 2.95 | 2.84 | 2.79 | 2.73 | 2.67 | 2.61 | 2.55 | 2.49 |
| 15 | 6.20 | 4.77 | 4.15 | 3.80 | 3.58 | 3.41 | 3.29 | 3.20 | 3.12 | 3.06 | 2.96 | 2.86 | 2.76 | 2.70 | 2.64 | 2.59 | 2.52 | 2.46 | 2.40 |
| 16 | 6.12 | 4.69 | 4.08 | 3.73 | 3.50 | 3.34 | 3.22 | 3.12 | 3.05 | 2.99 | 2.89 | 2.79 | 2.68 | 2.63 | 2.57 | 2.51 | 2.45 | 2.38 | 2.32 |
| 17 | 6.04 | 4.62 | 4.01 | 3.66 | 3.44 | 3.28 | 3.16 | 3.06 | 2.98 | 2.92 | 2.82 | 2.72 | 2.62 | 2.56 | 2.50 | 2.44 | 2.38 | 2.32 | 2.25 |
| 18 | 5.98 | 4.56 | 3.95 | 3.61 | 3.38 | 3.22 | 3.10 | 3.01 | 2.93 | 2.87 | 2.77 | 2.67 | 2.56 | 2.50 | 2.44 | 2.38 | 2.32 | 2.26 | 2.19 |
| 19 | 5.92 | 4.51 | 3.90 | 3.56 | 3.33 | 3.17 | 3.05 | 2.96 | 2.88 | 2.82 | 2.72 | 2.62 | 2.51 | 2.45 | 2.39 | 2.33 | 2.27 | 2.20 | 2.13 |
| 20 | 5.87 | 4.46 | 3.86 | 3.51 | 3.29 | 3.13 | 3.01 | 2.91 | 2.84 | 2.77 | 2.68 | 2.57 | 2.46 | 2.41 | 2.35 | 2.29 | 2.22 | 2.16 | 2.09 |
| 21 | 5.83 | 4.42 | 3.82 | 3.48 | 3.25 | 3.09 | 2.97 | 2.87 | 2.80 | 2.73 | 2.64 | 2.53 | 2.42 | 2.37 | 2.31 | 2.25 | 2.18 | 2.11 | 2.04 |
| 22 | 5.79 | 4.38 | 3.78 | 3.44 | 3.22 | 3.05 | 2.93 | 2.84 | 2.76 | 2.70 | 2.60 | 2.50 | 2.39 | 2.33 | 2.27 | 2.21 | 2.14 | 2.08 | 2.00 |
| 23 | 5.75 | 4.35 | 3.75 | 3.41 | 3.18 | 3.02 | 2.90 | 2.81 | 2.73 | 2.67 | 2.57 | 2.47 | 2.36 | 2.30 | 2.24 | 2.18 | 2.11 | 2.04 | 1.97 |
| 24 | 5.72 | 4.32 | 3.72 | 3.38 | 3.15 | 2.99 | 2.87 | 2.78 | 2.70 | 2.64 | 2.54 | 2.44 | 2.33 | 2.27 | 2.21 | 2.15 | 2.08 | 2.01 | 1.94 |
| 25 | 5.69 | 4.29 | 3.69 | 3.35 | 3.13 | 2.97 | 2.85 | 2.75 | 2.68 | 2.61 | 2.51 | 2.41 | 2.30 | 2.24 | 2.18 | 2.12 | 2.05 | 1.98 | 1.91 |
| 26 | 5.66 | 4.27 | 3.67 | 3.33 | 3.10 | 2.94 | 2.82 | 2.73 | 2.65 | 2.59 | 2.49 | 2.39 | 2.28 | 2.22 | 2.16 | 2.09 | 2.03 | 1.95 | 1.88 |
| 27 | 5.63 | 4.24 | 3.65 | 3.31 | 3.08 | 2.92 | 2.80 | 2.71 | 2.63 | 2.57 | 2.47 | 2.36 | 2.25 | 2.19 | 2.13 | 2.07 | 2.00 | 1.93 | 1.85 |
| 28 | 5.61 | 4.22 | 3.63 | 3.29 | 3.06 | 2.90 | 2.78 | 2.69 | 2.61 | 2.55 | 2.45 | 2.34 | 2.23 | 2.17 | 2.11 | 2.05 | 1.98 | 1.91 | 1.83 |
| 29 | 5.59 | 4.20 | 3.61 | 3.27 | 3.04 | 2.88 | 2.76 | 2.67 | 2.59 | 2.53 | 2.43 | 2.32 | 2.21 | 2.15 | 2.09 | 2.03 | 1.96 | 1.89 | 1.81 |
| 30 | 5.57 | 4.18 | 3.59 | 3.25 | 3.03 | 2.87 | 2.75 | 2.65 | 2.57 | 2.51 | 2.41 | 2.31 | 2.20 | 2.14 | 2.07 | 2.01 | 1.94 | 1.87 | 1.79 |
| 40 | 5.42 | 4.05 | 3.46 | 3.13 | 2.90 | 2.74 | 2.62 | 2.53 | 2.45 | 2.39 | 2.29 | 2.18 | 2.07 | 2.01 | 1.94 | 1.88 | 1.80 | 1.72 | 1.64 |
| 60 | 5.29 | 3.93 | 3.34 | 3.01 | 2.79 | 2.63 | 2.51 | 2.41 | 2.33 | 2.27 | 2.17 | 2.06 | 1.94 | 1.88 | 1.82 | 1.74 | 1.67 | 1.58 | 1.48 |
| 120 | 5.15 | 3.80 | 3.23 | 2.89 | 2.67 | 2.52 | 2.39 | 2.30 | 2.22 | 2.16 | 2.05 | 1.94 | 1.82 | 1.76 | 1.69 | 1.61 | 1.53 | 1.43 | 1.31 |
| ∞ | 5.02 | 3.69 | 3.12 | 2.79 | 2.57 | 2.41 | 2.29 | 2.19 | 2.11 | 2.05 | 1.94 | 1.83 | 1.71 | 1.64 | 1.57 | 1.48 | 1.39 | 1.27 | 1.00 |

$\alpha = 0.01$

| $n_2$ \ $n_1$ | 1 | 2 | 3 | 4 | 5 | 6 | 7 | 8 | 9 | 10 | 12 | 15 | 20 | 24 | 30 | 40 | 60 | 120 | ∞ |
|---|---|---|---|---|---|---|---|---|---|---|---|---|---|---|---|---|---|---|---|
| 1 | 4052 | 4999.5 | 5403 | 5625 | 5764 | 5859 | 5928 | 5981 | 6022 | 6056 | 6106 | 6157 | 6209 | 6235 | 6261 | 6287 | 6313 | 6339 | 6366 |
| 2 | 98.50 | 99.00 | 99.17 | 99.25 | 99.30 | 99.33 | 99.36 | 99.37 | 99.39 | 99.40 | 99.42 | 99.43 | 99.45 | 99.46 | 99.47 | 99.47 | 99.48 | 99.49 | 99.50 |
| 3 | 34.12 | 30.82 | 29.46 | 28.71 | 28.24 | 27.91 | 27.67 | 27.49 | 27.35 | 27.23 | 27.05 | 26.87 | 26.69 | 26.60 | 26.50 | 26.41 | 26.32 | 26.22 | 26.13 |

续表

$\alpha = 0.01$

| $n_2$ \ $n_1$ | 1 | 2 | 3 | 4 | 5 | 6 | 7 | 8 | 9 | 10 | 12 | 15 | 20 | 24 | 30 | 40 | 60 | 120 | ∞ |
|---|---|---|---|---|---|---|---|---|---|---|---|---|---|---|---|---|---|---|---|
| 4 | 21.20 | 18.00 | 16.69 | 15.98 | 15.52 | 15.21 | 14.98 | 14.80 | 14.66 | 14.55 | 14.37 | 14.20 | 14.02 | 13.93 | 13.84 | 13.75 | 13.65 | 13.56 | 13.46 |
| 5 | 16.26 | 13.27 | 12.06 | 11.39 | 10.97 | 10.67 | 10.46 | 10.29 | 10.16 | 10.05 | 9.89 | 9.72 | 9.55 | 9.47 | 9.38 | 9.29 | 9.20 | 9.11 | 9.02 |
| 6 | 13.75 | 10.92 | 9.78 | 9.15 | 8.75 | 8.47 | 8.26 | 8.10 | 7.98 | 7.87 | 7.72 | 7.56 | 7.40 | 7.31 | 7.23 | 7.14 | 7.06 | 6.97 | 6.88 |
| 7 | 12.25 | 9.55 | 8.45 | 7.85 | 7.46 | 7.19 | 6.99 | 6.84 | 6.72 | 6.62 | 6.47 | 6.31 | 6.16 | 6.07 | 5.99 | 5.91 | 5.82 | 5.74 | 5.65 |
| 8 | 11.26 | 8.65 | 7.59 | 7.01 | 6.63 | 6.37 | 6.18 | 6.03 | 5.91 | 5.81 | 5.67 | 5.52 | 5.36 | 5.28 | 5.20 | 5.12 | 5.03 | 4.95 | 4.86 |
| 9 | 10.56 | 8.02 | 6.99 | 6.42 | 6.06 | 5.80 | 5.61 | 5.47 | 5.35 | 5.26 | 5.11 | 4.96 | 4.81 | 4.73 | 4.65 | 4.57 | 4.48 | 4.40 | 4.31 |
| 10 | 10.04 | 7.56 | 6.55 | 5.99 | 5.64 | 5.39 | 5.20 | 5.06 | 4.94 | 4.85 | 4.71 | 4.56 | 4.41 | 4.33 | 4.25 | 4.17 | 4.08 | 4.00 | 3.91 |
| 11 | 9.65 | 7.21 | 6.22 | 5.67 | 5.32 | 5.07 | 4.89 | 4.74 | 4.63 | 4.54 | 4.40 | 4.25 | 4.10 | 4.02 | 3.94 | 3.86 | 3.78 | 3.69 | 3.60 |
| 12 | 9.33 | 6.93 | 5.95 | 5.41 | 5.06 | 4.82 | 4.64 | 4.50 | 4.39 | 4.30 | 4.16 | 4.01 | 3.86 | 3.78 | 3.70 | 3.62 | 3.54 | 3.45 | 3.36 |
| 13 | 9.07 | 6.70 | 5.74 | 5.21 | 4.86 | 4.62 | 4.44 | 4.30 | 4.19 | 4.10 | 3.96 | 3.82 | 3.66 | 3.59 | 3.51 | 3.43 | 3.34 | 3.25 | 3.17 |
| 14 | 8.86 | 6.51 | 5.56 | 5.04 | 4.69 | 4.46 | 4.28 | 4.14 | 4.03 | 3.94 | 3.80 | 3.66 | 3.51 | 3.43 | 3.35 | 3.27 | 3.18 | 3.09 | 3.00 |
| 15 | 8.68 | 6.36 | 5.42 | 4.89 | 4.56 | 4.32 | 4.14 | 4.00 | 3.89 | 3.80 | 3.67 | 3.52 | 3.37 | 3.29 | 3.21 | 3.13 | 3.05 | 2.96 | 2.87 |
| 16 | 8.53 | 6.23 | 5.29 | 4.77 | 4.44 | 4.20 | 4.03 | 3.89 | 3.78 | 3.69 | 3.55 | 3.41 | 3.26 | 3.18 | 3.10 | 3.02 | 2.93 | 2.84 | 2.75 |
| 17 | 8.40 | 6.11 | 5.18 | 4.67 | 4.34 | 4.10 | 3.93 | 3.79 | 3.68 | 3.59 | 3.46 | 3.31 | 3.16 | 3.08 | 3.00 | 2.92 | 2.83 | 2.75 | 2.65 |
| 18 | 8.29 | 6.01 | 5.09 | 4.58 | 4.25 | 4.01 | 3.84 | 3.71 | 3.60 | 3.51 | 3.37 | 3.23 | 3.08 | 3.00 | 2.92 | 2.84 | 2.75 | 2.66 | 2.57 |
| 19 | 8.18 | 5.93 | 5.01 | 4.50 | 4.17 | 3.94 | 3.77 | 3.63 | 3.52 | 3.43 | 3.30 | 3.15 | 3.00 | 2.92 | 2.84 | 2.76 | 2.67 | 2.58 | 2.49 |
| 20 | 8.10 | 5.85 | 4.94 | 4.43 | 4.10 | 3.87 | 3.70 | 3.56 | 3.46 | 3.37 | 3.23 | 3.09 | 2.94 | 2.86 | 2.78 | 2.69 | 2.61 | 2.52 | 2.42 |
| 21 | 8.02 | 5.78 | 4.87 | 4.37 | 4.04 | 3.81 | 3.64 | 3.51 | 3.40 | 3.31 | 3.17 | 3.03 | 2.88 | 2.80 | 2.72 | 2.64 | 2.55 | 2.46 | 2.36 |
| 22 | 7.95 | 5.72 | 4.82 | 4.31 | 3.99 | 3.76 | 3.59 | 3.45 | 3.35 | 3.26 | 3.12 | 2.98 | 2.83 | 2.75 | 2.67 | 2.58 | 2.50 | 2.40 | 2.31 |
| 23 | 7.88 | 5.66 | 4.76 | 4.26 | 3.94 | 3.71 | 3.54 | 3.41 | 3.30 | 3.21 | 3.07 | 2.93 | 2.78 | 2.70 | 2.62 | 2.54 | 2.45 | 2.35 | 2.26 |
| 24 | 7.82 | 5.61 | 4.72 | 4.22 | 3.90 | 3.67 | 3.50 | 3.36 | 3.26 | 3.17 | 3.03 | 2.89 | 2.74 | 2.66 | 2.58 | 2.49 | 2.40 | 2.31 | 2.21 |
| 25 | 7.77 | 5.57 | 4.68 | 4.18 | 3.85 | 3.63 | 3.46 | 3.32 | 3.22 | 3.13 | 2.99 | 2.85 | 2.70 | 2.62 | 2.54 | 2.45 | 2.36 | 2.27 | 2.17 |
| 26 | 7.72 | 5.53 | 4.64 | 4.14 | 3.82 | 3.59 | 3.42 | 3.29 | 3.18 | 3.09 | 2.96 | 2.81 | 2.66 | 2.58 | 2.50 | 2.42 | 2.33 | 2.23 | 2.13 |
| 27 | 7.68 | 5.49 | 4.60 | 4.11 | 3.78 | 3.56 | 3.39 | 3.26 | 3.15 | 3.06 | 2.93 | 2.78 | 2.63 | 2.55 | 2.47 | 2.38 | 2.29 | 2.20 | 2.10 |
| 28 | 7.64 | 5.45 | 4.57 | 4.07 | 3.75 | 3.53 | 3.36 | 3.23 | 3.12 | 3.03 | 2.90 | 2.75 | 2.60 | 2.52 | 2.44 | 2.35 | 2.26 | 2.17 | 2.06 |
| 29 | 7.60 | 5.42 | 4.54 | 4.04 | 3.73 | 3.50 | 3.33 | 3.20 | 3.09 | 3.00 | 2.87 | 2.73 | 2.57 | 2.49 | 2.41 | 2.33 | 2.23 | 2.14 | 2.03 |
| 30 | 7.56 | 5.39 | 4.51 | 4.02 | 3.70 | 3.47 | 3.30 | 3.17 | 3.07 | 2.98 | 2.84 | 2.70 | 2.55 | 2.47 | 2.39 | 2.30 | 2.21 | 2.11 | 2.01 |
| 40 | 7.31 | 5.18 | 4.31 | 3.83 | 3.51 | 3.29 | 3.12 | 2.99 | 2.89 | 2.80 | 2.66 | 2.52 | 2.37 | 2.29 | 2.20 | 2.11 | 2.02 | 1.92 | 1.80 |
| 60 | 7.08 | 4.98 | 4.13 | 3.65 | 3.34 | 3.12 | 2.95 | 2.82 | 2.72 | 2.63 | 2.50 | 2.35 | 2.20 | 2.12 | 2.03 | 1.94 | 1.84 | 1.73 | 1.60 |
| 120 | 6.85 | 4.79 | 3.95 | 3.48 | 3.17 | 2.96 | 2.79 | 2.66 | 2.56 | 2.47 | 2.34 | 2.19 | 2.03 | 1.95 | 1.86 | 1.76 | 1.66 | 1.53 | 1.38 |
| ∞ | 6.63 | 4.61 | 3.78 | 3.32 | 3.02 | 2.80 | 2.64 | 2.51 | 2.41 | 2.32 | 2.18 | 2.04 | 1.88 | 1.79 | 1.70 | 1.59 | 1.47 | 1.32 | 1.00 |

续表

$\alpha = 0.005$

| $n_2$ \ $n_1$ | 1 | 2 | 3 | 4 | 5 | 6 | 7 | 8 | 9 | 10 | 12 | 15 | 20 | 24 | 30 | 40 | 60 | 120 | ∞ |
|---|---|---|---|---|---|---|---|---|---|---|---|---|---|---|---|---|---|---|---|
| 1 | 16211 | 20000 | 21615 | 22500 | 23056 | 23437 | 23715 | 23925 | 24091 | 24224 | 24426 | 24630 | 24836 | 24940 | 25044 | 25148 | 25253 | 25359 | 25464 |
| 2 | 198.5 | 199.0 | 199.2 | 199.2 | 199.3 | 199.3 | 199.4 | 199.4 | 199.4 | 199.4 | 199.4 | 199.4 | 199.4 | 199.5 | 199.5 | 199.5 | 199.5 | 199.5 | 199.5 |
| 3 | 55.55 | 49.80 | 47.47 | 46.19 | 45.39 | 44.84 | 44.43 | 44.13 | 43.88 | 43.69 | 43.39 | 43.08 | 42.78 | 42.62 | 42.47 | 42.31 | 42.15 | 41.99 | 41.83 |
| 4 | 31.33 | 26.28 | 24.26 | 23.15 | 22.46 | 21.97 | 21.62 | 21.35 | 21.14 | 20.97 | 20.70 | 20.44 | 20.17 | 20.03 | 19.89 | 19.75 | 19.61 | 19.47 | 19.32 |
| 5 | 22.78 | 18.31 | 16.53 | 15.56 | 14.94 | 14.51 | 14.20 | 13.96 | 13.77 | 13.62 | 13.38 | 13.15 | 12.90 | 12.78 | 12.66 | 12.53 | 12.40 | 12.27 | 12.14 |
| 6 | 18.63 | 14.54 | 12.92 | 12.03 | 11.46 | 11.07 | 10.79 | 10.57 | 10.39 | 10.25 | 10.03 | 9.81 | 5.59 | 9.47 | 9.36 | 9.24 | 9.12 | 9.00 | 8.88 |
| 7 | 16.24 | 12.40 | 10.88 | 10.05 | 9.52 | 9.16 | 8.89 | 8.68 | 8.51 | 8.38 | 8.18 | 7.97 | 7.75 | 7.64 | 7.53 | 7.42 | 7.31 | 7.19 | 7.08 |
| 8 | 14.69 | 11.04 | 9.60 | 8.81 | 8.30 | 7.95 | 7.69 | 7.50 | 7.34 | 7.21 | 7.01 | 6.81 | 6.61 | 6.50 | 6.40 | 6.29 | 6.18 | 6.06 | 5.95 |
| 9 | 13.61 | 10.11 | 8.72 | 7.96 | 7.47 | 7.13 | 6.88 | 6.69 | 6.54 | 6.42 | 6.23 | 6.03 | 5.83 | 5.73 | 5.62 | 5.52 | 5.41 | 5.30 | 5.19 |
| 10 | 12.83 | 9.43 | 8.08 | 7.34 | 6.87 | 6.54 | 6.30 | 6.12 | 5.97 | 5.85 | 5.66 | 5.47 | 5.27 | 5.17 | 5.07 | 4.97 | 4.86 | 4.75 | 4.64 |
| 11 | 12.23 | 8.91 | 7.60 | 6.88 | 6.42 | 6.10 | 5.86 | 5.68 | 5.54 | 5.42 | 5.24 | 5.05 | 4.86 | 4.76 | 4.65 | 4.55 | 4.45 | 4.34 | 4.23 |
| 12 | 11.75 | 8.51 | 7.23 | 6.52 | 6.07 | 5.76 | 5.52 | 5.35 | 5.20 | 5.09 | 4.91 | 4.72 | 4.53 | 4.43 | 4.33 | 4.23 | 4.12 | 4.01 | 3.90 |
| 13 | 11.37 | 8.19 | 6.93 | 6.23 | 5.79 | 5.48 | 5.25 | 5.08 | 4.94 | 4.82 | 4.64 | 4.46 | 4.27 | 4.17 | 4.07 | 3.97 | 3.87 | 3.76 | 3.65 |
| 14 | 11.06 | 7.92 | 6.68 | 6.00 | 5.56 | 5.26 | 5.03 | 4.86 | 4.72 | 4.60 | 4.43 | 4.25 | 4.06 | 3.96 | 3.86 | 3.76 | 3.66 | 3.55 | 3.44 |
| 15 | 10.80 | 7.70 | 6.48 | 5.80 | 5.37 | 5.07 | 4.85 | 4.67 | 4.54 | 4.42 | 4.25 | 4.07 | 3.88 | 3.79 | 3.69 | 3.58 | 3.48 | 3.37 | 3.26 |
| 16 | 10.58 | 7.51 | 6.30 | 5.64 | 5.21 | 4.91 | 4.69 | 4.52 | 4.38 | 4.27 | 4.10 | 3.92 | 3.73 | 3.64 | 3.54 | 3.44 | 3.33 | 3.22 | 3.11 |
| 17 | 10.38 | 7.35 | 6.16 | 5.50 | 5.07 | 4.78 | 4.56 | 4.39 | 4.25 | 4.14 | 3.97 | 3.79 | 3.61 | 3.51 | 3.41 | 3.31 | 3.21 | 3.10 | 2.98 |
| 18 | 10.22 | 7.21 | 6.03 | 5.37 | 4.96 | 4.66 | 4.44 | 4.28 | 4.14 | 4.03 | 3.86 | 3.68 | 3.50 | 3.40 | 3.30 | 3.20 | 3.10 | 2.99 | 2.87 |
| 19 | 10.07 | 7.09 | 5.92 | 5.27 | 4.85 | 4.56 | 4.34 | 4.18 | 4.04 | 3.93 | 3.76 | 3.59 | 3.40 | 3.31 | 3.21 | 3.11 | 3.00 | 2.89 | 2.78 |
| 20 | 9.94 | 6.99 | 5.82 | 5.17 | 4.76 | 4.47 | 4.26 | 4.09 | 3.96 | 3.85 | 3.68 | 3.50 | 3.32 | 3.22 | 3.12 | 3.02 | 2.92 | 2.81 | 2.69 |
| 21 | 9.83 | 6.89 | 5.73 | 5.09 | 4.68 | 4.39 | 4.18 | 4.01 | 3.88 | 3.77 | 3.60 | 3.43 | 3.24 | 3.15 | 3.05 | 2.95 | 2.84 | 2.73 | 2.61 |
| 22 | 9.73 | 6.81 | 5.65 | 5.02 | 4.61 | 4.32 | 4.11 | 3.94 | 3.81 | 3.70 | 3.54 | 3.36 | 3.18 | 3.08 | 2.98 | 2.88 | 2.77 | 2.66 | 2.55 |
| 23 | 9.63 | 6.73 | 5.58 | 4.95 | 4.54 | 4.26 | 4.05 | 3.88 | 3.75 | 3.64 | 3.47 | 3.30 | 3.12 | 3.02 | 2.92 | 2.82 | 2.71 | 2.60 | 2.48 |
| 24 | 9.55 | 6.66 | 5.52 | 4.89 | 4.49 | 4.20 | 3.99 | 3.83 | 3.69 | 3.59 | 3.42 | 3.25 | 3.06 | 2.97 | 2.87 | 2.77 | 2.66 | 2.55 | 2.43 |
| 25 | 9.48 | 6.60 | 5.46 | 4.84 | 4.43 | 4.15 | 3.94 | 3.78 | 3.64 | 3.54 | 3.37 | 3.20 | 3.01 | 2.92 | 2.82 | 2.72 | 2.61 | 2.50 | 2.38 |

续表

$\alpha = 0.005$

| $n_2$ \ $n_1$ | 1 | 2 | 3 | 4 | 5 | 6 | 7 | 8 | 9 | 10 | 12 | 15 | 20 | 24 | 30 | 40 | 60 | 120 | ∞ |
|---|---|---|---|---|---|---|---|---|---|---|---|---|---|---|---|---|---|---|---|
| 26 | 9.41 | 6.54 | 5.41 | 4.79 | 4.38 | 4.10 | 3.89 | 3.73 | 3.60 | 3.49 | 3.33 | 3.15 | 2.97 | 2.87 | 2.77 | 2.67 | 2.56 | 2.45 | 2.33 |
| 27 | 9.34 | 6.49 | 5.36 | 4.74 | 4.34 | 4.06 | 3.85 | 3.69 | 3.56 | 3.45 | 3.28 | 3.11 | 2.93 | 2.83 | 2.73 | 2.63 | 2.52 | 2.41 | 2.29 |
| 28 | 9.28 | 6.44 | 5.32 | 4.70 | 4.30 | 4.02 | 3.81 | 3.65 | 3.52 | 3.41 | 3.25 | 3.07 | 2.89 | 2.79 | 2.69 | 2.59 | 2.48 | 2.37 | 2.25 |
| 29 | 9.23 | 6.40 | 5.28 | 4.66 | 4.26 | 3.98 | 3.77 | 3.61 | 3.48 | 3.38 | 3.21 | 3.04 | 2.86 | 2.76 | 2.66 | 2.56 | 2.45 | 2.33 | 2.21 |
| 30 | 9.18 | 6.35 | 5.24 | 4.62 | 4.23 | 3.95 | 3.74 | 3.58 | 3.45 | 3.34 | 3.18 | 3.01 | 2.82 | 2.73 | 2.63 | 2.52 | 2.42 | 2.30 | 2.18 |
| 40 | 8.83 | 6.07 | 4.98 | 4.37 | 3.99 | 3.71 | 3.51 | 3.35 | 3.22 | 3.12 | 2.95 | 2.78 | 2.60 | 2.50 | 2.40 | 2.30 | 2.18 | 2.06 | 1.93 |
| 60 | 8.49 | 5.79 | 4.73 | 4.14 | 3.76 | 3.49 | 3.29 | 3.13 | 3.01 | 2.90 | 2.74 | 2.57 | 2.39 | 2.29 | 2.19 | 2.08 | 1.96 | 1.83 | 1.69 |
| 120 | 8.18 | 5.54 | 4.50 | 3.92 | 3.55 | 3.28 | 3.09 | 2.93 | 2.81 | 2.71 | 2.54 | 2.37 | 2.19 | 2.09 | 1.98 | 1.87 | 1.75 | 1.61 | 1.43 |
| ∞ | 7.88 | 5.30 | 4.28 | 3.72 | 3.35 | 3.09 | 2.90 | 2.74 | 2.62 | 2.52 | 2.36 | 2.19 | 2.00 | 1.90 | 1.79 | 1.67 | 1.53 | 1.36 | 1.00 |

# 参考文献


[1] 陈希孺. 概率论与数理统计. 北京：科学出版社，2002.

[2] 李贤平. 概率论基础. 2 版. 北京：高等教育出版社，1997.

[3] 茆诗松，等. 概率论与数理统计教程. 北京：高等教育出版社，2004.

[4] 苏淳. 概率论. 北京：科学出版社，2004.

[5] 王松桂，等. 线性模型引论. 北京：科学出版社，2004.

[6] 汪仁官. 概率论引论. 北京：北京大学出版社，1994.

[7] 王梓坤. 概率论基础及其应用. 3 版. 北京：北京师范大学出版社，2007.

[8] 魏宗舒. 概率论与数理统计教程. 北京：高等教育出版社，1991.

[9] 谢邦昌，等. 应用概率统计教程. 北京：科学出版社，2010.

[10] 严士健，等. 概率论与数理统计. 北京：高等教育出版社，1990.

[11] W.Feller. 概率论及其应用：第三版. 胡迪鹤，译. 北京：人民邮电出版社，2006.

[12] O.Kallenberg. 现代概率论基础. 北京：科学出版社，2001.

[13] S.M.Ross. 概率论基础教程：第七版. 郑忠国，詹从赞，译. 北京：人民邮电出版社，2006.

[14] R.Durrett. Probability: Theory and examples. Cambridge university press, 2019.

[15] B. Efron, R.J.Tibshirani. An introduction to the bootstrap. CRC press, 1994.

图书在版编目（CIP）数据

概率论与数理统计 / 张景肖，张波，殷弘编著．北京 ：中国人民大学出版社，2025．3．--（21 世纪统计学系列教材）．-- ISBN 978-7-300-33705-0

Ⅰ．O21

中国国家版本馆 CIP 数据核字第 20254RC241 号

21 世纪统计学系列教材
**概率论与数理统计**
张景肖　张 波　殷 弘　编著
Gailülun yu Shuli Tongji

| | | | |
|---|---|---|---|
| 出版发行 | 中国人民大学出版社 | | |
| 社　　址 | 北京中关村大街 31 号 | 邮政编码 | 100080 |
| 电　　话 | 010-62511242（总编室） | | 010-62511770（质管部） |
| | 010-82501766（邮购部） | | 010-62514148（门市部） |
| | 010-62515195（发行公司） | | 010-62515275（盗版举报） |
| 网　　址 | http://www.crup.com.cn | | |
| 经　　销 | 新华书店 | | |
| 印　　刷 | 北京密兴印刷有限公司 | | |
| 开　　本 | 787mm×1092mm　1/16 | 版　　次 | 2025 年 3 月第 1 版 |
| 印　　张 | 21.25　插页 1 | 印　　次 | 2025 年 3 月第 1 次印刷 |
| 字　　数 | 501 000 | 定　　价 | 59.00 元 |

中国人民大学出版社　理工出版分社

# 教师教学服务说明

中国人民大学出版社理工出版分社以出版经典、高品质的统计学、数学、心理学、物理学、化学、计算机、电子信息、人工智能、环境科学与工程、生物工程、智能制造等领域的各层次教材为宗旨。

为了更好地为一线教师服务，理工出版分社着力建设了一批数字化、立体化的网络教学资源。教师可以通过以下方式获得免费下载教学资源的权限：

- 在中国人民大学出版社网站 www.crup.com.cn 进行注册，注册后进入“会员中心”，在左侧点击“我的教师认证”，填写相关信息，提交后等待审核。我们将在一个工作日内为您开通相关资源的下载权限。

- 如您急需教学资源或需要其他帮助，请加入教师 QQ 群或在工作时间与我们联络。

中国人民大学出版社　理工出版分社

教师 QQ 群：229223561(统计2组) 982483700(数据科学) 361267775(统计1组)
教师群仅限教师加入，入群请备注（学校+姓名）

联系电话：010-62511967，62511076

电子邮箱：lgcbfs@crup.com.cn

通讯地址：北京市海淀区中关村大街 31 号中国人民大学出版社 802室（100080）